U0200020

"十三五"国家重点出版物出版规划项目

岩石力学与工程研究著作丛书

坚硬顶板岩层控制

于 斌 霍丙杰 著

国家重点研发计划项目(2016YFC0600700)

国家自然科学基金项目(51504127)

科学出版社

北 京

内 容 简 介

  本书针对多年来大同矿区坚硬顶板特厚煤层开采理论与实践研究成果，进行系统的总结分析、归纳、整理和提升。内容涉及坚硬顶板大空间采场覆岩结构失稳理论、覆岩运动实测技术及大空间采场坚硬顶板控制技术等方面，主要包括大空间采场及远近场概念、区域地质动力环境评估、坚硬顶板分类方法、大空间采场坚硬顶板运动与覆岩结构失稳的力学特征、岩层破裂演化实测技术、坚硬顶板大空间采场矿压显现规律及坚硬顶板远近场控制技术等。

  本书可供采矿工程、安全工程相关专业的科研院所研究人员、工程技术人员以及高等院校学生阅读及参考。

图书在版编目(CIP)数据

坚硬顶板岩层控制/于斌，霍丙杰著. —北京：科学出版社，2019.1
（岩石力学与工程研究著作丛书）
"十三五"国家重点出版物出版规划项目
ISBN 978-7-03-059775-5

Ⅰ.①坚… Ⅱ.①于…②霍… Ⅲ.①特厚煤层-煤矿开采-坚硬顶板-顶板岩层-岩层控制-研究 Ⅳ.①TD327.2

中国版本图书馆 CIP 数据核字(2018)第 277144 号

责任编辑：牛宇锋　乔丽维／责任校对：王萌萌
责任印制：师艳茹／封面设计：陈　敬

科 学 出 版 社 出版
北京东黄城根北街 16 号
邮政编码：100717
http://www.sciencep.com

北京通州皇家印刷厂 印刷
科学出版社发行　各地新华书店经销
＊
2019 年 1 月第 一 版　开本：720×1000　1/16
2019 年 1 月第一次印刷　印张：31 1/4　图版：16
字数：606 000
定价：238.00 元
（如有印装质量问题，我社负责调换）

《岩石力学与工程研究著作丛书》编委会

《岩石力学与工程研究著作丛书》序

随着西部大开发等相关战略的实施,国家重大基础设施建设正以前所未有的速度在全国展开:在建、拟建水电工程达 30 多项,大多以地下硐室(群)为其主要水工建筑物,如龙滩、小湾、三板溪、水布垭、虎跳峡、向家坝等水电站,其中白鹤滩水电站的地下厂房高达 90m、宽达 35m、长 400 多米;锦屏二级水电站 4 条引水隧道,单洞长 16.67km,最大埋深 2525m,是世界上埋深与规模均为最大的水工引水隧洞;规划中的南水北调西线工程的隧洞埋深大多在 400~900m,最大埋深 1150m。矿产资源与石油开采向深部延伸,许多矿山采深已达 1200m 以上。高应力的作用使得地下工程冲击地压显现剧烈,岩爆危险性增加,巷(隧)道变形速度加快、持续时间长。城镇建设与地下空间开发、高速公路与高速铁路建设日新月异。海洋工程(如深海石油与矿产资源的开发等)也出现方兴未艾的发展势头。能源地下储存、高放核废物的深地质处置、天然气水合物的勘探与安全开采、CO_2 地下隔离等已引起高度重视,有的已列入国家发展规划。这些工程建设提出了许多前所未有的岩石力学前沿课题和亟待解决的工程技术难题。例如,深部高应力下地下工程安全性评价与设计优化问题,高山峡谷地区高陡边坡的稳定性问题,地下油气储库、高放核废物深地质处置库以及地下 CO_2 隔离层的安全性问题,深部岩体的分区碎裂化的演化机制与规律,等等。这些难题的解决迫切需要岩石力学理论的发展与相关技术的突破。

近几年来,863 计划、973 计划、"十一五"国家科技支撑计划、国家自然科学基金重大研究计划以及人才和面上项目、中国科学院知识创新工程项目、教育部重点(重大)与人才项目等,对攻克上述科学与工程技术难题陆续给予了有力资助,并针对重大工程在设计和施工过程中遇到的技术难题组织了一些专项科研,吸收国内外的优势力量进行攻关。在各方面的支持下,这些课题已经取得了很多很好的研究成果,并在国家重点工程建设中发挥了重要的作用。目前组织国内同行将上述领域所研究的成果进行系统的总结,并出版《岩石力学与工程研究著作丛书》,值得钦佩、支持与鼓励。

该丛书涉及近几年来我国围绕岩石力学学科的国际前沿、国家重大工程建设中所遇到的工程技术难题的攻克等方面所取得的主要创新性研究成果,包括深部及其复杂条件下的岩体力学的室内、原位实验方法和技术,考虑复杂条件与过程(如高应力、高渗透压、高应变速率、温度-水流-应力-化学耦合)的岩体力学特性、变形破裂过程规律及其数学模型、分析方法与理论,地质超前预报方法与技术,工程地质灾害预测预报与防治措施,断续节理岩体的加固止裂机理与设计方法,灾害环境下重大工程的安全性,岩石工程实时监测技术与应用,岩石工程施工过程仿真、动态反馈分析与设计优化,典型与特殊岩石工程(海底隧道、深埋长隧洞、高陡边坡、膨胀岩工程等)超规范的设计与实践实例,等等。

　　岩石力学是一门应用性很强的学科。岩石力学课题来自于工程建设,岩石力学理论以解决复杂的岩石工程技术难题为生命力,在工程实践中检验、完善和发展。该丛书较好地体现了这一岩石力学学科的属性与特色。

　　我深信《岩石力学与工程研究著作丛书》的出版,必将推动我国岩石力学与工程研究工作的深入开展,在人才培养、岩石工程建设难题的攻克以及推动技术进步方面发挥显著的作用。

钱七虎

2007 年 12 月 8 日

《岩石力学与工程研究著作丛书》编者的话

近 20 年来，随着我国许多举世瞩目的岩石工程不断兴建，岩石力学与工程学科各领域的理论研究和工程实践得到较广泛的发展，科研水平与工程技术能力得到大幅度提高，在岩石力学与工程基本特性、理论与建模、智能分析与计算、设计与虚拟仿真、施工控制与信息化、测试与监测、灾害性防治、工程建设与环境协调等诸多学科方向与领域都取得了辉煌成绩。特别是解决岩石工程建设中的关键性复杂技术疑难问题的方法，973 计划、863 计划、国家自然科学基金等重大、重点课题研究成果，为我国岩石力学与工程学科的发展发挥了重大的推动作用。

应科学出版社诚邀，由国际岩石力学学会副主席、岩土力学与工程国家重点实验室主任冯夏庭教授和黄理兴研究员策划，先后在武汉市与葫芦岛市召开《岩石力学与工程研究著作丛书》编写研讨会，组织我国岩石力学工程界的精英参与本丛书的撰写，以反映我国近期在岩石力学与工程研究领域取得的最新成果。本丛书内容涵盖岩石力学与工程的理论研究、试验方法、实验技术、计算仿真、工程实践等各个方面。

本丛书编委会编委由 75 位来自全国水利水电、煤炭石油、能源矿山、铁道交通、资源环境、市镇建设、国防科研等领域大专院校、工矿企业等单位与部门的岩石力学与工程界精英组成。编委会负责选题的审查，科学出版社负责稿件的审定与出版。

在本丛书的策划、组织与出版过程中，得到各专著作者与编委的积极响应；得到各界领导的关怀与支持，特别是中国岩石力学与工程学会理事长钱七虎院士为丛书作序；中国科学院武汉岩土力学研究所冯夏庭教授、黄理兴研究员与科学出版社刘宝莉编辑做了许多烦琐而有成效的工作，在此一并表示感谢。

"21 世纪岩土力学与工程研究中心在中国"，这一理念已得到世人的共识。我们生长在这个年代里，感到无限的幸福与骄傲，同时我们也感觉到肩上的责任重大。我们组织编写这套丛书，希望能真实反映我国岩石力学与工程的现状与成果，希望对读者有所帮助，希望能为我国岩石力学学科发展与工程建设贡献一份力量。

《岩石力学与工程研究著作丛书》

编辑委员会

2007 年 11 月 28 日

前　言

我国煤炭资源已探明储量中厚煤层储量占44%,每年井工开采的厚煤层产量占煤炭总产量的45%以上。从1982年开始研究引进厚煤层综放开采技术,经历了探索、逐渐成熟、技术成熟和推广、革新四个阶段,在大量的科研攻关和工业实践的基础上,逐步形成了厚及特厚煤层开采技术体系。随着开采煤层厚度的不断增加,开采后的巨大空间对矿井安全的影响越来越大,尤以坚硬岩层煤系地层更为显著。我国煤矿1/3的煤层赋存有坚硬顶板,且分布在50%以上的矿区,如大同、义马、新疆等矿区,其中大同矿区最为典型。

大同是我国最重要的煤炭城市之一,煤炭开采的历史有1500多年,清末开始形成规模开采,20世纪50年代末,大同市煤炭产量突破1000万t。伴随能源基地的建设和煤炭产业的快速发展,大同市煤炭企业也走过辉煌的历史。大同煤矿集团有限责任公司(简称大同煤矿集团)一直是全国最大的煤炭生产企业之一,2016年在世界500强企业中位列第322位,至2016年底累计生产原煤27亿t,为国家经济的发展做出巨大贡献。大同矿区作为我国主要的优质动力煤生产基地,承担着巨大的社会责任。其赋存的煤炭具有低灰、低硫、高热值属性,成为世界煤产品的名牌,是我国华北、华东、东北、东南等地区大型热电厂的首选动力用煤,在我国国民经济发展中占有重要的地位。大同矿区赋存的煤层为侏罗系和石炭-二叠系双系煤层,侏罗系煤炭资源已趋于枯竭,目前石炭-二叠系是大同矿区的主采煤层,赋存有厚度在15m以上的特厚煤层,覆岩中含有多层坚硬顶板,多为整体性强的厚砂岩、砾岩,层理节理均不发育,性质坚硬,坚固性系数$f \geqslant 8$,导致顶板管理、开采装备配套、矿压显现、瓦斯防治等方面的一系列技术难题,严重制约了煤炭资源的安全、高效、高资源回收率开采,也严重影响了企业的可持续发展。因此,如何安全、高效地开采石炭系坚硬顶板特厚煤层资源对我国煤炭工业的持续、稳定发展有重大意义。多年来,大同煤矿集团经过和国内外高等院校、科研机构的产学研合作,在坚硬顶板特厚煤层(14~20m)大采高综放安全高效开采工艺、装备、顶板控制理论与技术方面取得了重大突破,丰富和发展了厚及特厚煤层开采理论与技术,相关项目获得了国家科技进步一等奖。

坚硬顶板特厚煤层采场采动空间大、覆岩运动范围广,形成大空间采场,采场矿压显现更为强烈、岩层控制更为困难。岩层控制是矿压控制的根本,其核心内容包括覆岩结构、岩移观测和控制技术。其中,岩移观测是覆岩结构研究和岩层控制技术实施的基础。采矿现场面向的是原位状态的煤岩,为非均质的条件,与实验室给定的条件差异较大,地质条件和岩石力学性质又随着采掘活动不断变化而变化,加剧了覆岩结构特征研究、岩层运动特征监测的难度。实验室研究结果与实际现场发生的结果一般都相差甚远,因此进行岩层特性及其运动规律的连续监测很有必要。

作者根据大同矿区石炭系特厚煤层多年的工程实践与系统研究,明确定义了大空间采场及远近场的概念;构建了坚硬顶板大空间采场覆岩大结构模型,提出了大结构失稳理论;科学地揭示了特厚煤层采场远近场坚硬顶板破断对矿压显现及动压灾害的控制作用,合理地解释了大同矿区石炭系坚硬顶板特厚煤层采场具有大小周期来压、强矿压显现、矿压显现影响范围广等特殊矿压的现象;创立了大空间采场坚硬顶板的远近场协同控制技术。全书共12章;第1章主要给出大空间采场及远近场概念,阐述坚硬顶板开采特征和岩层控制理论研究现状;第2章主要分析特厚煤层开采的特点及大同矿区石炭系煤层的赋存条件;第3章介绍大同矿区石炭系坚硬顶板特厚煤层开采技术;第4章提出区域地质动力环境评估的一种方法;第5章探讨坚硬顶板的模糊综合分类方法;第6章主要论述大空间采场坚硬顶板结构特征、力学特征及其运动特征;第7章介绍岩层破裂演化常规实测技术,并系统阐述采动覆岩井上下联动"三位一体"综合观测方法;第8章研究大空间采场坚硬顶板矿压显现规律;第9章探讨大空间采场坚硬顶板煤柱力学特征;第10章和第11章分别论述大空间采场坚硬顶板的井上下、远近场控制技术;第12章系统阐述坚硬顶板岩层控制理论与技术的科学意义。

感谢中国矿业大学、辽宁工程技术大学、煤炭科学研究总院等科研院校给予的帮助和支持;感谢大同煤矿集团相关工程技术人员给予的帮助和支持。

由于能力和时间有限,书中难免存在不足之处,敬请广大读者批评指正。

于 斌

2018 年 5 月于大同

目　　录

图版

第1章 绪　　论

1.1　煤矿开采的顶板问题

煤炭被称为全世界工业的粮食,是使用最广泛的化石能源之一。我国目前的能源消费中煤炭是主体能源,在一次能源消费结构中占60%以上。在未来相当长时期内,煤炭作为我国主体能源的地位不会改变。煤炭工业是关系国家经济命脉和能源安全的重要基础产业[1-3]。我国是世界煤炭生产大国,近几年年均煤炭产量约37亿t,约占世界总产量的48%。

我国煤炭产量的90%以上来自于井工开采,顶板灾害是井工矿开采的主要灾害之一[4,5]。伴随煤炭产量的大幅跃升,我国煤矿事故起数和死亡率均大幅下降,安全生产状况有了明显改善,但与国际先进采煤国家相比,我国煤矿的事故率尤其是顶板事故率仍较高。顶板事故是指在煤矿井下生产过程中,顶板意外垮落造成的人员伤亡、设备损毁、生产终止等事故,是煤矿事故中的主要类型之一,也是影响煤矿安全生产的重要因素。顶板事故相对于煤矿瓦斯爆炸、透水等事故而言,虽然每次死亡人数比较少,但其事故发生频率高,事故总量大,且事故总体死亡人数也比较高(图1.1)[6],给煤炭行业安全生产带来巨大的危害,其死亡人数占煤矿事故总死亡人数的40%左右,以2014年为例,全国煤矿事故总共发生509起、死亡931

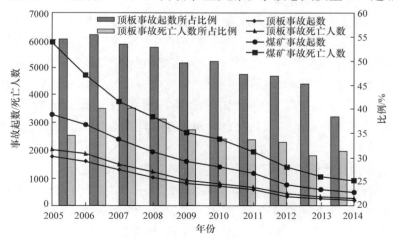

图1.1　近年来煤矿顶板事故统计情况

人,而顶板事故有 196 起、死亡 292 人。

1.2　坚硬顶板煤层开采特征

坚硬顶板是指在煤层之上直接赋存或在厚度较薄的直接顶上赋存有强度高、厚度大、整体性强、节理裂隙不发育,煤层开采后在采空区大面积悬露、短期内不易自然垮落的顶板。顶板大面积的垮落,对工作面的回采形成极大的威胁,矿压显现具有动载系数高、支架载荷大且分布不均匀等特征,甚至发生矿震。在坚硬顶板条件下,由于顶板赋存完整、岩性坚硬,随着工作面的推进,坚硬顶板大面积悬露而不能及时垮落从而导致采空区空间逐渐增大,工作面支架阻力也不断增加,加之坚硬顶板下方直接顶垮落矸石不能充满整个采空区空间,当大范围悬露顶板突然破断时会造成工作面矿压显现加剧、工作面顶板来压强度大、易发生压架事故,甚至形成飓风冲击工作面人员与生产支护设备,影响工作面安全生产,严重威胁井下人员的生命安全[7-10]。

坚硬顶板条件在国内外许多矿区都有分布,国外主要分布在俄罗斯、德国、波兰等国家。我国赋存有坚硬顶板的煤层占 1/3 左右,且分布在 50% 以上的矿区,如大同矿区、义马矿区、济宁矿区、新汶矿区、京西矿区、淮北矿区等,其中大同矿区是我国最为典型的坚硬顶板矿区,其侏罗系煤层和石炭系煤层覆岩均赋存有多层坚硬顶板[11-17]。采场坚硬顶板的突然断裂会伴有弹性能释放,造成顶板震动,诱发冲击矿压;对超前断裂的坚硬顶板,随回采工作面推进到断裂线下方,当支架支护能力和岩层间摩擦力不足时,顶板可能会在控顶区上方垮落,造成支架失稳或压架、推垮事故。坚硬顶板破坏呈现以下特点:

(1) 基本顶初次来压和周期来压十分强烈。坚硬顶板垮落时,一般具有较强烈的冲击载荷,在基本顶初次来压和周期来压时更为突出,瞬时冲击载荷十分强烈。大同矿区多年的生产实践证明,大量液压支架的损坏都是发生在基本顶初次来压和周期来压期间,其动载系数一般为 1～3,有时大于这个数值。控制坚硬顶板,一方面是对基本顶初次来压和周期来压进行预报,采取预防措施,另一方面是采取有效的工艺来降低基本顶初次来压和周期来压的强度,而后者是行之有效的根本技术途径。

(2) 基本顶自稳能力强,来压步距大,极限采空悬顶面积大。坚硬顶板由于自稳能力强,垮落比较困难,因此又称"坚硬难垮顶板",基本顶初次来压步距一般在80～140m 变化,最大初次来压步距可达 160m。极限采空悬顶面积最大可达10000～30000m² ,一般在 8000～15000m² 变化,因此这种垮落特点又称为区域性切冒,是煤矿生产中的重大灾害之一。因这种垮落具有瞬时性并具有空气冲击和顶板冲击双重作用,对矿井的破坏性更为严重,在开采原煤层时,这种破坏作用尤为突出。

(3) 坚硬顶板垮落岩石块度大。坚硬顶板整体性强,节理裂隙和弱面不发育,因此在垮落时一般块度比较大,垮落岩石长度在 5m 左右是经常见到的,最大的垮落岩石长度可达 35m、厚度可达 3m 以上、宽度可达 5m 以上,对支架有较大的冲击和破坏作用。由于坚硬顶板垮落块度大,大的岩块之间互相铰接,造成大的裂隙,形成风流的通道,在厚煤层分层开采时,容易造成漏风和自然发火。

(4) 坚硬顶板垮落高度大。坚硬顶板一般在回采过程中不垮落或垮落高度很小,仅达 1～3m,但当达到极限悬顶面积,发生大面积顶板瞬时一次垮落时,垮落高度远远大于其他类型的顶板,一般可达 40～70m,最高可以通达地面。例如,大同挖金湾矿青年湾井发生 128m×103m 顶板大面积垮落时,直接垮到地面,使地面塌陷 45m。

(5) 坚硬顶板条件下矿压显现与其他类型的顶板有很大的差异。坚硬顶板的下沉量在正常情况下一般比较小,因此非周期来压阶段坚硬顶板条件下的支架载荷一般比较小,而且比较稳定,经常处于初撑力状态;但在基本顶初次来压和周期来压阶段,下沉量却呈直线增加,支架载荷迅速增加,呈直线增长,有时瞬时载荷超过支架额定阻力,多数支架的大流量安全阀开启,甚至造成大量立柱破坏。这要求支架具有特殊的性能,既能适应瞬时载荷的冲击,又具有较高的支承能力。

大同矿区是我国最大的煤炭生产基地之一,大同煤矿集团是地跨大同、朔州、忻州 3 市的 39 个县、区,拥有井田面积 2083.69km², 资源储量合计约 313 亿 t,年产能力上亿吨的特大型煤炭企业集团。大同矿区赋存侏罗系和石炭系双系可采煤层,其中侏罗系煤层距地表 240～350m,石炭系煤层赋存深度较深,为 500～800m,双系间距 150～450m,区内煤层和顶底板均较坚硬,坚硬顶板控制问题一直是大同矿区煤炭资源安全高效开采的重大难题。侏罗系大同组煤岩系属于多煤层煤系地层,共分为 15 个煤组,有可采或局部可采煤层 21 个分层,煤层顶板基本为坚硬的砂岩或砂砾岩,厚度 10～50m,厚层状整体结构,层、节理裂隙均不发育。石炭系煤层包括上石炭统下部本溪组、上石炭统上部太原组及下二叠统山西组。本溪组不含可采煤层;太原组由陆相及滨海相砂岩、泥岩与高岭岩组成,厚 36～95m,含可采及局部可采煤层 10 层,煤层总厚度在 20m 以上;山西组由陆相砂岩夹煤及泥岩组成,厚 45～60m,含 1 层可采煤层,厚 0～3.8m。双系煤层间分布着细粒砂岩、粗粒砂岩、煤层、粉砂岩、中粒砂岩、岩砾岩、砂质泥岩,其中砂质岩性岩层占 90%～95%。石炭系 3-5# 煤层顶板为坚硬岩层,岩体相对完整,强度较大。

目前,大同矿区侏罗系煤层的开采几近完毕,以塔山煤矿和同忻煤矿为代表的千万吨级矿井已转入深部石炭系煤层开采。然而,在石炭系煤层开采过程中,工作面矿压显现异常、强烈,经常伴随有工作面压架、巷道超前支护的单体支柱折损、巷道底鼓等强矿压现象的发生。针对这一现象,作者带领的团队对石炭系工作面开采过程中大空间采场覆岩结构及强矿压显现[18-22]机理进行了深入的探索,研究发现,因石炭系开采煤层厚度较大,采场空间大,煤层开采后覆岩的破断和应力场分布波及范围较广,易引发上覆侏罗系已稳定覆岩的二次运动,从而形成了更大范围覆岩的复杂结构破断和运移,加之上覆侏罗系煤层群采空区不同层位、遗留的不同类型的煤柱等综合原因,导致石炭系煤层工作面的强矿压显现。

　　由于大同矿区覆岩具有多层坚硬岩层的结构特点,工作面具有矿压显现强烈,动载系数大(1.5~3.5);来压步距大,初次来压步距为50~140m,最大可达160m;极限悬顶面积为10000~30000m²,甚至更大;垮落岩石块度大,边长为5~10m,最大可达30~40m;顶板垮落高度大,可达40~70m,甚至通达地表等矿压特点,采煤工作面矿压显现具有特殊性,见图1.2。因此,大同矿区根据大空间采场强矿压显现机理,对不同层位坚硬顶板分别采取不同的措施进行控制,对于距离工作面顶板较远的坚硬顶板采用地面远场水力压裂技术,对于距离工作面顶板较近的坚硬顶板采用井下特高水压致裂技术。

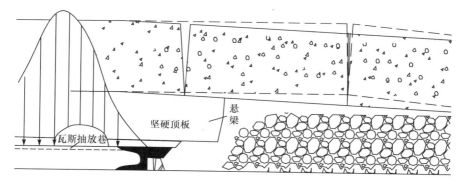

图 1.2　坚硬顶板整体活动规律

　　长期以来,大同煤矿集团在坚硬顶板控制方面开展了深入的研究,如采用顶板岩体预注水压裂方法处理坚硬顶板,取得了明显的技术和经济效益,不但保证了安全生产,而且产量和效率普遍提高一倍以上,也为我国其他矿区坚硬顶板的治理提供了借鉴和指导。但是,随着煤层开采范围的扩大和开采强度的提高,对坚硬顶板的控制要求也不断提高。上部侏罗系煤层开采已近结束,正逐步转产到下部石炭系煤层。石炭系主采煤层为 3-5# 煤层,其全层总厚 1.63~29.21m,平均厚15.72m,开采过程中不但受自身坚硬顶板的影响,还受侏罗系坚硬顶板岩层的影响,矿压显现强烈,如同忻煤矿在开采 3-5# 特厚煤层过程中频繁出现强矿压显现,虽然其开采设备属国内甚至世界一流水平,工作面支架的工作阻力达到15000kN/架,但出现的强矿压仍然造成压架事故,对工作面的开采造成了不良影响,经济损失巨大。同忻煤矿开采的石炭系 3-5# 煤层上方160m 处正是永定庄煤矿开采过的侏罗系 14# 煤层的采空区,同忻煤矿 8101 工作面和 8100 工作面频繁发生的强矿压显现正与此有关。同时,大同煤矿集团下属其他开采石炭系煤层的矿井在石炭系特厚煤层开采过程中也出现了强矿压显现现象,如塔山煤矿等,造成了较为严重的压架事故,严重影响工作面的正常生产。同忻煤矿和塔山煤矿是开采石炭-二叠系煤层的主力生产矿井,年产量均在千万吨以上。同忻煤矿自 2011年 3 月以来,在 2100 巷、5104 巷、5105 巷和 5107 巷出现了多次强矿压显现和动载矿压。其中,8105 工作面在开采过程中,回风顺槽 5105 巷在超前工作面 10～40m内巷道底鼓强烈,最大底鼓量 0.5m,顶板下沉最大达 0.6m,两帮混凝土喷层严重开裂,超前支护单体支柱折损严重(图 1.3 和图 1.4)。因此,如何控制特厚煤层开采过程中坚硬顶板带来的强矿压或动载矿压问题,成为大同矿区石炭-二叠系煤层安全高效开采亟待解决的问题。

图 1.3　同忻煤矿超前单体支柱折损　　　　图 1.4　同忻煤矿临空巷道底鼓

随着大同石炭系坚硬顶板特厚煤层不断的开采实践,发现工作面采动影响范围较大,现有矿压理论建立的直接顶和基本顶的判别方法、覆岩的"三带"特征、顶板的分类标准等理论和方法已不能较好地解释坚硬顶板特厚煤层采场矿压显现的机理。显然,大同矿区坚硬顶板特厚煤层综放开采工程实践已大大超前于工程岩体运动特征、力学特征、致灾特征等基础理论研究。因此,坚硬顶板特厚煤层开采过程中伴随的巷道围岩控制难题、矿压显现异常和工程灾害等难以有效防治和预测,现有的矿山压力与控制理论不能对其工程问题进行科学指导。因此,需要深入研究坚硬顶板特厚煤层采场覆岩结构特征、失稳机制、双系煤层之间开采矿压相互影响关系等,掌握坚硬顶板特厚煤层开采条件下的矿压显现规律,研发监测技术和围岩控制技术以及确定顶板高压注水压裂弱化机理、技术体系与参数,解决双系煤层开采的顶板控制、大空间采场强矿压控制和顶板来压预报等难题,从而建立完善的坚硬顶板控制理论与技术,保障大同矿区及其他矿区坚硬顶板特厚煤层的安全、高效开采。

1.3　岩层控制理论研究现状

1.3.1　大空间采场矿压研究现状

岩层控制是研究和控制由采煤作业引起的煤岩层矿山压力显现的一门学科,简单来讲就是将岩石力学原理应用到采矿工程中。因此,岩层控制研究包括煤层开采引起的从煤层直接顶岩层到地表的煤岩层和煤系地层的活动规律[23]。对于开采空间小的采场,其矿压显现主要由直接顶和基本顶范围内岩层运动产生;对于开采空间大的采场,如大采高工作面、综放工作面和特厚煤层综放工作面等,其矿压显现不仅受控于基本顶范围内的岩层,而且高位坚硬岩层的破断失稳对采场矿压尤其是动载矿压的影响更为严重。因此,对于大空间采场的岩层控制范围要更广。

对于特厚煤层开采条件,采场覆岩垮落岩石不能充满采空区,坚硬岩层下部存在自由空间,形成大空间采场。针对特厚煤层开采形成大空间采场的覆岩结构特征、矿压显现规律等,国内学者做了一些研究工作。

于斌等[18]采用理论分析、物理模拟及现场实测等方法,对特厚煤层综放开采大空间采场覆岩结构及作用机制进行了研究,建立了特厚煤层开采大空间采场岩层结构演化模型。研究结果表明,特厚煤层综放开采覆岩远、近场关键层运动都可能会对采场矿压产生影响,近场关键层为"竖 O-X"破断的"悬臂梁＋砌体梁"结构,远场关键层为"横 O-X"破断的"砌体梁"结构模型。近场关键层结构主要影响工作面支架压力及其稳定性,近场关键层结构中,以悬臂梁结构破断运动的关键层层数越多,对支架安全越不利;远场关键层结构则主要对工作面临空侧巷道变形产生影响,其破断块体的回转运动对临空侧巷道围岩产生径向挤压作用,是造成工作面超前巷道底鼓的主要原因。

霍丙杰等[22]应用关键层理论分析了同忻煤矿 3-5# 煤层特厚煤层综放开采多层坚硬顶板的破断特征和大空间采场覆岩结构特征,应用弹性板理论,建立了大空间采场坚硬顶板"拱壳"平衡大结构力学模型。研究表明,坚硬顶板"拱壳"平衡大结构理论较好地揭示了同忻煤矿 8105、8106 等工作面开采过程中产生大小周期来压、采动影响范围大、易产生强矿压等特殊矿压现象的机理。

侯玮等[24]采用理论分析与微震监测的方法,对特厚煤层综放开采覆岩运动特征及其对矿压显现的影响进行了研究。通过采动应力环境下静压分析和动压分析以及地质条件多因素耦合的方法总结出三面采空孤岛采场动压致灾机理。结合工程实践,基于微地震定位监测结果揭示 C 形覆岩空间结构应力分布和变化特征,验证了 C 形覆岩空间结构采场采动阶段诱发动力灾害规律。

李化敏等[25]采用现场实测和理论分析等方法对大采高综放采场矿压及顶板运移破断特征进行了分析,建立了大采高综放采场周期来压岩层破断的力学模型,得出了液压支架工作阻力的计算方法。研究结果表明,大采高综放工作面来压时安全阀开启频繁、顶板快速下沉,额定工作阻力为 13800kN 的液压支架不能满足顶板控制的需要;开采空间增大、直接顶厚度增大,低位基本顶转化为直接顶成为悬臂结构、高位基本顶形成砌体梁,二者形成"上位砌体梁-下位倒台阶组合悬臂"结构。

张宏伟等[26]综合运用关键层理论、数值模拟与 EH-4 大地电磁法,对特厚煤层开采采场上覆岩层破坏规律进行了研究。研究结果表明,覆岩破坏高度最大为174.6m,各亚关键层控制着覆岩破坏的发育,主关键层抑制着覆岩破坏的发育。主亚关键层对采场矿压规律起到控制作用。该研究为特厚煤层开采覆岩破坏规律与矿压显现规律的关系提供了依据。

于洋[27]以麻家梁煤矿为研究背景,结合井田区域构造特征、煤岩赋存条件和开采技术要求,综合采用现场调研、理论分析、数值模拟计算、相似材料模拟试验及现场实测等研究手段,系统研究了坚硬顶板条件下特厚煤层综放开采的矿压显现特征及动载作用机理,针对性地提出了基于水压致裂弱化控制和抗动载作用支护系统的沿空巷道围岩控制原理和技术途径,揭示了特厚煤层低位双硬顶板破断失稳是导致采场工作面强矿压显现特征的主要影响因素。

于雷等[28]采用相似材料模拟的方法,对综放开采顶板运动形式及其对工作面矿压规律的影响进行了研究。研究结果表明,综放开采顶板呈组合悬臂梁-铰接岩梁结构,而组合悬臂梁存在五种基本运动形式,即组合悬臂梁-直接垮落式、组合悬臂梁-铰接岩梁转化式、组合悬臂梁-铰接岩梁交替式、组合悬臂梁-搭桥-反向回转式及组合悬臂梁-搭桥-直接垮落式。通过分析这五种基本运动形式对矿压规律的影响,揭示了较薄厚煤层综放工作面矿压显现不明显的主要原因是顶板结构发生组合悬臂梁-铰接岩梁交替式运动;特厚煤层综放工作面顶板结构发生组合悬臂梁-铰接岩梁转化式、组合悬臂梁-搭桥-反向回转式或组合悬臂梁-搭桥-直接垮落式引发小周期来压;铰接岩梁结构回转引起组合悬臂梁结构同时失稳引起大周期来压,此时组合悬臂梁结构运动形式多为直接垮落式。

1.3.2 采场覆岩结构演化研究现状

自采用长壁开采技术以来,回采工作面的顶板控制一直是采矿学科研究的核心问题之一。采场中一切矿压显现的根源是上覆岩层的运动,煤层开采后上覆岩层形成的结构形态及稳定性决定了顶板的运动特征,直接影响采场支架受力的大小、参数和性能的选择,同时也将影响开采后上覆岩层内节理裂隙及离层区的分布和地表塌陷形态。由于上覆岩层的岩性、厚度、层位关系及构造情况不同,采场覆岩结构存在多种多样的运动特征,形成多种类型的采场结构。采场上覆岩层结构特征及其运动形式对工作面、工作面端头及临空巷道等区域矿压显现的影响显著。20世纪60年代至80年代初是采场顶板结构学说百花齐放的阶段,研究者对覆岩可能形成的结构提出了众多假说和理论,用以解释采场各种矿压现象。近年来,随着综放技术的发展及开采深度的不断增加,与矿山压力相关的重大灾害逐渐增多,事故分析的结果表明,应重新认识矿山压力的计算模型和事故发生的机理。以上所述推动了采场上覆岩层结构理论的进一步发展。

1. 压力拱假说

矿山压力理论是随着人们的开采实践而不断发展的。19世纪后期到20世纪初是采场矿压假说的萌芽阶段,这一时期开始利用比较简单的力学原理解释实践中出现的一些矿压现象,并提出了一些初步的矿压假说。20世纪50年代,比较有影响的是苏联工程师许普鲁特提出的压力拱假说,他认为,采场在一个"前脚在煤壁、后脚在采空区"的拱结构的保护之下。这种观点解释了两个重要的矿压现象:一是支架承受上覆岩层的范围是有限的;二是煤壁上和采空区矸石上将形成较大的支撑压力,其来源是控顶上方的岩层重量。由于压力拱假说难以解释采场周期来压等现象,现场也难以找到定量描述拱结构的参数,只能停留在对一些矿压现象一般解释的水平上,不能很好地应用于实践。

2. 铰接岩块假说

苏联学者库茨涅佐夫在实验室进行采场上覆岩层运动规律研究的基础上提出了铰接岩块假说,该假说是定量地研究矿压现象的一个重大突破。铰接岩块假说比较深入地揭示了采场上覆岩层的发展状况,特别是岩层垮落实现的条件。该假说认为,需控的顶板由垮落带和其上的铰接岩梁组成。垮落带给予支架的是"给定荷载",它的作用力必须由支架全部承担。而铰接岩块在水平推力的作用下构成一个平衡结构,这个结构与支架之间存在"给定变形"的关系。铰接岩块假说的重大贡献在于,它不仅解释了压力拱假说所能解释的矿压现象,而且解释了采场周期来压现象,第一次提出了预计直接顶厚度的公式,并从控制顶板的角度出发,揭示了支架荷载的来源和顶板下沉量与顶板运动的关系。这一成果是以后矿压理论发展的重要基础。

3. 预成裂隙假说

预成裂隙假说由比利时学者拉巴斯于20世纪50年代初几乎与铰接岩块假说同时期提出,该假说认为,开采使回采工作面上覆岩层的连续性遭到破坏,成为非连续体,在回采工作面周围存在应力降低区、应力增高区和采动影响区。开采后,上覆岩层中存在各种裂隙,从而使岩体发生很大的类似塑性体的变形。这种被各种裂隙破坏了的假塑性体处于一种彼此被挤紧的状态时,可以形成类似梁的平衡。

4. 砌体梁理论

钱鸣高等[29]在铰接岩块假说和预成裂隙假说的基础上,借助大屯孔庄煤矿开采后岩层内部移动观测资料,研究了裂隙带岩层形成结构的可能性和结构的平衡条件,提出了上覆岩层开采后呈砌体梁式平衡的结构力学模型。缪协兴等[30]给出了关于砌体梁的全结构模型,并对砌体梁全结构模型进行了力学分析,得出了砌体梁的形态和受力的理论解以及砌体梁排列的拟合曲线。该理论认为,采场上覆岩层的岩体结构主要由多个坚硬岩层组成,每个分组中的软岩可视为坚硬岩层上的载荷,此结构具有滑落和回转变形两种失稳形式。该理论将上覆岩层分为三带:垮落带、裂隙带和弯曲下沉带,给出了破断岩块的咬合方式及平衡条件,同时还讨论了基本顶破断时在岩体中引起的扰动,为采场的矿山压力控制及支护设计提供了理论依据。上覆岩层结构形态与平衡条件的提出,为论证采场矿山压力控制参数奠定了基础。该理论对我国煤矿采场矿压理论研究与指导生产实践都起到了重要作用,从假说条件可以看出,该理论更适用于存在坚硬岩层的采场。

5. 岩板及弹性基础梁(板)理论

由于砌体梁结构的研究是限于采场中部沿走向的平面问题,随着采场矿山压力研究的深入,尤其是基本顶来压预报的发展,在坚硬顶板工作面首先将几种支撑条件下的顶板视为薄板,并研究了薄板的破断规律、基本顶在煤体上方的断裂位置以及断裂前后在煤与岩体内所引起的力学变化。钱鸣高等[31]提出了岩层断裂前后的弹性基础梁模型。该理论证明了“反弹”机理并给出了算例。朱德仁等[32]和何富连[33]提出了各种不同支撑条件下 Winkler 弹性基础上的板力学模型,利用基本顶岩层形成砌体梁结构前的连续介质力学模型,分析了顶板断裂的机理和模式。姜福兴[34]对长厚比小于 5～8 的中厚板进行了解算,得到了一些有益的结论。至此,开采后基本顶的稳定性、断裂时引起的扰动及断裂后形成的结构形态形成了一个总体概貌。

6. 传递岩梁理论

传递岩梁理论是以岩层运动为中心的矿压理论。宋振骐等[35]在大量现场观测的基础上,建立了以岩层运动为中心,预测预报、控制设计和控制效果判断三位一体的实用矿压理论体系,称为传递岩梁理论。该理论的重要贡献在于:揭示了岩层运动与采动支承压力的关系,并明确提出了内外应力场的观点。在此基础上,提出了系统的采场来压预报理论和技术、限定变形和给定变形为基础的位态方程(支架围岩关系),以及系统的顶板控制设计理论和技术。

7. 关键层理论

钱鸣高领导的课题组[36]根据多年对顶板岩层控制的研究与实践,提出了岩层控制中的关键层理论,将对上覆岩层活动全部或局部起控制作用的岩层称为关键层。关键层判断的主要依据是其变形和破断特征,即在关键层破断时,其上覆全部岩层或局部岩层的下沉变形是相互协调一致的,前者称为岩层活动的主关键层,后者称为亚关键层。关键层的破断将导致全部或相当部分的上覆岩层产生整体运动。关键层理论及其有关采动裂隙分布规律的研究成果为我国卸压瓦斯抽采提供了理论依据,钱鸣高等[37]分别对覆岩采动裂隙分布特征和覆岩采动裂隙分布的 O 形圈特征进行了研究,建立了卸压瓦斯抽采的 O 形圈理论;离层注浆减沉技术要取得好的注浆效果,覆岩中必须存在典型关键层并能形成较长的离层区,并且应合理布置注浆钻孔,这主要取决于对覆岩离层产生的条件及离层的动态分布规律的认识。在典型的主关键层,其一次破断运动的岩层范围大,尤其是当主关键层初次破断时,将引起采场较强烈的来压显现。

岩层控制的关键层理论自提出以来,许家林[38]在关键层的判别方法,关键层上的载荷分布与关键层破断规律,关键层运动对采场矿压、地表沉陷及采动裂隙场分布的影响,关键层理论在卸压瓦斯抽采、开采沉陷控制等方面的工程应用上取得了显著进展。例如,针对神东矿区浅埋煤层的赋存特征,提出了关键层两类四种的分类方法,揭示了浅埋煤层关键层运动对地表沉陷动态过程的控制作用,分析了浅埋煤层地表沉陷观测间隔周期对地表下沉动态曲线形态和最大下沉速度的影响,揭示了浅埋煤层关键层运动对顶板导水裂隙演化的规律和补连塔煤矿四盘区顶板异常突水机理等;研究了皖北祁东煤矿松散承压含水层的载荷传递作用对关键层复合破断的影响,并揭示了工作面突水压架机理。

缪协兴等[39]将关键层理论用于保水开采技术中,建立了保水采煤的隔水关键层模型,系统分析了关键层复合效应对关键层破断、采场来压、岩层移动、采动裂隙分布和地表沉陷的影响。侯忠杰等根据浅埋煤层的特点,提出了覆岩全厚整体台阶切落的判断公式,补充了关键层理论在浅埋煤层应用中的判定准则,推导出组合关键层弹性模量、承受载荷和极限跨距的计算公式。姜福兴等[40]基于微地震定位监测技术监测岩体在三维空间破裂的成果,以及多种边界条件工作面岩层运动和应力场的观测结果,提出了长壁采场覆岩空间结构的概念,并将覆岩空间结构分为中间有支撑的 θ 形及中间无支撑的 O 形、S 形和 C 形四类。

魏东等[41]基于岩层控制的关键层理论,对工作面开采过程中相邻采空区震动机理进行了研究,将相邻采空区震动机理归结为三种基本形式:① 低位亚关键层回转滑移失稳;② 高位亚关键层剪切滑移失稳;③ 主关键层极限破断失稳。利用现场矿井微震监测系统,分析了不同机理震动规律,结果表明,相邻采空区岩层失稳滞后于本工作面岩层运动,震动频次上低位亚关键层最高,高位亚关键层次之,主关键层极限破断失稳震动最少,震动能量上则相反;本工作面破坏烈度则是高位亚关键层剪切滑移失稳最强,低位亚关键层失稳震动次之,而主关键层最小。

鞠金峰等[42]通过理论分析并结合模拟试验,提出了大采高覆岩关键层"悬臂梁"结构的三种运动形式,即悬臂梁直接垮落式、悬臂梁双向回转垮落式、悬臂梁-砌体梁交替式。结合关键层"悬臂梁"与"砌体梁"结构对采场矿压影响的对比分析,揭示了关键层"悬臂梁"结构三种运动形式对采场矿压的不同影响规律,并得到了补连塔煤矿 7.0m 支架综采工作面矿压实测数据的验证。通过对我国首个 7.0m 支架综采工作面开采的现场实测、模拟试验与理论分析,就神东矿区特大采高综采工作面覆岩关键层结构形态及其对矿压显现的影响规律与支架合理工作阻力的确定等问题进行了深入研究,提出了特大采高综采面不同覆岩关键层结构形态时支架工作阻力的确定方法。

王晓振等[43]针对部分矿区采动导水裂隙异常发育的问题,采用模拟试验和工程探测的方法,就主关键层结构稳定性对顶板导水裂隙演化和含水层水位的影响进行了深入研究。结果表明,当主关键层与煤层间距小于 7～10 倍采高时,顶板导水裂隙会发育至基岩顶界面,但主关键层上部的导水裂隙会随主关键层结构稳定性的变化呈现出两种不同的演化形态。当主关键层结构稳定运动时,主关键层上部导水裂隙经历产生—发育—闭合的过程;当主关键层结构滑落失稳时,主关键层上部导水裂隙形成后难以随采动闭合消失。

8. 采动覆岩空间结构与应力场的动态关系

通常研究矿山压力与覆岩结构的相互作用关系都采用平面模型,是因为采场顶板的厚度与工作面的长度相比是个小量,是合理的。但随着采深的增加,工作面上方顶板覆岩的厚度与工作面长度相比,已不再是小量,显然平面模型是不合适的。因此,系统深入地研究采动覆岩的空间结构及其与矿山压力的动态关系,是控制矿山重大工程灾害的基础。史红等[44]通过实测、试验、数值计算等探索了采动覆岩空间结构与应力场的动态关系,研究结果表明,在评判巷道围岩应力、工作面底板应力及离层注浆后注浆立柱的地下持力体的稳定性时,传统的平面力学模型与立体力学模型的计算结果有很大的差异,且立体力学模型更合理和准确。由姜福兴领导的课题组[45]与澳大利亚联邦科学与工业研究组织广泛合作,利用微地震定位监测技术揭示了采场覆岩空间破裂与采动应力场的关系,证实了采矿活动导致采场围岩的破裂存在四种类型,且以高垂直压力、低侧压的致裂机理为主流,确定了覆岩空间破裂结构与采动应力场的关系在两侧煤体稳定、煤体一侧稳定且另一侧不稳定、两个以上采空区连通三种典型边界条件下具有不同的规律,并在空间上展示了顶板、底板、煤体的破裂形态及其与应力场的关系。通过分析澳大利亚煤矿六个长壁工作面的实测资料,证明在地层进入充分采动之前,上覆岩层的最大破裂高度近似为采空区短边长度的一半。这一结论解释了我国兖州、新汶等大型矿区及澳大利亚煤矿连续出现了当采空区"见方",工作面斜长与走向推进距离接近时,压死支架或发生冲击地压的原因。

采场覆岩空间结构概念的提出,解释了平面模型不能解释的综放面异常压力、采空区"见方"易发生底板突水、顶板溃水、冲击地压、煤与瓦斯突出等现象。其科学意义在于:将采场矿压与岩层运动的研究范围扩大到了基本顶以上和三维空间,从覆岩空间结构的角度研究了结构运动与采动支承压力的关系,将采场矿压的研究从平面阶段推进到了空间阶段。其工程意义在于:通过研究岩层空间运动规律,提出了多层位动态注浆减沉技术思路,并在多个矿实践成功;提出了采场周围应力由空间结构决定的观点,从而为不同采空条件留设区段煤柱、预测和防治冲击地压、综放面异常压力、底板突水等提供了新的技术思路,并在多个矿山得到应用和验证。

1.3.3　采场顶板结构稳定性研究现状

覆岩结构稳定性不仅取决于采场生产条件,更取决于采场上覆岩层结构和特征,特别是覆岩的硬度和完整性。20 世纪 90 年代,钱鸣高领导的课题组[46]对砌体梁结构进行了进一步的研究,在砌体梁结构研究的前提下重点分析了关键块的平衡关系,提出了砌体梁关键块的滑落与转动变形失稳条件,即 S-R 稳定条件,促成了 S-R 稳定性理论的形成。该理论认为采动后岩体内形成的砌体梁力学模型是一个大结构,而此大结构中影响采场顶板控制的主要是岩层移动中形成的离层区附近的几个岩块——关键块,关键块的平衡与否直接影响采场顶板的稳定性及支架受力的大小;缪协兴[47]对采场基本顶初次来压时的稳定性进行了分析。侯忠杰[48]给出了较精确的基本顶断裂岩块回转端角接触面尺寸,并分别按照滑落失稳和回转失稳计算出了判断曲线。黄庆享等[49]建立了浅埋煤层采场基本顶周期来压的"短砌体梁"和"台阶岩梁"结构模型,分析了顶板结构的稳定性,揭示了工作面来压明显和顶板台阶下沉的机理是顶板结构滑落失稳,给出了维持顶板稳定的支护阻力计算公式;采场基本顶结构稳定性判据中有两项重要参数,即基本顶关键块与前方岩体之间的端角摩擦系数和岩块间的端角挤压系数,这两项参数的大小直接关系到顶板结构的稳定性和失稳形式的判断,对采场顶板岩层控制的定量化分析至关重要。黄庆享等[50]通过岩块试验、相似模拟和计算模拟,研究了基本顶岩块端角摩擦和端角挤压特性,得出了以下结论:基本顶岩块端角摩擦角为岩石残余摩擦角,摩擦系数为 0.5,端角挤压强度受弱面的影响明显且具有规律性,端角挤压系数为 0.4。另外,钟新谷[51]借助突变理论分析了煤矿长壁工作面顶板变形失稳的初始条件,推导了变形失稳的分叉集,指出了顶板不发生区域性切冒的条件,利用板的弹性稳定理论,分析了采场坚硬顶板的稳定性,提出了大面积顶板来压时采场顶板临界稳定参数模型,借助结构稳定理论,分析了工作面顶板"三铰拱"结构、"砌体梁"结构的变形失稳机理,建立了顶板变形失稳的几何、载荷参数条件,提出了确定合理支架刚度的标准及计算公式;同时指出,顶板岩层流变会降低顶板结构承载能力,促使变形失稳发生。闫少宏等[52]基于放顶煤开采上覆岩块运动特点引入了有限变形力学理论,提出了上位岩层结构面稳定性的定量判别式。徐学锋等[53]研究了临采空区工作面开采时覆岩结构失稳特征,指出空间平衡结构失稳诱发冲击矿压等煤岩动力灾害;姜福兴[54]提出了覆岩空间结构学术观点和相关研究方法,从更大的范围内认识岩层运动的规律和三维应力场的分布;弓培林等[55]运用关键层理论研究了大采高采场覆岩结构特征及运动规律;于斌等[56]揭示了岩层自身属性对坚硬厚层顶板破断后承载的影响和顶板断裂长度对坚硬厚层顶板断裂失稳发展的影响。

1.3.4　坚硬顶板控制理论与技术研究现状

由于坚硬岩顶板对矿井安全和经济效益具有重要影响,长期以来国内外采矿界的专家、教授以及现场的工程技术人员一直致力于坚硬难垮顶板控制理论与技术的研究,取得了显著的效果。目前国内外使用比较多的坚硬顶板控制方法有超前工作面顶板深孔爆破法、超前工作面顶板高压预注水法、煤柱支撑法、矸石局部充填法、水沙充填法、工作面步距爆破放顶法、采空区爆破法等,使用的采煤方法有房柱法、短壁法、刀柱法和长壁采煤法等。煤柱支撑开采法是早期常用的一种控制坚硬顶板的方法,该方法成本低,但控顶范围小,煤炭损失量大,易于形成区域性切冒,随着综合机械化采煤技术的发展和对资源回收率要求的提高,该方法被长壁采煤法所取代。

超前深孔预爆破技术是超前工作面一定距离,在工作面上、下巷道打深孔,采用高威力炸药爆破,预先在不受采动影响的原岩内形成人工破碎区和裂隙区,同时削弱原岩内弱面的层间结合强度。随着采面的推进,在采面应力场的作用下,深孔爆破产生的人工裂隙和结合力减弱的原生裂隙在一定区域内相互连通,并向四周扩散,显著降低了岩体的强度,使难垮顶板转化为易垮顶板,从而减少了采空区的悬顶面积,减弱了顶板的来压,减小了工作面的支护阻力。但是根据现场应用调查,深孔超前预爆破方法在我国未能广泛应用,主要原因除了爆破技术问题外,关键是高爆破力炸药爆破时,往往会产生较多的有害气体,对井下空气污染较严重,对人身安全也有危害,且在高瓦斯煤层中应用也存在安全隐患;其他控制坚硬顶板的方法(如充填法)因受经济、安全、资源回收率和技术上等问题的限制,在煤矿上应用还有比较大的难度,房柱、刀柱采煤方法正在逐步被淘汰。

　　坚硬顶板水压致裂技术是利用高压水主裂缝和翼型分支裂纹对坚硬顶板结构进行改造,形成有利于顶板垮落和采场控制的弱面,顶板岩层吸水湿润弱化。20世纪70年代末,牛锡倬等[57]针对大同四矿坚硬顶板难垮落现象,垮落时来压强度大致灾概率大问题,以实验室和现场试验为基础,提出了用高压注水弱化的方法控制坚硬难垮顶板;分析了砂岩的岩相、物理力学性质和浸水弱化岩石的破坏机理,论述了井下注水工艺和注水参数及技术经济效果。随后的二三十年,为了达到坚硬顶板水压致裂弱化控制的最佳效果,许多学者针对其影响因素(煤岩层的赋存条件、水压致裂位置、钻孔布置方式、注水参数),采用试验方法、现场试验、理论分析和数值计算等方法做了大量细致的研究,形成了比较完备的坚硬顶板高压注水弱化技术体系。工作面高压预注水压裂,通过物理作用和化学作用,使顶板岩体压裂和弱化,改变坚硬岩体的结构和物理力学特性,改变岩体的垮落特性,使不垮顶板和难垮顶板变为可垮顶板,使岩体由整体垮落变为层状垮落,由大面积大块垮落变为小面积小块垮落和随采随垮,降低冲击载荷对支架的破坏作用,彻底消除大面积瞬时来压危害,改善工作面的安全条件和工作环境。为了更好地实现坚硬顶板的有效控制,在采用超前工作面高压预注水压裂而弱化顶板技术的同时,辅助采用强力液压支架和大流量安全阀这类特殊结构。因此,超前工作面高压预注水压裂而弱化顶板的方法是控制坚硬难垮顶板的有效技术途径。

1.4　大空间采场坚硬顶板岩层控制研究思路

1.4.1　大空间采场及远近场概念

　　空间是一个相对概念,由长度、宽度、高度和大小表现出来。空间由众多范畴组成,包括宇宙空间、网络空间、物理空间以及采矿范畴内的采场空间等。空间使事物具有了变化性,即因为空间的存在,所以事物才可以发生变化。

　　这里定义大空间采场由两部分构成:一部分为由煤层开采较厚带来的直观的较大的采场空间;另一部分为大采场空间引发的更大空间范围内的覆岩破断和运移。综合起来讲,大空间采场即为影响采场矿压显现的大范围覆岩运动的空间。大空间采场具有以下特点:采放高度大、垮落岩石不能充满采空区;大空间采场覆岩运动时空范围广,引起更高位坚硬岩层周期性运动;大空间采场矿压显现强烈,易发生强矿压现象或动压现象;若采场覆岩存在高位关键层(远场关键层),易形成覆岩大结构,大结构失稳造成强矿压显现。大空间采场采动空间示意图见图1.5。

　　目前,国内外学者对于采场空间的研究大多集中在基本顶范围内的空间,尚未提及大空间采场的概念。作者根据大同矿区石炭系特厚煤层开采多年的理论研究和生产实践,首次将大空间的概念应用于大同矿区石炭系坚硬顶板特厚煤层采场

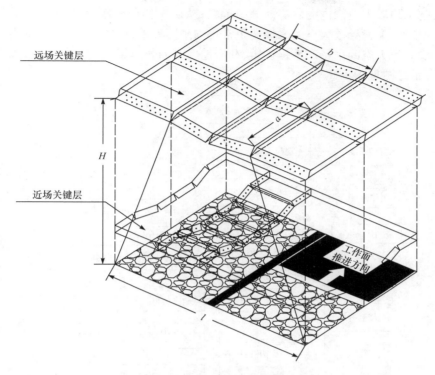

图 1.5　大空间采场采动空间示意图

矿压研究领域,科学地揭示了石炭系特厚煤层采场矿压显现不仅受低位岩层破断的影响,更受到高位空间范围内坚硬岩层运动影响的规律,合理地解释了大同矿区石炭系坚硬顶板特厚煤层采场具有大小周期来压、强矿压显现、矿压显现影响范围广等特殊的矿压现象。

　　普通采场采高小,矿压显现主要受控于近场空间范围内的岩层(基本顶范围内岩层)运动,大空间采场覆岩运动范围广,矿压显现不仅受近场范围岩层运动的控制,而且远场坚硬岩层(高位关键层)的破断失稳对其动载矿压的控制更为明显。同时,远场关键层是相对于近场关键层来说的,确定是不是远场关键层,首先要分析煤层开采时,对采场上覆岩层局部或直至地表的全部岩层活动是不是起控制作用的岩层,也就是要先确定这一坚硬岩层是不是关键层,再看其距煤层的远近。一般来说,远场关键层与煤层的距离要大于采高的 8～10 倍。在大同矿区石炭系特厚煤层综放开采研究中发现,一般来说,远场关键层与煤层的层间距在 150m 以上。

　　坚硬顶板特厚煤层开采影响范围大,不能只局限于近场基本顶,必须对远场坚硬岩层对采场的矿压作用进行研究。从空间上,将基本顶范围内的岩层划分为近场,将基本顶以上范围内的岩层划分为远场;从矿压作用机制上,近场范围内坚硬岩层的破断、失稳导致大空间采场产生常规的来压现象;远场范围内坚硬岩层的破断、失稳导致大空间采场产生强矿压、冲击地压等动载矿压现象。大空间采场远近场划分示意图见图1.6。

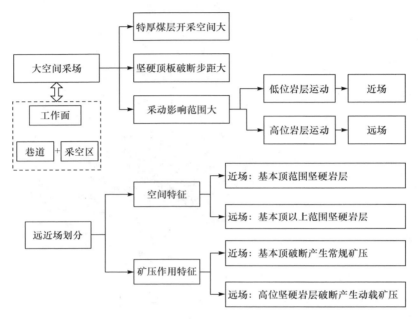

图1.6　大空间采场远近场划分示意图

大同矿区同忻煤矿、塔山煤矿等坚硬顶板特厚煤层开采实践表明,大空间采场高位覆岩运动对工作面的矿压显现有显著影响,当高位坚硬岩层破断时,工作面及临空巷道的矿压显现更为剧烈,甚至发生动载矿压。以近场基本顶范围岩层运动为主的采场矿压理论已不能科学地、合理地解释大空间采场岩层的运动特征、孕灾机理及强矿压显现机理。因此,针对大同矿区石炭系坚硬顶板特厚煤层的开采条件,有必要对采场大空间范围内的覆岩运动、破坏特征及其对矿压显现的控制机理进行研究,以全面掌握大空间采场工作面强矿压显现机制,从而在采前实施矿压预控技术,保证坚硬顶板特厚煤层的安全、高效开采。

1.4.2　研究思路

针对采场顶板结构、覆岩运动特征及其对工作面矿压控制作用进行研究时,由于研究的目的不同、对岩层认识的出发点不同,采用的研究手段和方法也会不同,国内外学者做了大量研究工作。研究方法主要有通过力学模型理论分析、数值模拟、相似材料模拟、高精度微地震监测、现场实测、钻孔电视等。

理论分析方法将采场矿山岩层看成某种介质或结构,建立力学模型,进行相应的数学、力学分析,求解此模型问题的解。将上覆岩层视为连续介质,用连续介质的力学方法来研究移动规律,称为连续介质学派。所用力学方法从弹性力学到塑性力学,从线性力学到非线性力学。在采场矿压控制领域,根据岩层介质具有破断前的近似连续介质特性与破断后的非连续介质特性的双重性,往往将断裂前的岩层视为梁或板,利用材料力学及板理论进行力学分析,如关键层理论;对于破断后的岩层,往往处理为由岩石块体通过某种结合方式组成的岩梁,如砌体梁理论、传递岩梁理论,利用结构静力学进行分析。这种方法的关键是如何处理岩层的介质或结构属性。由于在建立力学模型时做了一定的假定,研究结果与工程实际有一定的差距,或者说,这些研究成果只能在特定的条件下成立。相似材料模拟试验在岩层控制研究中应用较广,目前多为平面应力模型,模型的侧向变形及干燥收缩变形误差难以估计与排除,该方法可以直观地研究煤矿开采后采场上覆岩层的移动及破坏过程,但由于被模拟岩石力学参数的选取与模型制作工艺等对试验结果影响较大,只能得到一些定性的结论。数值计算是最近几十年随着计算机技术的发展而发展起来的快捷、方便的研究方法,目前常用的数值计算方法有有限元、边界元、离散元等,有限元、边界元是以连续介质力学为理论基础,而离散元用于研究非连续介质体的运动,适用于解决被节理切割岩体的大位移、大变形问题,但由于受计算模型、材料参数取值的限制,一般只能得到定性的结论。为了适应岩层介质的特征,通常多种方法组合使用,但是研究的范围多局限于近场;关键层理论,通过分析覆岩关键层分布特征,若判定的关键层层位较高——非基本顶的范畴,则可以认为研究了远场覆岩结构特征对矿压的控制。但是对于较薄煤层的开采,覆岩远场关键层对回采工作面和巷道矿压显现的影响不大,所以关键层理论应补充完善其适用范围的研究。

随着大同矿区石炭系坚硬顶板特厚煤层不断的开采实践,发现工作面采动影响范围较大,现有的矿压理论建立的直接顶和基本顶的判别方法、覆岩的"三带"特征、顶板的分类标准等理论和方法已不能较好地解释坚硬顶板特厚煤层采场矿压显现的机理。目前,对坚硬顶板特厚煤层的采场强矿压显现机理的理论研究处于探讨阶段,研究成果缺少对更大空间范围内坚硬顶板采场强矿压显现机理的系统性研究,一些基本概念和基本理论还尚未建立。大多研究尚停留在单因素或双因素作用对工作面矿压的影响,且采场研究的范围多数局限在基本顶范围内;对矿压的控制技术也主要是针对井下矿压显现特点,制定或优化相应的支护技术和参数,卸压技术也主要局限于井下采掘工程近场的范围,缺乏更大空间的预控措施和理论支撑。显然,国内外坚硬顶板特厚煤层综放开采工程实践已大大超前于工程岩体运动特征、力学特征、致灾特征等基础理论研究。因此,现有的矿山压力与控制理论不能对坚硬顶板特厚煤层开采过程中伴随的巷道围岩控制困难、矿压显现异常和工程灾害频发等工程问题进行科学的解释和指导。

因此,作者以大同矿区坚硬顶板特厚煤层开采为工程背景,针对采场更大空间范围内的坚硬顶板结构的形成、破断和运移规律,对采场强矿压的作用机制以及控制技术体系进行研究,补充和完善坚硬顶板采场覆岩结构特征及强矿压控制的理论与技术体系。

大空间采场覆岩结构对采场的强矿压作用对工作面的安全高效生产带来了一定程度的危害,提出合理的基于协同弱化改性的坚硬顶板预控技术体系显得尤为重要。在预知工作面强矿压显现机理的基础上,针对不同的来压影响因素,提出合理的预控技术措施,从而改变大空间坚硬岩层的物理力学特性、破断特性及应力场分布,减小顶板破断时积聚能量的释放强度,以达到降低采场矿压显现强度的目的,实现安全高效预控。图 1.7 为作者提出的坚硬顶板矿压研究方法与预控理论体系。

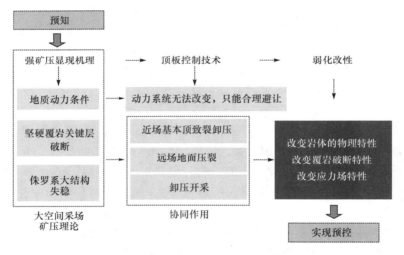

图 1.7　坚硬顶板矿压研究方法与预控理论体系

参 考 文 献

[1] 谢和平,王金华,申宝宏,等.煤炭开采新理念——科学开采与科学产能[J].煤炭学报,2012,37(7):1069-1079

[2] 袁亮.煤炭精准开采科学构想[J].煤炭学报,2017,42(1):1-7

[3] 姜耀东,潘一山,姜福兴,等.我国煤炭开采中的冲击地压机理和防治[J].煤炭学报,2014,39(2):205-213

[4] 于健浩,毛德兵.我国煤矿顶板管理现状及防治对策[J].煤炭科学技术,2017,45(5):65-70

[5] 毛德兵,尹希文,张会军.我国煤矿顶板灾害防治与监测监控技术[J].煤炭科学技术,2013,41(9):105-108,121

［6］国家煤矿安全监察局.2014 年全国煤矿事故分析报告［R］.2015

［7］潘岳,顾士坦,戚云松.周期来压前受超前隆起分布荷载作用的坚硬顶板弯矩和挠度的解析解［J］.岩石力学与工程学报,2012,31(10)：2053-2063

［8］王开,康天合,李海涛,等.坚硬顶板控制放顶方式及合理悬顶长度的研究［J］.岩石力学与工程学报,2009,28(11)：2320-2327

［9］王金安,尚新春,刘红,等.采空区坚硬顶板破断机理与灾变塌陷研究［J］.煤炭学报,2008,3(8)：850-855

［10］牟宗龙,窦林名,张广文.坚硬顶板型冲击矿压灾害防治研究［J］.中国矿业大学学报,2006,35(6)：737-741

［11］钱鸣高,石平五.矿山压力与岩层控制［M］.徐州：中国矿业大学出版社,2003

［12］靳钟铭,徐林生.煤矿坚硬顶板控制［M］.北京：煤炭工业出版社,1994

［13］杜峰,白海波.厚松散层薄基岩综放开采覆岩破断机理研究［J］.煤炭学报,2012,37 (7)：1105-1110

［14］刘洪永,程远平,陈海栋,等.高强度开采覆岩离层瓦斯通道特征及瓦斯渗流特性研究［J］.煤炭学报,2012,37(9)：1437-1443

［15］徐家林,朱卫兵,王晓振.基于关键层位置的导水裂隙带高度预测方法［J］.煤炭学报,2012,37(5)：762-769

［16］施青龙,辛恒奇,翟培合,等.大采深条件下导水裂隙带高度技术研究［J］.中国矿业大学学报,2012,41(1)：37-41

［17］张宏伟,朱志洁,霍丙杰,等.基于改进的 FOA-SVM 导水裂隙带高度预测研究［J］.中国安全科学学报,2013,23(10)：9-14

［18］于斌,朱卫兵,高瑞,等.特厚煤层综放开采大空间采场覆岩结构及作用机制［J］.煤炭学报,2016,41(3)：571-580

［19］于斌,夏洪春,孟祥斌.特厚煤层综放开采顶煤成拱机理及除拱对策［J］.煤炭学报,2016,41(7)：1617-1623

［20］于斌.多煤层上覆破断顶板群结构演化及其对下煤层开采的影响［J］.煤炭学报,2015,40(2)：261-266

［21］于斌,刘长友,杨敬轩,等.坚硬厚层顶板的破断失稳及其控制研究［J］.中国矿业大学学报,2013,42(3)：342-348

［22］霍丙杰,于斌,张宏伟,等.多层坚硬顶板采场覆岩"拱壳"大结构形成机理研究［J］.煤炭科学技术,2016,44(11)：18-23

［23］Peng S S. Coal Mine Ground Control［M］. London：John Wiley & Sons,2008：1-20

［24］侯玮,霍海鹰."C"型覆岩空间结构采场岩层运动规律及动压致灾机理［J］.煤炭学报,2012,37(2)：269-274

［25］李化敏,蒋东杰,李东印.特厚煤层大采高综放工作面矿压及顶板破断特征［J］.煤炭学报,2014,39(10)：1956-1960

［26］张宏伟,朱志洁,霍利杰,等.特厚煤层综放开采覆岩破坏高度［J］.煤炭学报,2014,39(5)：816-821

[27] 于洋. 坚硬顶板特厚煤层破断动载特征及巷道围岩控制研究[D]. 徐州：中国矿业大学,2015

[28] 于雷,闫少宏. 特厚煤层综放开采顶板运动形式及矿压规律研究[J]. 煤炭科学技术,2015,43(8)：40-45

[29] 钱鸣高,刘听成. 矿山压力及其控制[M]. 北京：煤炭工业出版社,1984

[30] 缪协兴,钱鸣高. 采场围岩整体结构与砌体梁力学模型[J]. 矿山压力与顶板管理,1995,(3)：3-12,197

[31] 钱鸣高,赵国景. 老顶断裂前后的矿山压力变化[J]. 中国矿业学院学报,1986,(4)：14-22

[32] 朱德仁,钱鸣高. 长壁工作面老顶破断的计算机模拟[J]. 中国矿业学院学报,1987,(3)：4-12

[33] 何富连. 工作面矿压监测数据的计算机化处理[J]. 矿山压力,1989,(1)：58-63,68

[34] 姜福兴. 薄板力学解在坚硬顶板采场的适用范围[J]. 西安矿业学院学报,1991,(2)：12-19,28

[35] 宋振骐,蒋宇静,杨增夫,等. 煤矿重大事故预测和控制的动力信息基础的研究[M]. 北京：煤炭工业出版社,2003

[36] 钱鸣高,缪协兴,许家林,等. 岩层控制的关键层理论[M]. 徐州：中国矿业大学出版社,2000

[37] 钱鸣高,缪协兴,许家林. 岩层控制中关键层的理论研究[J],煤炭学报,1996,21(3)：225-230

[38] 许家林. 岩层移动与控制的关键层理论及其应用[J]. 岩石力学与工程学报,2000,19(1)：28-30

[39] 缪协兴,陈荣华,白海波. 保水开采隔水关键层的基本概念及力学分析[J]. 煤炭学报,2007,32(6)：561-564

[40] 姜福兴,张兴民,杨淑华,等. 长壁采场覆岩空间结构探讨[J]. 岩石力学与工程学报,2006,25(5)：979-984

[41] 魏东,贺虎,秦原峰,等. 相邻采空区关键层失稳诱发矿震机理研究[J]. 煤炭学报,2010,35(12)：1957-1962

[42] 鞠金峰,许家林,朱卫兵. 浅埋特大采高综采工作面关键层"悬臂梁"结构运动对端面漏冒的影响[J]. 煤炭学报,2014,39(7)：1197-1204

[43] 王晓振,许家林,朱卫兵. 主关键层结构稳定性对导水裂隙演化的影响研究[J]. 煤炭学报,2012,37(4)：606-612

[44] 史红,姜福兴. 采场上覆岩层结构理论及其新进展[J]. 山东科技大学学报(自然科学版),2005,24(1)：21-25

[45] 戚云海,姜福兴. 冲击地压矿井微地震监测试验与治理技术研究[M]. 北京：煤炭工业出版社,2011

[46] 钱鸣高,缪协兴,何富连. 采场"砌体梁"结构的关键块分析[J]. 煤炭学报,1994,19(6)：557-563

[47] 缪协兴. 采场老顶初次来压时的稳定性分析[J]. 中国矿业大学学报,1989,18(3)：91-95

[48] 侯忠杰. 老顶断裂岩块回转端角接触面尺寸[J]. 矿山压力与顶板管理,1999,(z1)：29-

　　31,40

[49] 黄庆享,钱鸣高,石平五.浅埋煤层采场老顶周期来压的结构分析[J].煤炭学报,1999,(6):
　　　581-585

[50] 黄庆享,石平五,钱鸣高.老顶岩块端角摩擦系数和挤压系数实验研究[J].岩土力学,2000,
　　　21(1):60-63

[51] 钟新谷.长壁工作面顶板变形失稳的突变模式[J].湘潭矿业学院学报,1994,9(2):1-6

[52] 闫少宏,贾光胜,刘贤龙.放顶煤开采上覆岩层结构向高位转移机理分析[J].矿山压力与顶
　　　板管理,1996,(3):3-5,72

[53] 徐学锋,窦林名,曹安业,等.覆岩结构对冲击矿压的影响及其微震监测[J].采矿与安全工
　　　程学报,2011,28(1):11-15

[54] 姜福兴.采场覆岩空间结构观点及其应用研究[J].采矿与安全工程学报,2006,23(1):
　　　30-33

[55] 弓培林,靳钟铭.大采高采场覆岩结构特征及运动规律研究[J].煤炭学报,2004,29(1):
　　　7-11

[56] 于斌.大同矿区特厚煤层综放开采强矿压显现机理及顶板控制研究[D].徐州:中国矿业大
　　　学,2014

[57] 牛锡倬,谷铁耕.用注水软化法控制特硬顶板[J].煤炭学报,1983,(1):1-10

第 2 章　大同矿区坚硬顶板特厚煤层开采条件

2.1　特厚煤层开采特征

我国厚及特厚煤层可采储量、产量均占煤炭总储量和总产量的 40％以上,该类煤层的安全、高效、高采出率开采对我国煤炭工业的发展及国家能源安全具有重要意义[1-3]。从 1984 年进行综放开采试验以来,我国厚煤层综放开采技术取得了长足的进步,已经形成了高效的综放开采技术体系[4]。为增加放顶煤开采厚度上限,提高工作面开采效率和采出率,煤矿企业不断增大工作面机采高度,形成了大采高综放开采技术。但也出现了一系列的难题,如工作面煤壁容易片帮、回采巷道围岩和区段煤柱稳定性控制困难;当开采特厚煤层时,这些问题尤其突出,而且还会出现顶煤破碎差、放出率低、动压灾害严重等新的难题[5-8]。

(1) 特厚煤层工作面采动影响范围大,采场矿压显现强烈。与常规厚煤层综放开采相比,特厚煤层综放面由于一次采出厚度大,采动影响范围也增大,采场顶板结构和采动应力分布与大采高工作面或采厚较小的放顶煤工作面不同[9]。现场实践也表明,特厚煤层综放面矿压显现较为强烈,工作面顶板初次来压步距随顶煤厚度的增加而增大;支架工作阻力随采高、顶煤厚度的增加而增大;在矿井生产过程中面临的工作面、巷道矿压控制问题较为突出[10,11]。

(2) 特厚煤层结构复杂,对开采技术与装备影响大。特厚煤层通常存在夹矸层或存在多层夹矸层[12],强度较大的夹矸层不仅破碎效果差、大块多,也容易造成其周围顶煤破碎块度大,放出困难,容易堵塞放煤口[13]。因此,特厚煤层的结构特征对放顶煤液压支架选择、放煤工艺和参数确定同样有重要影响。

(3) 特厚煤层开采效率高,安全隐患多。特厚煤层通常采用大采高综放一次采全厚技术,开采效率较高;特厚煤层单位时间内工作面产量大,瓦斯绝对涌出量大,工作面上隅角和回风巷易瓦斯超限;采空区遗煤多,采空区 CO 易超标,在坚硬顶板条件下,当基本顶周期性垮落时,易将采空区 CH_4、CO 等有毒有害的气体挤压到工作面,给安全生产带来隐患。

(4) 特厚煤层综放一次采全厚煤炭损失量大。虽然现在沿空留巷和沿空掘巷等无煤柱和小煤柱巷道系统布置方式较多,但是主要在中厚煤层和薄煤层的应用的效果好。厚煤层的区段煤柱宽度在 20～40m,据统计,采用综放开采时,工作面外的煤炭损失占采区总损失的 61％,而由区段煤柱造成的煤炭损失却占到了

36.7%,且随区段煤柱宽度的增大而增加[14-19]。

2.2　特厚煤层上覆侏罗系煤层开采现状

2.2.1　大同矿区开发历史

大同矿区处于山西省北部,东经 112°53′~113°12′,北纬 39°55′~40°8′,位于大同市西南,距市区 12.5km。所辖区域与大同市南郊区交叉,总面积约 90km² ,号称百里矿区。1974 年以来,大同煤矿集团有计划地对矿井进行技术改造和扩建,使煤炭产量由 1974 年的 1370 万 t 提高到 1979 年的 2405 万 t。1981 年末,拥有综采机组 33 套,普采机组 100 多套,采煤机械化程度达 65.9%,其中综采机械化程度为 46.2%。大同矿区煤质坚硬,顶板坚硬,工作面落煤放顶困难。矿区发展综合机械化采煤,使矿井技术面貌发生很大变化。大同矿区原煤灰分小于 10%,含硫 1% 以下,发热量达 7000kcal/kg(1cal=4.184J),是优质动力煤。大同煤矿集团现有 73 座矿井,分布在山西和内蒙古,东西跨度 300 多千米、南北跨度 600 多千米的区域内,煤炭产销量连续 7 年突破亿吨,2011 年煤炭产销量 1.9369 亿 t,现已成为一个跨地区、跨行业、跨所有制、跨国经营,以煤为主,电力、煤化工、冶金、机械制造、建筑建材、物流贸易、文化旅游等多业并举的特大型综合能源集团。正在建设的晋北煤炭基地,是 2016 年底国家发布的《全国矿产资源规划(2016—2020 年)》中 14 个大型煤炭基地之一。

全矿区地势西高东低,大部分是高山和起伏较大的丘陵地区,区内主要山脉有七峰山、鸡爪山、大钟山、马武山等;主要河流有口泉河、十里河,均为季节性河流。该矿区厂矿企业主要分布在口泉沟和云冈沟两条狭长的山沟里。煤田为一轴向北东的向斜构造盆地,部分地表被新近纪和第四纪覆盖,向斜轴部为中侏罗世云冈组,翼部地层有早侏罗世大同组,晚二叠世上石盒子组,早二叠世下石盒子组、山西组,晚石炭世太原组、本溪组及奥陶纪、寒武纪等。向斜西北翼平缓,倾角小于10°,东南翼稍陡,一般倾角在 20° 左右,盆地东南边界受向南倾斜的逆断层影响,岩层直立、倒转。向斜内有次级小型宽缓褶皱,中、小型断裂不甚发育。在东南部鹅毛口、魏家地一带,有小型燕山期煌斑岩岩脉侵入石炭系、二叠系中。

大同煤矿集团是全国煤炭行业的特大型企业之一,2003 年 12 月,以大同煤矿集团为基础,大同、宁武煤田为资源基地,大秦、京包、京原、朔黄铁路为运输依托,大同优质煤为品牌标志,将山西北部的煤炭生产和运销企业进行重组,组建了新的大同煤矿集团。集团现在主要开发的大同煤田为侏罗系和石炭-二叠系煤层共同赋存的双系煤田,上部侏罗系煤层趋于枯竭,下部石炭-二叠系煤层可采储量多达300 亿 t。为了实现企业的可持续发展,大同矿区内的生产逐渐由侏罗系煤层向石炭系煤层转变。石炭-二叠系煤层赋存较深,厚度大且结构复杂,顶板和煤层都为坚硬煤岩体。石炭-二叠系煤层赋存在大同、宁武、朔南、河东四个煤田,煤炭储量高达 900 亿 t,仅塔山井田面积达 174.2km²,矿井可采储量达 31 亿 t。现阶段,大同煤矿集团下属塔山煤矿、同忻煤矿等矿井已经逐步大规模开采石炭系煤层,其中塔山煤矿生产能力达到 2500 万 t/a。

2.2.2 侏罗系煤层赋存条件

大同矿区侏罗系煤层,含煤地层总厚度 74～264m,平均厚度 210m,可采煤层 21 层,单层最大厚度 7.81m。从煤层沉积特征上看,自上而下分为三组煤层,上组煤层主要为中厚煤层段,即 2#、3#、4#、5# 煤组;中组煤层为薄煤层段,即 7#、8#、9#、10# 煤组;下组煤层为厚煤层段,即 11#、12#、14#、15# 煤组。这些煤层层间距离很近,分叉合并频繁,可采煤层共有 8 层,分别为 11⁻¹#、11⁻²#、12⁻¹#、12⁻²#、14⁻²#、14⁻³#、15⁻¹#、15⁻²# 煤层。大同矿区侏罗系部分煤层柱状图见图 2.1。

总体认为,侏罗系煤层具有"三硬"特征,即顶板、煤层和底板硬度都较大,顶底板的坚固性系数 f 值一般为 6～8,煤的 f 值一般为 3～4。

2.2.3 侏罗系煤层开采特征

1. 多矿井同时开采[20]

大同矿区侏罗系煤层群在 20 世纪就开始了规模性的开发,井田面积划分较小,多矿井同时开采。以同忻井田上覆侏罗系煤层群开采为例,同忻井田上覆侏罗系煤层主要由晋华宫井田大斗沟井田、忻州窑井田、煤峪口井田、永定庄井田、同家梁井田等矿井开采,见图 2.2。同忻煤矿上覆侏罗系煤层已有 100 多年的开采历史,而且这些矿井现在仍在生产中。同忻煤矿上覆侏罗系煤层开采时间长,开采过程中应用了房柱式采煤法、长壁采煤法等多种采煤方法和回采工艺,具有采空区积水分布情况复杂、采空区火区分布情况复杂、开采区域煤柱留设情况复杂、开采区覆岩平衡结构特征复杂等特征,形成了复杂的开采区域,为下覆石炭系煤层的安全开采带来了较大隐患。

2. 多煤层开采

(1)同忻井田上覆忻州窑煤矿开采情况。

忻州窑煤矿主采 11#、14# 和 15# 煤层,其中 11# 煤层已基本采完,开采方法主要有刀柱式采煤法(1960 年底)、普采机械化采煤法和综合机械化采煤法等,工作面或盘区间留设 20～30m 煤柱;14# 煤层于 2016 年开采全部结束,其开采区域与

岩性	煤层号	标志层	层厚/m 平均 最小~最大	煤厚/m 平均 最小~最大	岩性描述
			13.87 11.84~29.07		灰白色，灰色~深灰色粉砂岩、细砂岩
	10#			0.57 0~1.69	井田大部分赋存，零星可采
			25.54 2.60~38.60		上部以粉砂岩、细砂岩为主，中部以中粗粒砂岩为主
	11#			4.29 1.15~10.44	全井田可采，井田西部与12#煤层合并，煤层为4.55~10.44m
			21.40 0.80~33.20		上部以粉砂岩、细砂岩为主，夹煤1~6层，下部为中粗砂岩
	12#			2.47 0~5.16	局部无煤，大部分可采
			6.83 0.70~12.40		以粉细砂岩为主，中部局部为中粗砂岩，含煤1~2层
	14#			2.11 0~4.77	全井田赋存，局部不可采
			14.18 6.20~23.30		以粉砂岩、细砂岩为主，中下部夹中粗砂岩，底为粗砂岩
			1.70 0.75~5.50		深灰色~灰色粉砂岩，灰黑色岩质粗岩
	15#			2.21 0~9.27	井田中部赋存，大部分可采，西部局部赋存
			20.34 1.93~41.87		上部为粉细砂岩，中下部为中粗砂岩，底部为含砾粗砂岩
			53.26 53.90~72.99		上部为杂色粉砂岩、细砂岩，中部为灰白色中粗砂岩，下部为灰色中粗砂岩，底为灰色砾岩

图 2.1　大同矿区侏罗系部分煤层柱状图

同忻煤矿规划的开采区域在时间上相差 6～12 个月，14# 煤层与同忻煤矿 3-5# 煤层的层间距约 190m，相互影响较大。

（2）同忻井田上覆煤峪口煤矿开采情况。

煤峪口煤矿主采 3#、9#、11# 和 14# 煤层，其中 3#、9# 和 11# 煤层已开采完毕，目前主要开采 14# 煤层。

（3）同忻井田上覆永定庄煤矿开采情况。

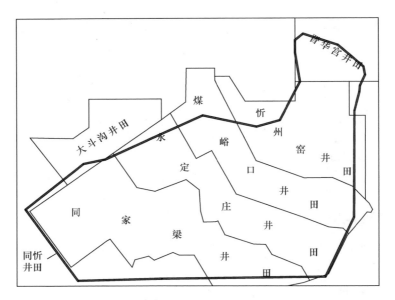

图 2.2　同忻井田与上覆侏罗系井田的对应关系

永定庄煤矿主采 8#、9#、11#、12# 和 14# 煤层,其中 8#、9# 煤层为薄及中厚煤层,已基本采完;11# 煤层为厚煤层,已开采完毕;12# 煤层厚煤区已开采完毕,井田西南部薄煤层区域没有开采;14# 煤层正在进行边角煤柱的回采。

(4) 同忻井田上覆同家梁煤矿开采情况。

同家梁井田主采 11#、12# 和 14# 煤层,其中 11# 煤层已基本采完;12# 和 14# 煤层正在进行边角煤柱的回采。

同忻井田上覆侏罗系煤层,在开采过程中,由于具有多矿井、多煤层开采特征,采场遗留了多种类型煤柱,如井田境界煤柱、大巷保护煤柱、区段煤柱等,煤柱具有不同尺寸和叠加特征,对下覆石炭系煤层开采带来重要影响。

3. 多种采煤方法开采

同忻井田上覆侏罗系煤层群经过 100 多年的开采,经历了多种采煤方法,主要是刀柱式采煤法和长壁采煤法。回采工艺主要由初期的炮采工艺、普采工艺转为现在普遍应用的综采工艺。

不同采煤方法的顶板管理方式、区段煤柱的留设特征都不一样,使侏罗系煤层采场采动应力场分布特征复杂化,增加了对石炭系煤层矿压显现影响的复杂程度。

2.3　石炭系坚硬顶板特厚煤层赋存条件

2.3.1　地质条件

以同忻煤矿为例介绍大同矿区石炭系坚硬顶板特厚煤层赋存的地质条件。同忻井田位于大同煤田北东部,属大同向斜的东翼,口泉断裂带北部,天山—阴山纬向构造带南侧。

1. 断层情况

F1071 断层:北北东向展布,倾向北西,为一北西盘下降的正断层。落差 10m,延展长度约 1400m,分布于井田中西部。

F 断层:北北东向展布,倾向北西,为一北西盘下降的正断层。落差 10m,延展长度约 650m,分布于井田中西部,与 F1071 断层几乎相连。

白洞断层:发育于南部边界外白洞一带,为一走向 N10°E、倾向南东、倾角 65°、落差 80~350m 的逆断层。该断层致使寒武系地层与侏罗系永定庄组地层直接接触,说明该断层发生在燕山运动Ⅰ期之后,受新华夏系复合式(与纬向构造体系复合)构造体系控制。

F1251 断层:在井田外东南角分布,沿北东东向展布,为一倾向北北西、落差 30m 的逆断层,延展长度约 400m。

在侏罗系生产矿井中揭露一些正断层,大部分为北东向展布,落差一般小于 10m,这些小断层是否顺延到石炭-二叠系尚不清楚。

井田内断层较少,且落差不大,均为 10m 左右。而白洞断层基本在区外延伸发育,所以断层对煤层的破坏作用不大。

2. 褶曲

井田内的褶曲主要为刁窝嘴向斜和韩家窑背斜,见图 2.3。

井田大部分地区的地层产状平缓,仅有缓波状起伏,这种缓波状起伏和宽缓的褶曲构造对煤层的破坏作用不大,对煤层的开采影响较小。在局部褶皱强烈地段产生层间滑动和揉皱作用,对煤层的赋存会产生一定的影响和破坏,这种情况主要表现在煤层露头一带,由于受力作用强,煤层被挤压、揉皱、错动而呈厚煤体。

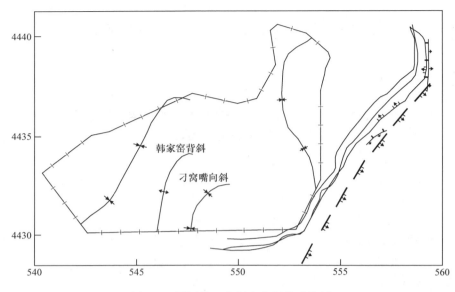

图 2.3　同忻井田向斜和背斜构造格局

3. 岩浆岩侵入情况

井田内岩浆岩为煌斑岩,煌斑岩以岩床的形式侵入煤系地层。高温炽热的岩浆岩携带大量的气体由地壳深处沿断裂通道上升,到煤系地层后,沿强度较弱的部位顺层侵入。井田煌斑岩分东、西南两部分,来自两个不同的上升通道。东部侵入区的岩浆上升通道为东南部井田边界处的口泉山前大断裂,岩浆岩断裂上升侵入煤系地层后,从东南角向北北西方向呈长舌状侵入本区。西南部侵入区的岩浆上升通道在邻区四雁井田,岩浆侵入本区时已属边缘地带。其中靠近上升通道的岩床厚度大,似层状;而侵入较远或行将尖灭时呈透镜状或串珠状,产状的变化使煤层的有益厚度发生很大的变化。岩浆侵入煤层后,一方面熔融煤层占据了煤层的位置,另一方面在煤层中毫无规律地穿插破坏。

煌斑岩侵入 3-5# 煤层范围较大,侵入 8# 煤层次之。煌斑岩侵入煤层,杂乱无章,毫无规律可循,在煤层中穿插破坏,使其发生受热接触变质、硅化,破坏了煤层原有的厚度和结构,且煌斑岩厚度变化大、层数变化大,对比困难,导致煤层复杂化,有益厚度变薄,影响了煤层的稳定程度,降低了利用价值。

4. 陷落柱赋存特征

陷落柱大部分为不规则岩溶陷落,对开采煤层有一定影响。

2.3.2　煤层赋存条件

大同矿区主要开发大同煤田的侏罗系煤层和石炭-二叠系煤层。图 2.4 为同忻井田双系煤层赋存特征，井田范围内侏罗系煤层资源接近枯竭，石炭-二叠系煤层群由同忻煤矿开采。石炭-二叠系煤系包括上石炭统下部本溪组、上石炭统上部太原组及下二叠统山西组。本溪组不含可采煤层。太原组由陆相及滨海相砂岩、泥岩夹煤层及高岭石黏土岩组成，组厚 36～95m，含可采及局部可采煤层 10 层，煤层总厚在 20m 以上。山西组由陆相砂岩夹煤及泥岩层组成，组厚 45～60m，含 1 层可采煤层，厚 0～3.8m。下二叠统山西组和上石炭统太原组为下部含煤建造，地层总厚 13.44～157.24m，平均 95.80m，共含煤 14 层，煤层总厚 21.80m，含煤系数为 23%，主要可采煤层见表 2.1。

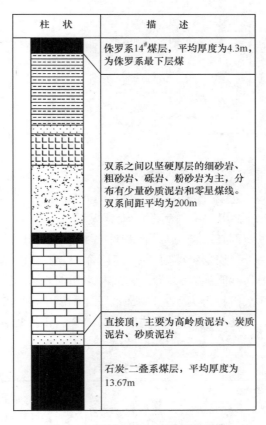

柱　状	描　　述
	侏罗系14#煤层，平均厚度为4.3m，为侏罗系最下层煤
	双系之间以坚硬厚层的细砂岩、粗砂岩、砾岩、粉砂岩为主，分布有少量砂质泥岩和零星煤线。双系间距平均为200m
	直接顶，主要为高岭质泥岩、炭质泥岩、砂质泥岩
	石炭-二叠系煤层，平均厚度为13.67m

图 2.4　同忻井田双系煤层柱状图

表 2.1 各可采煤层情况一览表

煤层号	厚度/m 最小～最大（平均值）	间距/m 最小～最大（平均值）	岩性 顶板	岩性 底板	煤分层数	赋存范围
山$_4^\#$	0～7.55 (0.67)		砂质泥岩 炭质泥岩	砂质泥岩 细粒砂岩	1～5	部分
2$^\#$	0～6.80 (3.35)	16.60～38.80 (28.32)	泥岩 炭质泥岩	高岭质泥岩 砂质泥岩	1～5	部分
3-5$^\#$	0～35.31 (16.59)	0.70～9.60 (2.28)	泥岩 高岭质泥岩	高岭质泥岩 砂质泥岩	1～19	部分
6$^\#$	0～7.14 (2.14)	0.70～7.49 (2.50)	砂质泥岩 高岭质泥岩	泥岩 砂质泥岩	1～5	部分
7$^\#$	0～2.59 (0.29)	3.95～27.35 (11.87)	中粒砂岩 砂质泥岩	中粒砂岩 砂质泥岩	1～3	部分
8$^\#$	0～13.70 (4.01)	4.27～30.29 (12.06)	粉砂岩 砂质泥岩	砂质泥岩 细粒砂岩	1～9	全井田
9$^\#$	0～6.82 (2.03)	0.90～17.88 (6.63)	砂质泥岩 粉砂岩	粉砂岩 细粒砂岩	1～4	大部分

1. 石炭-二叠系山$_4^\#$煤层

山$_4^\#$煤层为石炭-二叠系最上一可采煤层，位于山西组下部，距 K$_3$ 砂岩 0～29.41m，平均 11.07m，井田北中部间距最大。煤层厚 0～7.55m，平均 0.67m，可采范围主要分布于东南部及中部，可采面积约占井田总面积的 20%，厚煤体集中于井田东南部岩岭一带。煤层结构简单-较简单，由 1～5 层（一般 2～3 层）煤分层组成。夹矸岩性一般为砂质泥岩、高岭质泥岩和炭质泥岩；伪顶一般为砂质泥岩或炭质泥岩，基本顶为中、粗粒石英砂岩，局部地段冲刷煤层成为直接顶板；底板为砂质泥岩或细粒砂岩。遭受 K$_8$ 砂岩冲刷地段煤层缺失。山$_4^\#$煤层属于不稳定型，煤层稳定性指标见表 2.2。

表 2.2 煤层稳定性指标计算结果

煤层号	厚度/m 最小～最大（平均值）	厚度分级	标准差	变异系数	二级差变异指数	可采性系数	可采率/%	稳定程度
2$^\#$	0～6.80 (3.35)	中厚煤层 1.30<3.35<3.50	1.61	0.58	2.41	0.65	25	不稳定

煤层号	厚度/m 最小～最大（平均值）	厚度分级	标准差	变异系数	二级差变异指数	可采性系数	可采率/%	稳定程度
3-5#	0～35.31 (16.59)	厚煤层 >3.50	8.96	0.66	0.42	0.97	78	较稳定
6#	0～7.14 (2.14)	中厚煤层 1.30<2.14<3.50	1.14	0.71	1.93	0.62	30	不稳定
8#	0～13.70 (4.01)	厚煤层 >3.50	2.50	0.73	0.53	0.91	83	较稳定
9#	0～6.82 (2.03)	中厚煤层 1.30<2.03<3.50	1.15	0.83	1.00	0.64	38	不稳定

2. 石炭系 2# 煤层

石炭系 2# 煤层位于太原组上部，K_3 砂岩之下 0～17.33m，平均 3.72m。上距山4# 煤层 16.60～38.80m，平均 28.32m。K_3 砂岩岩性变化不大，一般为中、粗粒石英砂岩，局部含砾，个别钻孔为细粒砂岩或粉砂岩，多直覆于 2# 煤层之上。煤层厚 0～6.80m，平均 3.35m，煤层结构简单-较简单，由 1～5 层（一般 1～2 层）煤分层组成。井田内主要分布于南部及中西部，局部可采，可采范围为中南、南部，约占井田总面积的 20%，在井田东部及北中部多与下覆 3-5# 煤层合并。可采范围内层位稳定，厚度变化不大。煤层伪顶一般为泥岩或炭质泥岩，直接顶为细粒砂岩或粉砂岩，基本顶为中、粗粒含砾砂岩，局部受冲刷成为直接顶板；夹矸多为高岭质泥岩和炭质泥岩；底板为高岭质泥岩、砂质泥岩，个别钻孔见粉砂岩、细粒砂岩。2# 煤层仅在东南部的 5 个钻孔中见煌斑岩侵入，沿 15# 孔中侵入总厚度最大，为 2.27m，该地段煤层开采将受到一定影响。就全井田而言，2# 煤层属于不稳定型。

3. 石炭系 3-5# 煤层

石炭系 3-5# 煤层厚度为 0～35.31m，平均 16.59m。该煤层总体上厚度变化不大，层位稳定，在井田东南部赋存较厚，往北有变薄趋势，在北部尖灭为零。西南部及东北部受后期砂岩冲刷强烈，致使煤层变薄、缺失，出现无煤带。煤层厚度的变化与后期砂岩的冲刷程度有着密切的关系。3-5# 煤层由 1～19 层（一般 8～15 层）煤分层组成，1702 号、2304 号孔含夹矸最多，为 20 层，含矸率一般为 17%，煤层结构复杂，为一巨厚煤层。3-5# 煤层由于聚煤环境属于泛滥平原，泛滥平原上泥炭沼泽常因河道越岸流,致使煤层夹矸数增多,是煤层结构复杂的主要原因。顶、底板及夹矸岩性一般为高岭岩、高岭质泥岩、砂质泥岩和炭质泥岩,局部为粉砂岩或细粒砂岩。

该煤层在井田东部及西南角受到煌斑岩侵入体的破坏。炽热的岩浆顺煤层侵入,一方面置换煤层位置,另一方面使煤层受热而发生变质、硅化,使煤层的结构和煤质更趋于复杂化。煌斑岩的侵入范围约占井田总面积的 15%,无论纵向还是横向,煌斑岩侵入均无明显规律可循,侵入层数变化很大,对比较为困难。东部 2504 号、1706 号钻孔受煌斑岩的破坏最为严重,煤层被煌斑岩置换,保留部分也全部被硅化,已完全失去工业价值。总体认为,3-5$^{\#}$ 煤层属较稳定煤层,煤层综合柱状示意图见图 2.5。

2.3.3　顶底板岩性

石炭系 3-5$^{\#}$ 煤层伪顶呈零星散布,岩性主要为炭质泥岩、高岭质泥岩和砂质泥岩,厚 0.10～0.65m;直接顶为砂质泥岩、炭质泥岩、高岭质泥岩和泥岩等泥质岩类,厚 0.70～13.12m,少数为复层结构,层数较多,结构复杂,多为泥岩类薄层相间互层,稳定性差;基本顶主要为粗粒砂岩和砂砾岩,少数为细粒砂岩和中粗粒砂岩,分布较稳定,多为 K_3 砂岩或 K_8 砂岩,厚度变化较大,厚-巨厚层状,交错层理,钙质泥岩胶结,厚 2.0～44.67m;底板主要为高岭质泥岩、砂质泥岩、泥岩、炭质泥岩和粉砂岩,个别为细、中粒砂岩,水平及微波状层理,厚 0.30～3.82m。

基本顶层位、岩性不稳定,岩性主要为厚层状中硬以上粗粒石英砂岩、砂砾岩,厚度在 20m 左右。炭质泥岩、高岭质泥岩的单向抗压强度为 10.3～34.5MPa,平均 21.0MPa;砂质泥岩的单向抗压强度为 31.3～34.4MPa,平均 32.5MPa;火成岩的单向抗压强度为 51.3～56.5MPa,平均 54.4MPa。

8$^{\#}$ 煤层伪顶为炭质泥岩、泥岩及粉砂岩,水平层理,薄层状,厚 0.20～0.60m。直接顶为粉砂岩、砂质泥岩和泥岩,厚 0.50～9.69m。局部为复层结构,一般为 2～3 层,为砂质泥岩、粉砂岩及炭质泥岩互层,厚 0.50～19.28m。基本顶分布较广,岩性以粗粒砂岩、砂砾岩及中粒砂岩为主,厚-巨厚层状,钙泥质胶结,交错层理,厚 0.72～16.10m,一般为半坚硬-坚硬岩石;底板以粉砂岩、砂质泥岩、高岭质泥岩和泥岩为主。水平层理,厚 0.40～11.76m,属半坚硬-坚硬岩石。

2.3.4　瓦斯、煤尘和煤的自燃特征

同忻煤矿煤层瓦斯含量低,其分布和聚集规律性较明显,首先靠近煤层露头一带,瓦斯容易逸散,不易保存,其 CH_4 含量和成分都低于远离露头的部位,即瓦斯沿煤层倾向增高;其次是岩浆岩侵入煤层对瓦斯影响较大,由于后期煌斑岩蚀变裂

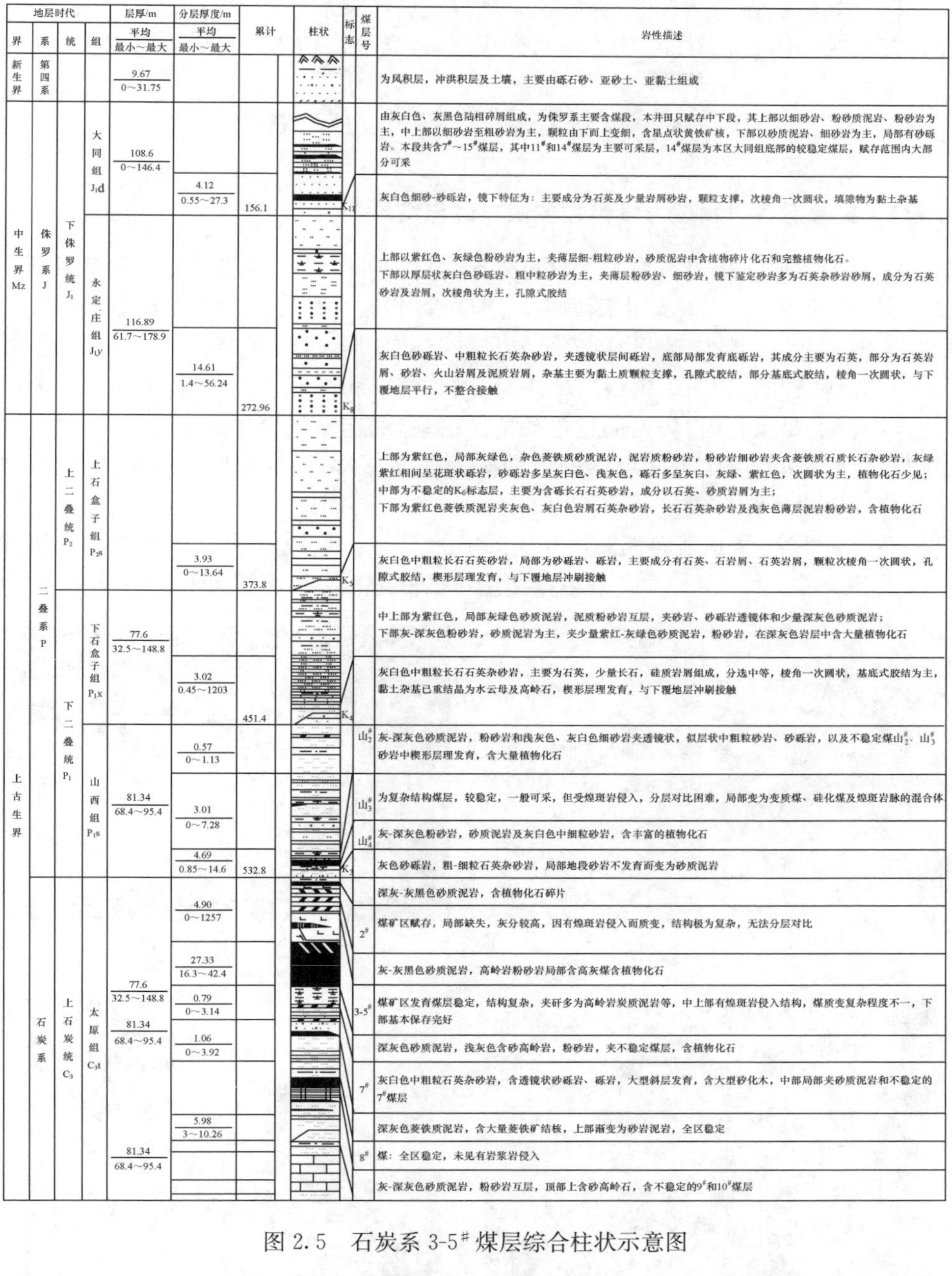

界	系	统	组	层厚/m 平均 / 最小~最大	分层厚度/m 平均 / 最小~最大	累计	标志	煤层号	岩性描述
新生界	第四系			9.67 / 0~31.75					为风积层，冲洪积层及土壤，主要由砾石砂、亚砂土、亚黏土组成
中生界 Mz	侏罗系 J	下侏罗统 J₁	大同组 J₁d	108.6 / 0~146.4					由灰白色、灰黑色陆相碎屑组成，为侏罗系主要含煤段，本井田只赋存中下段，其上部以细砂岩、粉砂质泥岩、粉砂岩为主，中上部以细砂岩至粗砂岩为主，粗粒由下面上变细，含量点状黄铁矿核，下部以粉质泥岩、细砂岩为主，局部有砂砾岩。本段共含7#~15#煤层，其中11#和14#煤层为主要可采层，14#煤层为大同组底部的较稳定煤层，赋存范围内大部分可采
					4.12 / 0.55~27.3	156.1	K₁₁		灰白色细砂-砂砾岩，镜下特征为：主要成分为石英及少量岩屑砂岩，颗粒支撑，次棱角一次圆状，填隙物为黏土杂基
			永定庄组 J₁y	116.89 / 61.7~178.9					上部以紫红色、灰绿色粉砂岩为主，夹薄层细-粗粒砂岩，砂质泥岩中含植物碎屑化石和完整植物化石。下部以厚层状灰白色砂岩、粗中粒砂岩为主，夹薄层粉砂岩、细砂岩，镜下鉴定砂岩多以石英砂岩砂屑，成分为石英砂岩及岩屑，次棱角状为主，孔隙式胶结
					14.61 / 1.4~56.24	272.96	K₈		灰白色砂砾岩、中粗粒石英杂砂岩，夹透镜状层间砾岩，底部局部发育底砾岩，其成分主要为石英，部分为石英岩屑、砂岩、火山岩及泥质岩屑，杂基主要为黏土质颗粒支撑，孔隙式胶结，部分基底式胶结，棱角一次圆状，与下覆地层平行，不整合接触
上古生界	二叠系 P	上二叠统 P₂	上石盒子组 P₂s						上部为紫红色，局部灰绿色，杂色菱铁质硬质泥岩，泥岩质粉砂岩，粉砂岩细砂岩夹含菱铁质长石岩杂砂岩，灰绿紫红相间呈花斑状堆积，砂岩多呈不稳定，浅灰色，砾岩多显灰白色，次圆状为主，植物化石少见；中部为不稳定K₅标志岩，主要为含砾石石英砂岩，成分以石英、砂岩质为主；下部为紫红色菱铁质泥岩夹灰岩，灰白色岩屑石英砂岩，长石石英砂岩及浅灰色薄层泥岩粉砂岩，含植物化石
					3.93 / 0~13.64	373.8	K₅		灰白色中粗粒长石石英砂岩，局部为砂岩、砾岩，主要成分有石英、石岩屑、石英岩屑，颗粒次棱角一次圆状，孔隙式胶结，模形层理发育，与下覆地层冲刷接触
			下石盒子组 P₁x	77.6 / 32.5~148.8					中上部为紫红色，局部灰绿色砂质粉砂岩互层，夹砂岩、砂砾岩透镜体和少量深灰色砂质泥岩；下部灰-深灰色粉砂岩，砂质泥岩为主，夹少量紫红-灰绿色砂质泥岩，粉砂岩，在深灰色岩层中含大量植物化石
					3.02 / 0.45~1203	451.4	K₄		灰白色中粗粒长石石英砂岩，主要为石英，少量长石，硅质岩屑组成，分选中等，棱角一次圆状，其基底式胶结为主，黏土杂基已重结晶为水云母及高岭土，模形层理发育，与下覆地层冲刷接触
		下二叠统 P₁	山西组 P₁s		0.57 / 0~1.13			山₂# 山₃#	灰-深灰色砂质泥岩，粉砂岩和浅灰色、灰白色细砂岩夹透镜状，似层状中粗粒砂岩、砂砾岩，以及不稳定煤山₂#、山₃#，砂岩中模形层理发育，含大量植物化石
				81.34 / 68.4~95.4	3.01 / 0~7.28			山₃#	为复杂结构煤层，较稳定，一般可采，但受煌斑岩侵入，分层对比困难，局部变为变质煤、硅化煤及煌斑岩脉的混合体
					4.69 / 0.85~14.6	532.8	山₄# K₃		灰-深灰色粉砂岩，砂质泥岩及灰白色中粗粒砂岩，含丰富的植物化石。灰色砂砾岩，粗-细粒石英杂砂岩，局部地段发育不发育而变为砂质泥岩
	石炭系	上石炭统 C₃t	太原组 C₃t		4.90 / 0~1257			2#	深灰-灰黑色砂质泥岩，含植物化石碎片
				77.6 / 32.5~148.8	27.33 / 16.3~42.4			2#	煤矿区赋存，局部缺失，灰分较高，因有煌斑岩侵入而面质变，结构极为复杂，无法分层对比
					0.79 / 0~3.14			3-5#	灰-灰黑色砂质泥岩，高岭岩粉砂岩局部含高灰煤植物化石。煤矿区煤层发育稳定，结构复杂，夹矸多为高岭岩炭质泥岩等，中上部有煌斑岩侵入结构，煤质变质程度不一，下部基本保存完好
				81.34 / 68.4~95.4	1.06 / 0~3.92				深灰色砂质泥岩，浅灰色含砂高岭土，粉砂岩，夹不稳定煤层，含植物化石
								7#	灰白色中粗粒石英杂砂岩，含透镜状砂砾岩、砾岩，大型斜层理发育，含大型矽化木，中部局部夹砂质泥岩和不稳定的7#煤层
					5.98 / 3~10.26				深灰色菱铁质泥岩，含大量菱铁质结核，上部渐变为砂岩泥岩，全区稳定
				81.34 / 68.4~95.4				8#	煤：全区稳定，未见有岩浆侵入。灰-深灰色砂质泥岩，粉砂岩互层，顶部上含砂高岭土，含不稳定的9#和10#煤层

图 2.5　石炭系 3-5# 煤层综合柱状示意图

隙增加，形成裂隙通道使瓦斯逸散，同时岩浆岩作用使 CO_2 含量增高。此外，煤层埋藏深度增加，瓦斯也随之增加，而褶曲构造对井田瓦斯的影响不明显。

同忻煤矿各煤层均有煤尘爆炸危险性,各煤层变质程度较低,丝质组合量高,存在煤自燃的因素,2#煤层为不易自燃煤层,其余煤层均为易自燃煤层。

2.4　石炭系煤岩物理力学特征

2.4.1　实验室煤岩物理力学参数测试方法与结果

煤及煤层顶底板岩石力学参数对指导煤层的开采设计及巷道的支护有极其重要的实际价值和意义,从矿山压力控制角度看,岩石往往会给采掘工作造成很大的影响。围岩参数的测定,是煤层安全开采的基础数据,是开展煤层开采各项工作的前提和必备条件。为了确定煤岩的应力分布、变形和破坏状态,对煤岩力学性能进行了试验,主要试验内容有:通过单轴抗拉试验,测定不同煤岩的单轴抗拉强度;通过单轴抗压试验,测定不同煤岩的单轴抗压强度,并由煤岩单轴压缩应力-应变曲线计算确定煤岩弹性模量和泊松比。

在 3-5#煤层及其顶底板通过直接采样的方法采集了煤岩样,用岩石切割机加工成试验所需试件,在实验室采用直接法对试件进行参数测试(图 2.6~图 2.8)。

　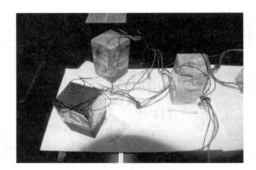

图 2.6　切割煤岩样　　　　　　　　图 2.7　成型试件

图 2.8　试验过程

1. 单轴抗压试验

岩石单轴抗压强度是指岩石在单向压力下抵抗压缩破坏的能力,国际上通常把单轴抗压强度表示为 UCS,我国习惯将单轴抗压强度表示为 R_c,计算公式如下:

$$R_c = \frac{p_{max}}{A} \qquad (2-1)$$

式中,R_c 为单轴抗压强度,MPa;p_{max} 为岩石试件最大破坏载荷,N;A 为试件横截面积,mm^2。

弹性模量 E、泊松比 ν 计算公式如下:

$$E = \frac{R_{c(50)}}{\varepsilon_{d(50)}} \qquad (2-2)$$

$$\nu = \frac{\varepsilon_{h(50)}}{\varepsilon_{d(50)}} \qquad (2-3)$$

式中,E 为试件弹性模量,MPa;$R_{c(50)}$ 为试件单轴抗压强度的 50%,MPa;$\varepsilon_{h(50)}$、$\varepsilon_{d(50)}$ 分别为 $R_{c(50)}$ 处对应的轴向压缩应变和径向拉伸应变;ν 为泊松比。

按照国际岩石力学学会实验室和现场试验标准化委员会制定的《岩石力学试验建议方法》和水利部颁布的《水利水电工程岩石试验规程》(SL 264—2001)规定,煤岩抗压试样统一加工成标准试件,测定所取岩样不同岩性岩石的弹性模量、泊松比和单向抗压强度。测试结果见表 2.3 和表 2.4。

表 2.3　煤岩弹性模量和泊松比测定表

岩石编号	岩石名称	序号	试件尺寸			弹性模量/MPa	泊松比	平均弹性模量/MPa	平均泊松比
			长/cm	宽/cm	高/cm				
顶板	细砂岩	1	5.27	4.96	9.96	43474	0.23	44706	0.24
		2	5.04	5.16	10.02	41346	0.24		
		3	5.12	5.19	9.92	49298	0.24		
煤	煤	1	5.41	5.68	11.05	3635	0.30	3725	0.30
		2	5.18	4.92	9.73	3640	0.31		
		3	5.05	5.77	10.32	3900	0.30		
底板	细砂岩	1	5.22	5.01	9.83	34605	0.25	35396	0.25
		2	4.99	4.97	9.92	36428	0.24		
		3	5.03	5.04	9.79	35156	0.25		

表 2.4　煤岩单轴抗压强度测定表

岩石编号	岩石名称	序号	试件尺寸			破坏载荷/kN	抗压强度/MPa	平均抗压强度/MPa
			长/cm	宽/cm	高/cm			
顶板	细砂岩	1	4.97	4.93	10.41	168.05	68.59	65.38
		2	4.95	4.99	9.97	143.62	58.14	
		3	5.19	5.23	10.16	188.44	69.42	
煤	煤	1	5.41	5.68	11.05	66.79	21.74	15.86
		2	5.18	4.92	10.18	25.31	9.93	
		3	5.05	5.77	10.32	46.40	15.92	
底板	细砂岩	1	4.78	5.11	9.93	101.30	41.47	42.69
		2	5.14	5.13	9.96	134.84	51.14	
		3	5.01	5.09	9.92	90.46	35.47	

2. 单轴抗拉试验

岩石单轴抗拉强度是指岩石在单向拉力作用下抵抗拉伸破坏的能力,有如下两种计算方法。

直接法计算:

$$R_t = \frac{p_t}{A} \tag{2-4}$$

式中,R_t 为岩石试件的单轴抗拉强度,kPa;p_t 为试件破坏时的总拉力,kN;A 为试件横截面积,m²。

劈裂法计算:

$$R_p = \frac{2p}{\pi D t} \tag{2-5}$$

式中,R_p 为圆盘形试件的单轴抗拉强度,kPa;p 为试件裂开破坏时的竖向总压力,kN;D、t 分别为圆盘形试件的直径和厚度,m。

抗拉试验采用劈裂法,单轴抗拉强度测试结果见表 2.5。同忻煤矿 3-5# 煤层及其顶底板煤岩物理力学参数测定成果汇总见表 2.6。

表 2.5　煤岩单轴抗拉强度测定表

岩石编号	岩石名称	序号	试件尺寸		破坏载荷/kN	抗拉强度/MPa	平均抗拉强度/MPa
			厚/cm	高/cm			
顶板	细砂岩	1	2.75	4.81	8.60	4.14	3.95
		2	2.79	5.12	8.56	3.82	
		3	2.49	5.12	7.77	3.88	

岩石编号	岩石名称	序号	试件尺寸		破坏载荷/kN	抗拉强度/MPa	平均抗拉强度/MPa
			厚/cm	高/cm			
煤	煤	1	2.39	4.96	2.84	1.53	1.35
		2	2.58	5.02	2.59	1.27	
		3	2.35	5.05	2.32	1.25	
底板	细砂岩	1	2.76	5.11	6.10	2.75	2.71
		2	2.41	4.92	5.25	2.82	
		3	2.77	5.08	5.66	2.56	

表 2.6　同忻煤矿 3-5# 煤层及顶底板煤岩物理力学参数测定成果汇总表

岩石编号	岩石名称	天然视密度/(kg/m³)	抗拉强度/MPa	抗压强度/MPa	弹性模量/MPa	泊松比	黏聚力/MPa	内摩擦角/(°)	坚固性系数 f
顶板	细砂岩	2544	3.95	65.38	44706	0.24	8.20	63	6.54
煤	煤	1347	1.35	15.86	3725	0.30	2.05	55	1.59
底板	细砂岩	2579	2.71	42.69	35396	0.25	5.60	56	4.27

2.4.2　煤岩比表面积测试

1. 比表面积测试意义及方法

比表面积是指单位质量物料所具有的总面积,分为外表面积和内表面积两类,单位为 m²/g。通过测试试样的比表面积得到组成试样的颗粒中孔隙的容积及孔径,评价组成试样物质的密实程度,可间接反映出试样的强度,从微观的角度解释试样的强度大小。

比表面积测试方法主要有动态色谱法和静态容量法。动态色谱法是将待测粉体样品装在 U 形管内,使含有一定比例吸附质的混合气体流过样品,根据吸附前后气体浓度变化来确定被测样品对吸附质分子(N_2)的吸附量。静态容量法根据确定吸附量方法的不同分为重量法和容量法。容量法是将待测粉体样品装在一定体积的一段封闭的试管状样品管内,向样品管内注入一定压力的吸附质气体,根据吸附前后的压力或重量变化来确定被测样品对吸附质分子(N_2)的吸附量。动态色谱法和静态容量法的目的都是确定吸附质分子的吸附量,吸附质分子的吸附量确定后,就可以由该吸附质分子的吸附量来计算待测粉体的比表面积。由吸附量来计算比表面积的理论很多,如朗格缪尔吸附理论、BET 吸附理论、统计吸附层厚度法吸附理论等。其中 BET 吸附理论的原理是求出不同分压下待测样品对 N_2

的绝对吸附量,通过 BET 吸附理论计算出单层吸附量,从而求出比表面积;其理论认可度比固体标样参比法高,但实际使用中,由于测试过程相对复杂,耗时长,测试结果重复性、稳定性、测试效率相对于固体标样参比法都不具有优势,这也是固体标样参比法的重复性标称值比 BET 多点法高的原因。

2. 比表面积测定结果分析

本次试验使用的仪器是 QUADRASORB SI 比表面积测定仪,见图 2.9,采用的方法为动态色谱法中的 BET 多点法。

图 2.9　QUADRASORB SI 比表面积测定仪

图 2.10～图 2.14 分别为北一盘区煤层顶板(3m 处)、北一盘区煤层顶板(5m 处)、北二盘区煤层顶板、3-5$^{\#}$煤层、3-5$^{\#}$煤层底板煤岩样吸附和脱附测定曲线,通过数据处理计算出试样的比表面积、孔容、孔径,见表 2.7。

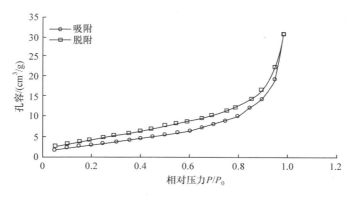

图 2.10　北一盘区煤层顶板(3m 处)测定曲线

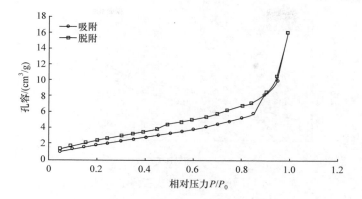

图 2.11　北一盘区煤层顶板(5m 处)测定曲线

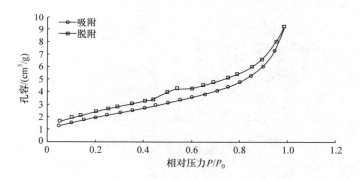

图 2.12　北二盘区煤层顶板测定曲线

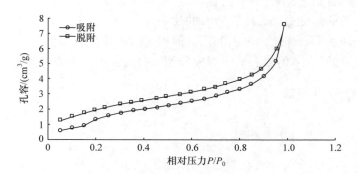

图 2.13　3-5# 煤层测定曲线

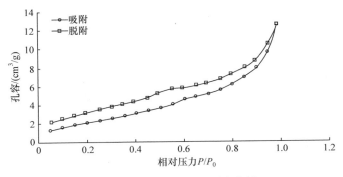

图 2.14 3-5$^\#$煤层底板测定曲线

表 2.7 比表面积测定结果

测试参数	取样地点				
	北一盘区煤层顶板(3m 处)	北一盘区煤层顶板(5m 处)	北二盘区煤层顶板	3-5$^\#$煤层	3-5$^\#$煤层底板
比表面积/(m²/g)	12.674	6.330	4.822	2.949	7.023
孔容/(cm³/g)	0.047	0.024	0.013	0.010	0.018
孔径/nm	1.7093	1.5426	1.5451	1.9428	2.4846

从表 2.7 中可以看到,试样颗粒的孔径与孔容越大,其比表面积就越大,同时孔容与孔径的增大也表征岩石的密实程度不高,岩石的强度受密实程度影响明显。3-5$^\#$煤层测得的孔容与比表面积最小,说明煤层的组成颗粒胶结充分,提高了煤的强度。顶板岩石的比表面积、孔容、孔径随着取样深度的增加而减小,说明煤层顶板深部岩石的强度更高。底板岩石的比表面积、孔容、孔径均大于顶板,决定了其强度小于顶板岩石强度。岩石的比表面积、孔容、孔径的大小从微观角度能够间接反映其强度的大小,但岩石的组成成分是影响其强度的重要因素。

2.4.3 煤岩 XRD 测试

1. XRD 测试原理与测试过程

通过对材料进行 X 射线衍射(X-ray diffraction,XRD),分析其衍射图谱,获得材料的成分、材料内部原子或分子的结构或形态等信息。

X 射线是一种波长很短(20～0.06Å)的电磁波,能穿透一定厚度的物质,并能使荧光物质发光、照相乳胶感光、气体电离。在用电子束轰击金属"靶"产生的 X 射线中,包含与靶中各种元素对应的具有特定波长的 X 射线,称为特征(或标识)X 射线。

X 射线是原子芯电子在高速运动电子的轰击下跃迁而产生的光辐射,主要有连续 X 射线和特征 X 射线两种。晶体可用作 X 射线的光栅,这些很大数目的原子或离子/分子所产生的相干散射将会发生光的干涉作用,从而使散射的 X 射线的强度增强或减弱。由于大量原子散射波的叠加,互相干涉而产生的最大强度的光束称为 X 射线的衍射线。

满足衍射条件,可应用布拉格公式:$2d\sin\theta=n\lambda$(图 2.15)。应用已知波长的 X 射线来测量 θ,从而计算出晶面间距 d,这是用于 X 射线结构分析;另一个是应用已知 d 的晶体来测量 θ,从而计算出特征 X 射线的波长,进而可在已有资料中查出试样中所含的元素。

试验中应用 X 射线衍射仪(图 2.16),将要测试的岩块用玛瑙研钵磨成粉末,粒度应小于 $44\mu m$(350 目),将粉末填充到试样架中,并用玻璃板压平实,开启循环水泵,打开 X 射线管高压电源,设置合适的衍射条件及参数,进行样品测试。

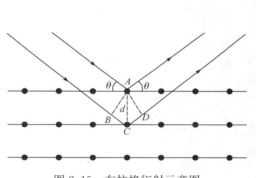

图 2.15　布拉格衍射示意图

图 2.16　X 射线衍射仪

2. XRD 结果分析

测试完毕后,原始数据经过曲线平滑、谱峰寻找等处理步骤,绘制扫描范围(2θ)与衍射强度曲线,见图 2.17~图 2.21。

3-5$^{\#}$煤层顶板砂岩中主要含有石英、高岭石、麦钾沸石、紫铁铝钒、菱铁矿、方解石、白云石、钙铁辉石,其中石英含量最大,石英主要成分为 SiO_2,质地坚硬,决定了顶板岩层较为坚硬;底板岩石中含有石英、高岭石、菱铁矿、白云母,其中高岭石含量最大,高岭石是长石和其他硅酸盐矿物天然蚀变的产物,是一种含水铝硅酸盐,吸水性强,和水具有可塑性,现场中应避免巷道积水,以免巷道底板变形破坏;煤层中含有高岭石、钙铁辉石,且二者含量相当。

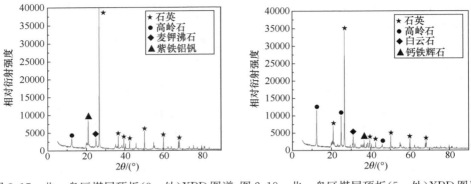

图 2.17　北一盘区煤层顶板(3m 处)XRD 图谱　图 2.18　北一盘区煤层顶板(5m 处)XRD 图谱

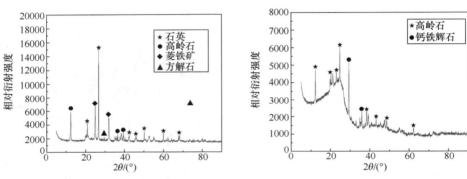

图 2.19　北二盘区煤层顶板 XRD 图谱　　　　　图 2.20　3-5$^{\#}$ 煤层 XRD 图谱

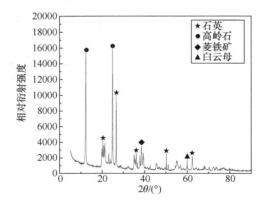

图 2.21　3-5$^{\#}$ 煤层底板(1 号)XRD 图谱

2.4.4　煤岩全元素测试

1. 全元素测试方法

全元素分析有两个要求:一个是定性分析,确定样品中有哪些元素;另一个是定量分析,确定样品中各元素的含量。元素含量级别为常量、少量、微量、痕量。常见的表示方法有%、‰(10^{-3})、ppm(10^{-6})、ppb(10^{-9})、ppt(10^{-12})、ppq(10^{-15})。

常用的分析方法有:①化学分析,即通过普通的化学试剂测验对已知样品进行具体元素的定量(常量或少量)分析;②X 射线荧光光谱分析,即利用 X 射线的激发作用而产生新的特征辐射进行元素分析的方法,主要作用是对未知样品进行元素的定性、半定量、定量(常量、少量或微量)分析;③原子发射光谱分析,利用构成物质的分子、原子或离子受到热能、电能或化学能的激发而产生的光谱来确定物质的元素组成与含量,主要作用是对未知样品进行元素的定性、半定量、定量(常量、少量或微量)分析;④原子吸收光谱法,又称原子吸收光度法,它是基于物质所产生的原子蒸气对待测元素的特征谱线的吸收作用而进行的一种定量分析方法,主要作用是对未知样品进行微量、痕量元素的定量分析;⑤等离子质谱分析,是通过将待测物质的原子或分子在高速电子流的冲击下转变成带正电荷的离子,然后经加速运动形成离子流,离子流在磁场(或同时在电场和磁场)的作用下,按照各种离子的质量与其所带电荷量的比值,即质荷比(m/z)大小顺序分离开来,形成有规律的质谱(MS),并用检测器记录下来,进行定性、定量结构分析的一类方法。

2. 测试结果分析

试验中,将测试样品制作成标准试件,利用全元素分析仪(图 2.22)对其组分进行测试,测试结果见表 2.8。

图 2.22　全元素分析仪

表 2.8　煤岩全元素分析结果(质量分数)　　　　　　(单位:%)

序号	组分	北一盘区煤层顶板(3m 处)	北一盘区煤层顶板(5m 处)	北二盘区煤层顶板	3-5# 煤层	3-5# 煤层底板
1	SiO_2	71.0426	63.8838	53.0430	28.5726	55.8115
2	Al_2O_3	24.4440	26.6505	24.7979	20.4737	41.2320
3	Fe_2O_3	0.7903	3.3228	17.2443	7.4492	1.1555
4	K_2O	1.8615	1.2113	0.6699	0.2370	0.6576
5	TiO_2	0.9266	1.0470	0.5941	1.6884	0.6779

序号	组分	北一盘区煤层顶板（3m 处）	北一盘区煤层顶板（5m 处）	北二盘区煤层顶板	3-5# 煤层	3-5# 煤层底板
6	MgO	0.2660	0.5943	0.5281	0.1688	0.0425
7	SO_3	0.2267	0.2602	0.1384	17.9729	0.0934
8	CaO	0.1646	2.5760	2.3985	22.1845	0.1804
9	P_2O_5	0.1268	0.1323	0.0895	0.5009	0.0455
10	ZrO_2	0.0377	0.0375	0.0455	—	0.0282
11	ZnO	0.0250	0.0153	0.0234	0.0390	0.0079
12	SrO	0.0162	0.0270	0.0212	0.0678	0.0030
13	Rb_2O	0.0087	0.0093	—	0.0715	0.0039
14	NiO	0.0073	0.0123	0.0117		0.0067
15	Ga_2O_3	0.0047	—			
16	Na_2O	0.0270	—			
17	Cr_2O_3	0.0195	—			0.0047
18	As_2O_3	0.0046				
19	Y_2O_3	—	0.0196	0.0083	—	—
20	U_3O_8		0.0056			
21	CrO_2		0.0436			
22	ThO_2		0.0045			
23	MnO		0.1469	0.3837	0.3067	0.0291
24	Nb_2O_5	—	—	0.0024	—	—
25	ZrO				0.0214	
26	Cl				0.2457	
27	ZnO_2					0.0203

通过煤岩样的全元素测试对试样中含有的化学成分进行了定量分析,可知其中顶板岩石中以 SiO_2、Al_2O_3 为主,二者含量占 80% 以上,最高达到 95%;煤层中主要含有 SiO_2、CaO、Al_2O_3、SO_3,四者含量相当;底板岩石中以 SiO_2、Al_2O_3 为主,二者含量高达 97%。

2.5　石炭系特厚煤层主要开采矿井概况

2.5.1　同忻煤矿概况

同忻井田位于大同市西南约 20km,居大同矿区东北部,其地理坐标为东经

112°58′29″～113°08′09″、北纬 39°57′40″～40°05′54″。同忻煤矿地面工业广场布置
见图 2.23。矿区内有忻州窑、煤峪口、永定庄、同家梁、大斗沟等大型侏罗系生产
矿井。井田北东、南西方向长约 12km，北西、南东宽约 8km，面积 96.89km²，勘探
深度为 550m。井田因处于老矿区及大同市郊区，交通运输十分便利，京包铁路与
北同蒲铁路交会于大同市，大秦铁路、北同蒲电气化铁路运行良好，还有大同至王
村铁路专线及至忻州窑运煤干线，煤炭运输能力充足。矿区内有京大高速公路、大
运高速公路。另外，普通公路纵横交贯，十分方便。

图 2.23　同忻煤矿地面工业广场布置图

　　同忻煤矿主采煤层为石炭系 3-5# 煤层。其上覆为早侏罗世煤系，即下侏罗统
大同组。大同组由陆相砂岩夹泥岩及煤层组成，组厚 0～264m（一般 220m），含可
采煤层 14～21 层，可采煤层总厚度 18.7～24m。同忻井田山西组厚 0～75.37m，
平均 23.41m，含煤 4 层，依次为山#、山²#、山³#、山⁴# 煤层，煤层总厚平均 0.96m，含
煤系数为 4%。山#、山²#、山³# 煤层零星赋存，仅山⁴# 煤层为局部可采。太原组厚
13.44～92.46m，平均 72.39m，含煤 10 层，自上而下依次编号为 1#、2#、3-5#、6#、
7⁻¹#、7#、8#、9#、10#、11# 煤层，煤层平均总厚度为 20.84m，含煤系数为 29%，其
中 2#、3-5#、6#、7⁻¹#、7#、8#、9# 为可采煤层。

　　井田构造简单，现采工作面为西二盘区 8207 工作面，其位于井田西部、西二盘
区的西南部，北东部为西二盘区三条盘区大巷，北西为 2209 巷顺槽煤柱，南西至银
塘沟保护煤柱，南东未开采，四邻均为实煤区，工作面巷口往里 900m 范围内上部
对应为同家梁矿侏罗系 14# 煤层 8902-2、8902-3、8906 工作面采空区。900m 至银
塘沟村保护煤柱对应上部为白洞矿侏罗系 14# 煤层实煤区。西 8207 工作面开采
煤层为石炭系 3-5# 煤层，煤层最大厚度 17.98m，最小厚度 7.24m，平均厚度
13.76m，其中夹矸 2.74m。工作面煤层以黑色、半亮煤、亮煤为主，玻璃光泽，内生

裂隙发育,夹矸以黑色泥岩、高岭质泥岩、炭质泥岩等为主。煤层为复杂结构,含夹矸层 8 层左右,夹矸厚度最小 0.10m,最大 0.60m,平均 0.34m。8207 工作面基本顶为含砾粗砂岩,厚度 7.36m,灰白色,粗粒结构,块状构造,主要成分为石英、长石,胶结物为泥质成分,大部分含砾石,砾径 10～20mm,砾石主要成分为燧石。直接顶为细砂岩,厚度 4.68m,灰白色,主要成分为石英、长石,含少量白云母碎片,分选中等,坚硬,过渡接触。直接底为粉砂岩,厚度 1.25m,深灰色,平坦状断口,夹煤线。

2.5.2　塔山煤矿概况

塔山井田位于山西省大同煤田东翼中东部边缘地带,口泉河两侧,鹅毛口河以北、七峰山西侧,距大同市约 30km,距离大同煤矿集团所在地 17km。塔山井田走向长 24.3km,倾斜宽 11.7km,面积约 170.91km²。全井田地质储量 50.7 亿 t,工业储量 47.6 亿 t,可采储量 30.7 亿 t,按设计生产能力 1500 万 t/a 计算,矿井服务年限为 140 年。塔山井田行政区划属大同市南郊区及朔州市怀仁县所辖。

塔山工业园区矿井设计能力和洗煤厂入洗能力均为 1500 万 t/a,并由装机容量为 120 万 kW 的坑口电厂、年煅烧 16 万 t 煤层伴生高岭岩的高岭土加工厂、年产 30 万 t 的水泥厂及砌体材料厂等共同组成绿色产业链,实现资源的综合利用。塔山煤矿地面工业广场布置见图 2.24。

图 2.24　塔山煤矿地面工业广场布置图

塔山井田分为白洞区、塔山区、王村区、挖金湾区四个分区。井田东北侧有京包铁路、大秦铁路,东侧有北同蒲铁路,均交会于大同市铁路枢纽,并与口泉沟、云冈沟两条铁路支线相连,通往大同煤矿集团各生产矿。井田东侧有 208 国道(大同至太原)及大运高速公路,可以通往北京市、太原市以及河北省和内蒙古自治区等地。

塔山井田现开采的石炭系太原组 3-5# 煤层,埋深 300～500m,与侏罗系煤层间距约 200m。上部侏罗系煤层大部分已被挖金湾矿、王村矿、雁崖矿、白洞矿、四老沟矿和马口矿等采空,也有近百个小煤窑对侏罗系和石炭系煤层进行开采。

塔山井田一盘区石炭系太原组 2# 煤层不可采,2# 煤层与 3-5# 煤层层间距 3～8m。8# 煤层与 3-5# 煤层层间距 20.35～46.46m,煤层稳定。3-5# 煤层厚度较大,沉积环境不稳定,结构复杂,分岔合并现象频繁。煤层由 6～35 个分层(一般 10～15 个)组成,含矸率为 2%～33%,平均 16%。夹矸累厚 0.15～1.4m,单层最厚 0.6m,一般由高岭岩、高岭质泥岩、砂质泥岩和炭质泥岩组成。煤层节理较为发育,硬度中等以上。

塔山井田一、二盘区 3-5# 煤层合并,厚度 12.70～15.39m,平均 13.53m。由于煤层节理发育,在巷道打钻无法取到煤芯。因此用点载荷测试方法获得煤体的抗压强度为 27～37MPa,平均 32MPa。煤层呈弱玻璃-玻璃光泽,碎块-块状,参差不齐阶梯状断口,含有镜煤条带,发育有内生裂隙。节理面充填有方解石脉,结构疏松,性脆易碎。煤层节理间距为 15～25cm,主节理间距为 1.0～1.2m,节理倾角 55°。塔山井田石炭系太原组厚度 86～95.86m,一般厚度 88.67m,岩石组成包括砂岩、砂砾岩、粉砂岩、砂质泥岩、泥岩、高岭质泥岩和煌斑岩。

塔山煤矿 3-5# 煤层顶板为不同岩性薄层互层型复合结构。在火成岩侵入区,直接顶主要为煌斑岩和高岭质泥岩等,在非火成岩侵入区,直接顶主要为高岭质泥岩、炭质泥岩、泥岩和砂质泥岩等,直接顶厚度一般为 2～8m。基本顶岩性则均为厚层状中硬以上粗粒石英砂岩和砂砾岩,厚度在 20m 左右。顶板岩层的单向抗压强度一般为 31～67MPa。底板多为砂质泥岩、高岭质泥岩、炭质泥岩、泥岩和高岭岩,含少量粉砂岩和细砂岩。底板岩层的单向抗压强度一般为 10～34MPa。火成岩主要为煌斑岩,以岩床侵入煤层为主,火成岩垂向侵入范围最小 0.24m,最大 80.79m,侵入岩层最多达 15 层,单层最小厚度 0.15m,最大厚度 4.60m。岩浆由上部依次侵入 2# 和 3-5# 煤层,到 8# 煤层已基本无影响。

塔山井田属大同向斜的中东翼,为一走向北东、倾向北西的单斜构造,地层倾角一般在 5° 以内,井田外东部煤层露头处地层倾角较大,由南至北倾角 40°～70°,局部直立。井田内大部分地区的地层产状平缓,仅有缓波状的起伏,发育次级褶皱。塔山区主要有史家沟向斜、盘道背斜和老窑沟向斜,对煤层开采的影响不大。井田内断裂构造发育,有两组断层群,共有断层 60 多条,绝大多数为正断层,只有 3 条为逆断层,其中断距在 30m 以上的有 8 条,对矿井的开拓及开采有一定的影响。

参 考 文 献

[1] 王金华.特厚煤层大采高综放工作面成套装备关键技术[J].煤炭科学技术,2013,41(9):1-5,28

[2] 白庆升. 复杂结构特厚煤层综放面围岩采动影响机理与控制[D]. 徐州：中国矿业大学,2015

[3] Tu S H,Yong Y,Zhen Y,et al. Research situation and prospect of fully mechanized mining technology in thick coal seams in China [J]. Procedia Earth and Planetary Science,2009, 1(1)：35-40

[4] 王家臣. 煤炭科学开采的内涵及技术进展[J]. 煤炭与化工,2014,37(1)：5-9

[5] 张学会. 特厚煤层大采高综放面力学特征研究及其应用[D]. 淮南：安徽理工大学,2012

[6] 王国法,庞义辉,刘俊峰. 特厚煤层大采高综放开采机采高度的确定与影响[J]. 煤炭学报, 2012,37(11)：1777-1782

[7] 代金华. 特厚煤层大采高综放围岩变形规律与工艺参数研究[D]. 太原：太原理工大学,2011

[8] 王君. 20m 厚煤层大采高综放开采的煤岩冒放规律及放煤工艺参数研究[D]. 北京：中国矿业大学(北京),2008

[9] 孔令海,姜福兴,杨淑华,等. 基于高精度微震监测的特厚煤层综放工作面顶板运动规律[J]. 北京科技大学学报,2010,32(5)：552-558,588

[10] 邵国荣. 厚煤层大采高综放开采巷道围岩控制技术研究[D]. 阜新：辽宁工程技术大学,2012

[11] 白志飞. 大采高综放采场矿压显现规律及围岩控制技术研究[D]. 太原：太原理工大学,2012

[12] 武虎彪,宋选民. 夹矸对放顶煤开采的影响[J]. 山西矿业学院学报,1996,14(3)：191-195

[13] 张顶立,王悦汉. 含夹矸顶煤破碎特点分析[J]. 中国矿业大学学报,2000,29(2)：160-163

[14] 鲍永生. 复杂特厚煤层综放工作面煤柱应力分布规律研究[J]. 煤炭科学技术,2014,(3)：21-24

[15] 贾光胜,康立军. 综放开采采准巷道护巷煤柱稳定性研究[J]. 煤炭学报,2002,27(1)：6-10

[16] 刘倡清. 综放变宽度煤柱回采巷道围岩变形规律及其控制技术[D]. 西安：西安科技大学,2011

[17] 孙小强. 特厚煤层综放开采合理区段煤柱宽度探析[J]. 中州煤炭,2013,(9)：40-42

[18] 董旭东. 回采巷道煤柱稳定性影响研究[J]. 山西煤炭,2013,33(7)：51-53

[19] 成云海,姜福兴,庞继禄. 特厚煤层综放开采采空区侧向矿压特征及应用[J]. 煤炭学报, 2012,37(7)：1088-1093

[20] 大同煤矿集团公司,辽宁工程技术大学. 双系煤层复杂条件下千万吨矿井安全开采技术与实践[R]. 2013

第3章 大同矿区石炭系坚硬顶板特厚煤层开采技术

3.1 坚硬顶板特厚煤层采煤方法选择

我国厚煤层储量丰富,约占总储量的44%,每年地下开采的厚煤层煤炭产量占煤炭总产量的45%以上。20世纪80年代开始,机械化采煤方法进行了大量的试验研究,逐步形成了厚及特厚煤层开采技术体系。目前为止,我国厚煤层主要有综放开采、分层开采和大采高综采三种开采方法。其中分层开采受煤层厚度变化、自然发火、吨煤成本、工效等诸多因素的制约,开采效率较低,目前已基本被综放开采或大采高综采所代替[1-6]。

20世纪初,欧洲就试用了放顶煤开采方法,当时只是作为在复杂地质条件下的一种特殊采煤方法。40～70年代,法国、南斯拉夫、苏联等一些欧洲国家试验研究了综采放顶煤开采技术。70年代,捷克斯洛伐克在诺瓦基、齐盖尔、汉德洛瓦等煤矿运用放顶煤开采厚煤层,使用DVP-5A型、1K70/900HD型、MHW4500-20/30型、2MKE型、BME-2.0/3.0型放顶煤液压支架。80年代初,匈牙利研制成功单输送机前开天窗式放顶煤液压支架,先后在多罗戈、梅茨赛克、塔塔巴尼、维斯普雷姆、博尔索德、阿尔米姆、尤卡伊、达克西等矿采用放顶煤,使用的架型有VHP-421型、YHP-720型、MVDD-120型、MVDD-120/2型,其中前两种为高位放煤,后两种为中位放煤。

长壁分层开采厚煤层的方法,在每个分层都要布置一套完整的回采系统,巷道掘进率高、巷道维护费用高、需铺设金属网假顶,生产不集中、产量小、效率低、开采成本高,下分层工作面顶板管理困难。1982年我国开始研究引进综采放顶煤开采技术,从1984年第一个试验工作面开始,到1994年的10年间,我国综采放顶煤技术的试验获得成功,综放技术迅速发展。1994年,全国综放开采的总产量达到3680万t,有28个矿区、62个综放面在生产。综放技术与分层开采相比,优势明显,现在已经成为厚煤层开采高效的采煤方法之一。塔山煤矿综放工作面最高日产突破5万t,进一步提升了我国综放技术在国际上的领先地位。

目前,我国综放技术使用的数量、范围、技术的先进性和取得的效果均居世界领先地位。近年来,我国正在努力拓展外部市场,向国外输出综放技术及成套装备,将对该技术的发展和提高产生积极的推动作用。在放顶煤液压支架方面,我国研制出双输送机、低位放顶煤液压支架,针对散落顶煤自然面接触块体拱,我国设计的放顶煤支架都有强力的二次破煤机构和破坏散煤面接触块体拱机构,其中包括利用摆动尾梁、插板破煤和破坏顶煤二次面接触块体拱机构;为了适应后部输送机机头和机尾部外形尺寸较大的特点,我国特别研制了各种邻近工作面两端的过渡支架,不仅满足了生产的要求,而且具有放煤功能。

纵观长壁综放开采技术在我国的成长与发展,从时间发展上可以分为三个时期:探索阶段(1982~1990 年)、逐渐成熟阶段(1990~1995 年)、技术成熟和推广阶段(1996 年至今)。进入 21 世纪,我国综放开采技术和理论得到全面创新及发展。

开采实践表明,综放开采是一种适合于厚煤层开采的投资低、产量高、效益好的采煤方法。我国综放开采的理论与技术在 10m 以下厚煤层开采中已经成熟,但在塔山煤矿特厚煤层开采前,对于厚煤层,特别是厚度在 20m 左右的特厚煤层的综放开采技术、装备、围岩运移规律的研究依然是空白。随着我国大采高单一煤层开采技术的成熟,大采高综放成为特厚煤层实现安全高效开采的主要开采方法,但随着割煤和放煤高度的增加,将带来矿压显现剧烈、工作面煤壁片帮严重、顶煤采出率低、瓦斯涌出量大等突出问题[7-10]。

3.2　采煤方法与回采工艺

3.2.1　工作面巷道布置与参数

1. 工作面合理长度[11]

工作面长度是放顶煤工作面的重要开采参数之一,对于地质条件简单的工作面,放顶煤工作面长度主要根据工作面合理的日推进长度和要求的日产量来确定(表 3.1)。但在大多数情况下,各生产矿井多是根据采区几何尺寸和布置的工作面数进行圈定或根据经验数据、设备能力(刮板输送机的合理铺设长度)以及工作面设备的初期投资等确定。工作面长度的加大,不仅能提高工作面单产量、降低巷道掘进率,而且有利于矿井实现集中化生产,可以提高矿井资源回收率。

表 3.1　8105 工作面大采高综放开采进刀数与工作面长度关系(年产 1000 万 t)

工作面长度/m	截深/m	采厚/m	割煤厚度/m	回收率/%	容重/(t/m³)	要求日产量/t	正规循环率/%	日进刀数
160	0.865	13.67	3.9	93	1.45	30303	95	12
180	0.865	13.67	3.9	93	1.45	30303	95	11
200	0.865	13.67	3.9	93	1.45	30303	95	10
220	0.865	13.67	3.9	93	1.45	30303	95	9
240	0.865	13.67	3.9	93	1.45	30303	95	8

综合考虑地质、产量、端头顶煤损失率、风速、设备性能、经济、管理水平、矿压及工作面的自然发火期等因素影响,大同矿区石炭系特厚煤层综放开采工作面长度设计约为200m。

2. 工作面合理推进长度

对于综合机械化开采工作面,为了延长工作面寿命,减少迁移次数,应尽量加大工作面的推进长度,但长度太大会增加掘进时期通风的难度,运输距离长,管理难度大。1996年,美国工作面平均推进长度达2570m,澳大利亚达1874m,美国综采工作面最长推进长度达6700m。国内综采工作面一般都在1000m以上,高产高效综放工作面达到2000m以上,神东矿区榆家梁矿井45202工作面推进长度达到6380m。

大多数矿井工作面走向长度取决于矿井的井田边界和开拓系统布置等。为了减少迁移次数、确保千万吨工作面的连续回采,根据同忻煤矿煤层赋存条件,结合井田开拓方式和地质条件,同忻煤矿特厚煤层综放工作面推进长度设计在2000m左右。以同忻煤矿8105工作面设计方案为例,工作面长度200m,巷道走向长度1757.1m,8105切眼东部为实煤区。8105工作面南部为8104工作面,两工作面间留38m煤柱;北部为8106工作面,两工作面间留45m煤柱。工作面巷道布置为一进二回三巷,三条巷道与盘区三条大巷呈88°,其中2105巷、5105巷沿3-5#煤层底板布置,8105顶抽巷沿3-5#煤层顶板布置。工作面停采线距北一盘区辅运大巷200m,8105工作面巷道布置见图3.1。同忻煤矿井田北一盘区回采巷道布置见图3.2。

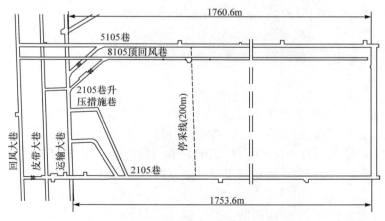

图 3.1　同忻煤矿 8105 工作面巷道布置图

3.2.2　回采工艺参数

大采高综放工作面采、装、运、支等作业工序全部机械化。工作面作业工序为:

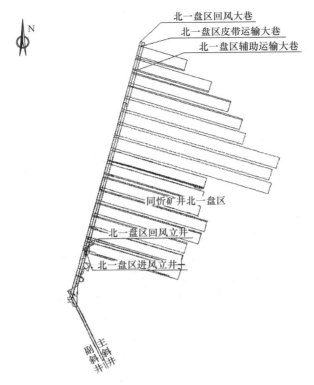

图 3.2　同忻煤矿井田北一盘区回采巷道布置图

割煤移架→推前运输机→放顶煤→拉后运输机。采煤机截割及放顶煤采出的煤经工作面前、后刮板运输机,顺槽转载机,顺槽皮带运输机,北一盘区皮带运输大巷皮带运输机,由主井皮带运至地面洗煤厂。

1. 割煤

　　正常情况下,采煤机双向割煤,采煤机前滚筒割顶煤,后滚筒割底煤,依靠后滚筒转动自动装煤,剩余的煤由铲煤板在推溜时装入运输机。割煤时严格控制采高、顶煤、底板,必须割平且不留底煤,将煤壁割平、割直。采煤机割煤速度视后运输机放煤量多少而定,防止前后运输机煤量过多,影响皮带运输。

　　采煤机在头、尾采用斜切进刀的方式进刀,当采煤机将上一刀煤割通后,留 20 架支架停止追机作业,将前滚筒降下割底煤,后滚筒上升割顶煤,退出距溜头 30m 之处停机,将该段支架前移,然后推溜头,放 5~20 架顶煤,将采煤机前滚筒再次升起,后滚筒降下,采煤机向溜头割煤,当割通溜头后,将前滚筒降下割底煤,后滚筒上升割顶煤,采煤机开始由溜头向溜尾方向正常割煤,当采煤机割到尾时,斜切进刀方式与溜头相同。

例如,8105 工作面煤层平均厚度为 15.49m,设计采高为 3.9m,放煤厚度为 11.59m,采放比为 1∶2.97。放顶煤方式采用一刀一放多轮间隔放煤,循环进度、放煤步距均为 0.8m,直到工作面停采线前 60m(停采线前 60m 到停采线,只割煤、不放煤)。顶板管理采用自然垮落法。

2. 移架

移支架的操作顺序为:降前探梁(收伸缩梁)→降主顶梁(200mm 以内)→移支架→升主顶梁→升前探梁(升伸缩梁)。该工作面布置 106 架中间支架和 7 架过渡支架(在头布置 3 架过渡支架,尾布置 4 架过渡支架),并在头布置端头支架(两架一组)。

移架滞后采煤机后滚筒 3~5 架,移架时,降架以能使支架前移为宜,主顶梁下降量控制在 200mm 以内,防止架间漏煤,同时将支架的护壁板伸出。如果机道顶煤破碎,应尽量使用支架超前采煤机后滚筒进行移架。

3. 推前运输机

推前运输机滞后采煤机后滚筒 15m 以外进行,跟机分段推入,将运输机推成一直线,推溜弯曲段长度不得低于 15m。

4. 放顶煤[12,13]

工作面采用每循环割一刀煤放一茬顶煤的作业方式,循环进度 0.8m,两个放煤工相距 5 架支架同时放煤,放顶煤方式采用多轮间隔放煤。放顶煤工序与割煤工序采用平行作业方式,放煤不得一次将放煤回转梁收回至最大角度,且放煤过程中要互相配合,尽量不让或少让顶煤流出溜子之外。当有大块煤卡在放煤口影响放煤时,反复动作顶梁,或使用插板,将大块煤破碎,当发现矸石时,及时将回转梁伸出,停止放煤,防止矸石混入煤中。严格执行"见矸关窗"的原则,靠近溜头方向的放煤要根据后运输机上的煤量适当控制放煤量。

5. 拉后运输机

放完顶煤后,拉后部运输机,与推前运输机相同,分段将后运输机拉回。拉后运输机呈一直线,不得出现急弯,防止出现溜子事故。

3.2.3　劳动组织与技术经济指标

1. 劳动组织

同忻煤矿 8105 工作面采用四班作业制,其中三班生产、一班检修。各班人员配备情况见表 3.2。本队在册人数应为:98×1.255=123(人)。

表 3.2　8105 工作面各班人员配备情况

序号	工种	人员配备				合计/人
		检修班	生产班	生产班	生产班	
1	工长	4	3	3	3	13
2	机组司机	0	3	3	3	9
3	支架工	8	3	3	3	17
4	放煤工	0	2	2	2	6
5	三机工	8	4	4	4	20
6	检修工	6	1	1	1	9
7	机组定检	4	0	0	0	4
8	泵站工	2	1	1	1	5
9	支护工	6	2	2	2	12
10	清理工	0	1	1	1	3
	合计	38	20	20	20	98

2. 作业循环图表

工作面作业循环图表见图 3.3。

3. 8105 工作面主要经济技术指标

8105 工作面主要经济技术指标见表 3.3。

表 3.3　8105 工作面主要经济技术指标

序号	名称		单位	指标
1	工作面长度		m	200
2	平均走向长度		m	1757.1
3	可采走向长度		m	1557.1
4	平均煤层厚度		m	15.49
5	割煤高度		m	3.9
6	平均顶煤厚度		m	11.59
7	采放比		—	1∶2.97
8	循环进度		m	0.8
9	循环产量	割煤量	t	848
		放煤量	t	2047
10	日循环数		个	7
11	日产量		t	20265
12	顶煤回收率		%	80
13	全工作面回收率		%	78.7
14	日出勤数		人	98
15	回采工效		t/工	207
16	吨煤耗电量		kW·h/t	6.25

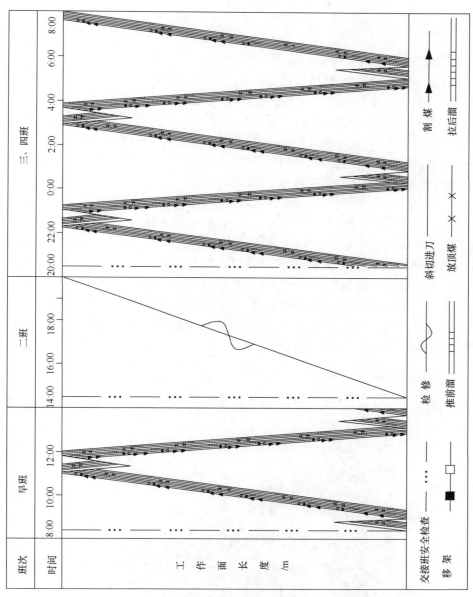

图 3.3 工作面作业循环图表

3.3　工作面开采装备选型

3.3.1　工作面开采装备选型研究

　　为了确定合理的开采装备,大同煤矿集团 2008 年 9 月 23 日召开了"十一五"国家科技支撑计划重大项目"塔山设备配套及同忻煤矿首采面设备技术"协调会,来自国内外的五十余名专家参加了会议,这些专家来自国外的美国 JOY 公司、德国艾柯夫公司,国内的煤炭科学研究总院开采设计分院、煤炭科学研究总院上海分院、中煤张家口煤矿机械有限责任公司、中煤北京煤矿机械有限责任公司、郑州煤矿机械集团股份有限公司、山西平阳重工机械有限责任公司、常州联力自动化科技有限公司、天津贝克电气有限公司和无锡煤矿机械厂。

　　会上对国内外特大型"特厚煤层大采高综放开采成套技术与装备"在塔山煤矿的试验开采进行了技术协调。"十一五"国家科技支撑计划重大项目"特厚煤层大采高综放开采成套技术与装备"将实现大采高综放开采成套装备的国产化,成功解决厚度为 14～20m 煤层的开采问题,提高煤炭资源的回收率,提高工作面产量和煤炭企业的经济与社会效益,减少矿井的安全隐患,成功实现特厚煤层高效、高回收率与安全开采,在满足国民经济当前和长远发展对煤炭的需求、保障能源安全、提升煤炭生产力水平和核心竞争力等方面起到重要作用,为我国煤矿类似开采技术条件下开采装备选型和研究提供借鉴。

3.3.2　采煤机选型

　　选用德国艾柯夫公司生产的 SL500AC 型采煤机(图 3.4),主要技术参数见表 3.4。

图 3.4　德国艾柯夫公司生产的 SL500AC 型采煤机

表 3.4 SL500AC 型采煤机技术参数表

项目	技术参数	项目	技术参数
规格型号	SL500AC	采高	约 5240mm
产地与制造厂商	德国艾柯夫公司	卧底量	约 370mm
总装机功率	1715kW	机身高度	约 1999mm
电压	3.3kV，＋10％，－20％	过煤口高度	约 760mm
截割电机功率	2×750kW	滚筒直径	2300mm
牵引电机功率	2×90kW	滚筒宽度	900mm
泵站电机功率	35kW	截深	800mm
最大牵引力	757kN	滚筒转速	28r/min
最大牵引速度	30.75m/min		

3.3.3 工作面前、后刮板输送机选型

1. 前部刮板输送机

前部刮板输送机选用美国 JOY 公司生产的 JTAFC1050 型前刮板输送机（图 3.5），其主要技术参数见表 3.5。

图 3.5 美国 JOY 公司生产的 JTAFC1050 型前刮板输送机

表 3.5 JTAFC1050 型前刮板输送机技术参数表

项目	技术参数	项目	技术参数
规格型号	JTAFC1050	链环规格	42×146mm
产地与制造厂商	美国 JOY 公司	供电电压	3.3kV
运输能力	2500t/h	供电频率	50Hz

项目	技术参数	项目	技术参数
设计长度	250m	总装机功率	2×1050kW
铺设长度	200m	卸载方式	端卸
中部槽长度	1750mm	软启动方式	TTT
中部槽宽度	1000mm	驱动装置的布置方式	平行布置
中部槽结构特点	铸造槽帮,铸焊接形式	冷却方式	水冷
中部槽连接方式	哑铃销		

2. 后部刮板输送机

后部刮板输送机选用美国 JOY 公司生产的 JTAFC1050 型后刮板输送机 (图 3.6),其主要技术参数见表 3.6。

图 3.6　美国 JOY 公司生产的 JTAFC1050 型后刮板输送机

表 3.6　JTAFC1050 型后刮板输送机技术参数表

项目	技术参数	项目	技术参数
规格型号	JTAFC1050	链环规格	42×146mm
产地与制造厂商	美国 JOY 公司	供电电压	3.3kV
运输能力	3000t/h	供电频率	50Hz
设计长度	250m	总装机功率	2×1050kW
铺设长度	200m	卸载方式	端卸
中部槽长度	1750mm	软启动方式	TTT
中部槽宽度	1250mm	驱动装置的布置方式	平行布置
中部槽结构特点	铸造槽帮,铸焊接形式	冷却方式	水冷
中部槽连接方式	哑铃销		

3.3.4　液压支架选型

1. 综放支架工作阻力的确定[14-17]

1) 岩石容重法确定支架支护强度

$$q_z = K_d \times M/(K_p - 1) \times \gamma \tag{3-1}$$

式中，q_z 为支架的动载支护强度，kN/m^2；K_d 为动载系数，取 1.6；M 为采厚（平均为 15.49m，按 80% 回收率计算），取 $M = 12.39m$；K_p 为垮落矸石碎胀系数，取 1.35；γ 为顶板岩石容重，取 $26kN/m^3$。则

$$q_z = 1.6 \times 12.39 \times 26/(1.35 - 1) \approx 1473(kN/m^2) \approx 1.47(MPa)$$

支架工作阻力为

$$P = q_z(L_k + L_D)B \tag{3-2}$$

式中，P 为支架工作阻力，kN；L_k 为梁端距，取 0.34m；L_D 为支架顶梁长度，取 5.315m；B 为支架宽度，取 1.75m。则

$$P = 1473 \times (0.34 + 5.315) \times 1.75 \approx 14577(kN)$$

2) 根据断裂角确定放顶煤支架支护强度

$$H = (L + h_1/\tan\alpha)\tan\theta \tag{3-3}$$

式中，H 为对支架有直接影响的岩层厚度，m；L 为有效控顶距，m，取 5.655m；h_1 为顶煤厚度，m，取 11.59m；α 为顶煤断裂角，(°)，一般为 70°~120°，取 70°；θ 为顶板断裂角，(°)，一般为 60°~65°，取 60°；γ_1 为煤的容重，取 $14.3kN/m^3$；γ_2 为顶板岩石的容重，取 $26kN/m^3$；q_z 为支架的动载支护强度；k 为动载备用系数，Ⅱ级以上基本顶一般为 1.5~2.0，取 1.6。则

$$H = (5.655 + 11.59/\tan70°) \times \tan60° \approx 17.10(m)$$

$$q_z = 1.6 \times (14.3 \times 11.59 + 26 \times 17.10) \approx 976.54(kN/m^2)$$

支架工作阻力为

$$P = q_z(L_k + L_D)B/\eta_s \tag{3-4}$$

式中，P 为支架的工作阻力，kN；L_k 为梁端距，取 0.34m；L_D 为支架顶梁长度，取 5.315m；B 为支架宽度，取 1.75m；η_s 为支架的支护效率，取 75%。则

$$P = 976.54 \times (0.34 + 5.315) \times 1.75/0.75 \approx 12885(kN)$$

3) 根据放顶煤工作面现场实测数据的回归公式计算支架支护强度

$$P_{max} = 1939 + 2.1h + 471f + 155/M_d \tag{3-5}$$

式中，P_{max} 为实测支架工作阻力，kN；h 为煤层埋深，取 519m；f 为煤的硬度系数，取 3；M_d 为顶煤厚度，取 11.59m。则

$$P_{max} = 1939 + 2.1 \times 519 + 471 \times 3 + 155/11.59 \approx 4455(kN)$$

支架工作阻力为

$P = P_{max} \times K$(安全系数 K 为 $1.2 \sim 1.35$)$= 4455 \times 1.35 \approx 6014$(kN)

结合矿井煤层和顶板的实际情况,确定设计选用 ZF15000/27.5/42 型低位放顶煤液压支架,支架支撑高度为 $2750 \sim 4200$mm,工作阻力为 15000kN,支护强度为 1.46MPa。与中部支架相适应,选择 ZFG13000/27.5/42H 型低位放顶煤过渡支架和 ZTZ20000/30/42 型端头支架。

2. 中部支架选型

工作面支架分为中部支架和过渡支架,中部支架选用 ZF15000/27.5/42 型支撑掩护式低位放顶煤液压支架(图 3.7),采高 4.2m,中心距 1.75m,其主要技术参数见表 3.7。

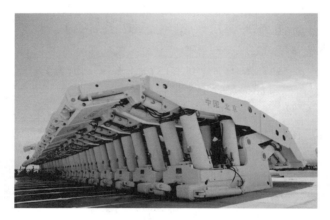

图 3.7　ZF15000/27.5/42 型支撑掩护式低位放顶煤液压支架

表 3.7　ZF15000/27.5/42 型支撑掩护式低位放顶煤液压支架技术参数表

项目	技术参数	项目	技术参数
架型	四柱支撑掩护式正四连杆低位放顶煤支架	支架工作阻力	15000kN($P=36.86$MPa)
		支护强度	1.46MPa
型号	ZF15000/27.5/42	移架步距	800mm
支架中心距	1750mm	泵站压力	31.4MPa
支架结构高度	$2750 \sim 4200$mm	操纵方式	本架操纵
支架宽度	$1660 \sim 1860$mm	初撑力	12778kN($P=31.4$MPa)

3. 过渡支架选型

工作面头布置 3 个过渡支架,尾布置 4 个过渡支架。过渡支架选用 ZFG13000/27.5/42H 型反四连杆过渡支架(图 3.8),其技术参数见表 3.8。

图 3.8　ZFG13000/27.5/42H 型反四连杆过渡支架

表 3.8　ZFG13000/27.5/42H 型反四连杆过渡支架技术参数表

项目	技术参数	项目	技术参数
型号	ZFG13000/27.5/42H 型 反向四连杆过渡支架	工作阻力	13000kN($P=$40.43MPa)
		支护强度	1.16MPa
高度	2750~4200mm	移架步距	800mm
宽度	1660~1860mm	泵站压力	31.4MPa
初撑力	10096kN($P=$31.4MPa)	操纵方式	本架操纵

4. 端头支架

工作面头端头选用端头支架支护顶板,端头支架型号为 ZTZ20000/30/42 型端头液压支架(图 3.9),布置方式为两架一组,其技术参数见表 3.9。

表 3.9　ZTZ20000/30/42 型端头液压支架技术参数表

项目	技术参数	项目	技术参数
型号	ZTZ20000/30/42 放顶煤端头支架	单架宽度	0.92m
		初撑力(2 架)	15467kN
高度	3.0~4.2m	工作阻力(2 架)	20000kN
中心距	2.42m	支护强度	0.52MPa
顶梁总宽度(2 架)	3.34m	对底板比压(平均)	1.36MPa
		泵站压力	31.4MPa

图 3.9　ZTZ20000/30/42 型端头液压支架

同忻煤矿千万吨工作面生产设备情况见表 3.10。

表 3.10　同忻煤矿千万吨工作面生产设备一览表

序号	名称	型号	功率/kW	能力/(t/h)	电压/kV	单位	数量
1	采煤机	Eickhoff SL-500	1715	2700	3.3	台	1
2	前刮板机	JTAFC1050	2×1050	2500	3.3	部	1
3	后刮板机	JTAFC1050	2×1050	3000	3.3	部	1
4	中部支架	ZF15000/27.5/42	—	—	—	—	106
5	过渡支架	ZFG13000/27.5/42H	—	—	—	—	7
6	端头支架	ZTZ20000/30/42					4

3.4　工作面安全高效开采技术

3.4.1　大采高综放工作面顶板管理技术

1. 工作面顶板管理

工作面采用放顶煤液压支架支护工作面顶板,全部垮落法处理采空区。

工作面布置 110 架支撑掩护式低位放顶煤液压支架,7 架放顶煤过渡支架支护工作面顶板,2 架(一组)端头支架支护工作面溜头处顶板。放顶煤液压支架中心距 1.75m,最大控顶距 6455mm,最小控顶距 5655mm,端面距 340mm。支架初撑力为 12778kN(31.4MPa),工作阻力为 15000kN(36.86MPa)。

工作面顶板能够自行垮落,垮落高度满足要求,不需进行初次人工强制爆破放顶。如果工作面顶板不能自行垮落，必须采取人工打眼、强制放顶的方式进行处理，具体措施另行制定。

2. 端头支护

头端头采用端头支架（2 架一组）和 2 号过渡支架支护顶板，端头支架型号为 ZTZ20000/30/42，支架宽度为 3340mm，工作阻力为 20000kN（2 架），支护强度为 0.52MPa。

尾端头采用 117 号和 118 号过渡支架配合带 1.2m 长金属铰接顶梁的单体柱维护尾端头及安全出口处顶板。当尾部最后一架支架距煤壁大于 2.0m 且小于 3.0m 时，支两排单体柱，单体柱支在支架与煤壁之间，单体柱距支架 500～600mm，排距 1000mm，柱距 1200mm；当其小于 2.0m 且大于 1.5m 时，支一排单体柱，单体柱支在支架与煤壁中间，柱距 1200mm。切顶线增支 1～2 根"关门柱"，支柱带 1.2m 铰接顶梁。

3. 超前支护

暂定 5105 巷超前工作面煤壁 100m、2105 巷超前工作面煤壁 25m 进行超前支护。超前支护形式为"一梁三柱"，采用 3 根 DWX45-140/110 型单体液压支柱配 1 根 4.5m 或 4.8m 长的 π 型钢顶梁。

1）正常支护

5105 巷中间排单体柱沿巷道中心线支设，两帮侧单体柱距巷中 1400mm，即排距 1400mm，对应巷帮 1100mm，柱距 1200mm，采用 4.5m 长的 π 型钢顶梁，梁与巷帮垂直；2105 巷两帮侧单体柱排距 4200mm，中间排单体柱在转载机采煤侧支设，柱距 1200mm，采用 4.8m 长的 π 型钢顶梁，梁与巷帮垂直。单体柱初撑力大于 90kN（9.47MPa）。

2）顶板破碎或压力增大时

（1）5105 超前支护加密单体液压支柱以加强支护，2105 巷架设 11 号矿用工字钢棚。

（2）架工字钢棚、打木垛支护。工作面必须备有不少于正常支护单体柱数量 20% 的单体支柱及 40 根工字钢梁、5m³ 木料及木板等支护材料，在顶板破碎或压力增大时根据具体情况及时采取措施加强支护。

3.4.2　工作面过火成岩墙安全技术

大同煤田石炭系煤层受火成岩侵入严重，火成岩侵入煤层对工作面高效开采、顶板管理带来很大影响。同忻煤矿 8106 工作面火成岩墙南北走向，2106 巷距切眼巷煤壁侧 1131m、8106 顶回风巷距切眼巷 490m 处相继揭露，倾角为 80°，宽度为 0.40~1.80m,岩性为煌斑岩,两边煤层硅化变质,其影响范围不大。

1. 过火成岩墙方法[18]

(1)墙体宽度、厚度均小于 300mm 时,采用采煤机直接破岩通过,超过 300mm 时采取岩体中打眼爆破松动方法。

(2)岩体打眼使用岩石钻,垂直岩体断面打眼,眼深 1.8m,每孔装药 0.8kg,必须使用安全等级不低于三级的煤矿许用炸药,采取正向装药,使用煤矿许用瞬发电雷管引爆,封孔使用水炮泥且长度不小于 1.0m。炮眼数量根据岩体断面大小确定,眼距为 0.5~0.8m,最小抵抗线不小于 0.3m。

2. 过火成岩墙主要安全技术

(1)采煤机破岩严格执行"瓦斯"检查制度,采煤机喷雾洒水必须正常。

(2)岩体爆破松动时,严格执行"一炮三检制"和"三人连锁放煤制"。

(3)机道打眼作业时,采煤机离开作业区 10m,工运机、采煤机停止运转并闭锁开关,支架移到位推出前伸梁和护帮板。

3.4.3　提高顶煤回收率技术

1. 合理增大工作面参数

通过对放顶煤综放工作面产生煤炭损失的主要原因进行分析,提出了提高综放工作面顶煤回收的主要技术及管理方法。端头顶煤的损失及工作面初末采的损失率与工作面长度及推进长度有关,因此在允许范围内增大工作面长度及推进度可减少这部分煤损所占的比例。因此,要尽可能加大放顶煤开采工作面参数,减少初采、末采及端头损失,提高顶煤回收率。

1)减少初采损失

减少初采损失的有效方法是采用开切顶巷技术和深孔爆破技术。

在工作面开采前,在切眼外上侧沿顶板施工一条与切眼平行的辅助巷道,称为切顶巷,并在巷道一帮钻眼爆破,以扩大切顶效果。深孔爆破应在工作面未采动区内实施,如在两巷中。为保证作业安全,在开切眼或工作面内严禁采用炸药爆破方法处理顶板和顶煤。

通过以上措施,一般初采损失可减少约 50%,推进长度在 500m 左右时,其初采损失在 0.5% 左右。

2)减少末采损失

末采损失约占综放开采煤炭损失的 1.5%,因此,减少综放面的末采损失是提高煤炭回收率的关键环节之一。工作面来压是综放收尾的重要影响因素,当工作面收尾撤架空间处于基本顶来压期间时,基本顶回转下沉量增大,后立柱活柱缩量远大于前立柱,不仅使支架载荷增大,且易造成支架工作位态发生变化,使支架前梁呈抬头状,影响支护效果,此时撤架无论在技术上还是经济上都不合理。相反,如果收尾后撤架空间处于来压刚过阶段,围岩相对是最稳定时期,此时撤架具备最有利的时空条件。

3）减少端头损失

目前,大多数放顶煤工作面都是用过渡支架或正常放顶煤支架进行端头维护。由于机头、机尾过渡槽较高,支架放煤口打开后过煤困难,一般工作面在端头不放顶煤。为减少端头损失,应在条件允许的情况下,通过加大巷道断面尺寸,将机头和机尾布置在巷道中,取消过渡支架;采用立式(电机垂直工作面布置)侧卸刮板输送机;采用带有高位放煤口的端头支架,实现端头及两巷放顶煤等技术措施,将工作面输送机的机头和机尾尽量向巷道方向布置,使工作面内支架能够全部放煤。

2. 优化支架结构、增加导煤装置

综放工作面影响顶煤回收率的主要设备是工作面液压支架。支架架型对顶煤回收率的影响主要表现在以下方面:

（1）顶煤的放出以顶煤得到充分破碎和松散为前提。高位支架可使顶煤松散的空间较小,因而顶煤的松散高度和松散程度较小,不利于顶煤放出,而低位支架则由于可松散的空间增大,为顶煤的破碎和放出提供了良好的条件,因而顶煤易于放出,使顶煤的回收率相对提高。

（2）支架长度的影响。在支架移动步距相同的情况下,支架对顶煤的反复作用次数取决于支架梁端至放煤口的距离,低位支架顶梁较长,顶梁上方的顶煤在支架的反复支撑作用下,到放煤口上方时能够充分破碎成松散煤体;高位支架顶梁较短,支撑次数少,不利于顶煤破碎。因此,从提高回收率出发,应首选低位放顶煤支架。

（3）强扰动支架及增加导煤装置。为了提高顶煤回收率,支架尾梁设计强扰动式放煤机构(图3.10);在后部输送机中增加导煤装置(图3.11),该导煤装置利用铰接方式与刮板输送机后溜槽连接,在支架推移千斤顶拉后溜槽时随后溜槽一起移动。放煤时,支架尾梁插板收缩,顶煤随支架滑落至后溜槽和导煤装置。导煤装置在设计时倾斜水平面6°,这样利于煤落至导煤装置上,靠重力滑落至后溜槽内,由刮板拉走。

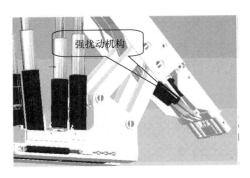

图 3.10　强扰动式高效高回收率放煤机构　　　图 3.11　后部输送机中的导煤装置

3. 合理的放煤工艺参数与工作面推进方向

1) 合理的放煤工艺参数

综采放顶煤的工艺参数主要包括放煤步距、放煤方式等。采用合理的放煤工序，可以使顶煤的放出量最多、混矸量最少，脊背煤损失也更少。

放煤步距是影响综放面顶煤回收率的一个关键因素，合理选择放煤步距，对提高煤炭回收率、降低含矸率至关重要。放煤步距过大，不仅脊背煤损失大，而且使一部分破碎煤体由于顶煤矸石的放出，被甩在采空区后方，降低了回采率；放煤步距过小，则由于后方采空区矸石提前窜出，被迫关闭放煤口，使顶煤部分不能及时放出而损失，同样降低了回收率。因此，合理选择放煤步距是综放开采工艺的一个重要工序参数。放煤步距必须与顶煤厚度、架型、顶煤断裂角及松散煤岩运动规律等相适应。最佳放煤步距是使顶部和采空区侧的矸石同时达到放煤口。由于影响因素各不相同，生产中要根据具体的地质及开采条件确定合理的放煤步距。

2) 合理的工作面推进方向

综采放顶煤可采用走向长壁开采，也可采用仰斜或俯斜长壁开采，根据实际观测，促使顶煤向放煤口方向运动，并且随着煤层倾角的加大，顶煤放出的效果更佳。同时，俯采时采空区侧的矸石向放煤口处的运动也比较顺利，这时若放煤步距过小，则采空区矸石易于混入顶煤，因此，俯采时放煤步距应适当加大，而仰采时应适当减小。

4. 加大顶煤破碎度

一般来说，改善煤体原始特性，能提高顶煤的冒放性。如果煤层确实需要采取人工措施，以改善顶煤的垮落状态和垮落块度，常用的方法是超前爆破松动结合注水弱化。超前爆破松动可以在工作面顶煤中沿顶板掘进两条平行煤巷，在巷内钻进平行于采面的深孔，在工作面支撑压力前方利用深孔实施顶煤预爆破。采用注水弱化顶煤时,可在顶煤中开掘注水专用巷道,向两侧顶煤中注水钻机钻进,也可利用工作面两巷注水钻孔。

5. 加强放煤工艺的管理

综放开采的推广应用,对综放开采生产技术管理工作提出了更高的要求,为提高综放回收率的管理,应做好以下几方面工作:

(1) 建立各种规程的实施规定、安全技术措施和现场管理方法,严格控制丢底煤和漏放顶煤。同时针对工作面的现场具体条件,因地制宜地采取合理的放煤步距和放煤方式,并在实际操作中严格掌握,使放煤效果处于最佳状态。

(2) 加强端头支护,尽量减少工作面两端不放煤端头支架数量。

(3) 合理安排工作面首初采不放煤距离,尽量减少工作面初末采损失。

(4) 加强综放工作面工艺管理,尤其是放顶煤工艺管理,加强放煤工作人员的技术培训,提高放煤工作人员的放煤技能和责任心。

(5) 强化计量管理和煤质管理,使回收率的统计建立在科学可靠的基础上。因为其实际采高与储量无法丈量,顶煤是否放净不易判断,所以健全计量管理、加强监督检查尤为重要。

参 考 文 献

[1] 王金华. 特厚煤层大采高综放开采关键技术[J]. 煤炭学报,2013,38(12):2089-2098

[2] 王金华. 我国大采高综采技术与装备的现状及发展趋势[J]. 煤炭科学技术,2006,34(1):4-7

[3] 王家臣. 我国综放开采技术及其深层次发展问题的探讨[J]. 煤炭科学技术,2005,33(1):14-17

[4] 毛德兵,姚建国. 大采高综放开采适应性研究[J]. 煤炭学报,2010,35(11):1837-1841

[5] 李明忠,刘珂珉,曾明胜. 大采高放顶煤开采技术及其发展前景[J]. 煤矿开采,2006,11(5):28-29,43

[6] 于斌. 大同矿区综采 40a 开采技术研究[J]. 煤炭学报,2010,35(11):1772-1777

[7] 闫少宏,尹希文. 大采高综放开采几个理论问题的研究[J]. 煤炭学报,2008,33(5):481-484

[8] 王国法,庞义辉,刘俊峰. 特厚煤层大采高综放开采机采高度的确定与影响[J]. 煤炭学报,2012,37(11):1777-1782

[9] 于斌,朱帝杰,陈忠辉. 基于随机介质理论的综放开采顶煤放出规律[J]. 煤炭学报,2017,42(6):1366-1371

[10] 于斌. 大采高综放割煤高度合理确定及放煤工艺研究[J]. 煤炭科学技术,2011,39(12):29-32,71

[11] 大同煤矿集团公司,天地科技股份有限公司,中国矿业大学(北京),等. 大采高综放开采工艺技术研究[R]. 2011

[12] 大同煤矿集团公司,大连大学. 复杂地质条件特厚煤层综放顶煤运移规律及放煤工艺研

究[R].2009

[13] 大同煤矿集团公司,大连大学.复杂条件下 20m 厚煤层综放顶煤运移规律与顶板控制技术研究[R].2007

[14] 大同煤矿集团公司,煤炭科学研究总院.特厚煤层 ZF13000/25/38 型高效综放液压支架研发[R].2008

[15] 大同煤矿集团公司,同煤国电同忻煤矿有限公司,天地科技股份有限公司.煤矿千万吨综放工作面 ZF15000/27.5/42 型液压支架研制[R].2010

[16] 大同煤矿集团公司,沈阳天安矿山机械科技有限公司,同煤大唐塔山煤矿有限公司.特厚煤层综放工作面巷道超前支护技术与装备[R].2012

[17] 大同煤矿集团公司,煤炭科学研究总院.特厚煤层 ZF10000/25/38 型高效综放液压支架及配套技术研究[R].2007

[18] 大同煤矿集团公司,同煤大唐塔山煤矿有限公司,煤炭科学研究总院沈阳研究院.大采高综放工作面安全保障关键技术研究[R].2011

第4章 区域地质动力环境评估

4.1 大同矿区区域地质构造特征分析

4.1.1 区域地质构造背景

大同含煤盆地的大地构造位置属华北断块内二级构造单元吕梁—太行断块中的云冈块拗。云冈块拗北以淤泥河、十字河之分水岭为界与内蒙古断块相邻,东部及南部以口泉断裂、神头山前断裂与桑干河新裂陷为界,西北部与偏关—神池块坪相接。呈北北东向展布,长约125km,宽15～50km(图4.1)。云冈块拗总体为一向斜构造,其轴线大致位于云冈、平鲁一线,依据槽部地层的差异,大致以潘家窑至楼子村北西断裂为界,可分为云冈向斜和平鲁向斜两部分。桑干河新裂陷属于新生代以来叠加的裂陷,西部边缘主要发育有北东向口泉断裂、怀仁凹陷及后所凹陷等新裂陷构造。大同含煤盆地东部边界的口泉—鹅毛口断裂带为中生代燕山运动的产物,口泉—鹅毛口断裂带包括青磁窑断裂、口泉断裂、七峰山断裂和鹅毛口推覆断裂,见图4.1。

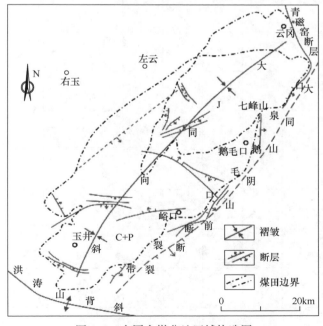

图 4.1 大同含煤盆地区域构造图

　　大同含煤盆地位于云冈向斜内。盆地东侧发育一系列平行轴向的推覆构造和压性断裂,盆地槽部出露的地层为侏罗系,并被平整的白垩系所覆盖。盆地成熟定型时期应为燕山早-中期。盆地自中寒武统到中侏罗统间,除永定庄组与下覆地层为轻微角度不整合外,其他地层均属于整合或假整合接触,说明其间未发生过剧烈的构造运动,仅表现为大范围的相对上升或下降。而侏罗系末的燕山运动,使太古界及其以上地层全部卷入,口泉山脉的崛起就是这一运动的产物。侏罗系煤田东部抬起变为剥蚀区,后来主要在煤田的西北沉积了巨厚层的白垩系地层。再经喜马拉雅山运动,在煤田东侧形成桑干河新裂陷,呈现出目前的地貌景观和构造格局,口泉山脉便成了大同含煤盆地与桑干河新裂陷的构造屏界。大同矿区位于云冈块拗与桑干河新裂陷的交界——口泉断裂的西侧。

　　大同煤田从海西运动开始形成以后,在晚古生代时主要表现为缓慢的升降作用,中生代初期发生了轻微的印支运动。侏罗系后期受燕山运动和印支运动的影响,经强烈的构造运动,导致煤田东部地层陡峻,甚至直立、倒转,并相应产生断裂及岩浆活动,故东部、东南部构造较复杂,断裂多;北部、西北部构造则相对简单,断层、褶皱皆少,而以单一向斜为主,煤田构造属简单型,大同矿区的地质构造纲要图见图4.2。

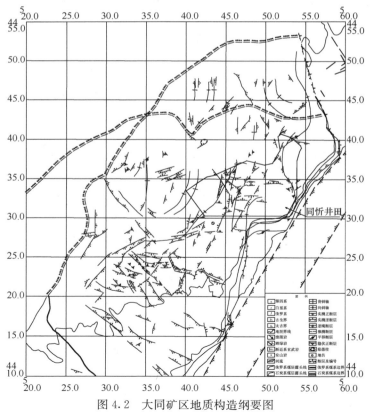

图 4.2　大同矿区地质构造纲要图

　　大同矿区发生矿井动力灾害的井田主要位于大同煤田北东部,属大同向斜的东翼。基本构造形态为走向 10°N～50°E,倾向北西,东高西低的单斜构造。地层倾角一般为 3°～10°,东南及南部靠煤层露头处地层陡峭,倾角一般为 30°～80°,局部直立、倒转,向西北方向很快变为平缓(即向井田内水平距离约 1000m,地层倾角变缓)。区内大部分地区呈低山丘陵地貌,地形复杂,沟谷发育。大部分被黄土所覆盖,土质疏松,地形破碎。井田内断层稀少,仅发育有两条正断层,沿北北东向展布,落差均为 10m 左右。在南部边界处白洞一带发育一逆断层,落差较大。另外,在井田外东南部有一逆断层。井田内较大的褶曲有两条,即刁窝嘴向斜和韩家窑背斜,刁窝嘴向斜位于井田东南部,其轴部为一勺形,向斜幅度约 160m,为一宽缓的褶曲;韩家窑背斜位于本区西南部,北东转北西向延伸,其轴部为一弧形,背斜幅度约 80m。另外,伴生有次一级小型褶曲。

4.1.2　构造演化对含煤盆地的影响

1. 印支运动对含煤盆地的影响

　　中三叠世末期,随着几大板块完成最终拼贴,大同晚古生代含煤盆地整体抬升,大同一带发生了一次较大规模的构造热事件活动,地下深处生成的煌斑岩岩浆在鹅毛口、吴家窑一带呈岩墙状上侵。煌斑岩岩浆侵入于主要可采的山$^\#$、2$^\#$、3$^\#$、5$^\#$、8$^\#$煤层中。煌斑岩岩浆顺层侵入,不仅熔蚀煤层,占据了煤层的原有空间,使煤层结构遭到破坏并复杂化,而且导致岩床上、下煤层发生热接触变质,使煤层发生酥化、硅化和天然焦化,发热量降低,灰分增加,局部地区甚至丧失了原有的工业利用价值,同时也给煤炭资源的开采带来了严重困难。

2. 燕山运动对含煤盆地的影响

　　燕山运动初期,先期南北向挤压转变为太平洋板块向欧亚板块俯冲为主的动力学机制。大同一带产生以北西—南东向挤压为主的构造作用,在口泉—鹅毛口一带产生向北西方向的逆冲推覆作用,这一作用导致大同含煤盆地南东边缘连同早古生代沉积地层倾向向北西陡倾。局部地区地层直立,甚至倒转。在盆地的中部形成轴向为北东向的宽缓褶皱,并在北西方向产生一系列规模大小不等的正断层。燕山早中期沉积形成了侏罗系陆内河湖相含煤沉积建造,角度不整合于大同晚古生代含煤岩系之上。随着燕山运动的持续,侏罗系含煤沉积建造沉积后仍残留有大小不同的小型拗陷,在左云一带形成了以砾岩为主的白垩系地层沉积。此后燕山晚期构造运动使大同一带再次抬升,遭受风化剥蚀至今。

4.2　区域地质构造运动特征分析

4.2.1　华北地区及边界的相对运动

中国板内运动的活动边界主要以活动断裂的形式表现出来。研究表明[1-6]，中国活动断裂的移动明显受到全球板块活动的制约，亚板块与构造块体边界上活动断裂的活动速度比全球板块边界上的要小 1~2 个数量级，但又明显大于块体内部。东部各块体边界上通常为 1~4mm/a，块体内往往小于 0.5~1mm/a。活动断裂的活动速度分布格局与地表活动强弱的空间分布大体吻合。这反映出中国板内变形和运动具有以块体为单元并逐级镶嵌活动的特征。

1. 垂直升降运动

根据活动地块的定义和中国大陆地壳垂直运动特征，以及中国大陆地壳垂直形变西强东弱的特点，按照垂直形变等值线疏密程度，把中国大陆划分为 2 个 I 级地块、6 个 II 级地块和 16 个 III 级活动地块，大体可以分为断块相对运动剧烈区、绝对运动上升区和绝对运动下降区。根据我国部分发生冲击地压矿井与地壳垂直升降的关系，可确定冲击地压的构造运动条件：断块绝对运动上升区；断块相对运动剧烈区。图 4.3 为华北地区内部块体划分及其边界示意图，根据大同矿区的地理位置与华北板块内部升降运动的关系可知，大同矿区位于汾渭下降区和鄂尔多斯上升区的升降区界线（断块相对运动剧烈区）上，具有矿井动力灾害发生的构造运动条件。

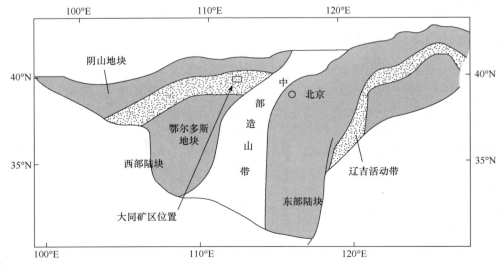

图 4.3　华北地区内部块体划分及其边界示意图

2. 水平挤压运动

华北块体的北界是阴山—燕山构造带,南界为秦岭—大别山构造带,西界为贺兰—六盘山构造带,东界在郯庐以东,推测在海内。华北块体包含的主要断裂有山西断陷带、太行山山前断裂带、沧东断裂带、郯庐断裂带、阴山—燕山山前断裂带等。根据这些断裂的围限,通常将华北块体分为六个断块,分别为阴山—燕山断块、鄂尔多斯断块、山西断块、太行断块、冀鲁断块及胶辽断块。

华北地区总体应力状况是北北东向挤压,在此应力环境下,华北地区块体的运动以近东西向的移动为主(图 4.4),因此,华北地区块体的东西向边界走向滑动较为明显,南北向边界则主要表现为张性和压性边界。华北块体呈现自西向东平移的水平运动特征,速度一般在 10mm/a 以内,这一运动是华北块体在全球板块运动背景下的整体运动。鄂尔多斯断块的相对运动速度为 3.2mm/a,山西断陷带的相对运动速度为 2.2mm/a,鄂尔多斯块体和山西断陷带之间的边界——口泉断裂表现为压缩边界,即口泉断裂目前的动力学状态属于压缩状态。在这一动力学状态下,口泉断裂带及其两侧范围内必然积聚了一定的能量。井田距离口泉断裂越近,受口泉断裂的影响越强烈,积聚的能量越高;距离口泉断裂越远,受口泉断裂的影响逐渐减弱,积聚的能量越低。

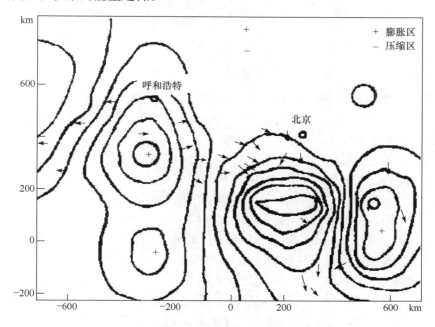

图 4.4　华北地区 GPS 实测位移矢量和应变场[7]

大同矿区既受到桑干河新裂陷和云冈块拗垂直方向的挤压,又受到鄂尔多斯块体和山西断陷带的水平压缩,处于较高的能量状态,易于积聚能量,为矿井动力灾害的发生提供了能量基础。

4.2.2　大同地区新构造运动

1957 年 4 月 2 日在忻州窑一带所感到的 5 级地震,以及公元 512 年到 1952 年末大同地区发生的三十多次强度地震(一般为 6～7 级,最强 9 级),都可说明大同地区有如华北其他地区,其新构造运动也是活跃的、强烈的。以边界块断裂——口泉断裂所划分的桑干河新裂陷的大块下沉和云冈块拗的相对大块上升是大同区新构造运动的基本特征(图 4.5)。云冈块拗内部的冲沟、河道发育,黄土坪割切为丘陵地貌,横切台地东缘口泉山脉的沟、谷相对狭深,以及沿山脉东麓特别是南段,冲积扇及冲积坡发育等现象均可以证明其上升特征。

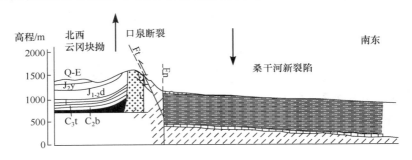

图 4.5　大同地区新构造运动的基本特征

边界构造口泉活动断裂展布在大同含煤盆地的西侧,北北东走向,西侧为口泉山脉,东侧为大同盆地。中生代末期,口泉断裂表现为逆断层活动,新生代以来该断裂控制盆地西侧边界,表现为正倾滑活动。

口泉断裂第四纪活动段落的长度达 160km,其中全新世活动段落长度约 120km,北端起自内蒙古丰镇县官屯堡,向南经三里桥、上黄庄、口泉、小峪口、大峪口,止于燕庄。大同含煤盆地位于口泉断裂的活动地段(图 4.6)。

大同地震台跨口泉断裂的短水准观测资料表明,1990～1998 年口泉断裂上盘下降的平均速度为 2.36mm/a,表明该断裂现今仍在活动,为一条全新世活动断裂。

口泉断裂的两侧地层具有不同的力学特征,其东侧的桑干河新裂陷第四系沉积层最厚达 700m,东侧云冈块拗出露地表的为侏罗系,二者在区域地质动力作用下具有完全不同的响应,云冈块拗能够积聚弹性变形潜能,且其应力传递的范围更为广泛,而桑干河新裂陷显然不具备以上特征。因此,口泉断裂对大同矿区尤其是同忻井田地质动力环境具有重要的影响和控制作用。

大同含煤盆地以口泉断裂为界与其东侧的桑干河新裂陷具有完全不同的地形

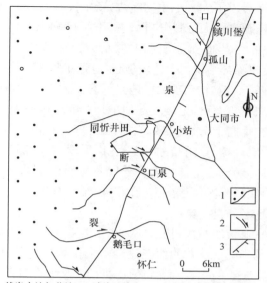

1-基岩山地与盆地；2-冲沟及流向；3-口泉断裂全新世活动段落

图 4.6　口泉断裂全新世活动段落展布

地貌形态。大同含煤盆地为丘陵地带,地形东南边缘口泉山脉较高,最高标高约 1550m,最低在口泉沟口河床处,约 1100m,相对高差 450m,平均标高约 1300m。口泉断裂东侧表现为河川盆地,地表标高一般在 1000~1100m,地势平坦。大同矿区侏罗系煤层埋藏标高一般在 1000~1100m,而石炭-二叠系煤层埋藏标高一般在 800~900m 或更深。

　　根据口泉断裂及其两侧地形高程的关系,在大同矿区高程处于 1100~1500m 内的侏罗系煤岩体,由于没有口泉断裂东侧地层的约束,其积聚的弹性变形潜能相对较低,在开采过程中更容易发生失稳破坏,但是这种破坏的强度相对较低。而位于 1000~1100m 高程以下的煤岩体,由于受到口泉断裂东侧地层的约束,其能够积聚更多的弹性潜能,在开采过程中发生的失稳破坏要远比上部侏罗系煤层开采时的强烈。

4.3　区域应力特征分析

4.3.1　区域构造应力场特征

　　应力场研究是一个复杂的问题,它受到研究区介质非均一性、非连续性、构造条件以及测定误差的影响,在时间和空间上均存在非一致性。自中新生代以来,华北地区在断裂控制下形成了大大小小的断块,新生代开始,发展成现今的一系列断陷盆地和盆地边缘隆起。重力资料分析表明,下沉区和隆起区深部结构有明显的差异,在山区和平原的交界处,显示了明显的重力异常梯级带,梯级带重力值高的一侧为沉降区,它反映深部结构为上地幔隆起,地壳变薄;梯级带重力低的一侧与隆起区的分布是一致的,深部结构表现为上地幔下陷、地壳增厚,即地形面与莫霍面呈反向关系。从重力均衡角度看,地幔隆起似乎是影响本区应力场的重要因素之一。

华北地区地壳在垂向上分层明显,自地表向下大致可分为:新生代松散沉积层;中—古生代沉积层;前震旦纪结晶基底;花岗质岩层,下部为康氏面;玄武岩层,下部为莫霍面;地幔,分为上、下部。这种分层在各个断块区是不均一的,拗陷区松散沉积层厚度大,而在隆起区往往出露前震旦纪结晶基底。在这样的地质背景下,华北地区地壳应力场必然是复杂的。

华北地区地处欧亚板块东部,构造应力场主要受来自太平洋板块向西俯冲、青藏块体向北运移以及华南块体北西西向运动等周围板块和块体联合作用的控制。断块结构不仅调整了应力的强弱,而且还调整了应力性质和方向。通过板内断块结构,将板块边缘作用力加以调整,转换为若干不同性质的形变区。以燕山期变形为例(图4.7),太平洋板块对欧亚板块的俯冲力(方向北西向)起主导作用,这一应力传递到华北板块内。关于本区的构造应力场,以往研究主要有几种认识:①认为最大水平挤压方向为北东东—南西西向;②认为是北西西—南东东向的拉张应力场;③认为是北东东—南西西或近东西向的水平挤压应力场。前者是以部分地应力测量为依据;次者主要依据地质构造体系的发育;后者则主要依据地震的震源机制解及有关宏观观测资料。由此看来,利用不同学科、不同方法,可以得出完全不同的应力场。

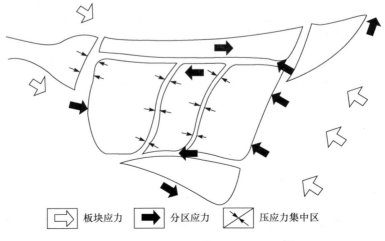

图4.7　华北板内燕山期应力示意图[8]

　　关于华北地区现今构造应力场,目前总体认为,以水平挤压作用为主,最大主应力方向为北东—北东东向,方位为北东 60°～80°,构造应力张量结构以走滑型为主,兼有一定数量的正断型(正断型应力结构主要分布在山西断陷盆地)。除渤海地区和晋北地区外,其他地区的中间主应力轴基本直立,最大主应力轴和最小主应力轴为近水平,倾角均在 20°以内。根据我国华北地区深部煤矿的原地应力测量结果可知,最大主应力在数值上明显高于自重应力,水平构造应力场起主导和控制作用,最大主应力方向主要取决于现今构造应力场。华北地区构造应力的分布具有明显的非均匀性,而且与地质构造、岩石性质及强度等有很大关系,其中,板内块体、断裂的相互作用和构造环境是地壳应力非均匀分布的主要原因。

4.3.2　大同矿区现今构造应力场特征

　　大同矿区位于华北地块东部偏北地区,矿区主要受华北地块主压应力为北东—北东东向的区域构造应力场的控制,其力源同样来自青藏断块北东和北东东向挤压及西太平洋板块俯冲带。这一挤压力直接作用在鄂尔多斯块体西南边界上,成为控制鄂尔多斯周缘共轭剪切破裂带形成的直接动力源。大同矿区现代区域应力场基本上沿袭了上述构造应力场的特征,仍为北东—北东东向挤压和北西—北北西向拉张作用(图 4.8)。

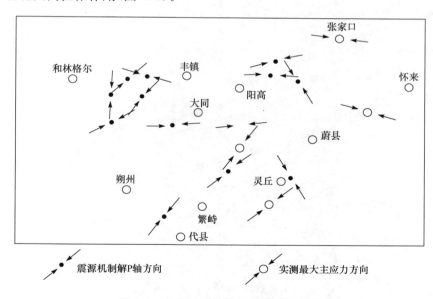

图 4.8　大同地区的最大主应力分布图

4.3.3　大同矿区地应力测量

确定地应力方向及量值最直接和最有效的手段是地应力测量。通过地应力测量来确定区域构造应力场方向和量值的平均水平,确定应力场的性质,为矿井生产提供基础数据。在煤矿生产中,确定巷道断面几何形状、支护方式,保证巷道的稳定、合理地确定采场布局和开采顺序、有效地采取预测预防矿井动力现象的技术措施等都与岩体应力状态有密切关系。

1. 同忻煤矿地应力测量

同忻井田利用空心包体测量方法进行了 4 个地点的地应力测量工作。测点分别位于北一盘区 8107 顶回风巷(2 个)与北二盘区回风大巷(2 个),测孔布置见图 4.9 和图 4.10,地应力测量结果见表 4.1。由于四号孔测试中 12 个通道的数据有 4 个通道存在问题,四号孔的测量结果不做考虑。由一、二、三号钻孔的计算结果得出,同忻煤矿地应力场属于水平应力场,地应力以水平压应力为主导;确定了一个以 245.18° 取向最大压应力为 20.42MPa 的区域现今构造应力场。

图 4.9　北一盘区 8107 顶回风巷地应力测点

图 4.10　北二盘区回风大巷地应力测点

表 4.1　同忻井田实测地应力表

测孔号	测量地点	主应力类别	主应力值/MPa	方位角/(°)	倾角/(°)
一号孔	北一盘区 8107 顶回风巷	最大主应力 σ_1	20.96	244.44	−0.21
		中间主应力 σ_2	13.80	−25.08	−65.56
		最小主应力 σ_3	11.60	154.34	−24.43
二号孔	北一盘区 8107 顶回风巷	最大主应力 σ_1	19.58	245.92	1.36
		中间主应力 σ_2	14.57	−29.12	−74.94
		最小主应力 σ_3	12.18	156.29	−15.00
三号孔	北二盘区回风大巷	最大主应力 σ_1	20.71	245.17	5.65
		中间主应力 σ_2	13.83	−20.18	39.39
		最小主应力 σ_3	11.47	148.39	50.05
四号孔	北二盘区回风大巷	最大主应力 σ_1	20.26	110.86	−25.27
		中间主应力 σ_2	13.82	50.12	46.00
		最小主应力 σ_3	11.62	182.84	33.23

　　根据华北块体、大同地区的构造应力场分析和同忻井田地应力测量,确定大同矿区及同忻井田地应力作用特征见图4.11。在北东东向最大主应力作用下,口泉断裂主要表现为压性特征,兼具一定的剪切作用,同时与最大主应力的这一夹角关系,使口泉断裂的活动性增加。这一应力状态下其周围能够产生大的压缩应变,积聚较高的弹性潜能,为矿井动力灾害(强矿压)的发生提供了能量基础。

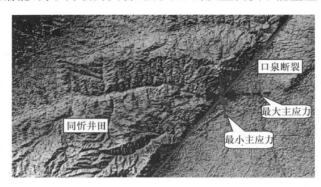

图 4.11　大同矿区及同忻井田地应力作用特征

2. 塔山煤矿地应力测量

　　矿井地应力测量采用水压致裂测量方法。应用 SYY-56 型水压致裂地应力测量装置(图 4.12)在现场的巷道围岩钻孔中进行测试,测站测点钻孔布置见图 4.13,钻孔深度 20m,孔径(56±2)mm。通过实测和相应的计算,得到测点的原岩应力场中的最大水平应力的数值和方位,测试结果见表 4.2。

图 4.12　SYY-56 型水压致裂地应力测量装置

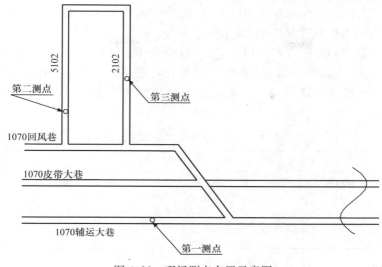

图 4.13　现场测点布置示意图

表 4.2　塔山煤矿地应力测试结果表

序号	巷道名称	埋深/m	垂直应力/MPa	最大水平主应力/MPa	最小水平主应力/MPa	最大水平主应力方向
1	1070 辅运大巷	467	11.44	12.00	6.40	N26.7°E
2	5102 顺槽	467	11.44	12.40	8.22	N24.8°E
3	2102 顺槽	467	11.44	12.90	7.24	N19°E

其中,第一测站设在 1070 辅运大巷,距 1070 辅运大巷和回风(辅助联络)巷交叉口 320m 处。由水压致裂处理软件分析计算得,塔山煤矿的最大水平主应力 $\sigma_H = 12$MPa;最小水平主应力 $\sigma_h = 6.4$MPa,垂直应力 $\sigma_V = 11.44$MPa,其中最大水平主应力的方向为 N26.7°E。1070 辅运大巷方位角为 292.5°,与最大水平主应力的方向几乎垂直。

3. 忻州窑井田地应力测量

2010 年 10 月,王旭宏等[9]在忻州窑煤矿西二一斜井附近和东三火药库附近进行了地应力测量,实测结果是最大主应力方向分别为 330.7°和 331.7°,且近于水平,它们的倾角分别为 0.5°和 358.2°。测量结果表明,忻州窑井田的主向斜轴初期走向是北西—南西向,在该井田东部南东向的挤压力分解为两个力,即往北和往西的分力,分力和合力的作用致使主向斜轴在井田中部向西和北西转移,故东翼地层走向南北。在大同煤田南东—北西水平挤压应力继续作用下,煤田北部阻力逐渐加大,特别是后期挤压,这就造成了煤田边界地质应力条件的改变。该煤田主要地质应力是南东—北西水平挤压应力,属燕山构造运动时期。忻州窑煤矿西二一斜井附近测点和东三火药库附近测点证明,忻州窑煤矿西二一斜井附近测点和东三火药库附近测点最大水平挤压应力受北东—南西向的挤压应力影响,其方向由南东—北西向南南东—北北西略有转动,表明该井田对燕山构造运动时期地质应力南东—北西水平挤压应力的继承发展,并以继承为主。忻州窑井田实测地应力见表4.3。

表 4.3　忻州窑井田实测地应力表

测点	最大主应力 σ_1			中间主应力 σ_2			最小主应力 σ_3		
	数值/MPa	方位角/(°)	倾角/(°)	数值/MPa	方位角/(°)	倾角/(°)	数值/MPa	方位角/(°)	倾角/(°)
西二一斜井	12.95	330.7	0.5	7.29	56.7	−83.0	7.14	60.7	7.3
东三火药库	13.11	331.7	−1.8	11.04	241.4	−7.5	8.74	255.0	82.3

据此测量结果推算确定忻州窑煤矿西二盘区的最大主应力值为 12.95MPa,应力方位角为 330.7°;最小主应力值为 7.14MPa,应力方位角为 60.7°。煤岩体应力计算时将应力值分别投影到坐标轴的 X 向和 Y 向进行计算,计算结果为 Y 向应力为 11.29MPa、X 向应力为 6.23MPa。

4. 大同矿区部分矿井地应力测量

表 4.4 给出了大同矿区部分矿井的地应力测试结果[10]。根据地应力量级与垂直应力量级的比值进行地应力水平的判断。当最大水平主应力大大超过垂直应力时,就认为岩体处于高地应力状态。具体地应力分级方案见表 4.5。

表 4.4　大同矿区实测地应力表

测点	动力灾害类型	测点深度/m	最大水平主应力/MPa	垂直应力/MPa	最小水平主应力/MPa	最大水平主应力与垂直应力比值
塔山煤矿	—	467	12.78	11.68	7.24	1.09
同忻煤矿	冲击地压	430	20.71	13.83	11.47	1.50
忻州窑煤矿	冲击地压	352	12.95	7.29	7.14	1.78
煤峪口煤矿	冲击地压	364	12.05	7.50	5.83	1.61
同家梁煤矿	冲击地压	360	12.36	6.91	6.37	1.79

表 4.5　地应力分级方案

地应力级别	一般地应力	较高地应力	高地应力
$N=\sigma_H/\sigma_V$	1~1.5	1.5~2	>2
说明	$N=1$ 时为纯自重应力场	在应力场中有 30%~50% 是构造应力产生的,其余为重力场应力	50% 以上的地应力值是由构造应力产生的

由表 4.4 可以看出,同忻煤矿最大水平主应力与垂直应力的比值为 1.50,忻州窑煤矿为 1.78,煤峪口煤矿为 1.61,同家梁煤矿为 1.79,具有较高的应力水平,为矿井动力灾害的发生提供了应力条件。而塔山煤矿最大水平主应力与垂直应力的比值为 1.09,水平应力相对较小。

4.4　大同矿区典型矿井岩体应力状态分析

4.4.1　同忻煤矿岩体应力状态分析

1. 同忻井田地质构造模型建立

国内外的大量开采实践表明,矿井动力灾害多发生在构造活动区。应力场的研究对了解构造活动过程有明显的重要性。矿区内应力场的分布异常复杂,个别测点的应力测量结果并不能全面反映矿区地应力场的特性,通常用数值模拟方法进行应力分析,进而研究弹性应变能的密度及煤岩的破坏条件,进行区域应力场的分析研究,评价矿井动力灾害的危险性[11]。

采用辽宁工程技术大学地质动力区划研究所开发的"岩体应力状态分析系统"软件[12],利用已建立的地质构造模型进行井田范围内的应力计算。模型长 15km,宽 11km,面积 165km²,共划分了 16761 个节点、33000 个单元(图 4.14)。

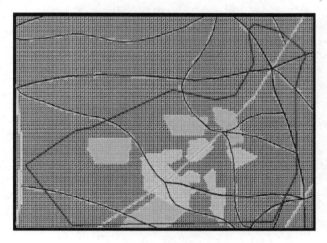

图 4.14　地质构造模型与网格剖分

岩体力学参数的选取主要是通过现场岩石取样,室内力学参数测试,并参考相同岩性的试验数据,得出大致范围(表 4.6)。同忻煤矿 3-5# 煤层顶板岩性由中粒砂岩、粗粒砂岩、细砾岩、高岭岩和泥岩等多种岩石构成,其分布依据井田钻孔数据确定。断裂带的力学参数这样选取，Ⅰ、Ⅱ级断裂带的弹性模量取正常岩体参数的 1/10，Ⅲ～Ⅴ级断裂带的弹性模量取正常岩体参数的 1/5。根据断裂级别大小和计算的要求，取Ⅰ级断裂宽1000m，Ⅱ级断裂宽500m，Ⅲ级断裂宽200m，Ⅳ级断裂宽100m，Ⅴ级断裂宽50m。最大主应力值为20.96MPa，方位角为244.4°，以该地应力量值和方位作为边界加载方式。

表 4.6　岩体力学参数

岩性	弹性模量/MPa	泊松比
砂岩	44706	0.24
泥岩	18350	0.31
砾岩	32420	0.26

2. 岩体应力状态分析

应用"岩体应力状态分析系统"软件，按前面选取的力学参数及边界载荷，计算同忻煤矿 3-5# 煤层顶板应力场。利用计算得到的应力数据，以应力等值线图的形式展示应力的变化情况。同忻煤矿 3-5# 煤层顶板的水平最大主应力等值线见图 4.15。

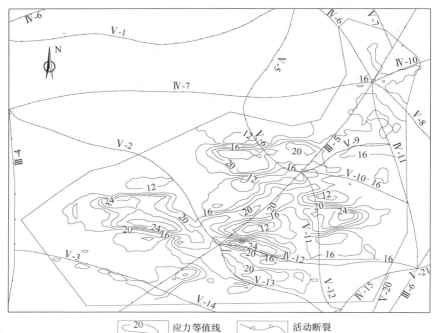

图 4.15　同忻井田最大主应力等值线图（单位：MPa）

在岩体应力数值计算的基础上,将同忻井田 3-5# 煤层顶板构造应力区进行划分,见图 4.16。

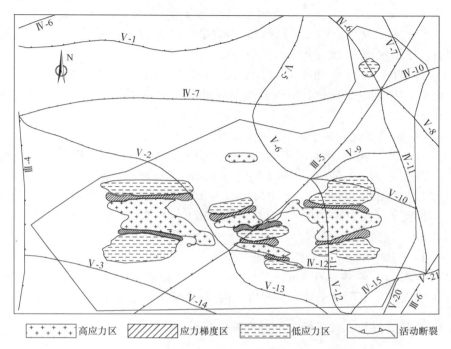

图 4.16　同忻井田 3-5# 煤层顶板应力区划分图

（1）高应力区分 5 个区域,具体如下:

① 位于井田西部,被Ⅲ-5、Ⅴ-2、Ⅴ-3 断裂包围,最大水平主应力值为 22～30MPa,影响范围为 3.01km²,该区域未开采。

② 位于井田北部,Ⅴ-6 断裂附近,最大水平主应力值为 23～26MPa,影响范围约 0.3km²,该区域未开采。

③ 位于井田中上部,Ⅴ-2、Ⅲ-5 断裂附近,最大水平主应力值为 22～29MPa,影响范围约 0.59km²,该区域未开采。

④ 位于井田中下部,Ⅳ-12、Ⅲ-5 断裂附近,最大水平主应力值为 25～27MPa,影响范围为 0.51km²,该区域未开采。

⑤ 位于井田东部,Ⅴ-11 断裂从其中穿过,最大水平主应力值为 24～27MPa,影响范围约 2.47km²,在该区域发生 15 次矿井动力灾害或强矿压。

（2）低应力区共 4 个区域,具体如下:

① 位于Ⅴ-2、Ⅴ-3 断裂附近,最大水平主应力值为 9～15MPa。涉及井田西部,影响范围约 3.89km²,该区域未开采。

② 位于Ⅴ-2、Ⅳ-12 断裂附近,Ⅲ-5 断裂从其中穿过,最大水平主应力值为 10~14MPa。涉及井田中部,影响范围约 1.67km²,该区域未开采。

③ 位于Ⅴ-9、Ⅳ-12、Ⅲ-5 断裂附近,Ⅴ-11、Ⅴ-10 断裂从其中穿过,最大水平主应力值为 12~15MPa。涉及井田东部,影响范围约 3.19km²,仅有 8017 工作面一小部分位于该区域,该区域大部分未开采。

④ 位于Ⅳ-10、Ⅳ-6、Ⅲ-5、Ⅳ-7、Ⅴ-8 断裂交汇处附近,Ⅳ-6 断裂从其中穿过,最大水平主应力值为 10~15MPa。涉及井田东北部,影响范围约 0.34km²,该区域未开采。

(3) 应力梯度区共 3 个区域,具体如下:

① 位于井田西部,最大水平主应力值为 16~21MPa,影响范围在西部上侧靠近Ⅴ-2 活动断裂约 0.5km²,西部下侧约 0.5km²,该区域未开采。

② 位于井田中部,最大水平主应力值为 17~20MPa,影响范围在中部上侧和有Ⅲ-5 断裂穿过其中的中部约 0.54km²,中部下侧由Ⅳ-12 断裂穿过的影响范围约 0.18km²,该区域未开采。

③ 位于井田东部,最大水平主应力值为 18~21MPa,影响范围在东部上侧约 0.32km²,东部下侧约 0.33km²。两者都由Ⅴ-11 断裂穿过,8101、8102、8106 和 8107 工作面部分范围位于该应力梯度区内,该区域未发生冲击地压。

3. 岩体应力状态对同忻煤矿强矿压的影响分析

在高应力区内,岩体承受较大的应力作用,积聚了大量的弹性变形能,部分岩体接近极限平衡状态。当外部因素使其力学平衡状态破坏时,岩体内部的高应力急剧降低,弹性能突然释放,其中大部分能量转变为动能,导致强烈矿压现象发生。在应力梯度区内岩体处在不同应力程度范围,应力差能够强化岩石性质的非均匀性,同时也包括同一种岩性的岩石。岩石在低应力到高应力的过渡阶段,应力和变形模量都有较大比例的增长,岩石的物理相态发生改变,岩石的脆性增大、破坏强度降低,致使工作面及巷道围岩更容易出现强矿压显现。根据现有统计,8107、8105 和 8104 工作面在开采过程中回风巷道共发生 16 次冲击地压或强矿压,其中 15 次位于井田东部,分布在Ⅴ-11 断裂附近的高应力区内。高应力区内冲击地压或强矿压发生次数占总次数的 93.8%,见图 4.17。研究表明,矿井的高应力区内易发生冲击地压或强矿压。

4.4.2 忻州窑煤矿岩体应力状态分析

1. 忻州窑井田地质构造模型建立

地质构造形式划分是在构造块体划分的基础上进行的,通过这一工作建立区

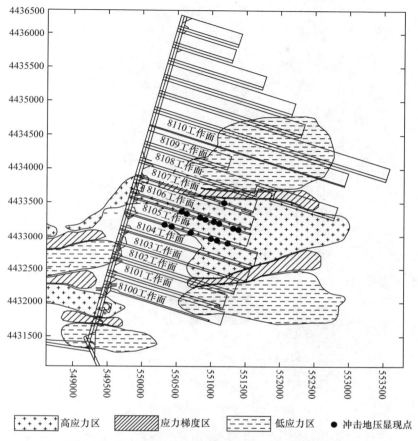

图 4.17　强矿压或冲击地压发生区域与构造应力的关系

域地质构造模型。研究中利用板块构造学的观点和理论研究局部区域地质构造，遵循从一般到个别的原则，查清了矿区及其邻近区域的各级断块结构，建立适合于进行采矿工程实际应用的地质构造模型，为井田应力场的研究奠定了基础。

2. 岩体应力状态分析

用地质动力区划方法查明的Ⅰ～Ⅴ级断块图，构成了忻州窑井田区域现代构造运动的格架。它反映了现今构造运动所引起的并正在起作用的岩体应力状态。应力计算选择了Ⅴ级断块图来形成模型。模型长 10km，宽 10km，面积 100km²（图 4.18）。

"岩体应力状态分析系统"软件（图 4.19）提供了便捷的、高质量的、强大的对模型进行网格划分的功能，同时该软件还提供了众多的网格控制和处理功能。一旦建立了模型，用户只需再点一下鼠标，就可生成有限元模型（包括节点和单元的

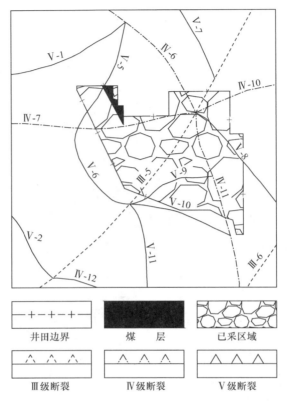

井田边界	煤　层	已采区域
Ⅲ级断裂	Ⅳ级断裂	Ⅴ级断裂

图 4.18　忻州窑煤矿岩性分布图

网格)。单元划分完毕后,将相关断裂、井田边界、煤层边界线等信息输入模型中(图 4.20)。

图 4.19　岩体应力状态分析系统运行界面

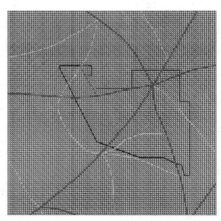

图 4.20　岩体应力状态计算模型

研究中,计算模型的特点是存在断裂。在断裂处,介质是不均匀的,受到载荷作用时,断裂附近的应力大小和方向都将发生较大变化。因此,采用弱化断裂内介质的方法处理断裂带。

1) 地应力参数确定

根据王旭宏等[9]对忻州窑井田的地应力测量结果,忻州窑煤矿地应力场属于构造应力场,地应力是以水平压应力为主导,西二盘区 11# 煤层的最大主应力值为 12.95MPa,方向为 N29.3°W,最小主应力值为 7.14MPa,方向为 N60.7°E。煤岩体应力计算时将应力值分别投影到坐标轴的 X 向和 Y 向进行计算,投影的结果为:X 向的应力值为 6.23MPa,Y 向的应力值为 11.29MPa。

2) 岩体力学参数确定

忻州窑煤矿 11# 煤层煤岩物理力学参数测试结果见表 4.7,11# 煤层顶板的岩性以细砂岩为主,弹性模量平均值为 23.70GPa,泊松比为 0.11。由于各工作面的相继回采,目前 8939 工作面以外的区域均为采空区,将井田范围内的采空区定义为一类,弹性模量取 2.37GPa,泊松比取 0.11;井田范围以外的采空区定义为一类,弹性模量取 1.896GPa,泊松比取 0.11;煤层本身为一类:弹性模量取 3.66GPa,泊松比取 0.20;Ⅰ～Ⅲ级断裂归为一类,弹性模量取 0.237GPa,泊松比取 0.11;Ⅳ级和Ⅴ级断裂归为一类,弹性模量取 0.474GPa,泊松比取 0.11。

表 4.7　忻州窑煤矿 11# 煤层煤岩物理力学参数测试结果

岩性	视密度/(g/cm³)	抗压强度/MPa	抗拉强度/MPa	弹性模量/GPa	泊松比	抗剪强度	
						黏聚力/MPa	内摩擦角/(°)
中砂岩	2.90	136.30	9.80	21.10	0.11	7.85	31.70
粉砂岩	2.89	139.20	10.23	23.80	0.17	12.04	20.60
细砂岩	2.88	157.40	9.95	23.70	0.11	9.10	29.80
煤	1.22	26.00	2.60	4.20	0.32	5.11	29.50
泥岩	2.73	45.30	4.40	8.00	0.16	7.10	22.90
砂岩	2.82	118.10	8.39	23.80	0.11	8.89	31.00

3) 断裂几何参数确定

断裂带力学参数的选取原则:Ⅰ～Ⅲ级断裂带的弹性模量取正常岩体参数的 1/10,Ⅳ～Ⅴ级断裂带的弹性模量取正常岩体参数的 1/5。从地质研究上看,我国大型断裂的宽度可达 40km(郯庐断裂鲁北段),而我们研究的断裂有时就是某一条断层,宽度可以小到几米。因此,仅用某一断面露头的宽度来表示某一断裂的宽度是不合适的。断裂常常表现为一系列规模不等的近于平行的断层,或构造弱化带。因此,断裂越大、越深,它的宽度就越大。根据上述推断,用断裂级别大小和计算的要求来处理它的宽度，Ⅰ级断裂影响宽度取 1000m，Ⅱ级断裂影响宽度取 500m，Ⅲ级断裂影响宽度取 200m，Ⅳ级断裂影响宽度取 100m，Ⅴ级断裂影响宽度取 50m。岩体应力计算岩性分类见表 4.8。

表 4.8　岩体应力计算岩性分类表

岩性分类	弹性模量/GPa	泊松比
8939 工作面煤层	3.66	0.20
井田范围内岩层	2.37	0.11
井田范围外岩层	1.896	0.11
Ⅰ～Ⅲ级断裂	0.237	0.11
Ⅳ级和Ⅴ级断裂	0.474	0.11

应用"岩体应力状态分析系统"软件，根据煤岩物理力学参数测试结果及边界载荷，计算西二盘区 11# 煤层顶板应力分布，分别得到了煤岩层的最大水平主应力值、最小水平主应力值和水平剪应力值。通过计算得到的应力数据，以数据库的方式显示。"岩体应力状态分析系统"软件提供了图形方式显示应力变化情况的功能，可输出应力等值线图、色度图和三维图，8939 工作面所在区域最大水平主应力分布见图 4.21。

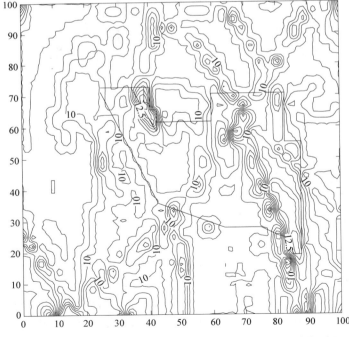

图 4.21　8939 工作面所在区域最大水平主应力分布图（单位：MPa）

　　在高应力区,岩石承受着较大的应力作用,积聚了大量的弹性变形能,部分岩体接近极限平衡状态。当外部因素使其力学平衡状态破坏时,岩体内部的高应力急剧降低,弹性能突然释放,其中大部分能量转变为动能,导致冲击地压发生。

　　在应力梯度区,应力和变形模量都有较大比例的增长,从而增大了弹性波的通过速度,电导率也发生急剧变化。在该区域内自然水分降低,岩石的物理相态产生改变,岩石的脆性增大、破坏强度降低,容易产生各种地质构造(如断层、褶曲等),致使区域地质构造复杂,煤矿开采难度增加。

　　在低应力区,自然水分会增高,岩石变形模量、内摩擦角、矿物成分之间的黏结力会下降,也就是说,岩石的强度和变形特点都会发生很大的变化。此外,位于低应力区中的岩石还会受到地下水的强力作用,还有各种化学活性物质溶剂的侵蚀。于是,构造应力区似乎在受到这些因素的"加工"。因此,位于低应力区的岩石的特性变化程度比位于构造应力区的岩石要大,不易于能量的积聚。

　　3. 岩体应力状态对忻州窑煤矿冲击地压的影响分析

　　西二盘区原岩应力为 7.29MPa,孤岛区域工作面未开采时,高应力区应力值为 14MPa,增加了 92%,沿煤层走向影响范围为 434～678m,最高应力值已达到了应力正常区域(14.58MPa)的 1.09 倍,见图 4.22。因此,在未开采时,此处的应力已处于很高水平,开采过程中叠加了采动应力后,形成了更为强烈的应力集中作用,煤岩体承受了更高的应力载荷,从而为冲击地压的发生提供了必要且充足的应力条件。应力梯度区在较小范围内应力值从 12.9MPa 增加到 14MPa,沿煤层走向影响范围为 265～434m 和 678～1131m,高应力是冲击地压发生的重要条件。

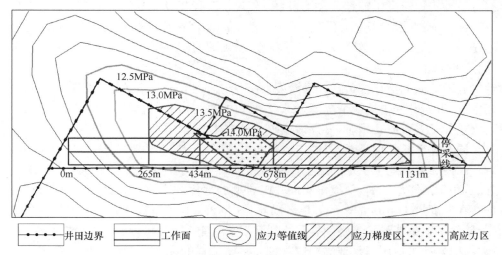

图 4.22　8939 工作面所在区域构造应力区划分

在以上区域,特别是在高应力区进行采掘工程时,需要采取具有针对性的措施以降低应力集中程度,释放煤岩体中积聚的能量,避免冲击地压的发生。对于应力梯度区,则需要加强冲击地压监测。

2939 巷煤柱侧存在 3 个危险的三角煤区域,需要对此区域进行卸压解危。建议卸压钻孔施工位置为 400~441m、710~739m、784~812m、1127m~停采线,与构造应力区一致。在回采过程中,由于 2939 巷一侧保护煤柱留设较宽,压力显现不如 5939 巷明显。

在 5939 巷掘进过程中,距离工作面切眼 222~322m 的区域发生底鼓,与应力梯度区域较为一致;8939 工作面存在破碎带区,位于 2939 巷实体煤侧 814~882m 与 5939 巷实体煤侧 885~955m 之间,巷道压力显现明显,支护变形严重,与区划应力梯度较为一致。

利用岩体应力分析计算构造应力场,与现场实际情况取得了较好的一致性,应加强对高应力区和应力梯度区的解危和防治,保证工作面的安全开采。

4.5　大同矿区典型矿井地质动力环境评估

4.5.1　矿井地质动力环境分析

煤矿冲击地压的发生必须具备相应的地质动力环境,同时受多种因素影响。大量开采实践表明,在开采技术因素基本相同的条件下,有些矿井开采时发生冲击地压,而有些矿井开采时无冲击地压,这与矿井所处的地质动力环境密切相关。只有具备冲击地压发生的地质动力环境,在开采工程扰动下,才有可能发生冲击地压。冲击地压是地质动力环境和开采扰动共同作用造成的结果,其中地质动力环境是冲击地压发生的必要条件,开采扰动是冲击地压发生的充分条件,二者作用关系见图 4.23。

井田地质动力环境包括开采深度、井田构造应力场、构造运动、断裂构造、顶板岩层、邻近矿井冲击地压情况等。综合上述内容对井田冲击地压危险性进行评估,当满足任意一条或几条时,可评估该矿井具有冲击地压危险[10-18]。

同忻煤矿毗邻口泉断裂,由于口泉断裂处于压缩的动力学状态,口泉断裂带两侧范围内必然积聚了一定的能量。井田距离口泉断裂越近,受口泉断裂的影响越强烈,积聚的能量越高,形成了同忻井田典型的地质动力环境。另外,同忻煤矿上部存在厚度大于 10m 的坚硬岩层。随着工作面的开采,该坚硬岩层不容易发生破断,储存了大量能量。当坚硬岩层达到极限承载能力发生破断时,大量能量突然释放,易引发冲击地压。复杂的构造背景和坚硬顶板的弹性能量积聚使同忻煤矿具备发生冲击地压的地质动力环境。

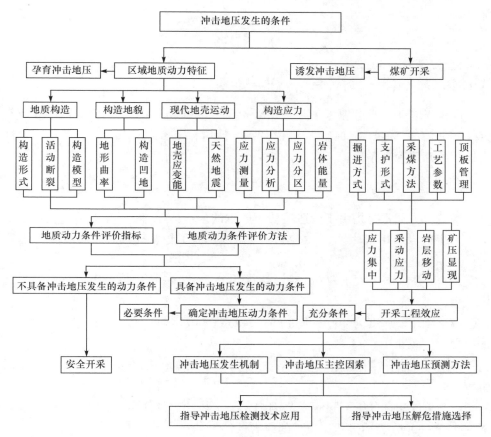

图 4.23 冲击地压发生的危险性评估体系[11]

4.5.2 同忻煤矿地质动力环境评估

1. 开采深度判据

根据最新综合指数法:$H>800m$ 时,冲击地压危险指数为 3,具有冲击地压危险;$600m<H\leqslant800m$ 时,冲击地压危险指数为 2,具有冲击地压危险;$400m<H\leqslant600m$ 时,冲击地压危险指数为 1,可能具有冲击地压危险,按临界深度计算公式计算有无冲击地压危险,临界深度计算公式是依据弹性理论推导得出的;$H\leqslant400m$ 时,冲击地压危险指数为 0,无冲击地压危险。

冲击地压发生的开采深度条件为:

(1) 开采深度大于 600m;

(2) 开采深度在 400~600m,按以下临界深度计算公式计算矿井实际开采深度：

$$H_{cr} = \frac{\sigma_c B}{\gamma C} \tag{4-1}$$

式中，$B = 1 + \frac{\sigma_3}{\sigma_1}\left(\frac{\sigma_3}{\sigma_1} - 2\nu\right)$；$C = \frac{(1-2\nu)(1+\nu)^2}{(1-\nu)^2}$。

同忻煤矿北一盘区埋深 $H = 450\text{m}$，$\sigma_1 = 20.96\text{MPa}$，$\sigma_3 = 11.60\text{MPa}$，$\nu = 0.23$，$\gamma = 2760\text{kg/m}^3$，$\sigma_c = 45.61\text{MPa}$，由式(4-1)计算得 $H_{cr} \approx 406\text{m} < H$，具备了发生冲击地压的开采深度条件。

2. 构造应力判据

构造应力通常是指由于构造运动而产生的地应力，一般情况下构造应力主要是水平应力。采用最大水平主应力与垂直应力的比值 σ_H/σ_V 对构造应力进行衡量：

（1）当开采深度大于 600m 时，σ_H/σ_V 为 0.7～3.0，该比值范围内均有冲击地压发生。

（2）当开采深度为 400～600m 时，σ_H/σ_V 为 0.74～2.26，$\sigma_H/\sigma_V > 1.3$ 时冲击地压发生比较集中。

（3）当开采深度小于 400m 时，σ_H/σ_V 为 0.6～3.7，该比值范围内冲击地压发生较少。

（4）通过综合分析不同深度范围内 σ_H/σ_V 与冲击地压的对应关系，确定开采深度 400～600m 为冲击地压发生的应力条件。

因此，开采深度在 400～600m 时，若 $\sigma_H/\sigma_V > 1.3$，则具有冲击地压发生的应力条件。

同忻煤矿北一盘区埋深 $H = 450\text{m}$，最大水平主应力 $\sigma_H = 20.96\text{MPa}$，垂直应力 $\sigma_V = 13.8\text{MPa}$，$\sigma_H/\sigma_V = 1.52 > 1.3$，具备冲击地压发生的应力条件。

3. 构造运动判据

基于构造运动判据，通过综合分析矿井所处的断块运动情况、距断块距离和矿井的绝对运动速度与矿井冲击地压的关系，对新建矿井冲击地压危险性进行评估。满足以下任一条件的井田具备发生冲击地压的构造运动条件：

（1）断块绝对运动上升区；

（2）断块相对运动剧烈区。

大同同忻煤矿地处汾渭下降区和鄂尔多斯上升区的升降断块带上，断块相对运动剧烈，具有冲击地压发生的构造运动条件。

4. 断裂构造判据

井田边界与活动断裂的直线距离小于 b，矿井具有发生冲击地压的构造条件。

活动断裂影响范围：$b=K \cdot 10h$，其中 K 为活动性系数（$K=1,2,3$），断裂活动性强时 $K=1$，断裂活动性中等时 $K=2$，断裂活动性弱时 $K=3$；h 为断层落差，m。

《岩土工程勘察规范》（GB 50021—2001）规定，中晚更新世以来有活动且全新世活动强烈，断裂平均活动速度 $v>1$mm/a，历史地震震级 $M \geqslant 7$，属于强活动断裂；中晚更新世以来有活动且全新世活动较强烈，0.1mm/a$\leqslant v \leqslant 1$mm/a，$5 \leqslant M<7$ 时，属于中等活动断裂；$v<0.1$mm/a，$M<5$ 时，属于弱活动断裂。

根据大同地震台跨口泉断裂的短水准观测资料，1990～1998 年断裂的上盘下降的平均活动速度为 2.36mm/a（大于 1mm/a），历史地震震级为 6.5 级（$5 \leqslant M<7$），中晚更新世以来有活动且全新世活动较强烈。以上数据表明该断裂现今仍活动，根据《岩土工程勘察规范》规定，判别口泉断裂为中等活动断裂，取 $K=2$。

口泉断裂落差大约 380m，则口泉断裂的影响宽度为

$$b=K \cdot 10h=2 \times 10 \times 380=7600(\mathrm{m})$$

考察同忻煤矿井田边界距离口泉断裂的垂直距离约 1200m，小于口泉断裂的影响宽度 7600m，同忻煤矿具备发生冲击地压的断裂构造条件。

5. 顶板岩层判据

煤层顶板 100m 范围内，存在 $\geqslant 10$m 坚硬岩层（岩石单轴抗压强度 $R_c>60$MPa），具备发生冲击地压的顶板岩层条件。

坚硬岩层根据《工程岩体分级标准》（GB/T 50218—2014）中岩石单轴抗压强度与岩石坚硬程度对应关系（表 4.9）进行判别。

表 4.9 R_c 与岩石坚硬程度的对应关系

R_c/MPa	>60	60～30	30～15	15～5	≤5
坚硬程度	硬质岩		软质岩		
	坚硬岩	较坚硬岩	较软岩	软岩	极软岩

同忻煤矿 3-5# 煤层上部 40m 处为 13.4m 的粗粒砂岩、80m 处为 11.9m 的粗粒砂岩，3-5# 煤层顶板 100m 范围内赋存多层厚度大于 10m 的坚硬岩层，具有冲击地压发生的岩层条件。

6. 邻区判据

本矿区开采井田或邻近开采井田已发生冲击地压，在本矿区具备发生冲击地压的邻区判据条件。同忻井田范围内双系煤层重叠率近 100%，井田范围内对应的

开采侏罗系煤层的矿井由南到北依次有同家梁煤矿、大斗沟煤矿、永定庄煤矿、煤峪口煤矿、忻州窑煤矿。同忻煤矿目前开采 3-5# 煤层,与侏罗系煤层采空区间距为150~200m,局部区域间距约 130m。上部对应着侏罗系的忻州窑煤矿、煤峪口煤矿、同家梁煤矿均有冲击地压发生(表 4.10),满足冲击地压发生的邻区判定条件。

表 4.10　侏罗系矿井动力灾害事故调研表

矿井	发生时间	地点	危害
煤峪口煤矿	2003 年 5 月 25 日	307 盘区巷道 8707 段	炸帮煤大量涌入巷道,底鼓厚达 1.8m 左右,发生伤人事故
	2005 年 2 月 21 日	412 盘区 21202 下巷道	距迎头约 80m 范围内断面基本由原来 4.5m 宽缩至 2.2~2.8m,底板底鼓(底板的大多数呈现块状鼓起、翻转),同时 5 节拱支架产生了变形,折损严重(位于肩部的连接件损坏,拱形支架的性能如高抗压、高可缩失效),很多煤体向巷道抛出并充斥巷道
	2006 年 8 月 19 日	307 盘区第三材料斜井	辅轨巷甩车场第一交叉点至回风巷甩车场交叉点之间 18m 巷道瞬间底鼓(高 2.3m),右侧墙体垮塌 10m,其余不同程度发生裂隙、膨出等;回风巷甩车场斜坡段左侧炸帮 2.0m,交叉点鼻尖损坏,裂开 1~20cm;平巷段及通风设施均有不同程度的损坏
同家梁煤矿	2000 年 12 月 3 日	311 盘区 11# 煤层 81116 工作面运料巷	破坏范围 120m,自尾端头向外 50m 的方向内两帮煤体突出,炸帮深度 2.26m,炸帮煤量达到 102m³,140t。巷道底鼓严重,达 0.5~1.1m。在这个区域内,巷道除了留有 0.3~0.5m 的间隙外,剩下的位置基本封死。炸帮后巷道宽度 6.5~8m,巷道顶板大致完整,没有产生太大的变化。工作面来压波及范围大,产生底鼓且出现 2cm 宽的裂缝,铲煤工人遭遇巨大震动后被颠到顶板后掉下,对生产造成了很大的影响。表现为清理巷道片帮煤,并且维护巷道就花费 57h,在这段时间内无法生产,影响产煤大约 5400t
忻州窑煤矿	2004 年 10 月 9 日	东三盘区 11# 煤层 8520 面尾端头及超前支护	使巷道损毁 25m,产生巷道底鼓大约 1m,在煤壁的一侧产生深达 2m 的炸帮,使支架遭到较重损坏
	2004 年 12 月 6 日	东三盘区 11# 煤层 5518 巷	在位于 227~332 架(即 221~265m),产生较重变形的支架为 32 架,同时还有 17 架支架被推倒,有大约 20m 巷道支架被压歪,使得底板稍微鼓起;在位于回风上山 8517-1 巷位置回风绕道到 2517 巷之间大概 30m 地方巷道炸帮严重,范围最大处炸至 6.1m

续表

矿井	发生时间	地点	危害
忻州窑煤矿	2005 年 2 月 21 日	西一盘区 14# 煤层 901 皮带巷 280m 处往里 30m 范围内	巷道产生严重炸帮，顶板某些位置下沉。位于西一盘区 14# 煤层 901 皮带位置的延伸巷 350~360m 段产生冲击地压，顶板出现下沉、破碎，6 架棚子腿产生踢回，有些木柱柱帽破坏。2005 年 3 月 2 日上午 11 点，位于西一盘区 14# 煤层 901 皮带位置的延伸巷 240~310m 的地方发生冲击地压，使得 27 架棚子受损，同时有 15 架棚子腿产生踢回，3 日凌晨 1 点，西一盘区 14# 煤层 901 皮带位置的延伸巷 230~320m 的地方发生冲击地压，使得 8 根木柱压折，该地段大量柱帽损坏，且产生严重炸帮，巷道右侧顶板产生裂缝
	2005 年 4 月 17 日	西一盘区 12-1# 煤层轨道巷	轨道巷底鼓 0.5~1.2m，由巷道东帮冲击出的煤大概有 500 余吨，冲击长度可达 60 多米；位于右侧的木排柱和轨道均被冲至两帮且倾倒和折断，轨道产生扭曲变形且被埋；两座风桥损坏，库房砖墙由内向外遭遇摧斜倒塌；其余两条集中巷（皮带巷和回风巷）也发生大概 100 多米的冲击，巷道底鼓两帮煤一共冲出 800 多吨，顶板均无大的变化，只有 2 条横向裂缝。地震监测站根据数据测到 3.2 级震动。且使得东三 8518 下皮带巷与切眼距离 300~460m 处产生冲击地压，煤柱体被移出 10~15cm

评估表明，同忻煤矿 6 项判别指标均满足矿井动力灾害条件[19]。

4.5.3　忻州窑煤矿地质动力环境评估

1. 开采深度判据

忻州窑煤矿西二盘区埋深 $H=350\text{m}$，因而不具备发生矿井动力灾害的开采深度条件。

2. 构造应力判据

忻州窑煤矿西二盘区埋深 $H=350\text{m}$，最大水平主应力 $\sigma_H=11.2\text{MPa}$，垂直主应力 $\sigma_V=7.3\text{MPa}$，$\sigma_H/\sigma_V=1.54>1.3$，具备矿井动力灾害发生的构造应力条件。

3. 构造运动判据

大同忻州窑煤矿地处汾渭下降区和鄂尔多斯上升区的升降断块带上，断块相对运动剧烈，具有矿井动力灾害发生的构造运动条件。

4. 断裂构造判据

忻州窑矿井断裂构造条件与同忻煤矿地质动力环境评估中断裂构造判据的分析过程类似。考察忻州窑矿井田边界距离口泉断裂的垂直距离约 1200m,小于口泉断裂的影响宽度 7600m,因此,忻州窑煤矿具备发生矿井动力灾害的断裂构造条件。

5. 顶板岩层判据

工作面上覆岩性分布见表 4.11,忻州窑煤矿 11# 煤层上覆 100m 范围内,存在厚度 10m 以上的岩层 4 层,且均为强度较高的砂岩类岩层。因此,忻州窑煤矿具有矿井动力灾害发生的顶板岩层条件。

表 4.11 工作面上覆岩性分布表

序号	岩性	厚度/m	容重/(kN/m³)	弹性模量/GPa	抗拉强度/MPa
Y12	粉砂岩	23.6	28.86	23.48	9.95
Y11	细砂岩	3.1	28.9	25.4	10.33
Y10	炭质泥岩	2.5	26.92	18.6	5
Y9	粉细砂岩	9.6	28.76	24.44	10.14
Y8	细砂岩	17.3	28.9	25.4	10.33
Y7	粉砂岩	5.6	28.86	23.48	9.95
Y6	细砂岩	5.8	28.9	25.4	10.33
Y5	粉砂岩	8.7	28.86	23.48	9.95
Y4	细砂岩	13.6	28.9	25.4	10.33
Y3	粗砂岩	4.7	25.85	20.32	3.6
Y2	细砂岩	15.8	28.9	25.4	10.33
Y1	粉砂岩	2.7	28.86	23.48	9.95

6. 本区及邻区判据

2011 年以来,忻州窑煤矿在开采西二盘区 8935 综放面和 8937 综放面期间发生多次矿区动力灾害,造成支柱折损,巷道变形严重。因此,忻州窑煤矿具备矿井动力灾害发生的本区及邻区条件。

1) 8935 综放面冲击地压现状

8935 综放面于 2011 年 6 月～2012 年 11 月回采,回采期间的冲击地压次数统计结果见表 4.12。

表 4.12　8935 工作面冲击地压发生情况

时间	工作面推进距离/m		冲击地压发生位置	微震能量/J
2011 年 8 月 31 日	2935 巷	267.7	5935 巷 310～340m	$1.0×10^6$
	5935 巷	266.8		
2011 年 9 月 5 日	2935 巷	293	5935 巷 290～310m	$4.6×10^5$
	5935 巷	289.5		
2011 年 9 月 9 日	2935 巷	310.2	5935 巷 310～370m	$2.2×10^6$
	5935 巷	306.5		
2011 年 9 月 26 日	2935 巷	364.8	5935 巷 370～480m	$1.5×10^6$
	5935 巷	365		
2011 年 10 月 9 日	2935 巷	418.4	5935 巷 420～480m	$5.9×10^5$
	5935 巷	415		
2011 年 10 月 13 日	2935 巷	433.6	5935 巷 470～500m	$1.0×10^5$
	5935 巷	430.9		
2011 年 10 月 21 日	2935 巷	468	5935 巷 520～540m	$1.1×10^4$
	5935 巷	465.4		
2011 年 10 月 28 日	2935 巷	498.5	5935 巷 560～580m	$7.0×10^5$
	5935 巷	496		
2011 年 11 月 2 日	2935 巷	519.6	—	—
	5935 巷	515.1		
2011 年 11 月 9 日	2935 巷	544	5935 巷 550～580m	$1.4×10^6$
	5935 巷	541.9		
2011 年 11 月 19 日	2935 巷	578.5	5935 巷 590～780m	$2.0×10^4$
	5935 巷	575		
2011 年 11 月 30 日	2935 巷	630.7	5935 巷 630～660m	$4.5×10^5$
	5935 巷	625.6		
2011 年 12 月 2 日	2935 巷	641.9	5935 巷 640～670m	$2.1×10^4$
	5935 巷	638.2		
2011 年 12 月 12 日	2935 巷	697.3	8935 面老塘临空煤柱 490m 处发生冲击地压	$1.7×10^6$
	5935 巷	694.1		
2011 年 12 月 16 日	2935 巷	718.6	5935 巷 720～760m	$7.3×10^5$
	5935 巷	716		
2012 年 4 月 18 日	2937 巷	1021	5935 巷 1021～1060m	$1.5×10^6$
	5939 巷	1015.3		

　　8935 工作面回采期间,工作面发生 16 次冲击地压,冲击地压位置都在 5935 临空侧巷道超前工作面 0～110m 范围。冲击地压发生造成单体支柱折损,顶板下沉量最大约 1.2m,底鼓最高约 1m,巷道两帮内移变形严重。

图版 1(见文后,余同)为 8935 工作面回采过程中微震事件分布图,由图可知,微震事件在上部 3# 煤层采空区保护煤柱下方比较密集,而且有 13 次冲击地压发生在煤柱对应区域附近,冲击地压发生时释放能量都在 10^5 J 以上,说明上部采空区残留煤柱对下部工作面回采产生影响,增加了岩层的破坏程度。典型的冲击地压为 2011 年 11 月 19 日,8935 工作面采位:头巷 578.5m,尾巷 575m。5935 巷距离切眼 590～780m 范围发生冲击地压;690～740m 范围底鼓 0.1～0.4m,轨道抬起,东高西低,局部轨道扭曲;700～740m 范围临空侧顶板整体下沉 0.3～1m,钢带折断 12 根,单体柱损坏 14 根;760m 处临空侧炸帮长 3m,深 1.5m;780m 处临空侧前后 10m 范围内,10 根棚腿扭曲变形。微震监测显示,5935 巷距轨道巷 920m 处,03:41 发生能量为 2.0×10^4 J 的微震事件。

2012 年 4 月 18 日,8935 工作面采位:头巷 1021m,尾巷 1015.3m。5935 巷距离切眼 1020～1060m 发生冲击地压,1050m 处顶板下沉 0.4～0.5m,顶钢带折断 4 根,1040～1034m 底鼓 0.4m,1035m、1038m 顶板各有两根钢带折断,1030～1033m 破坏最严重,1033m 临空一侧绞车窝被压垮,4 根钢带折断,巷中至临空侧顶煤下沉 1.2m,壁口至 1025m 顶钢带折断 3 根,临空侧顶煤下沉 0.3m,锚索铁托板掉下一个,巷高最低处 1.8m,两帮位移约 0.8m,摧倒损坏单体柱 7 根,倾斜 12 根。微震监测显示,5935 巷距轨道巷 289m 处,00:37 发生能量为 1.5×10^6 J 的微震事件。

2) 8937 综放面冲击地压现状

8937 综放面于 2012 年 12 月～2014 年 11 月回采,回采期间工作面发生 8 次冲击地压,回采期间的冲击地压发生情况统计结果(部分)见表 4.13。从表中可以看出,冲击地压发生位置都在 5935 临空侧巷道超前工作面 0～120m 范围。

表 4.13　8937 工作面冲击地压发生情况(部分)

时间	工作面采位		冲击地压发生位置	微震能量/J
2013 年 2 月 21 日	2937 巷	175m	5937 巷 190～210m	3.8×10^4
	5937 巷	178m		
2013 年 2 月 25 日	2937 巷	193m	5937 巷 200～280m	1.4×10^5
	5937 巷	194.6m		
2013 年 3 月 3 日	2937 巷	222.2m	5937 巷 220～260m	3.9×10^5
	5937 巷	200.5m		
2013 年 3 月 23 日	2937 巷	300m	5937 巷 300～370m	1.9×10^5
	5937 巷	299.6m		
2013 年 4 月 12 日	2937 巷	346m	5937 巷 340～470m	7.6×10^5
	5937 巷	340.7m		
	5937 巷	871m		
	5937 巷	999m		

　　图版 2 和图版 3 为 8937 工作面微震事件分布剖面图和平面图,图中微震事件在断层破碎带附近和临空巷道比较密集,说明断层附近岩石破碎,受采动影响断层活化,对巷道影响较大,临侧采空区悬顶破断也对 5939 巷道造成一定的冲击性影响。由剖面图可知,冲击地压发生时煤岩体破碎点都在煤层和底板岩层内,说明冲击地压的发生不是由坚硬顶板破断引起,而是煤层和底板在厚层坚硬顶板的挤压作用下发生破裂产生的冲击地压。8 次冲击地压中有 5 次发生时释放能量都达到 10^5 J,冲击位置都在 5939 临空巷内。典型的冲击地压为 2013 年 2 月 25 日,8937 工作面采位:头巷 193m,尾巷 194.6m。5937 巷距离切眼 200～280m 范围发生冲击地压,200～230m 范围破坏最为严重,巷道底鼓 0.4m,巷道临空帮位移最大约 0.7m,工作面往外 5m 范围巷道顶板下沉量最大约 1.2m,底鼓最高约 1m,巷道最低处仅 1.6m,最窄处 2.76m,再往外顶板下沉不明显,218m 处 1 根单体柱折弯,5 根单体柱被踢倒,230～280m 巷道底鼓 0.1～0.3m。微震监测显示,5937 巷 280m 处,03:50 发生能量为 $1.4×10^5$ J 的微震事件。

　　2014 年 1 月 22 日,8937 工作面采位:头巷 878m,尾巷 869.3m。5937 巷距离切眼 870～940m 范围发生冲击地压,打倒 19 根单体柱,折弯 4 根单体柱,工作面帮抛出煤量约 5t,900～930m 范围最为严重,底鼓约 0.3m。微震监测显示,02:08 在 5937 巷 860m 处发生能量为 $4.9×10^5$ J 的微震事件。

　　从开采深度、构造应力、构造运动、断裂构造、顶板岩层、本区及邻区情况六个方面对忻州窑煤矿地质动力环境进行了评估。评估表明,忻州窑煤矿除不满足开采深度条件外,其余五个冲击地压发生条件均满足,因此确定忻州窑煤矿具备发生矿井动力灾害的地质动力环境。

4.6　地质条件对矿井动力灾害的控制作用

1. 口泉断裂对矿井动力灾害的控制作用

　　大同矿区部分井田毗邻口泉断裂,口泉断裂活动对这些井田围岩稳定性及矿井动力灾害的发生具有明显的影响及控制作用。以口泉断裂为接触边界的鄂尔多斯断块与山西断陷带存在相对运动速度差,形成了口泉断裂挤压的动力学状态;以口泉断裂为边界块所划分的桑干河新裂陷的大块下沉和云冈块拗的相对大块上升是大同矿区新构造运动的基本特征。概括地说,口泉断裂既有水平挤压运动,又有垂直升降运动,在二者共同作用下,形成了大同矿区典型的地质动力环境。

　　口泉断裂运动成为大同矿区矿井动力灾害发生的主要动力条件,煤岩体中易于应力与能量集中。

2. 坚硬顶板对矿井动力灾害的控制作用

煤层上方坚硬、厚层砂岩顶板是影响矿井动力灾害发生的主要因素之一,其主要原因是坚硬厚层砂岩顶板容易积聚大量的弹性能。坚硬顶板来压时,工作面前方的能量突然增加,当积聚的总能量超过矿井动力灾害发生的最小能量时,就会发生矿井动力灾害。

坚硬顶板悬露面积大,易于积聚弹性潜能,发生断裂时释放大量能量,形成冲击载荷,由于缺少软弱层的"垫层"缓冲作用,坚硬岩层传力效果好,矿山压力作用在工作面四周的围岩上,引起矿压显现强烈。同时,多层坚硬顶板的复合破断会形成更大的冲击载荷作用在工作面及回采巷道,引起本工作面、回采巷道应力集中和能量升高,严重时易引发矿井动力灾害。

3. 地质条件对矿井动力灾害控制综合分析[20-23]

大同矿区侏罗系与石炭系井田在开采过程中发生多次矿井动力灾害,且均为构造型矿井动力灾害。矿井动力灾害的发生过程是能量的瞬间释放过程,这个过程的发生是煤岩体内储存能量和相应开采活动影响这两个必要条件作用的结果。

大同矿区发生矿井动力灾害井田地质构造特征(以口泉断裂为代表)活动性使其处于较高的能量环境,但积聚的能量并未达到发生矿井动力灾害的临界能量,没有外界能量的补充则不会发生动力显现。侏罗系与石炭系煤层上覆的坚硬顶板厚度和强度很大,具有积聚大量能量的条件,对矿井动力灾害动力系统进行了能量补充。煤岩体内储存的能量受采掘活动影响后,特别是坚硬顶板破断时诱发岩体内的弹性应变能量骤然向同一方向传递释放,瞬间形成或逐渐形成定向能量势场,当在开采扰动作用下积聚的能量超过矿井动力灾害发生临界能量时,矿井动力灾害就会发生。

综上所述,口泉断裂的活动性和坚硬顶板的破断为矿井动力灾害的发生提供了能量基础,对大同矿区矿井动力灾害的发生起到了主导和控制作用。

参 考 文 献

[1] 曲永强,孟庆任,马收先,等. 华北地块北缘中元古界几个重要不整合面的地质特征及构造意义[J]. 地学前缘,2010,17(4):112-127

[2] 陈根文,夏换,陈绍清. 华北地区晚中生代重大构造转折的地质证据[J]. 中国地质,2008,35(6):1162-1177

[3] 戴福贵,刘宝睿,杨克绳. 华北盆地地震剖面地质解释及其构造演化[J]. 中国地质,2008,35(5):820-840

[4] 汤中立,白云来,李志林. 华北板块西南边缘大型、超大型矿床的地质构造背景[J]. 甘肃地质学报,2000,9(1):1-15

[5] 满开言,张四昌.华北东部地区的共轭地震破裂与地质构造[J].西北地震学报,1993,15(4): 61-68

[6] 张文佑,张抗,赵永贵,等.华北断块区中、新生代地质构造特征及岩石圈动力学模型[J].地质学报,1983,57(1): 33-42

[7] 袁金荣,徐菊生,高士钧.利用 GPS 观测资料反演华北地区现今构造应用场[J].地球学报,1999,20(3):232-238

[8] 李万程.华北板块内部变形与成因机理[J].中国煤田地质,1998,10(4):7-11

[9] 王旭宏,杜献杰,冯国瑞,等."三硬"煤层巷道冲击地压发生机理研究[J].采矿与安全工程学报,2017,34(4): 663-669

[10] 李长洪,张吉良,蔡美峰,等.大同矿区地应力测量及其与地质构造的关系[J].北京科技大学学报,2008,30(2): 115-119

[11] 曹安业,窦林名,秦玉红,等.高应力区微震监测信号特征分析[J].采矿与安全工程学报,2007,24(2): 146-149,154

[12] 张宏伟,邓智毅.地质动力区划在岩体应力预测中的应用[J].安徽理工大学学报(自然科学版),2004,(3): 9-13

[13] 张宏伟,荣海,陈建强,等.近直立特厚煤层冲击地压的地质动力条件评价[J].中国矿业大学学报,2015,44(6): 1053-1060

[14] 张宏伟,荣海,陈建强,等.基于地质动力区划的近直立特厚煤层冲击地压危险性评价[J].煤炭学报,2015,40(12): 2755-2762

[15] 韩军,张宏伟,兰天伟,等.京西煤田冲击地压的地质动力环境[J].煤炭学报,2014,39(6): 1056-1062

[16] 韩军.煤矿冲击地压地质动力环境研究[J].煤炭科学技术,2016,44(6): 83-88,105

[17] 陈釜,张宏伟,韩军,等.基于地质动力区划的矿井动力环境研究[J].世界地质,2011,30(4): 690-696

[18] 俞建强,王深法,王帅.浙江突发性山地灾害与区域地质构造的相关性研究[J].浙江大学学报(农业与生命科学版),2001,27(6): 606-610

[19] 大同煤矿集团公司,辽宁工程技术大学.大同双系特厚煤层强矿压发生机理及综合治理技术研究[R].2014

[20] 韩军,张宏伟.地质动力区划中断裂活动性的模糊综合评判[J].中国地质灾害与防治学报,2007,(2): 101-105

[21] 张宏伟,朱峰,韩军,等.冲击地压的地质动力条件与监测预测方法[J].煤炭学报,2016,41(3): 545-551

[22] 张宏伟,孟庆男,韩军,等.地质动力区划在冲击地压矿井中的应用[J].辽宁工程技术大学学报(自然科学版),2016,35(5): 449-455

[23] 蒲文龙,张宏伟,郭守泉.地质动力区划法在预测矿井动力现象中应用[J].矿山压力与顶板管理,2004,21(4): 96-97,114

第 5 章　坚硬顶板分类方法研究

5.1　国内外顶板分类方法概述

采场顶板分类的目的是方便针对性地确定采场顶板的控制方法[1-11]。早在 20 世纪 50 年代初,苏联煤炭科学研究院以直接顶的厚度为主,将采场顶板分为四级 (表 5.1),其中Ⅲ级顶板属于坚硬顶板。在当时木支柱的条件下,只有Ⅰ级顶板才可以采用全部垮落法控制,Ⅱ级只能用部分垮落法,Ⅲ级必须用部分充填法。对于稳定顶板的划分,其允许悬露面积为 120m² 以上。

表 5.1　苏联顶板分类

级别	顶板特征
Ⅰ	直接顶厚度为采高的 6~8 倍,且易于垮落
Ⅱ	直接顶厚度小于采高的 6~8 倍,易于垮落,基本顶需很大的悬露面积才能垮落
Ⅲ	直接顶稳定,或者无直接顶,煤层之上的基本顶在大面积悬露时也不易垮落
Ⅳ	直接顶有缓慢下沉特征,下沉时不发生大的断裂,煤层厚度在 0.8~1.0m

20 世纪 60 年代初,苏联达维江茨认为顶板岩石的垮落性与控顶区内的单位顶底板移近量是一致的,并建议采用五级分类方案(表 5.2),表 5.2 中单位顶底板移近量是指每米采高、每米推进度的顶底板移近量。在五级分类方案中,将坚硬顶板分成Ⅱ级、Ⅲ级难垮顶板和Ⅳ级极难垮顶板。

表 5.2　达维江茨顶板分类

级别	垮落程度	单位顶底板移近量/mm
Ⅰ	易垮落岩石	40
Ⅱ	中等垮落岩石	25
Ⅲ	难垮落岩石	15
Ⅳ	极难垮落岩石	<15
Ⅴ	缓慢下沉	—

波兰采矿研究总院帕夫沃维奇和毕林斯基等采用顶板特征指数 L 将采场顶划分为五级,其中第Ⅴ级顶板又分为两个亚级,见表 5.3。

表 5.3　波兰顶板分类

级别		顶板特征指数 L	类别名称	顶板特征
Ⅰ		0～18	极软顶板	暴露后立即片落(下限)或稍滞后片落(上限),为了维护岩层组,应留顶煤
Ⅱ		18～35	极难和难维护顶板	片落 $L \leqslant 30$,全是窟窿掉块、垮落、开裂岩块由支架承担,不安全,容易冒顶
Ⅲ		35～60	开裂顶板	局部掉块、松软、由下限至上限逐渐坚硬、上限为相当好和好的顶板,易变成垮落顶板
Ⅳ		60～130	好的顶板	由下限至上限逐渐由较稳定到稳定的极好顶板,好的顶板上限时较难冒,直至难冒
Ⅴ	Ⅴₐ	130～250	坚硬顶板	要求采取促成顶板垮落的措施
	Ⅴ_b	≥250	极坚硬顶板	悬露面积大,在目前技术条件下全部垮落法开采困难大

顶板特征指数为

$$L = 0.016 R_m d \tag{5-1}$$

式中,R_m 为岩体抗压强度,MPa;d 为岩石平均分层厚度,mm。

在缺乏直接顶测定值的情况下,可采用下面的经验公式:

$$d = 0.4(10 R_c)^{0.7} (\text{cm}) \tag{5-2}$$

式中,R_c 为岩石单轴抗压强度,MPa。

$$R_m = R_c K_1 K_2 K_3 \tag{5-3}$$

式中,K_1 为强度比例系数,砂岩取 0.33,粉砂岩取 0.42,泥岩取 0.50;K_2 为岩石的时间弱化系数,砂岩取 0.7,黏土岩和泥岩取 0.6;K_3 为湿度弱化系数,取 0.3～0.9。

这种顶板分类的第Ⅴ级为坚硬顶板,其中又分为坚硬和极坚硬两个亚级。

为了描述直接赋存与煤层上顶板所处的状态,波兰凯迪宾斯基采用岩石层理面垂直方向的抗拉强度即离层阻力进行顶板分类(表 5.4),共分六级。

表 5.4　波兰凯迪宾斯基顶板分类

顶板等级	离层阻力/(kN/cm²)	顶板特征
Ⅰ	0～50	顶板(包括伪顶)暴露后立即冒落,要求及时支护、挑落伪顶
Ⅱ	50～150	伪顶薄、易冒落(页岩或砂岩),要求加密支护,使顶板有均匀支撑力
Ⅲ	150～300	伪顶开裂,部分有悬顶(页岩或砂岩)容易冒落,要求及时支护,支撑均匀
Ⅳ	300～450	稳定性强,垮落性好,采空区内无悬顶
Ⅴ	450～600	有悬顶,顶板完整,难以冒落,为消除强烈的周期性压力,要求人工放顶
Ⅵ	＞600	顶板极坚硬,非常难垮落,必须采用专门措施放顶

以上为国外顶板分类方法的一部分,其分类指标主要考虑岩体本身的稳定性和强度等,很少考虑支护手段和控制方法上的差异。

随着煤矿生产技术的不断发展及回采工作面机械化程度的提高,我国在 20 世纪 80 年代初,颁布了新的《缓斜和倾斜煤层回采工作面顶板分类方案》。该方案首先明确了伪顶、直接顶、基本顶的基本概念,然后按稳定性将直接顶分为四类,见表 5.5;按来压强度将基本顶分为四级,见表 5.6;最后由两者类(级)别的不同组合,将采场顶板分为 11 类,其中属于坚硬顶板的有 III_1、III_2、III_3、III_4、IV_4 五类,见表 5.7。

表 5.5　直接顶分类

类别	类别名称	主要分类指标	分类参考指标
		强度指数 D	初次垮落步距/m
I	不稳定顶板	$\leqslant 3.0$	$\leqslant 8$
II	中等稳定顶板	$3.1 \sim 7.0$	$9 \sim 18$
III	稳定顶板	$7.1 \sim 12$	$19 \sim 25$
IV	坚硬顶板	>12	>25

表 5.6　基本顶分类

级别	级别名称	主要分类指标	分类参考指标
		直接顶板充填系数 $N = \Sigma h/M$	初次垮落步距/m
I	来压不明显顶板	$>3 \sim 5$	$25 \sim 50$
II	来压明显顶板	$0.3 \sim 0.5$ 至 $3 \sim 5$	>50
III	来压强烈顶板	$0.3 \sim 0.5$ 至 $3 \sim 5$ <0.3	$25 \sim 50$
IV	来压极强烈顶板	<0.5	>50

注:Σh 为直接顶厚度,m;M 为采高,m。

表 5.7　我国顶板分类

基本顶级别	I			II			III				IV
直接顶类别	1	2	3	1	2	3	1	2	3	4	4
切顶线支护	无密集支护			加打稀密集			密集支柱				密集支柱
采空区处理	全部垮落法			全部垮落法			全部垮落法			强制放顶	强制放顶、软化顶板局部充填

这种分类方法中的强度指数为

$$D = R_c C_1 C_2$$

式中,R_c 为岩石单轴抗压强度,MPa;C_1 为节理裂隙影响系数;C_2 为分层厚度影响系数。

1996 年,我国颁布了《缓倾斜煤层采煤工作面顶板分类》(MT/T 554—1996)标准,确定了基本顶的分级指标是基本顶初次来压当量($\bar{P}_e$),其值由基本顶初次来压步距 L、直接顶充填系数 N 和煤层采高 h 按式(5-4)确定。基本顶的分级指标见表 5.8,该分类方法仅适用于采高 1～4m 的工作面。

$$\bar{P}_e = 241.3\ln L - 15.5N + 52.6h \tag{5-4}$$

表 5.8　基本顶分级指标

基本顶级别	I	II	III	IV	
				IV$_a$	IV$_b$
分级指标	$\bar{P}_e \leqslant 895$	$895 < \bar{P}_e \leqslant 975$	$975 < \bar{P}_e \leqslant 1075$	$1075 < \bar{P}_e \leqslant 1145$	$\bar{P}_e > 1145$

在其他开采条件相同和近似相同的情况下,坚硬顶板采场与普通采场的主要差别是矿山压力显现的强烈程度不同。因此,可以通过研究矿山压力显现影响因素来分析坚硬顶板分类指标。

大同矿区于斌、赵军等工程技术人员,针对区内石炭系坚硬顶板特厚煤层开采过程中矿压显现特征,建立了大空间采场矿压分级预测评价体系,为特厚煤层开采坚硬顶板控制提供了依据。该分类方法依据采高 M_1、基本顶厚 M_2、基本顶距煤层顶板距离 M_3、远场坚硬岩层厚度 M_4、远场坚硬岩层距煤层顶板距离 M_5、M_2 与 M_1 比值 N_1、M_5 与 M_1 比值 N_2 等影响因素确定来压强度指数 k,进而划分来压强度等级,建立矿压分级预测评价体系(表 5.9),用于指导特厚煤层采场岩层控制技术措施的实施,为大空间采场坚硬岩层的控制提供依据。

表 5.9　矿压分级预测评价与防治技术体系

灾害等级	一般	较强	强烈	极强烈
开采技术条件	$M_1 \leqslant 10\text{m}, M_2 < 10\text{m}$ $N_1 \geqslant 2, M_4 = 0$	$M_1 \leqslant 10\text{m}$ $M_2 \geqslant 10\text{m}$ $N_1 < 2, M_4 = 0$	$M_1 > 10\text{m}$ $M_2 \geqslant 10\text{m}, N_1 < 2$ $M_4 \geqslant 20\text{m}, N_2 \geqslant 10$	$M_1 > 10\text{m}$ $M_2 \geqslant 10\text{m}, N_1 < 2$ $M_4 \geqslant 20\text{m}, N_2 < 10$
压力显现特征	$k \leqslant 1.5$ 无见方来压	$1.5 < k \leqslant 2$ 无见方来压	$2 < k \leqslant 3$ 见方来压明显	$k > 3$ 见方来压强烈
坚硬顶板控制准则	常规支护	加强支护	近场坚硬岩层弱化	远近场协同控制

5.2　矿压显现强度与影响因素定量关系数值模拟研究

5.2.1　数值计算模型的建立

对于赋存有坚硬顶板的工作面,坚硬顶板的断裂是工作面矿压显现的重要影响因素。随着工作面推进,由于顶板不易垮落,坚硬顶板厚度、直接顶与采高之比和坚硬顶板的组合方式等特性影响着工作面的矿压显现。因此,采用 UDEC 数值模拟软件对坚硬顶板不同煤岩属性进行对比分析,确定各因素对矿压显现的影响[12-20]。

通用模型为水平煤层,煤层厚度为 2m,直接顶厚度为 2m,基本顶厚度为 10m,模型尺寸为 200m×150m(长×高)。模型两侧施加 16.25～20MPa 的梯度应力,顶部施加 12MPa 的垂直应力模拟上覆岩层的重量。模型两侧边界为水平约束条件,底部边界为垂直约束条件,见图 5.1。模型采用莫尔-库仑屈服准则,模拟通用模型的物理力学参数见表 5.10。

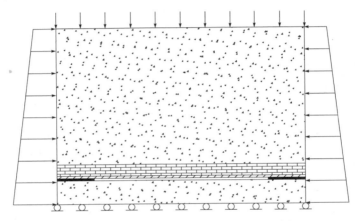

图 5.1　坚硬顶板数值计算模型

表 5.10　煤岩物理力学参数

岩性	密度/(kg/m³)	体积模量/GPa	剪切模量/GPa	内摩擦角/(°)	黏聚力/MPa	抗拉强度/MPa
底板	2670	10.15	6.38	33	2.5	11.3
煤层	1780	1.46	0.81	24	1.1	0.37
直接顶	2670	10.15	6.38	33	2.5	11.3
基本顶	2700	25	18.7	40	25	5
上覆岩层	2670	10.15	6.38	33	2.5	11.3

5.2.2　不同煤岩属性的矿压显现特征

1. 坚硬顶板厚度对工作面矿压显现的影响

通过调整数值模型中的基本顶厚度,对基本顶厚度 7m、10m、13m 和 16m 条件下的工作面开采进行数值模拟,从而研究不同坚硬顶板厚度的工作面覆岩运动和围岩应力变化规律。图 5.2、表 5.11 分别给出了不同基本顶厚度超前支承压力分布情况和工作面来压情况。随着基本顶厚度的增加，初次来压步距和周期来压步距变大，工作面的超前支承压力峰值增大，超前支承压力影响范围增大，坚硬基本顶厚度的增加引起工作面矿压显现增强。

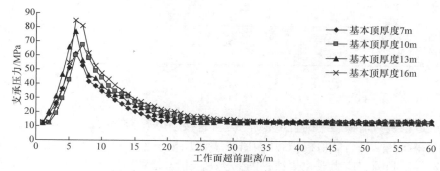

图 5.2　不同基本顶厚度超前支承压力分布

表 5.11　不同基本顶厚度工作面来压步距统计

来压类别	基本顶厚度/m			
	7	10	13	16
初次来压步距/m	48	52	52	56
周期来压步距/m	16	20	24	32

2. 采高对工作面矿压显现的影响

通过调整数值模型中的采高，对采高为 2m、4m、6m、8m、10m 和 12m 条件下的工作面开采进行数值模拟，从而研究坚硬顶板条件下不同采高工作面的覆岩运动和围岩应力变化规律。图 5.3、表 5.12 给出了不同采高超前支承压力分布情况和工作面来压情况。采高对来压步距的影响不明显，初次来压步距大多都为 52m，周期来压步距大多都为 20m。随着采高的增加，工作面的超前支承压力峰值减小，

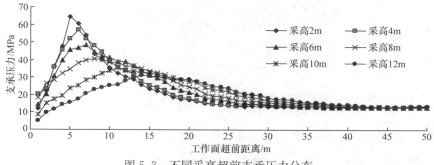

图 5.3　不同采高超前支承压力分布

采高超过 6m 后,超前支承压力量值相差不大;随着采高的增加,覆岩运动范围加大,超前支承压力影响范围增加,工作面矿压显现强度增大。

表 5.12　不同采高工作面来压步距统计

来压类别	采高/m					
	2	4	6	8	10	12
初次来压步距/m	52	52	52	52	60	60
周期来压步距/m	20	20	20	20	20	20~24

3. 直接顶厚度对工作面矿压显现的影响

通过调整数值模型中的直接顶厚度,对直接顶厚度为 0m、2m、4m 和 6m 条件下的工作面开采进行数值模拟,从而研究坚硬顶板条件下不同直接顶厚度工作面的覆岩运动和围岩应力变化规律。图 5.4、表 5.13 分别给出了不同直接顶厚度超前支承压力分布情况和工作面来压情况。直接顶越厚,初次来压步距越小,周期来压步距不变。随着直接顶厚度的增加,工作面超前支承压力峰值减小,直接顶厚度超过 4m 后,来压前后的超前支承压力量值相差不大;随着直接顶厚度的增加,超前支承压力量值明显减小,工作面矿压显现强度降低。

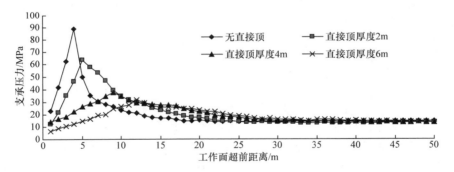

图 5.4　不同直接顶厚度超前支承压力分布

表 5.13　不同直接顶厚度工作面来压步距统计

来压类别	直接顶厚度/m			
	0	2	4	6
初次来压步距/m	56	52	48	48
周期来压步距/m	20	20	20	20

4. 复合坚硬岩层对工作面矿压显现的影响

关键层理论研究表明,当靠近煤层的两层或多层硬岩层间产生复合效应时,影响工作面矿压显现的基本顶就不止一层了。钱鸣高在对两关键层破断的离散元模拟中发现,尽管下部硬岩层 1 厚度 h_1 和岩性固定不变,但随着上部硬岩层 2 厚度 h_2 及两硬岩层间距 $\sum h_2$ 的变化,硬岩层 1 的破断距是变化的。回归分析得到相邻坚硬岩层产生复合效应分界线方程为

$$h_2/h_1 = 0.5 + 1.5 \sum h_2/h_1$$

$$\sum h_2/h_1 \leqslant 2.2 \qquad\qquad (5-5)$$

由此可得相邻硬岩层产生复合效应的判别准则如下:$\sum h_2/h_1 \leqslant 2.2$ 且 $h_2/h_1 \geqslant 0.5 + 1.5 \sum h_2/h_1$ 时,相邻硬岩层产生复合效应,若 h_2/h_1 的值一定,$\sum h_2/h_1$ 越大,复合效应越显著,硬岩层 1 的破断距越大。当其产生复合效应的相邻硬岩层破断距相同时,一方面,关键层破断距增大,另一方面,一次破断岩层厚度增大,增大了工作面的来压步距和矿压显现强度。

5.3 坚硬顶板分类指标的确定

坚硬顶板是指煤层直接顶上方赋存具有强度高、厚度大、整体性强、节理裂隙不发育、煤层开采后在采空区可大面积悬露、短期内不易自然垮落的顶板。坚硬顶板具有整体性强、硬度高、单轴抗压强度可达 60MPa 以上,采后不易垮落、破断距大、断块大、垮落具有强烈冲击性,大面积悬顶将使工作面四周煤体及巷道形成高应力及裂隙带连通性好等特征[21-38]。

目前,顶板相关的分类方法基本都是针对直接顶和基本顶的,分类方法都没有考虑覆岩高位关键层对矿压显现的影响。结合坚硬顶板条件下特厚煤层综放工作面和回采巷道的矿压显现特征[39-44],对坚硬顶板的类别进行划分,针对性地确定采场顶板的控制方法,可实现坚硬顶板条件下煤层的科学合理开采。

根据数值模拟不同煤岩属性坚硬顶板条件下的矿压显现特征,结合已有顶板分类方法判别指标,确定坚硬顶板的主要分类指标为初次来压步距、坚硬顶板厚度、采厚(采放高度)、直接顶与采厚比、复合关键层数目。各指标不同量值范围对应着相应的坚硬顶板类别,见表 5.14。

表 5.14 坚硬顶板分类指标

指标名称	坚硬顶板类别			
	Ⅰ 类	Ⅱ 类	Ⅲ 类	Ⅳ 类
初次来压步距 C_1/m	$[30,50)$	$[50,80)$	$[80,100)$	$\geqslant 100$
坚硬顶板厚度 C_2/m	<5	$[5,10)$	$[10,20)$	$\geqslant 20$

指标名称	坚硬顶板类别			
	Ⅰ类	Ⅱ类	Ⅲ类	Ⅳ类
采厚(采放高度)C_3/m	<1.3	$[1.3,3.5)$	$[3.5,8)$	$\geqslant 8$
直接顶与采厚比 C_4	>3	$(1,3]$	$(0.3,1]$	$\leqslant 0.3$
复合关键层数目 C_5	1	2	3	$\geqslant 4$

5.4　基于层次分析和模糊综合评判的坚硬顶板分类研究

5.4.1　层次分析法和模糊综合评判的数学原理

层次分析是一种定性和定量相结合的、系统化的、层次化的分析方法,通过逐层比较多种关联因素来为分析、决策、预测或控制事物的发展提供定量依据。层次分析法由以下步骤组成:

(1)确定各影响因素间的相互关系,建立层次结构。

(2)各因素对上一层的重要程度进行比较,构造判断矩阵。各因素 B_1, $B_2,\cdots,B_n$ 对上一层中某一因素 A 的相对重要性,用两两比较法得到判断矩阵$A=(a_{ij})_{n\times n}$,其中 a_{ij} 取值见表 5.15。

表 5.15　a_{ij} 取值

B_i 比 B_j	相同	稍强	强	很强	绝对强	两相邻判断的中值
a_{ij}	1	3	5	7	9	2,4,6,8

(3)层次单排序及一致性检验。计算各因素对目标层的权重。

① 对矩阵 A 的列向量归一化:$b_{ij}=\dfrac{a_{ij}}{\sum\limits_{i=1}^{n}a_{ij}}$;

② 将 b_{ij} 按行求和:$w_i=\sum\limits_{j=1}^{n}b_{ij}$;

③ 对 w_i 归一化处理:$w=\dfrac{w_i}{\sum\limits_{j=1}^{n}w_i}$,$w$ 即为近似权向量;

④ 最大特征根的近似值为 $\lambda=\dfrac{1}{n}\sum\limits_{i=1}^{n}\dfrac{(Aw)_i}{w_i}$。

一致性指标 $\mathrm{CI}=\dfrac{\lambda_{\max}-n}{n-1}$,CI 越大,$A$ 的不一致性程度越严重。

随机一致性指标 RI 见表 5.16，一致性比率指标：$CR = \dfrac{CI}{RI}$。当 CR<0.1 时，判断矩阵的一致性是可以接受的，可用 A 的特征向量作为权向量。

表 5.16　随机一致性指标

n	1	2	3	4	5	6	7	8	9	10	11
RI	0	0	0.58	0.90	1.12	1.24	1.32	1.41	1.45	1.49	1.51

模糊综合评判的步骤如下：

（1）建立因素集和评判集。因素集 U 是对评判对象产生影响的各个因素构成的集合，可表示为 $U = \{u_1, u_2, \cdots, u_n\}$。因素集 U 中的各个元素具有不同的权重，权重集 W 可表示为 $W = \{w_1, w_2, \cdots, w_m\}$，这里各指标的权重可用上述的层次分析法来确定。评判集是由评判对象可能的评判结果所构成的集合，可表示为 $V = \{v_1, v_2, \cdots, v_n\}$。

（2）单因素评判。对因素集中第 i 个因素 u_i 进行评判，评判集第 j 个元素 v_j 的隶属度为 r_{ij}，因素 u_i 的评判结果可表示为 $R_i = (r_{i1}, r_{i2}, \cdots, r_{im})$。

$$R = \begin{bmatrix} R_1 \\ R_2 \\ \vdots \\ R_n \end{bmatrix} = \begin{bmatrix} r_{11} & r_{12} & \cdots & r_{1m} \\ r_{21} & r_{22} & \cdots & r_{2m} \\ \vdots & \vdots & & \vdots \\ r_{n1} & r_{n2} & \cdots & r_{nm} \end{bmatrix}$$

（3）模糊综合评判。单因素评判是多因素综合评判的基础，当因素权重集 W 和评判矩阵 R 已知时，按照模糊矩阵的乘法运算，可以得到模糊综合评判向量 B，即

$$B = W \cdot R = (b_1, b_2, \cdots, b_m)$$

式中，b_j 称为模糊综合评判指标。

求出评判指标后，可采用最大隶属度法来确定最终的评判结果。

5.4.2　坚硬顶板的模糊综合分类方法

（1）因素集和评判集的确定。因素集 $U = \{$初次来压步距，坚硬顶板厚度，采厚（采放高度），直接顶与采厚比，复合关键层数目$\}$。根据坚硬顶板不同条件下矿压显现的强度，评判集 $V = \{$Ⅰ类坚硬顶板，Ⅱ类坚硬顶板，Ⅲ类坚硬顶板，Ⅳ类坚硬顶板$\}$。

采用层次分析法确定各影响因素的权重。根据数值模拟分析结果和已有的顶板分类标准，综合工作面支架支护阻力、来压步距和超前影响范围，确定各影响因素对矿压显现影响程度由大到小依次为初次来压步距、直接顶与采厚比、采厚（采放高度）、坚硬顶板厚度、复合关键层数目。根据坚硬顶板矿压显现强度的递阶层

次结构,对坚硬顶板矿压显现各因素相对的重要性进行两两比较,构造判断矩阵,见表 5.17。

表 5.17 坚硬顶板各指标判定矩阵

指标	初次来压步距 C_1	坚硬顶板厚度 C_2	采厚(采放高度) C_3	直接顶与采厚比 C_4	复合关键层数目 C_5
初次来压步距 C_1	1	4	3	2	5
坚硬顶板厚度 C_2	1/4	1	1/2	1/3	2
采厚(采放高度)C_3	1/3	2	1	1/2	2
直接顶与采厚比 C_4	1/2	3	2	1	3
复合关键层数目 C_5	1/5	1/2	1/2	1/3	1

经计算,各影响因素的权重集为 $W = \{0.422, 0.102, 0.151, 0.252, 0.073\}$, $\lambda_{max} = 5.074$,对其进行一致性检验,计算得 $CR = 0.017$,满足一致性检验要求。

(2)确定评判矩阵 R。根据表 5.18 同忻煤矿坚硬顶板特征数据,可确定相应的评判矩阵 R:

$$R = \begin{bmatrix} 0 & 0 & 0 & 0 & 1 \\ 0 & 0 & 0 & 0 & 0 \\ 1 & 1 & 0 & 0 & 0 \\ 0 & 0 & 1 & 1 & 0 \end{bmatrix}^{T}$$

表 5.18 同忻煤矿坚硬顶板赋存各指标

初次来压步距 C_1	坚硬顶板厚度 C_2	采厚 C_3	直接顶与采厚比 C_4	复合关键层数目 C_5
99.7	11.39	16.8	0.2	0

(3)模糊综合评判。将评判矩阵 R 和权重向量 W 代入模糊综合评判式,可得到评判向量 $B = (0.073, 0, 0.524, 0.403)$。根据最大隶属原则,确定同忻煤矿 3-5# 煤层覆岩为Ⅲ类坚硬顶板。

(4)采用层次分析和模糊综合评判相结合的方法,依据坚硬顶板不同条件下的矿压显现强度,建立了坚硬顶板分类的新方法,对大同矿区同忻煤矿多层坚硬顶板采场顶板进行分类,确定同忻煤矿为Ⅲ类坚硬顶板。

(5) 在开采实践中,应根据具体工作面坚硬顶板的评价类型,制定相应的顶板预控技术措施,减少或避免顶板事故的发生。

参 考 文 献

[1] 顶板分类研究组.缓倾斜煤层回采工作面顶板分类的研究[J].煤炭学报,1982,(4):13-22

[2] 史元伟,康立军,李全生,等.缓倾斜煤层回采工作面顶板分类修订方案的研究(上)[J].煤炭科学技术,1995,23(4):31-34,62

[3] 史元伟,康立军,李全生,等.缓倾斜煤层回采工作面顶板分类修订方案的研究(下)[J].煤炭科学技术,1995,23(5):2-6,51,63

[4] 靳钟铭,宋选民,张惠轩,等.顶板分类影响因素的综合分析[J].矿山压力与顶板管理,1993,(z1):137-144,242

[5] 凌标灿,彭苏萍,张慎河,等.采场顶板稳定性动态工程分类[J].岩石力学与工程学报,2003,(9):1474-1477

[6] 高明中.顶板分类指标与方法的改进——兼谈分类指标的确定[J].矿山压力与顶板管理,1993,(z1):145-148

[7] 姚强岭,李学华,陈庆峰.含水砂岩顶板巷道失稳破坏特征及分类研究[J].中国矿业大学学报,2013,42(1):50-56

[8] 乔福祥,侯朝炯.顶板冒落灵敏度和顶板分类预测[J].中国矿业学院学报,1980,(4):74-85

[9] 张全功.坚硬顶板的矿压显现和顶板分类[J].煤炭科学技术,1979,(5):18-22,44

[10] 朱永建,冯涛.锚杆支护超长煤巷顶板稳定性动态分类研究[J].煤炭学报,2012,37(4):565-570

[11] 钟新谷.老顶结构变形失稳的突变模式与顶板分类指标[J].矿山压力与顶板管理,1995,(z1):13-17,197

[12] 王奕,张涛,孙锐克,等.薄煤层综采工作面矿压显现规律及顶板分类[J].煤矿安全,2013,44(8):216-218

[13] 邵淑成,杨科,徐伟,等.直接顶厚度对厚硬顶板工作面矿压显现规律的影响[J].煤矿安全,2017,48(3):202-204,208

[14] 张海峰.浅埋深不规则综放工作面矿压显现规律研究[J].煤炭科学技术,2015,43(7):45-49,106

[15] 杨敬轩,刘长友,于斌,等.坚硬顶板群下工作面强矿压显现机理与支护强度确定[J].北京科技大学学报,2014,36(5):576-583

[16] 李斌,张文.综采工作面矿压显现特征及控制技术[J].煤炭科学技术,2013,41(s1):18-21

[17] 史红.综采放顶煤采场厚层坚硬顶板稳定性分析及应用[D].青岛:山东科技大学,2005

[18] 崔廷锋,张东升,范钢伟,等.浅埋煤层大采高工作面矿压显现规律及支架适应性[J].煤炭科学技术,2011,39(1):25-28

[19] 张通,赵毅鑫,朱广沛,等.神东浅埋工作面矿压显现规律的多因素耦合分析[J].煤炭学报,2016,41(s2):287-296

[20] 程家国,曲华.深井高地压坚硬顶板采场围岩特性的数值模拟[J].采矿与安全工程学报,2006,(01):70-73,78

[21] 朱德仁,钱鸣高,徐林生.坚硬顶板来压控制的探讨[J].煤炭学报,1991,16(2):11-20

[22] 于斌,刘长友,杨敬轩,等.坚硬厚层顶板的破断失稳及其控制研究[J].中国矿业大学学报,2013,42(3):342-348

[23] 刘长友,杨敬轩,于斌,等.多采空区下坚硬厚层破断顶板群结构的失稳规律[J].煤炭学报,2014,39(3):395-403

[24] 杨敬轩,刘长友,于斌,等.坚硬厚层顶板群结构破断的采场冲击效应[J].中国矿业大学学报,2014,43(1):8-15

[25] 成聪,段东,王开.坚硬顶板管理与控制数值模拟分析[J].煤炭科学技术,2013,41(s2):107-109

[26] 郭德勇,商登莹,吕鹏飞,等.深孔聚能爆破坚硬顶板弱化试验研究[J].煤炭学报,2013,38(7):1149-1153

[27] 汤建泉.坚硬顶板条件冲击地压发生机理及控制对策[D].北京:中国矿业大学(北京),2016

[28] 郭卫彬,刘长友,吴锋锋,等.坚硬顶板大采高工作面压架事故及支架阻力分析[J].煤炭学报,2014,39(7):1212-1219

[29] 宁建国,马鹏飞,刘学生,等.坚硬顶板沿空留巷巷旁"让-抗"支护机理[J].采矿与安全工程学报,2013,30(3):369-374

[30] 冯小军,沈荣喜,曹新奇,等.坚硬顶板断裂及能量转化分析[J].煤矿安全,2012,43(4):150-153

[31] 杨玉辉,祖贺军.厚煤层坚硬顶板采场矿压显现规律分析[J].煤炭技术,2011,30(2):67-69

[32] 王开,康天合,李海涛,等.坚硬顶板控制放顶方式及合理悬顶长度的研究[J].岩石力学与工程学报,2009,28(11):2320-2327

[33] 王金安,尚新春,刘红,等.采空区坚硬顶板破断机理与灾变塌陷研究[J].煤炭学报,2008,33(8):850-855

[34] 李新元,马念杰,钟亚平,等.坚硬顶板断裂过程中弹性能量积聚与释放的分布规律[J].岩石力学与工程学报,2007,26(s1):2786-2793

[35] 窦林名,曹胜根,刘贞堂,等.三河尖煤矿坚硬顶板对冲击矿压的影响分析[J].中国矿业大学学报,2003,32(4):50-54

[36] 窦林名,刘贞堂,曹胜根,等.坚硬顶板对冲击矿压危险的影响分析[J].煤矿开采,2003,8(2):58-60,66

[37] 牟宗龙,窦林名,张广文,等.坚硬顶板型冲击矿压灾害防治研究[J].中国矿业大学学报,2006,35(6):737-741

[38] 牟宗龙,窦林名.坚硬顶板突然断裂过程中的突变模型[J].矿山压力与顶板管理,2004,21(4):90-92,75-118

[39] 大同煤矿集团公司,中国矿业大学.特厚煤层综放大空间坚硬覆岩结构及控制技术[R].2016

[40] 大同煤矿集团公司,辽宁工程技术大学. 大同矿区煤层群组不对称开发理论与关键技术[R]. 2016

[41] 大同煤矿集团公司,中国矿业大学. 特厚煤层综放工作面大变形回采巷道离层监测及超前支护技术[R]. 2016

[42] 大同煤矿集团公司,山东科技大学. 双系煤层开采覆岩结构演化致灾机理[R]. 2016

[43] 大同煤矿集团公司,辽宁工程技术大学. 大空间采场坚硬顶板控制理论与技术[R]. 2016

[44] 大同煤矿集团公司,中国矿业大学. 特厚煤层综放开采远场关键层破断型式及失稳机制[R]. 2016

第 6 章　大空间采场坚硬顶板运动与力学特征

6.1　坚硬顶板特厚煤层工作面关键层判定及破断特征

6.1.1　覆岩关键层判定理论

关键层是指在覆岩中对岩体活动全部或局部起控制作用的坚硬岩层。判别关键层的主要依据是其变形和破断特征,即在关键层破断时其上部全部岩层或局部岩层的下沉变形是相互协调一致的,控制其上全部岩层移动的岩层称为主关键层,控制局部岩层移动的岩层称为亚关键层,关键层的断裂将导致全部或相当部分的岩层产生整体运动。

根据钱鸣高及其团队对关键层理论的研究成果[1-8],通过以下三个步骤来确定关键层在覆岩中的位置。

(1) 由下往上确定覆岩中的坚硬岩层位置。假设第 1 层岩层为坚硬岩层,其上直至第 m 层岩层与之协调变形,而第 $m+1$ 层岩层不与之协调变形,则第 $m+1$ 层岩层是第 2 层坚硬岩层(图 6.1)。由于第 1 层至第 m 层岩层协调变形,则各岩层曲率相同,各岩层形成组合梁,由组合梁原理可导出作用在第 1 层硬岩层上的载荷为

$$q_1(x)\,|_m = \frac{E_1 h_1^3 \sum\limits_{i=1}^{m} \gamma_i h_i}{\sum\limits_{i=1}^{m} E_i h_i^3} \tag{6-1}$$

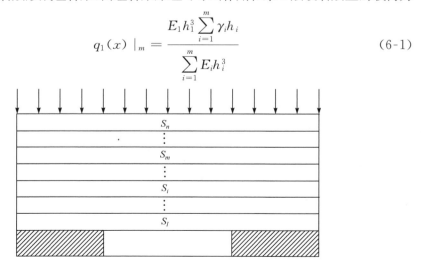

图 6.1　关键层的载荷计算模型

式中，$q_1(x)|_m$ 为考虑到第 m 层岩层对第 1 层坚硬岩层形成的载荷；h_i、γ_i、E_i 分别为第 i 层岩层的厚度、容重、弹性模量（$i=1,2,\cdots,m$）。

考虑到第 $m+1$ 层岩层对第 1 层坚硬岩层形成的载荷为

$$q_1(x)\,|_{m+1} = \frac{E_1 h_1^3 \displaystyle\sum_{i=1}^{m+1} \gamma_i h_i}{\displaystyle\sum_{i=1}^{m+1} E_i h_i^3} \tag{6-2}$$

由于第 $m+1$ 层岩层为坚硬岩层，其挠度小于下部岩层的挠度，第 $m+1$ 层以上岩层已不再需要其下部岩层去承担它所承受的载荷，则必然有

$$q_1(x)|_{m+1} < q_1(x)|_m \tag{6-3}$$

将式(6-1)和式(6-2)代入式(6-3)并化简可得

$$\gamma_{m+1} \sum_{i=1}^{m} E_i h_i^3 < E_{m+1} h_{m+1}^2 \sum_{i=1}^{m} h_i \gamma_i \tag{6-4}$$

式(6-4)即为判别坚硬岩层位置的公式。具体判别时，从煤层上方第 1 层岩层开始往上逐层计算，当 $\gamma_{m+1} \displaystyle\sum_{i=1}^{m} E_i h_i^3$ 和 $E_{m+1} h_{m+1}^2 \displaystyle\sum_{i=1}^{m} h_i \gamma_i$ 满足式(6-4)时，不再往上计算。此时从第 1 层岩层往上，第 m 层岩层为第 1 层硬岩层。从第 1 层硬岩层开始，按上述方法确定第 2 层硬岩层的位置，以此类推，直至确定出最上一层硬岩层（设为第 n 层硬岩层）。通过对坚硬岩层位置的判别，得到了覆岩中硬岩层的位置及其所控软岩层组。

（2）计算各硬岩层的破断距。为了简化计算，硬岩层破断距采用两端固支梁模型计算，则第 k 层硬岩层破断距 l_k 可由式(6-5)计算：

$$l_k = h_k \sqrt{\frac{2\sigma_k}{q_k}} \tag{6-5}$$

式中，h_k 为第 k 层硬岩层的厚度，m；σ_k 为第 k 层硬岩层的抗拉强度，MPa；q_k 为第 k 层硬岩层承受的载荷，kN/m²。

由式(6-1)可知，q_k 可按式(6-6)确定：

$$q_k = \frac{E_{k,0} h_{k,0}^3 \displaystyle\sum_{j=0}^{m_k} h_{k,j} \gamma_{k,j}}{\displaystyle\sum_{j=0}^{m_k} E_{k,j} \gamma_{k,j}^3} \tag{6-6}$$

式中，下标 k 代表第 k 层硬岩层；下标 j 代表第 k 层硬岩层所控软岩层组的分层号；m_k 为第 k 层硬岩层所控软岩层的层数；$E_{k,j}$、$h_{k,j}$、$\gamma_{k,j}$ 分别为第 k 层硬岩层所控软岩层组中第 j 层岩层的弹性模量、分层厚度及容重。

当 $j=0$ 时，即为硬岩层的力学参数。例如，$E_{1,0}$、$h_{1,0}$、$\gamma_{1,0}$ 分别为第 1 层硬岩层

的弹性模量、厚度及容重，$E_{1,1}$、$h_{1,1}$、$\gamma_{1,1}$ 分别为第 1 层硬岩层所控软层组中第 1 层软岩的弹性模量、厚度及容重。

由于表土层的弹性模量可视为 0，设表土层厚度为 H，容重为 γ，则最上一层硬岩层即第 n 层硬岩层上的载荷可按式(6-7)计算：

$$q_n = \frac{E_{n,0} h_{n,0}^3 \left(\sum\limits_{j=0}^{m_n} h_{n,j} \gamma_{n,j} + H\gamma \right)}{\sum\limits_{j=0}^{m_n} E_{n,j} h_{n,j}^3} \tag{6-7}$$

（3）按以下原则对各硬岩层的破断距进行比较，确定关键层位置。

① 若第 k 层硬岩层为关键层，则其破断距应小于其上部所有硬岩层的破断距，即满足

$$l_k < l_{k+1} \tag{6-8}$$

② 若第 k 层硬岩层破断距 l_k 大于其上方第 $k+1$ 层硬岩层破断距，则将第 $k+1$ 层硬岩层承受的载荷加到第 k 层硬岩层上，重新计算第 k 层硬岩层的破断距。

③ 从最下一层硬岩层开始逐层往上判别 $l_k < l_{k+1}$ 是否成立，当 $l_k > l_{k+1}$ 时重新计算第 k 层硬岩层破断距。

6.1.2 同忻煤矿 3-5# 煤层覆岩关键层判定结果

以同忻煤矿北一盘区的钻孔数据（表 6.1）为参照进行覆岩关键层的判别，3-5# 煤层至侏罗系 14# 煤层之间有 25 层岩层，其中以坚硬的砂岩和砾岩为主，软弱的泥岩分布很少。根据关键层的判别条件，由下向上逐层计算上覆各岩层的载荷，判断硬岩层，确定关键层。由于工作面上覆约 200m 处为侏罗系采空区，关键层计算边界至侏罗系采空区。计算结果如下。

表 6.1 同忻煤矿北一盘区综合柱状及其物理力学参数

序号	岩层名称	实际厚度/m	容重/(kN/m³)	抗拉强度/MPa	弹性模量/GPa
Y25	粗粒砂岩	25.4	25.37	5.42	20.12
Y24	细粒砂岩	6.2	27.54	8.64	35.87
Y23	粗粒砂岩	14.3	25.24	5.34	21.31
Y22	细粒砂岩	10.7	26.82	8.11	36.12
Y21	砂质泥岩	2.9	26.51	4.14	18.56
Y20	砾岩	5.1	27.15	3.92	28.42
Y19	砂质泥岩	6.9	25.98	5.81	18.46
Y18	粉砂岩	10.5	25.20	4.52	23.17
Y17	细粒砂岩	10.3	26.51	7.87	36.01
Y16	砾岩	4.6	26.95	4.23	28.64

续表

序号	岩层名称	实际厚度/m	容重/(kN/m³)	抗拉强度/MPa	弹性模量/GPa
Y15	细粒砂岩	10.7	27.17	7.93	35.21
Y14	粉砂岩	3.2	24.58	4.45	23.48
Y13	中粒砂岩	13.7	25.52	7.01	29.62
Y12	砾岩	12.0	27.10	4.34	28.74
Y11	粗粒砂岩	3.5	23.89	5.24	19.98
Y10	砾岩	12.9	27.35	4.34	28.43
Y9	细粒砂岩	14.8	25.62	8.20	35.62
Y8	粗粒砂岩	4.3	24.21	4.82	20.32
Y7	粉砂岩	2.4	25.78	4.25	23.35
Y6	山₄煤	2.1	10.36	1.27	4.20
Y5	粉砂岩	5.3	26.45	4.97	23.64
Y4	细粒砂岩	2.1	27.12	7.81	35.54
Y3	中粒砂岩	7.7	26.73	6.14	29.57
Y2	K₃砂岩	5.3	25.44	7.68	36.21
Y1	砂质泥岩	3.2	26.31	5.47	18.35
3-5#煤层		15.0	17.70	1.06	8.39

（1）硬岩层判定。

$$q_1 = \gamma_1 h_1 = 26.31 \times 3.2 \approx 84.19 \text{(kPa)}$$

计算第 2 层对第 1 层的作用，则 $q_2|_1$ 为

$$q_2|_1 = \frac{E_1 h_1^3 (\gamma_1 h_1 + \gamma_2 h_2)}{E_1 h_1^3 + E_2 h_2^3} = \frac{18.35 \times 3.2^3 \times (26.31 \times 3.2 + 25.44 \times 5.3)}{18.35 \times 3.2^3 + 36.21 \times 5.3^3}$$

$$\approx 21.98 \text{(kPa)} < q_1$$

由此可知第 2 层 5.3m 厚的 K₃ 砂岩为第一层硬岩层。

同理计算：

$$q_2 = \gamma_2 h_2 = 25.44 \times 5.3 \approx 134.83 \text{kPa}$$

$$q_3|_2 = \frac{E_2 h_2^3 (\gamma_2 h_2 + \gamma_3 h_3)}{E_2 h_2^3 + E_3 h_3^3} = \frac{36.21 \times 5.3^3 \times (25.44 \times 5.3 + 26.73 \times 7.7)}{36.21 \times 5.3^3 + 29.57 \times 7.7^3}$$

$$\approx 97.21 \text{(kPa)} < q_2$$

由此可知第 3 层 7.7m 厚的中粒砂岩为第二层硬岩层。

$$q_3 = \gamma_3 h_3 = 26.73 \times 7.7 \approx 205.82 \text{(kPa)}$$

$$q_4|_3 = \frac{E_3 h_3^3 (\gamma_3 h_3 + \gamma_4 h_4)}{E_3 h_3^3 + E_4 h_4^3} = \frac{29.57 \times 7.7^3 \times (26.73 \times 7.7 + 27.12 \times 2.1)}{29.57 \times 7.7^3 + 35.54 \times 2.1^3} \approx 256.52 \text{(kPa)}$$

$$q_5|_3 \approx 313.56 \text{kPa}$$

$$q_6|_3 \approx 330.42 \text{kPa}$$

$$q_7\mid_3\approx371.64\text{kPa}$$

$$q_8\mid_3\approx413.37\text{kPa}$$

$$q_9\mid_3\approx97.15\text{kPa}<q_8\mid_3$$

由此可知第 9 层 14.8m 厚的细粒砂岩为第三层硬岩层。

$$q_9=\gamma_9h_9=25.62\times14.8\approx379.18(\text{kPa})$$

$$q_{10}\mid_9=\frac{E_9h_9^3(\gamma_9h_9+\gamma_{10}h_{10})}{E_9h_9^3+E_{10}h_{10}^3}=\frac{35.62\times14.8^3\times(25.62\times14.8+27.35\times12.9)}{35.62\times14.8^3+28.43\times12.9^3}$$

$$\approx478.89(\text{kPa})>q_9$$

$$q_{11}\mid_9\approx531.01\text{kPa}$$

$$q_{12}\mid_9\approx580.26\text{kPa}$$

$$q_{13}\mid_9\approx567.65(\text{kPa})<q_{12}\mid_9$$

由此可知第 13 层 13.7m 厚的中粒砂岩为第四层硬岩层。

$$q_{13}=\gamma_{13}h_{13}=25.52\times13.7\approx349.62(\text{kPa})$$

$$q_{14}\mid_{13}=\frac{E_{13}h_{13}^3(\gamma_{13}h_{13}+\gamma_{14}h_{14})}{E_{13}h_{13}^3+E_{14}h_{14}^3}=\frac{29.62\times13.7^3\times(25.52\times13.7+24.58\times3.2)}{29.62\times13.7^3+23.48\times3.2^3}$$

$$\approx424(\text{kPa})$$

$$q_{15}\mid_{13}\approx456.09\text{kPa}$$

$$q_{16}\mid_{13}\approx522.6\text{kPa}$$

$$q_{17}\mid_{13}\approx524.03\text{kPa}$$

$$q_{18}\mid_{13}\approx556.29\text{kPa}$$

$$q_{19}\mid_{13}\approx608.98\text{kPa}$$

$$q_{20}\mid_{13}\approx650.47\text{kPa}$$

$$q_{21}\mid_{13}\approx678.37\text{kPa}$$

$$q_{22}\mid_{13}\approx644.87\text{kPa}<q_{21}\mid_{13}$$

由此可知第 22 层 10.7m 厚的细粒砂岩为第五层硬岩层。

$$q_{22}=\gamma_{22}h_{22}=26.82\times10.7\approx286.97(\text{kPa})$$

$$q_{23}\mid_{22}=\frac{E_{22}h_{22}^3(\gamma_{22}h_{22}+\gamma_{23}h_{23})}{E_{22}h_{22}^3+E_{23}h_{23}^3}=\frac{36.12\times10.7^3\times(26.82\times10.7+25.24\times14.3)}{36.12\times10.7^3+21.31\times14.3^3}$$

$$\approx269.03(\text{kPa})<q_{22}$$

由此可知第 23 层 14.3m 厚的粗粒砂岩为第六层硬岩层。

$$q_{23}=\gamma_{23}h_{23}=25.24\times14.3\approx360.93(\text{kPa})$$

$$q_{24}\mid_{23}=\frac{E_{23}h_{23}^3(\gamma_{23}h_{23}+\gamma_{24}h_{24})}{E_{23}h_{23}^3+E_{24}h_{24}^3}=\frac{21.31\times14.3^3\times(25.24\times14.3+27.54\times6.2)}{21.31\times14.3^3+35.87\times6.2^3}$$

$$\approx467.54(\text{kPa})$$

$$q_{25}\mid_{23}\approx182.95\text{kPa}<q_{24}\mid_{23}$$

由此可知第 25 层 25.4m 厚的粗粒砂岩为第七层硬岩层。

经计算,确定覆岩中共有 Y2、Y3、Y9、Y13、Y22、Y23、Y25 七层硬岩层。

（2）计算硬岩层的破断距。坚硬岩层破断是在弹性基础上板的破断问题，但为了简化计算，硬岩层的破断距采用两端固支梁模型计算，则第 i 层硬岩层的破断距 l_i 为

$$l_i = h_i \sqrt{\frac{2\sigma_t}{q_i}} \tag{6-9}$$

式中，h_i 为第 i 层硬岩层的厚度，m；σ_t 为第 i 层硬岩层的抗拉强度，MPa；q_i 为第 i 层硬岩层所承受的载荷，MPa。

分别将覆岩中硬岩层的基础数据代入式（6-9）可得

$$l_1 = h_1 \sqrt{\frac{2\sigma_t}{q_1}} = 5.3 \times \sqrt{\frac{2 \times 7.68 \times 10^6}{134.83 \times 10^3}} \approx 56.57 (\text{m})$$

$$l_2 = h_2 \sqrt{\frac{2\sigma_t}{q_2}} = 7.7 \times \sqrt{\frac{2 \times 6.14 \times 10^6}{413.37 \times 10^3}} \approx 41.96 (\text{m})$$

$$l_3 = h_3 \sqrt{\frac{2\sigma_t}{q_3}} = 14.8 \times \sqrt{\frac{2 \times 8.2 \times 10^6}{580.26 \times 10^3}} \approx 78.68 (\text{m})$$

$$l_4 = h_4 \sqrt{\frac{2\sigma_t}{q_4}} = 13.7 \times \sqrt{\frac{2 \times 7.01 \times 10^6}{678.37 \times 10^3}} \approx 62.28 (\text{m})$$

$$l_5 = h_5 \sqrt{\frac{2\sigma_t}{q_5}} = 10.7 \times \sqrt{\frac{2 \times 8.11 \times 10^6}{286.97 \times 10^3}} \approx 80.44 (\text{m})$$

$$l_6 = h_6 \sqrt{\frac{2\sigma_t}{q_6}} = 14.3 \times \sqrt{\frac{2 \times 5.34 \times 10^6}{467.54 \times 10^3}} \approx 68.35 (\text{m})$$

$$l_7 = h_7 \sqrt{\frac{2\sigma_t}{q_7}} = 25.4 \times \sqrt{\frac{2 \times 5.42 \times 10^6}{644.4 \times 10^3}} \approx 104.18 (\text{m})$$

由此可以看出，第 2 层硬岩层的破断距略小于第 1 层硬岩层的破断距，第 2 层硬岩层破断后载荷将全部加到第 1 层硬岩层上，受第 2 层硬岩层破断的影响，第 1 层硬岩层和第 2 层硬岩层同时破断。因此，将作用在第 2 层硬岩层的载荷加在第 1 层硬岩层上重新计算，则

$$l_1' = h_1 \sqrt{\frac{2\sigma_t}{q_1'}} = 5.3 \times \sqrt{\frac{2 \times 7.68 \times 10^6}{158.47 \times 10^3}} \approx 52.18 (\text{m})$$

同理，第 4 层硬岩层的破断距小于第 3 层硬岩层的破断距，第 3 层硬岩层的破断距减小为

$$l_3' = h_1 \sqrt{\frac{2\sigma_t}{q_3'}} = 14.8 \times \sqrt{\frac{2 \times 8.2 \times 10^6}{789.81 \times 10^3}} \approx 67.44 (\text{m})$$

第 6 层硬岩层的破断距小于第 5 层硬岩层的破断距，第 5 层硬岩层的破断距减小为

$$l'_5 = h_5 \sqrt{\frac{2\sigma_t}{q'_5}} = 10.7 \times \sqrt{\frac{2 \times 8.11 \times 10^6}{314.69 \times 10^3}} \approx 76.82 (\text{m})$$

（3）关键层判定。由 $l_7 > l'_5 > l'_3 > l'_1$，则第 1、3、5 层硬岩层为亚关键层，第 7 层硬岩层为主关键层，即 Y2、Y9、Y22 为亚关键层，Y25 为主关键层，见表 6.2 和图 6.2。工作面上覆岩层多为强度较高的坚硬岩层，满足关键层判别条件的岩层较多。亚关键层 Ⅰ、Ⅱ、Ⅲ 分别距离煤层顶板 3.2m、32.4m、143.5m，主关键层距离工作面顶板 174.6m。

表 6.2　工作面关键层分布与破断特征

序号	岩性	厚度/m	破断距/m	关键层	距离 3-5# 煤层顶板距离/m
Y25	粗粒砂岩	25.4	104.18	主键层	174.6
Y22	细粒砂岩	10.7	76.82	亚关键层Ⅲ	143.5
Y9	细粒砂岩	14.8	67.44	亚关键层Ⅱ	32.4
Y2	K_3 砂岩	5.3	52.18	亚关键层Ⅰ	3.2

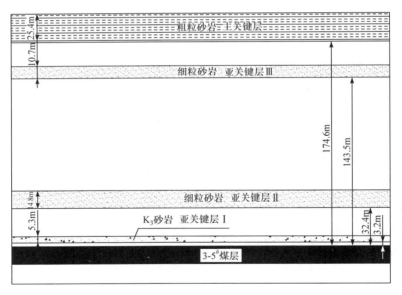

图 6.2　关键层赋存特征

6.1.3　同忻煤矿 3-5# 煤层覆岩关键层破断分析

1. 关键层极限跨距分析

裂隙带高度与煤层上覆岩层的岩性、采高、煤层的赋存状态、地质构造、采煤方法、控顶方法、工作面几何尺寸、开采时间等因素有关，分析中主要考虑岩性、采高、工作面几何尺寸、垮落岩石碎胀性等因素条件下近水平煤层在全部垮落法管理顶板情况下裂隙带发育高度的预计方法。

关键层的初次破断,当考虑垫层的作用时,其计算公式十分复杂。相对而言,用材料力学中固支梁力学模型估算关键层的初次破断距的计算公式就较为简单。

由图 6.3 所示的固支梁力学模型,根据材料力学理论分析可知,其极限跨距为

$$l_G = h \sqrt{\frac{2\sigma_t}{q}} \tag{6-10}$$

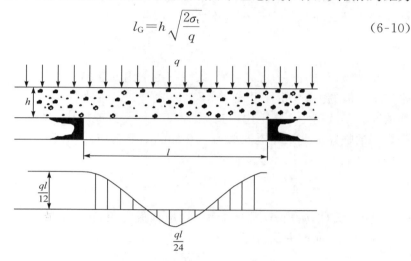

图 6.3　固支梁力学模型

由此根据上覆关键层初次断裂后的力学模型,各关键层断裂时的临界开采长度为

$$L_{G,j} = \sum_{i=1}^{m} h_i \cot\varphi_q + l_{G,j} + \sum_{i=1}^{m} h_i \cot\varphi_h \tag{6-11}$$

式中,$L_{G,j}$ 为第 j 层关键层断裂时的工作面推进长度;m 为煤层顶板至第 j 层关键层下部的所有岩层数;h_i 为第 i 层岩层的厚度;$l_{G,j}$ 为第 j 层关键层在不受下部岩层支承时初次断裂时的极限跨距;φ_q、φ_h 分别为岩层的前、后方断裂角。

当关键层悬露距离大于其极限跨距时,关键层及其控制岩层破断,裂隙发育至该关键层控制的最上部岩层;当关键层悬露距离小于其极限跨距时,关键层未破断,裂隙未发育至该关键层。

2. 软岩受力弯曲的水平变形分析

裂隙带是指在采动影响下发生离层、断裂,但未脱离原生岩体的破坏区域。该区内岩层已断开或有微小的裂隙,但仍保持原有的层次,裂隙间连通性和透水性自下而上逐渐降低,透水但不透砂。因此,对于裂隙带的岩体可以用连续变形方法计算。

首先指出,这里所提到的软岩一般是指泥岩或者黏土。由于软岩抗变形能力强,在导水裂隙中仍然保持其原有的层次,因此仍可以用固支梁力学模型来分析其水平拉伸变形。

由于在弯曲梁的中性轴面下端面产生水平拉伸变形,并且在梁的下端即 $y=h/2$ 的端面上水平拉应变值最大。因此,只要此处的 ε_{max} 不超过岩层的临界水平拉伸应变值,那么该岩层就不会产生裂隙。因此

$$\varepsilon_{max}=\frac{3ql}{8Eh^2} \tag{6-12}$$

在裂隙带发展到一定高度后,裂隙带范围内的软弱岩层(如泥岩)是抑制裂隙带向上发展的关键,并且由式(6-12)可知,固支梁弯曲后产生的最大水平拉伸应变值与岩梁的跨距 l 成正比,与岩层厚度 h 的平方成反比。在此取泥岩等较软弱类岩层的临界水平拉伸应变值为 1.0mm/m,那么由式(6-13)可以得到岩梁受力弯曲产生最大水平拉伸应变值时的跨距:

$$l_R=\frac{Eh^2}{375q} \tag{6-13}$$

此时,所对应的该岩层下端面到煤层顶板的距离 H 就是裂隙带发育的高度,所对应的工作面推进距离为

$$L_R=\frac{H}{\cot\varphi_q}+l_R+\frac{H}{\cot\varphi_h} \tag{6-14}$$

则任一软弱岩层对应的工作面推进距离为

$$L_{R,j}=\frac{H}{\cot\varphi_q}+l_{R,j}+\frac{H}{\cot\varphi_h} \tag{6-15}$$

当软弱层悬露距离大于其最大水平拉伸应变的跨距时,该软弱层发生破断,裂隙发育至该层;当软弱层悬露距离小于其最大水平拉伸应变的跨距时,该软弱层未破断,裂隙未发育至该层。

3. 岩层破断与其下部自由空间高度的关系

1) 岩层下部自由空间高度计算

煤层开采后会产生一个自由空间,随着工作面的推进,上覆岩层开始向这个自由空间移动、垮落。由于岩石的碎胀性,自由空间将不断缩小,当工作面推进到一定程度时,上覆岩层下沉与垮落的矸石接触并逐渐压实,最终垮落矸石的碎胀趋于残余碎胀系数。一般认为只有在垮落带和裂隙带范围内的岩层产生碎胀,其上的下沉带不发生体积上的变化。因此,自由空间高度计算公式为

$$\Delta_i=M-\sum_{j=1}^{i-1}h_j(k_j-1) \tag{6-16}$$

式中，Δ_i 为第 i 层岩层下的自由空间高度，m；M 为煤层采高，m；h_j 为第 j 层岩层的厚度，m；k_j 为第 j 层岩石的残余碎胀系数。

岩石的碎胀系数取决于岩石的性质，坚硬岩石的碎胀系数较大，软岩的碎胀系数较小，但恒大于 1，见表 6.3。当岩层下部存在自由空间时，该层有可能发生破断；当岩层下部不存在自由空间时，该层不会发生破断。

表 6.3　岩石碎胀系数

岩性	初始碎胀系数（刚破碎）	残余碎胀系数（压实后）
砂子	1.05～1.15	1.01～1.03
黏土	1.20 以下	1.03～1.07
碎煤	1.20 以下	1.05
泥质页岩	1.40	1.10
砂质页岩	1.60～1.80	1.10～1.15
硬砂岩	1.50～1.80	—
一般软岩石	—	1.020
一般中硬岩石	—	1.025
一般硬岩石	—	1.030

2）岩层破断与自由空间高度的关系

一般认为，硬岩层（这里主要指关键层）的弯曲性较小，而软岩层有较大的弯曲性。因此，当工作面推进到一定长度，且硬岩层下部又存在自由空间高度时，硬岩层会沿层面方向破断以及导水，否则硬岩层不会破断；而对于软岩层，由于具有弯曲性，可能只发生塑性变化，通常在这种情况下是不会导水的，其塑性变化能否发展为岩层的破断还要看软岩层下部自由空间的高度是否大于保持塑性状态允许的最大挠度，下面给出具体的判断公式。

当工作面推进到其可产生最大拉伸的距离时，岩层的最大挠度为

$$\omega_{\max} = \frac{5ql^4}{384EI} \tag{6-17}$$

此时，如果软岩层的最大挠度大于其下部自由空间高度，由于自由空间的限制，软岩层将保持塑性状态而不会破坏，裂隙带至此不再向上发展。于是有

$$\omega_{i,\max} > M - \sum_{j=1}^{i-1} h_j(k_j - 1) \tag{6-18}$$

反之，如果软岩层的最大挠度小于其下部自由空间高度，将发生破断并导水。于是有

$$\omega_{i,\max} < M - \sum_{j=1}^{i-1} h_j(k_j - 1) \tag{6-19}$$

4. 同忻煤矿覆岩关键层破断分析

岩层岩性和开采尺寸控制着裂隙带的发育高度,更具体地说是由关键层的抗拉强度、软岩层的抗应变能力、岩层下部的自由空间高度和工作面的推进距离一起决定。由于关键层的抗拉强度和软岩层的抗应变能力可转换成极限跨距(极限跨距与工作面存在一定的关系)的形式,归根到底,裂隙带高度的判断可以由关键层和软岩的极限跨距及其下部的自由空间高度来判断。

关键层和软岩的极限跨距及其下部的自由空间高度判断裂隙带高度主要遵从以下四种方法:①当关键层的悬露距离小于其极限跨距时,裂隙带不会向上发展;②当关键层的悬露距离大于其极限跨距时,如果不存在自由空间高度,裂隙带将终止,否则,继续向上发展;③当软岩层的水平拉伸应变小于其水平极限拉伸应变时,裂隙带不会向上发展;④当软岩层的水平拉伸应变大于其水平极限拉伸应变时,如果岩层的最大挠度大于其下部自由空间高度,裂隙带终止,否则,继续向上发展。

在此,假设只有垮落带和裂隙带范围内的岩层产生碎胀,其上的弯曲下沉带不发生体积上的变化,所以只考虑裂隙带范围内的岩层。由式(6-16)计算得到关键层、软岩层下部自由空间高度,见表6.4。

表 6.4　各岩层自由空间高度计算

序号	岩性	实际厚度/m	硬岩位置	关键层	残余(压实后)碎胀系数	自由空间高度/m
Y25	粗粒砂岩	25.4	第七硬层	主关键层	1.030	10.253
Y24	细粒砂岩	6.2	—		1.030	10.439
Y23	粗粒砂岩	14.3	第六硬层	—	1.030	10.868
Y22	细粒砂岩	10.7	第五硬层	亚关键层Ⅲ	1.030	11.189
Y21	砂质泥岩	2.9	—	—	1.025	11.262
Y20	砾岩	5.1	—	—	1.025	11.390
Y19	砂质泥岩	6.9	—	—	1.025	11.563
Y18	粉砂岩	10.5	—	—	1.030	11.878
Y17	细粒砂岩	10.3	—	—	1.030	12.187
Y16	砾岩	4.6	—	—	1.025	12.302
Y15	细粒砂岩	10.7	—	—	1.030	12.623
Y14	粉砂岩	3.2	—	—	1.030	12.719
Y13	中粒砂岩	13.7	第四硬层	—	1.030	13.130

续表

序号	岩性	实际厚度/m	硬岩位置	关键层	残余(压实后)碎胀系数	自由空间高度/m
Y12	砾岩	12.0	—	—	1.025	13.430
Y11	粗粒砂岩	3.5	—	—	1.030	13.535
Y10	砾岩	12.9	—	—	1.025	13.858
Y9	细粒砂岩	14.8	第三硬层	亚关键层Ⅱ	1.030	14.302
Y8	粗粒砂岩	4.3	—	—	1.030	14.431
Y7	粉砂岩	2.4	—	—	1.030	14.503
Y6	山$_4$煤	2.1	—	—	1.050	14.608
Y5	粉砂岩	5.3	—	—	1.030	14.767
Y4	细粒砂岩	2.1	—	—	1.030	14.830
Y3	中粒砂岩	7.7	第二硬层	—	1.030	15.061
Y2	K$_3$砂岩	5.3	第一硬层	亚关键层Ⅰ	1.030	15.220
Y1	砂质泥岩	3.2	—	—	1.025	15.300

　　根据确定的各个关键层及其破断距,当关键层悬露距离达到破断距时,关键层及其上部岩层破断,由此可以确定裂隙带发育高度。各关键层初次断裂时,可将各关键层视为两端固支梁进行分析和计算,因此有:Y1 岩层的破断距为 $l_1 = h_1 \sqrt{\dfrac{2\sigma_t}{q_1}} = 3.2 \times \sqrt{\dfrac{2 \times 5.47 \times 10^6}{26.31 \times 3.2 \times 10^3}} \approx 36.47(\text{m})$,当工作面推进 36.47m 时,Y1 岩层破断,裂隙带发育高度为 3.2m。由表 6.2 可知,Y2 岩层(亚关键层Ⅰ)的破断距为 52.18m,岩层的前方破断角取 68°。

　　由式(6-10)计算 Y2 岩层破断时工作面的推进距离为 54.77m,Y3~Y8 岩层随 Y2 岩层一起破断,裂隙带发育至 Y8 岩层,发育高度为 32.4m。同理计算可得 Y9 岩层(亚关键层Ⅱ)破断时工作面的推进距离为 108.77m,裂隙带发育高度(即表 6.5 中垮裂高度)为 143.5m。Y22 岩层(亚关键层Ⅲ)破断时工作面的推进距离为 192.98m,裂隙带发育高度为 174.7m。从倾向上看,Y22 岩层(亚关键层Ⅲ)破断后 Y25 岩层的悬露距离为 58.58m,而 Y25 岩层的破断距为 104.18m,小于其悬露距离,在倾向上不满足破断条件。因此,Y25 岩层不随着工作的推进而破断,裂隙带发育至 Y24 岩层为止。最终通过理论计算取工作面覆岩垮裂带发育高度为 180m。裂隙带发育高度与工作面的推进距离的关系见图 6.4,关键层初次破断与工作面推进距离关系见表 6.5。

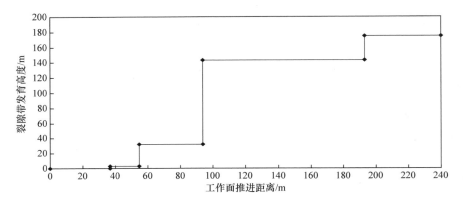

图 6.4　裂隙带发育过程

表 6.5　关键层随工作面推进初次破断的情况

工作面推进距离/m	垮裂高度/m	关键层初次破断
54.77	32.4	Y2（亚关键层Ⅰ）
108.77	143.5	Y9（亚关键层Ⅱ）
192.98	174.7	Y22（亚关键层Ⅲ）

　　关键层发生初次破断后,随工作面推进,各关键层将出现周期性断裂,此时将关键层视为悬臂梁结构进行分析和计算。悬臂梁的最大弯矩在固支端,固支端处拉应力最大,悬臂梁从固支端被拉断。悬臂梁的最大拉应力为

$$\sigma_{\max}=\frac{3q}{h^2}L^2-\frac{1}{5}q \tag{6-20}$$

式中,$\sigma_{\max}$ 为最大拉应力,MPa;q 为岩梁所承受的载荷,MPa;h 为岩梁厚度,m;L 为岩梁周期破断距,m。

　　则岩梁的周期破断距为

$$L=h\sqrt{\frac{\sigma_t+\frac{1}{5}q}{3q}} \tag{6-21}$$

　　因此,Y2 岩层（亚关键层Ⅰ）的周期破断距为

$$L_1=h_1\sqrt{\frac{\sigma_t+\frac{1}{5}q_1}{3q_1}}=5.3\times\sqrt{\frac{7.68\times10^6}{3\times158.47\times10^3}+\frac{1}{15}}\approx21.35(\mathrm{m})$$

由式(6-14)计算得该破断距对应的工作面推进距离为 22.65m。

　　Y9 岩层（亚关键层Ⅱ）的周期破断距为

$$L_2 = h_2\sqrt{\frac{\sigma_t + \frac{1}{5}q_2}{3q_2}} = 14.8 \times \sqrt{\frac{8.2 \times 10^6}{3 \times 789.81 \times 10^3} + \frac{1}{15}} \approx 27.8(\text{m})$$

由式(6-14)计算得该破断距对应的工作面推进距离为 40.91m。

Y22 岩层(亚关键层Ⅲ)周期破断距为

$$L_3 = h_3\sqrt{\frac{\sigma_t + \frac{1}{5}q_3}{3q_3}} = 10.7 \times \sqrt{\frac{8.11 \times 10^6}{3 \times 314.69 \times 10^3} + \frac{1}{15}} \approx 31.48(\text{m})$$

由式(6-14)计算得该破断距对应的工作面推进距离为 89.56m。

关键层周期破断与工作面推进距离关系见表 6.6。

表 6.6　关键层随工作面推进周期破断情况

工作面推进距离/m	关键层周期破断
22.65	Y2(亚关键层Ⅰ)
40.91	Y9(亚关键层Ⅱ)
89.56	Y22(亚关键层Ⅲ)

从表 6.5 和表 6.6 可以看出,亚关键层Ⅰ、Ⅱ、Ⅲ无论是初次破断还是周期破断,其破断距依次近似成 2 倍关系,即亚关键层Ⅱ的破断距近似为亚关键层Ⅰ破断距的 2 倍,而亚关键层Ⅲ的破断距近似为亚关键层Ⅱ破断距的 2 倍。也就是说,亚关键层Ⅰ周期破断两次将引起关键层Ⅱ的周期破断,亚关键层Ⅱ周期破断两次将引起亚关键层Ⅲ的周期破断。当有两层或两层以上亚关键层破断时称为复合关键层破断,由此引起的矿压显现称为复合矿压显现。借此可以解释同忻煤矿综放工作面周期来压具有周期性强弱现象,即存在周期"大压"和周期"小压",8106 工作面现场来压统计见表 6.7。

表 6.7　同忻煤矿北一盘区 8106 工作面来压情况统计表

序号	日期	平均推进距离/m	来压步距/m	来压情况	来压强度	关键层断裂情况	矿压显现描述
1	6 月 21 日 14:00～22 日 12:00	56.8	56.8	基本顶初次来压	强烈	亚Ⅰ初次破断	—
2	6 月 24 日 23:00～25 日 6:00	73.5	16.7	第 1 次周期来压	一般	亚Ⅰ周期破断	—
3	6 月 27 日 17:00～28 日 13:00	88.6	15.0	第 2 次周期来压	一般	亚Ⅰ周期破断	—
4	6 月 30 日 13:00～23:00	99.0	10.3	第 3 次周期来压	一般	亚Ⅱ初次破断	复合矿压显现

序号	日期	平均推进距离/m	来压步距/m	来压情况	来压强度	关键层断裂情况	矿压显现描述
5	7月2日 16:00～3日 15:00	117.9	18.9	第4次周期来压	一般	亚Ⅰ周期破断	—
6	7月4日 16:00～5日 6:30	137.0	19.1	第5次周期来压	强烈	亚Ⅱ周期破断	复合矿压显现
7	7月7日 16:00～8日 8:00	150.7	13.7	第6次周期来压	一般	亚Ⅰ周期破断	—
8	7月15日 15:30～7月16日	177.9	27.3	第7次周期来压	一般	亚Ⅱ周期破断	复合矿压显现
9	7月18日 14:00～7月20日	197.9	20.0	第8次周期来压	强烈	亚Ⅲ初次破断	复合矿压显现
10	7月22日 15:00～7月23日 5:30	220.0	22.1	第9次周期来压	强烈	亚Ⅰ周期破断	—
11	7月25日 15:00～7月26日	243.5	22.9	第10次周期来压	强烈	亚Ⅱ周期破断	复合矿压显现
12	7月28日 13:20	258.7	15.2	第11次周期来压	一般	亚Ⅰ周期破断	
13	7月30日 23:30～7月31日	277.0	18.3	第12次周期来压	强烈	亚Ⅱ周期破断	复合矿压显现
14	8月4日 5:30～8月5日	294.0	17.1	第13次周期来压	强烈	亚Ⅲ周期破断	复合矿压显现
15	8月10日 17:40～8月11日	334.0	40.0	第14次周期来压	一般	亚Ⅱ周期破断	复合矿压显现
16	8月15日 2:00～8:30	364.8	30.8	第15次周期来压	一般	亚Ⅱ周期破断	复合矿压显现
17	8月18日 0:00～3:30	387.4	22.6	第16次周期来压	一般	亚Ⅰ周期破断	—

同忻煤矿综放工作面关键层随推进距离发生的断裂使工作面的矿压显现呈现周期性与强弱性。依据现场 8106 工作面来压统计(表 6.7),结合关键层破断与工作面推进距离的关系,对比分析可知,工作面初次来压时工作面推进距离为56.8m,与理论计算得到的亚关键层Ⅰ破断时工作面推进距离 54.77m 基本吻合,因此工作面的初次来压是由亚关键层Ⅰ初次破断引起的,工作面来压显现强烈,亚关键层Ⅰ初次破断后便进入周期破断,工作面第 1、2 次周期来压就是亚关键层Ⅰ周期破断造成的。工作面第 3 次周期来压是由亚关键层Ⅱ初次破断引起的,来压步距为 10.3m,上位亚关键层Ⅱ的破断使下位亚关键层Ⅰ提前破断。工作面第 4次周期来压为关键层Ⅰ的周期破断,工作面第 5 次来压为亚关键层Ⅱ的周期破断,

此次破断为亚关键层Ⅰ、Ⅱ同时破断,覆岩破坏范围大,形成复合矿压显现,工作面来压强烈,随后亚关键层Ⅰ、Ⅱ周期破断。工作面第 8 次来压为亚关键层Ⅲ初次破断引起的,此时亚关键层Ⅰ、Ⅱ、Ⅲ同时破断,覆岩达到充分采动,此时也是工作面采空区顶板悬露"见方"的位置,工作面来压显现强烈。不同层位关键层的破断引起工作面矿压的周期性显现,且显现强度受破断关键层位置的影响,亚关键层Ⅱ控制的上覆岩层范围大,当其周期垮断时,一般会造成工作面来压显现强烈。现场顶板垮落步距个别变化较大,这与工作面推进过程中地质构造、岩性、开采强度的变化有较大关系。

6.2　坚硬顶板特厚煤层采场结构模型

6.2.1　多层坚硬顶板覆岩大结构形成机理

大同矿区同忻煤矿主要开采石炭-二叠系 3-5#、8#煤层,3-5#煤层覆岩具有多层厚坚硬岩层,岩性多为砂岩、砾岩,硬岩层 f 值多为 6~8。根据覆岩关键层理论,关键层的破断控制着覆岩破坏的发育,以同忻煤矿 8105 工作面为例,分析覆岩关键层的层位和破断特征对矿压的控制作用。同忻煤矿石炭系煤层开采期间,矿压显现具有超前支撑压力影响范围大、工作面具有大小周期来压现象、采空区后方约 200m 范围临空巷道矿压显现强烈等特点。为了确定同忻煤矿石炭系煤层采场覆岩结构特征及其运动形式,揭示同忻煤矿石炭系煤层工作面特殊矿压现象产生机制,基于同忻煤矿石炭系 8105、8106 等工作面开采实践,建立大同矿区石炭系煤层采场多层坚硬顶板运动、平衡及失稳理论,解释覆岩结构运动特征对矿压显现的控制作用,为顶板控制等提供依据。

坚硬顶板采场,顶板具有大面积岩体悬露而不垮落的现象(其初次垮落步距一般大于 50m),所以具有板式破断特征,可以应用"板式"理论来解释[9-13]。根据薄板的假设,其厚度(h)与宽度(a)的比值 $h/a=1/7\sim1/15$,可视基本顶岩层为薄板,以四边固支的板为例,弯矩绝对值最大是发生在长边的中心部位,因而首先将在此形成断裂,而后在短边的中央形成裂缝,待四周裂缝贯通而呈 O 形后,板中央的弯矩又达到最大值,超过强度极限而形成裂缝,最后形成 X 形破坏,此时,在板的支撑边四周形成上部张开、下部闭合的裂缝,而在 X 形破断部分则形成上部闭合、下部张开的裂缝,即基本顶板的 O-X 形破断形式,见图 6.5。

根据基本顶的"板式"破断特征,结合悬臂梁假说、压力拱假说、铰接岩块假说和"砌体梁"理论,考虑到坚硬顶板特厚煤层覆岩在煤层开采后,其初次破断距和周期破断距相对于普通硬度岩层大得多,其周期来压时矿压显现更加强烈,应力集中系数比其他情况下更大,对于 200m 甚至更长的工作面,用简单的"梁式"理论和

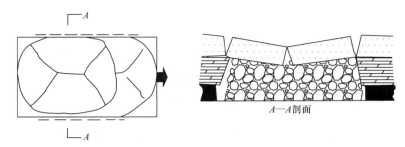

图 6.5　基本顶板的 O-X 形破断

"板式"破断不能很好地解释工作面周期来压步距增大、矿压显现剧烈的发生机制。因此,为了更好地解释坚硬顶板特厚煤层的覆岩结构运动特征,以材料力学为基础,应用"自然平衡拱"理论,从上覆岩层整体大结构出发,分析坚硬顶板特厚煤层采场覆岩结构为"拱壳"结构模型,见图 6.6。

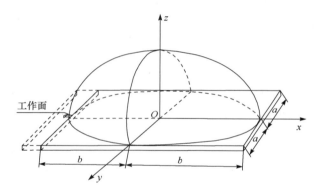

图 6.6　工作面上覆岩层"拱壳"结构模型

根据"拱壳"模型结构特征,其三维拱壳模型方程为

$$\frac{x^2}{a^2}+\frac{y^2}{a^2}+\frac{(z-l)^2}{b^2}=1 \quad (l\leqslant z\leqslant b-l) \tag{6-22}$$

由"拱壳"理论可知,在工作面走向和倾向方向上对拱壳做剖面分析,其为大跨度的"拱"结构,见图 6.7。

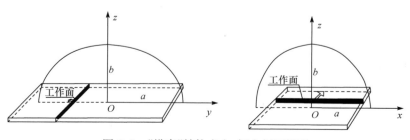

图 6.7　"拱壳"结构走向、倾向剖面模型

"拱壳"结构形成及失稳可以有效地解释坚硬顶板特厚煤层采场矿压影响范围大、矿压显现强烈、基本顶周期来压步距大等矿压特征。

6.2.2　多层坚硬顶板覆岩大结构形成过程

石炭系煤层工作面大空间采场矿压显现受坚硬顶板破断控制,同忻煤矿开采实践表明,由于工作面覆岩存在多层关键层,受多层高位关键层的周期破断,工作面矿压显现具有周期大压、周期小压、矿压显现影响范围大和动压等复合矿压现象。临空巷道工作面后方约 200m 范围和工作面前方约 100m 范围内矿压显现强烈。分析特殊矿压显现产生机制是,随着工作面推进,采场上覆岩层在硬岩层的控制作用下分段逐步垮落形成覆岩大结构,见图 6.8。

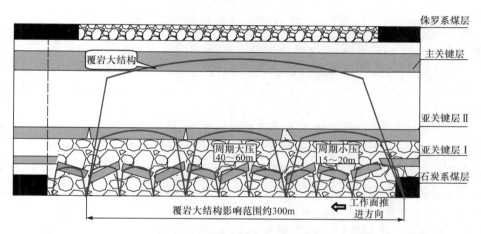

图 6.8　工作面多层坚硬顶板拱壳大结构发展形成过程

在大结构失稳前,3-5$^#$ 煤层上覆低位关键层的破断产生周期小压和周期大压,此时矿压显现不强烈,因为上覆载荷主要由大结构承担;随着工作面继续推进,主关键层达到破断距时,大结构上积聚的弹性能最大,工作面再继续推进大结构破坏,积聚的弹性能将突然释放,同时临近大结构的侏罗系煤层群采空区散体覆岩载荷也向下运动,在二者的共同作用下石炭系工作面及临空巷道前方和后方大范围内产生强矿压显现或动压显现,大结构破坏后能量释放。随着工作面继续推进,覆岩大结构将以采空区某一点(存在大块且垮落规则的矸石)为拱脚重复形成,见图 6.9。

以同忻煤矿 8105 工作面开采条件为例,覆岩存在亚关键层Ⅰ、亚关键层Ⅱ和主关键层,根据采场覆岩关键层破断运动特征和覆岩大结构平衡理论,分析石炭系 8105 工作面覆岩平衡大结构形成机理及其对工作面矿压显现的控制作用。

第一步:石炭系煤层工作面从开切眼开始推进到亚关键层Ⅰ达到初次破断距

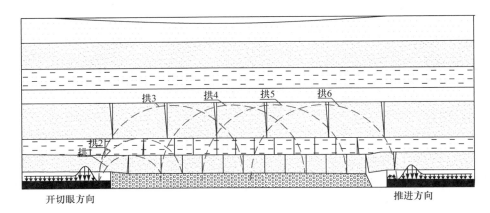

图 6.9　工作面推进方向大结构(拱结构)的衍生、推进过程

时,工作面产生初次来压,初次来压步距约 30m,此时没有形成覆岩大结构。

　　第二步:随着工作面继续推进,平衡拱结构向上发展,上覆岩层发生周期破断,工作面产生周期来压,周期小压来压步距为 15～20m;工作面继续推进,平衡拱结构向上发展,当上覆岩层(亚关键层Ⅱ)达到破断距时,工作面产生周期大压,周期大压来压步距为 30～40m,覆岩大结构形成。

　　第三步:随着工作面继续推进,平衡拱结构继续向上发展到主关键层(主关键层距侏罗系煤层采空区约 15m,距石炭系煤层约 150m)。当工作面推进距离达到主关键层破断距之前,工作面采场覆岩形成拱形大结构,此时结构上积聚的弹性能最大,覆岩大结构已经形成。

　　第四步:工作面继续推进,导致大结构破坏失稳。大结构破坏弹性能突然释放,同时临近大结构的侏罗系煤层群采空区散体覆岩载荷也向下运动,在二者的共同作用下石炭系工作面及工作面前后方大范围内产生强烈矿压显现或动压显现。大结构破坏后能量释放,随着工作面推进,这个过程从第二步重复进行。

6.3　大空间采场坚硬顶板运动特征的相似模拟研究

6.3.1　相似材料模拟试验内容

　　依据相似材料模拟试验基本原理,根据钻孔综合柱状图及煤岩物理力学参数,利用相似材料,按照相似材料理论及准则制作与现场实际条件类似的模型[14-16],然后进行模拟煤层开采。在模型开采过程中对煤层开采引起的覆岩运动、应力分布及裂隙演化规律进行连续性观测,以便为现场工程提供理论依据。

　　相似材料模拟试验研究内容如下:

（1）工作面上覆岩层运动与破坏规律、关键层失稳模式。

（2）基本顶初次垮落步距、周期来压步距、上覆岩层"三带"分布、覆岩充分采动角、顶板位移。

（3）工作面矿压显现情况及围岩应力分布规律。

（4）侏罗系采空区煤柱对石炭系煤层开采的影响。

6.3.2　相似材料模拟试验及观测系统

1. 试验总体系统

试验系统主要由模型试验台架、伺服加载控制系统、数据测量及采集分析系统等组成,框架系统规格为 3000mm×300mm×2000mm（长×宽×高）,见图 6.10。

图 6.10　ZYDL-YS200 电液伺服相似材料模拟系统

2. 岩层移动观测系统

岩层移动观测系统使用西安交通大学信息机电研究所研制的 XJTUDP 三维光学摄影测量系统（图 6.11）,摄影测量是以透视几何理论为基础,利用拍摄的图片,采用前方交会方法（图 6.12）计算三维空间中被测物几何参数的一种测量手段。

3. 应力监测系统

在模型装填过程中,模型内布设应力监测装置,观测工作面开采过程中前方采动支承应力、遗留煤柱应力变化情况。开采时,将预先埋入模型中的 BW-5 型微型压力盒的电信号数据通过引线连接 YJZ-32A 智能数字应变仪采集,采集仪与计算机相连,实时收集应力变化,然后进行数据处理与分析,见图 6.13 和图 6.14。

图 6.11　XJTUDP 三维光学摄影测量系统

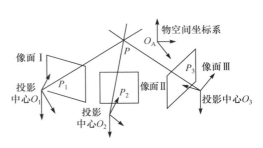

图 6.12　多幅拍摄标志点的交会示意

图 6.13　模型中应力监测点

图 6.14　YJZ-32A 应力监测系统

4. 加载压力——位移监测系统

超出模型范围的上覆岩层的重量加载，主要由 ZYDL-YS200 微机控制电液伺服岩体平面相似材料模拟试验系统配套的伺服加载控制系统实现（图 6.15）。液压系统是其加载的动力源，工作压力以及工作速度调节由伺服比例阀和阀板组件完成，根据试验过程中的载荷要求，由计算机、DOLI 系统、反馈元件——负荷传感器组成的闭环反馈系统调节电磁溢流阀，来实时调整伺服比例阀的状态，从而完成试验的要求。在控制过程中，计算机实时采集各个加压板的压力和位移，其采集的数据曲线包括压力-时间曲线和压力-位移曲线。

图 6.15　微机控制电液伺服系统

6.3.3 相似材料模拟试验模型设计与制作

根据实验室条件和研究需要,选用立式平面模型试验台,长度比 $\alpha_L = 150$,时间比 $\alpha_t = 12.25$。模型装填尺寸为 3000mm×300mm×2000mm(长×宽×高)(图 6.16)。模型上边界距地表 145m,通过油压千斤顶加载等效于 145m 厚岩层的自重应力 17.4kN。试验网格线按 10cm×10cm 进行铺设,横向 29 条,纵向 17 条,横纵网格线交点处为位移监测点,试验中共布置了 493 个位移监测点,监测点处粘贴非编码标志点,利用 XJTUDP 三维光学摄影测量系统实现位移监测。在 3-5# 煤层顶板布置 6 个应力测点,煤层顶板上方 33.4m 处布置 6 个应力测点,亚关键层顶部布置 6 个应力测点,主关键层上方 3m 处布置 6 个应力测点,14# 煤柱中布置 2 个应力测点,14# 煤层底板下方 15m 处布置 1 个应力测点,12# 煤柱中布置 1 个应力测点,共计 28 个应力测点(图 6.17),利用 YJZ-32A 智能数字应变仪实现应力实时监测。

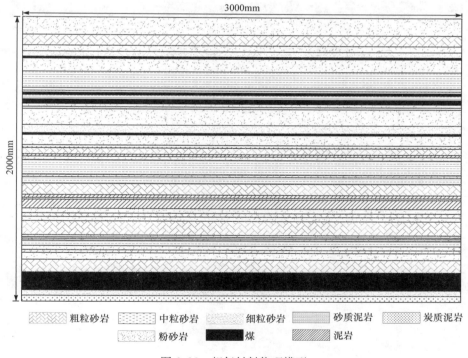

图 6.16 相似材料物理模型

模型参数主要以煤岩的视密度、抗拉强度、抗压强度作为参考指标。各岩层换算指标及相似材料配比见表 6.8,试验模拟材料的配比见表 6.9。

■ 压力盒　■ 煤及煤柱

图 6.17　应力测点布置图

表 6.8　原型与模型岩石强度及相似材料配比

序号	岩层名称	实际厚度 /m	模拟厚度 /cm	岩石强度/MPa		模型强度/MPa		配比号
				单轴抗压	单轴抗拉	单轴抗压	单轴抗拉	
1	炭质泥岩	6.3	4.2	7.36	1.27	0.027	0.005	337
2	细粒砂岩	5.85	3.9	71.53	8.64	0.265	0.032	437
3	3-5#煤层	18.6	12.4	15.94	1.45	0.059	0.005	673
4	粗粒砂岩	13.35	8.9	43.87	5.34	0.162	0.02	3271
5	粉砂岩	7.05	4.7	55.73	4.52	0.206	0.017	637
6	粗粒砂岩	3.15	2.1	43.87	5.34	0.162	0.02	3271
7	粉砂岩	4.35	2.9	55.73	4.52	0.206	0.017	637
8	砂质泥岩	5.55	3.7	41.35	5.81	0.153	0.022	373
9	粉砂岩	1.95	1.3	55.73	4.52	0.206	0.017	637
10	细粒砂岩	1.65	1.1	71.53	8.64	0.265	0.032	437
11	粉砂岩	2.25	1.5	55.73	4.52	0.206	0.017	637
12	粗粒砂岩	14.85	9.9	43.87	5.34	0.162	0.02	3271
13	粉砂岩	4.35	2.9	55.73	4.52	0.206	0.017	637

续表

序号	岩层名称	实际厚度/m	模拟厚度/cm	岩石强度/MPa		模型强度/MPa		配比号
				单轴抗压	单轴抗拉	单轴抗压	单轴抗拉	
14	粗粒砂岩	3.9	2.6	43.87	5.34	0.162	0.02	3271
15	粉砂岩	4.95	3.3	55.73	4.52	0.206	0.017	637
16	泥岩	9.6	6.4	43.23	4.34	0.16	0.016	455
17	粗粒砂岩	1.8	1.2	43.87	5.34	0.162	0.02	637
18	泥岩	3.15	2.1	41.35	5.81	0.153	0.022	373
19	粗粒砂岩	11.85	7.9	43.87	5.34	0.162	0.02	3271
20	砂质泥岩	7.05	4.7	41.35	5.81	0.153	0.022	373
21	粗粒砂岩	2.55	1.7	43.87	5.34	0.162	0.02	3271
22	砂质泥岩	15.6	10.4	41.35	5.81	0.153	0.022	373
23	粉砂岩	3.75	2.5	55.73	4.52	0.206	0.017	637
24	泥岩	2.4	1.6	41.35	5.81	0.153	0.022	373
25	粗粒砂岩	6.75	4.5	43.87	5.34	0.162	0.02	3271
26	砂质泥岩	3	2	41.35	5.81	0.153	0.022	373
27	粉砂岩	10.65	7.1	55.73	4.52	0.206	0.017	637
28	14#煤层	1.95	1.3	15.94	1.45	0.059	0.005	673
29	细粒砂岩	8.55	5.7	71.53	8.64	0.265	0.032	437
30	粉砂岩	17.25	11.5	55.73	4.52	0.206	0.017	637
31	砂质泥岩	2.25	1.5	41.35	5.81	0.153	0.022	373
32	粉砂岩	3.15	2.1	55.73	4.52	0.206	0.017	637
33	12#煤层	4.65	3.1	15.94	1.45	0.059	0.005	673
34	砂质泥岩	4.8	3.2	41.35	5.81	0.153	0.022	373
35	11#煤层	2.25	1.5	15.94	1.45	0.059	0.005	673
36	砂质泥岩	1.95	1.3	41.35	5.81	0.153	0.022	373
37	中粒砂岩	2.85	1.9	56.73	7.01	0.21	0.026	455
38	砂质泥岩	17.25	11.5	41.35	5.81	0.153	0.022	373
39	粉砂岩	13.95	9.3	55.73	4.52	0.206	0.017	637
40	9#煤层	1.95	1.3	15.94	1.45	0.059	0.005	673
41	细粒砂岩	5.55	3.7	71.53	8.64	0.265	0.032	437
42	粉砂岩	6.3	4.2	55.73	4.52	0.206	0.017	637
43	粗粒砂岩	11.25	7.5	43.87	5.34	0.162	0.02	3271
44	粉砂岩	19.05	12.7	55.73	4.52	0.206	0.017	637

表 6.9 石灰、石膏、水泥、砂子相似材料配比

配比号	砂胶比	胶结物			水	视密度/(g/m³)
		石灰	石膏	水泥		
337	3：1	0.3	0.7	0.0	1/9	1.8
373	3：1	0.7	0.3	0.0	1/9	1.8
3271	3：1	0.2	0.7	0.1	1/9	1.8
437	4：1	0.3	0.7	0.0	1/9	1.8
455	4：1	0.5	0.5	0.0	1/9	1.8
637	6：1	0.3	0.7	0.0	1/9	1.8
673	6：1	0.7	0.3	0.0	1/9	1.8

模型按 2cm 一层,逐层装填、捣实、抹平。模型进行一段时间干燥后,模拟岩层达到预计强度,进行位移测点的布设工作,制作好的模型见图 6.18。

图 6.18 相似材料模型

6.3.4 相似材料模拟试验过程及结果分析

1. 覆岩运动与破坏特征描述

1)侏罗系煤层开采

9#煤层开采结束后,基本顶完全与底板接触,并在中部发生破断,其上部岩层产生明显的离层,顶板沿开采边界发生破坏,产生纵向裂隙,向上发育,发育高度为6m(图 6.19)。

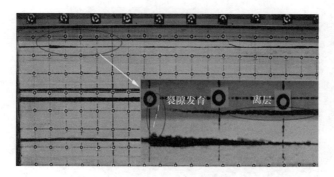

图 6.19　9[#]煤层开采完毕垮落形态

11[#]煤层开采后,顶板完全破断且与底板接触,在开采边界发生剪切破坏,其上部岩层也随之弯曲下沉,产生明显的离层和裂隙,裂隙发育到 9[#]煤层底板,与9[#]煤层采空区连通,引起 9[#]煤层顶板进一步的离层(图 6.20)。

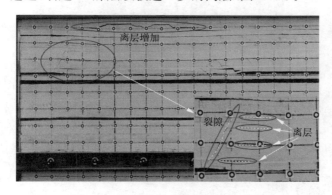

图 6.20　11[#]煤层开采完毕垮落形态

12[#]煤层开采后,顶板完全垮落,引起覆岩整体结构的变化,上部岩层发生了回转失稳变形和水平错动,离层进一步增加;顶板沿煤柱两端发生剪切破坏,纵向裂隙发育明显,裂隙发育与上部 9[#]煤层采空区贯通;12[#]煤层的煤柱完整性较好,煤柱对上部岩层起到支撑作用(图 6.21)。

14[#]煤层开采后,受到上方 12[#]煤层煤柱集中应力的影响,14[#]煤层顶板沿煤柱边缘发生剪切破坏,产生回转变形失稳,纵向裂隙向上扩展约 30m 与 12[#]煤层采空区贯通,顶板受挤压作用完整性较好(图 6.22)。

侏罗系煤层属于近距离煤层开采,各煤层开采结束后,采空区相互贯通,失去了联合承载的能力,整体垮落形态近似为梯形(图 6.23)。顶板沿着煤柱边缘发生剪切破坏,纵向裂隙发育明显。工作面之间的煤柱在集中应力的作用下,煤柱挤压变形严重,模型中部分煤柱向外凸起,侏罗系的开采造成煤柱受力增大明显。

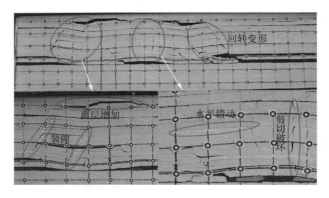

图 6.21　12# 煤层开采完毕垮落形态

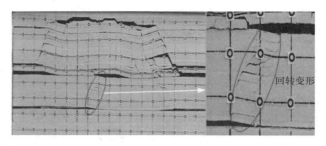

图 6.22　14# 煤层开采完毕垮落形态

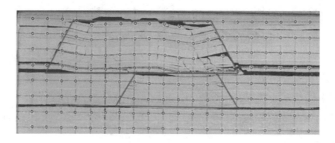

图 6.23　侏罗系煤层开采完毕垮落形态

2）石炭系煤层开采

依据现场的开采进度及试验的相似比,经换算确定模型每次推进距离为 5cm,每隔 40min 推进一次,相当于现场 7.5m/d 的开采进度,在侏罗系煤层开采结束、上覆岩层运动稳定后进行石炭系煤层开采。结合现场实际,取工作面回采率为 84%,模拟开采煤厚 10.4cm(实际开采煤厚 15.6m)。

石炭系 3-5# 煤层厚度大,其中 8103 工作面煤层平均厚度 18.6m,采用综采放顶煤开采工艺。当工作面自切眼位置推进 97.5m 左右时,工作面基本顶初次垮落,带有一定冲击性(图 6.24 和图 6.25),垮落步距为 97.5m,此时基本顶上部岩层分层间出现微小离层。由于基本顶强度高、垮落空间大,垮落基本顶岩层下落撞击底板导致岩石破断。

图 6.24　8103 工作面开切眼(长 9.1m、高 3.7m)

图 6.25　8103 工作面推进至 97.5m 时基本顶初次来压

　　当工作面推进至 135m 时,基本顶下分层第 1 次周期来压,来压步距为 45m,而顶板上分层结构基本保持稳定(图 6.26)。可见,坚硬顶板能够承载上部岩层的

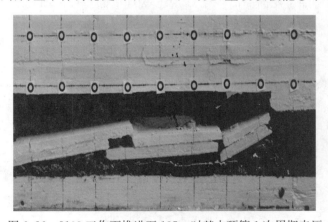

图 6.26　8103 工作面推进至 135m 时基本顶第 1 次周期来压

载荷,顶板分层垮断后引起工作面产生强矿压。当工作面推进至180m时,基本顶下分层顶板第2次周期来压,来压步距为37.5m,此时基本顶上部岩石分层间产生微小离层裂隙,有一定弯曲下沉。

当工作面推进至195m时,基本顶第3次周期来压,来压步距为15m。受基本顶控制作用,基本顶与亚关键层之间的岩层同步垮落,具有突发性、瞬时性,有冲击现象。此时,垮落带区域与原岩体完全分离,断裂线清晰,裂隙带发育高度约为24m,而且裂隙宽度最大可达2m,上部自由空间高度最大可达13m(图6.27)。

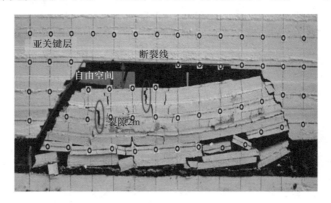

图 6.27　8103 工作面推进至 195m 时基本顶第 3 次周期来压

当工作面推进至217.5m时,基本顶第4次周期来压,来压步距为22.5m,同时,亚关键层初次破断,破断距为165m,其上部受其控制的主关键层以下的岩层随之同步垮落,对工作面产生震动影响,裂隙带发育高度约为70.5m,垮落岩块比较完整,裂隙宽度小,此时上部自由空间高度最大可达11m(图6.28),采场覆岩形成覆岩大结构。工作面上方主关键层下方覆岩在纵向小范围内发生回转变形,形成"砌体梁"结构。随工作面向前开采,基本顶周期破断形成周期来压。

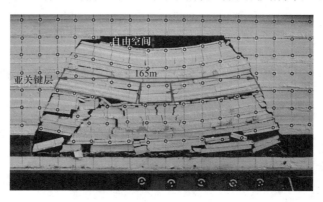

图 6.28　8103 工作面推进至 217.5m 时基本顶第 4 次周期来压(主关键层破断前大结构形态)

　　当工作面推进至 283m 时,主关键层发生初次破断,破断距约为 150m,其上方与坚硬岩层之间的岩层随之同步破断,裂隙带发育高度约为 112.8m,上方最大自由空间高度可达 8m。受主关键层断裂的影响,亚关键层也发生破断,破断距约为40m,与上一次垮落对比可知,下部破断的块状岩石受到上部岩层的重力作用,裂隙有所闭合(图 6.29)。

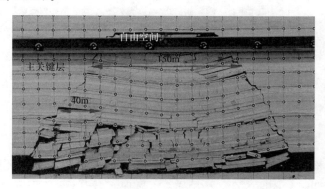

图 6.29　8103 工作面推进至 283m 时基本顶第 7 次周期来压

　　当工作面推进至 307.5m 时,基本顶第 8 次周期来压,来压步距为 21.0m,同时,亚关键层第 2 次周期破断,垮落步距为 42m,产生复合矿压显现,由于垮落岩石的碎胀作用和受水平挤压力作用,与主关键层之间的自由空间高度减小,约为 2m,工作面前方岩层出现明显的离层裂隙(图 6.30)。

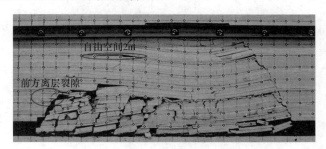

图 6.30　8103 工作面推进至 307.5m 时基本顶第 8 次周期来压(大结构失稳、双系连通)

　　当 8103 工作面推进至 330m 时,主关键层上部坚硬岩层受到上部侏罗系煤柱影响发生破断,破断距约为 210m,破断位置在靠近中部 14# 煤层煤柱下方,其上部控制岩层随之垮落,岩层沿实体煤端产生纵向裂隙,竖直向上扩展与 12# 煤层煤柱边缘底板裂隙贯通,发生剪切破坏。由于该坚硬岩层距离侏罗系采空区较近,约为13.65m,裂隙发育至侏罗系煤层采空区,双系连通,侏罗系采空区覆岩进一步下沉(图 6.31)。当工作面继续推进 30m 时,基本顶第 10 次周期来压,来压步距为 27m。

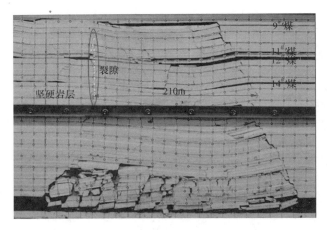

图 6.31　8103 工作面推进至 330m 时基本顶第 9 次周期来压（大结构再次形成）

当工作面推进至 390m 时，基本顶第 11 次周期来压，与亚关键层、主关键层和上部硬层的周期破断同时发生，产生强矿压显现，多层坚硬顶板同时破断，对工作面后方采空区垮落岩石产生强大的水平挤压力，导致部分岩层产生水平错动，双系连通程度进一步增加（图 6.32）。

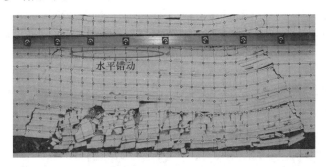

图 6.32　8103 工作面推进至 390m 时基本顶第 11 次周期来压

随工作面的推进，覆岩的运动与破坏以及工作面的来压将重复上面的过程，并形成一定的来压规律，工作面每隔几次由基本顶断裂引起的周期小压后便会出现一次由上位关键层破断形成的周期大压，由模拟试验得到周期小压步距为 22～45m，周期大压步距为 47.5～60m。周期大压时，多层坚硬顶板同步破断，覆岩纵向破坏高度大，岩层中裂隙与离层发育，而且垮落带区域与工作面前方的原岩体形成分离裂缝，成为导水、导气的通道（图 6.33）。

大同矿区双系煤层开采覆岩运动规律相似模拟试验中共模拟开挖 5 层煤层，其中 9$^\#$、11$^\#$、12$^\#$、14$^\#$煤层分别开采，煤层开采中留设区段煤柱。随着工作面的回采，上覆坚硬顶板群结构周期性失稳破断，对工作面回采有一定的强矿压影响，

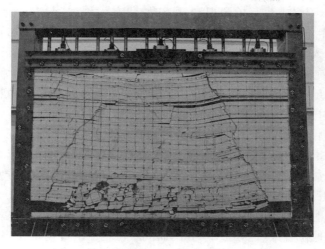

图 6.33　石炭系开采后覆岩裂隙发育情况

出现周期小压和周期大压的现象。3-5#煤层向上覆留设区段煤柱推进时,由于区段煤柱的承接传载作用,石炭系上部坚硬岩层在煤柱下方应力集中发生破断,裂隙向上扩展与侏罗系采空区贯通,侏罗系采空区覆岩运动作用于 3-5#煤层采空区,引起采空区后方矿压显现强烈。大同矿区双系煤层开采边界的顶板垮断角基本对称,约为 65°,垮落形态近似呈梯形。岩层最终垮落形态见图 6.34。

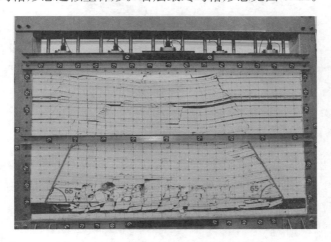

图 6.34　双系煤层开采完毕最终垮落形态

2. 覆岩位移监测分析

按照试验方案,在模型表面布置位移监测点,根据 XJTUDP 软件的使用方法,在煤层开挖前,对各点进行拍照识别,即初始状态,岩层各点位移为0。当进行开挖后,模型产生位移,再拍摄黑白照片,用 XJTUDP 软件进行识别,再将两个识别完毕的状态导入 XJTUSD 软件中进行对比分析,最终生成位移云图(图版 4～图版 8)。该系统具有使用简便、精度高的特点,节省了人工测量的烦琐工作,解决了测量精度不足等问题。根据位移云图,可以很直观地看出各个位移监测点的位移情况,箭头越长表示该点的位移越大。

通过对前后两次位移云图的对比,得出顶板下沉曲线(图 6.35)。可以看出,随着工作面的推进,顶板不断垮落,当工作面推进至 330m 时,可以看出侏罗系岩层位移出现明显变化,由之前的约 5m 变为约 8m,说明此时裂隙带发育与侏罗系开始贯通,当工作面推进至 390m 时,侏罗系岩层比工作面推进 330m 时又下降了约 5m,说明此时裂隙带与侏罗系岩层进一步贯通,14# 煤层两个煤柱中间的下沉量比同层位其他位置大(达到了 13.5m,而同层位置下沉量在 4.5～7.5m)。

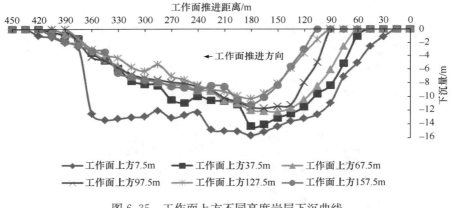

图 6.35　工作面上方不同高度岩层下沉曲线

3. 应力监测分析

通过在煤层中埋设的 BW-5 压力盒,结合 YJZ-32A 智能数字应变仪实现应力实时监测(图 6.36),通过对监测数据的处理分析可以得出岩层中的应力变化情况,并可求得应力集中系数。

根据监测数据,9# 煤层开挖完毕,距离 9# 煤层最近的 10 号压力盒位于其下方 48m 处几乎未发生变化(图 6.37)。在 11# 煤层开挖完毕后,其垮落状态与 9# 煤层相似,没有明显的应力变化。在 12# 煤层开挖之后,由于存在区段保护煤柱,在 12# 煤层煤柱中布置的压力盒(即 10 号压力盒)监测数据明显升高,应力集中系数达到 2.06。

14# 煤层中区段煤柱,该煤柱处预先埋设了压力盒,14# 煤层开挖完毕,通过监

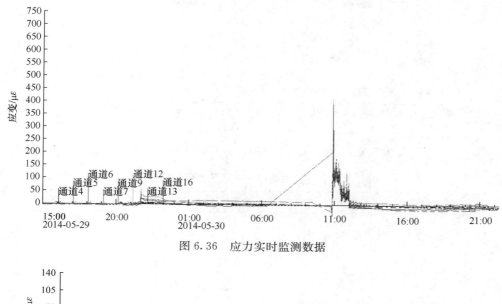

图 6.36　应力实时监测数据

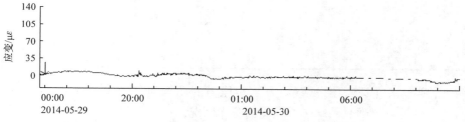

图 6.37　9# 煤层下方 48m(10 号)压力盒监测曲线

测数据计算可得此时煤柱中的应力集中系数约为 2.15；在其正下方 10m 处的 8 号压力盒监测曲线见图 6.38，根据所得数据计算可得此处应力集中系数约为 1.86；在其正下方 51.3m 处的应力集中系数约为 1.06，根据不大于原岩应力 5% 的原则，可以认为煤柱应力叠加向下传播的影响范围约为 51m(图 6.39)。

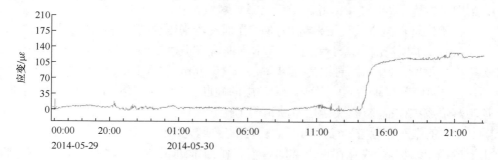

图 6.38　14# 煤煤柱下方 10m(8 号)压力盒监测曲线

通过应力监测数据，还可以得出工作面前方的支承压力分布情况，见表 6.10。

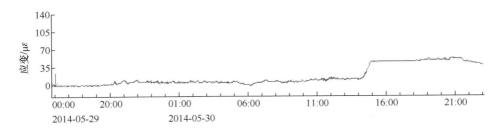

图 6.39　14#煤煤柱下方 51.3m(7 号)压力盒监测曲线

表 6.10　工作面前方支承压力分布情况

测点编号	应力影响区范围/m	应力峰值点距煤壁距离/m	应力集中系数
1	57~60	13.2	2.10
2	58~62	12.5	1.98
3	56~60	12.8	2.02
4	60~65	13.1	2.06
5	59~63	12.3	1.99
6	58~61	12.6	2.01

由表 6.10 可以看出,煤壁前方支承压力的动态随着工作面的推进而不断变化,通过分析可得到受采动影响强弱的分布情况。

原岩应力区:工作面煤壁前方 57~65m 以上为原岩应力区,可视为不受采动影响。

受采动影响区:工作面煤壁前方 12.3~13.2m 与 57~65m 之间的区域属于采动影响区,随着工作面的推进,应力集中系数不断变化。

受采动影响剧烈区,即支承压力峰值区:位于工作面前方 12.3~13.2m 处,应力集中系数为 1.88~2.26,此区受采动影响剧烈。

将相似材料模拟试验结果与 8103 工作面现场来压观测进行对比分析可知:

(1)基本顶初次垮落步距为 97.5m,周期垮落步距为 22.5~35m;亚关键层初次垮落步距为 217.5m,周期垮落步距为 40~45m;主关键层初次垮落步距为 283m,周期垮落步距为 60~70m。关键层的破断控制工作面矿压显现强度,基本顶垮落形成工作面小压,关键层破断引起工作面大压。

(2)工作面上方覆岩在纵向小范围内发生回转变形,形成"砌体梁"结构,但并未形成稳定结构,始终存在自由空间。当工作面推进至 283m 时主关键层发生破断,当工作面推进至 330m 时,双系煤层采空区通过采动裂隙发生连通,侏罗系煤层采空区覆岩再次发生整体运动。

(3)侏罗系煤层开采完毕后,煤柱应力的影响深度可达 51m,未影响到 3-5#煤层。当石炭系煤层开采后,形成大范围的覆岩扰动,关键层失去承载能力,使得侏罗系煤层覆岩发生二次运动,煤柱应力向下传递,影响石炭系煤层工作面超前支承压力分布规律。

（4）相似材料模拟试验表明,非关键层的其他硬岩层对上覆岩层的运动与破坏具有一定的控制作用,具体表现为在时间上减缓了关键层的破断进度,使关键层破断时工作面的推进距离大于理论计算值。

（5）工作面超前支承压力影响范围为 $0\sim65m$,应力峰值点距煤壁 $12.3\sim13.2m$,应力集中系数为 $1.88\sim2.26$。

（6）相似材料模拟结果与现场来压观测有较好的一致性(表 6.11),说明相似材料在材料选取、模拟开挖过程、结果分析等方面与实际情况是相符的。

表 6.11　相似材料模拟试验结果与现场来压观测对比

来压次数	试验(实际)情况	
	相似材料模拟试验	8103 工作面来压情况
初次来压	工作面自开切眼推进至 97.5m 时基本顶初次来压,来压步距为 97.5m,上覆粗粒砂岩分层垮落	工作面推进至 84.8m 时,基本顶初次来压,来压步距为 84.8m,来压强度中等
第 1 次周期来压	工作面推进至 135m 时,基本顶下分层顶板第 1 次周期来压,来压步距为 45m	工作面推进至 122.7m 时,基本顶第 1 次周期来压,来压步距为 37.9m,来压强度一般
第 2 次周期来压	工作面推进至 180m 时,基本顶第 2 次周期来压,来压步距为 37.5m	工作面推进至 132.7m 时,基本顶第 2 次周期来压,来压步距为 10m,来压强度一般
第 3 次周期来压	工作面推进至 195m 时,基本顶第 3 次周期来压,来压步距为 15m,随后,基本顶结构突然失稳垮落,其上部与亚关键层之间的岩层受基本顶控制作用,随之同步垮落	工作面推进至 194.9m 时,基本顶第 3 次周期来压,来压步距为 62.7m,来压强度一般
第 4 次周期来压	工作面推进至 217.5m 时,基本顶第 4 次周期来压,来压步距为 22.5m,同时,亚关键层初次破断	工作面推进至 211m 时,基本顶第 4 次周期来压,来压步距为 16.05m,来压强度中等

续表

来压次数	试验(实际)情况	
	相似材料模拟试验	8103 工作面来压情况
第 5 次周期来压	工作面推进至 240m 时,基本顶第 5 次周期来压,来压步距为 22.5m	工作面推进至 254.1m 时,基本顶第 5 次周期来压,来压步距为 43.1m,来压强度一般
第 6 次周期来压	工作面推进至 262.5m 时,基本顶第 6 次周期来压,来压步距为 22.5m,主关键层发生初次破断	无
第 7 次周期来压	工作面推进至 286.5m 时,基本顶第 7 次周期来压,来压步距为 24.0m	无
第 8 次周期来压	工作面推进至 307.5m 时,基本顶第 8 次周期来压,来压步距为 21.0m,亚关键层第 2 次周期破断	工作面推进至 301.7m 时,基本顶第 6 次周期来压,来压步距为 62.7m,来压强度一般
第 9 次周期来压	工作面推进至 330m 时,基本顶第 9 次周期来压,主关键层首次来压,来压步距为 22.5m	工作面推进至 322.8m 时,基本顶第 7 次周期来压,来压步距为 21.2m,来压强度一般
第 10 次周期来压	工作面推进至 360m 时,基本顶第 10 次周期来压,来压步距为 30m	工作面推进至 353.4m 时,基本顶第 8 次周期来压,来压步距为 30.6m,来压强度中等
第 11 次周期来压	工作面推进至 390m 时,基本顶第 11 次周期来压,与亚关键层、主关键层同时破断,来压步距为 30m	工作面推进至 385.9m 时,基本顶第 9 次周期来压,来压步距为 32.5m,来压强度一般

6.4　大空间采场坚硬顶板结构模型现场探测

6.4.1　特厚煤层综放采场覆岩运动特征的钻孔电视探测

1. 钻孔布置

钻孔电视是应用在勘探工程钻孔中的一种影像设备,能够直接观察和记录到钻孔井壁的一套完整现象,可用于矿产勘探、开发等各个阶段的地质调查中,是一种较为理想的技术设备,尤其是在那些岩芯采取率低、电测信号紊乱的地层和地区,它与钻探、物探、化探等方法相互配合补充,对准确地获取技术资料非常有益。

钻孔电视的应用,只要钻井的内壁无泥浆黏附粉物,就是在有积水的情况下也能清晰地反映出各类岩性层的颜色、结构、构造、裂隙、结核、涌水及一些易辨易认的物质成分。利用钻孔电视来探测工作面覆岩运动与破坏情况,使获得的数据更加直观、准确。利用钻孔数据与原始柱状进行对比分析,就可掌握覆岩在煤层开采前后的运移规律,为深入研究工作面矿压显现提供基础数据。

2011 年 7 月利用钻孔电视对 8100 工作面覆岩"三带"进行了探测,钻孔位于8100 工作面后方采空区,距离 8100 工作面停产线约 456m,距离 2100 运输顺槽巷约 32m,钻孔坐标 $X=4432113.350$、$Y=550271.180$、$Z=1219.934$(图 6.40),机架高 0.5m,钻孔位置对应 3-5$^{\#}$煤层底板标高约为 782m,钻孔开口位置距煤层底板垂直距离为 437.5m,终孔位置距煤层顶板垂直距离为 60m。利用现有的钻孔电视资料与距离 8100 工作面最近的 1508 钻孔柱状图进行对比,与探测钻孔最近的1508 地质钻孔坐标为 $X=4432296.87$、$Y=549972.11$、$Z=1262.96$,钻孔处煤层底板埋深 477.30m,煤层顶板埋深 458.70m,两钻孔相距约 350m。对比两钻孔的覆岩分布形态,分析覆岩在工作面开采前后的运动与破坏规律。

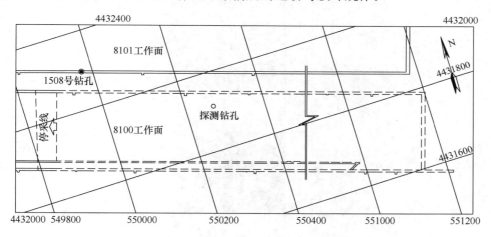

图 6.40　8100 工作面钻孔电视探测布置图

2. 数据分析

钻孔探测观测长度约 43m(图 6.41),距地表 307.1～349.9m 的部分图像见图 6.42 和图 6.43。339.9～342.2m 是一个较大的围岩破碎区域,有明显的破碎岩块和空隙;345.5～349.9m 大多处于较大的围岩破碎区域,有大的裂缝和破碎的岩块,探头在这两个区域被卡住几次,然后突然下坠,因此在 349.9m 处停止观测,此时距离终孔位置约 7.0m[17]。

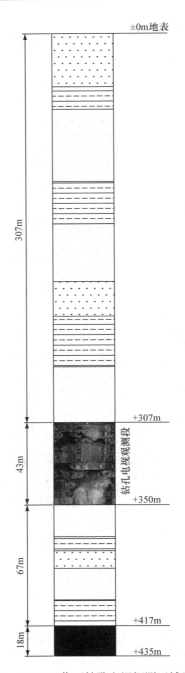

图 6.41　8100 工作面钻孔电视探测区域示意图

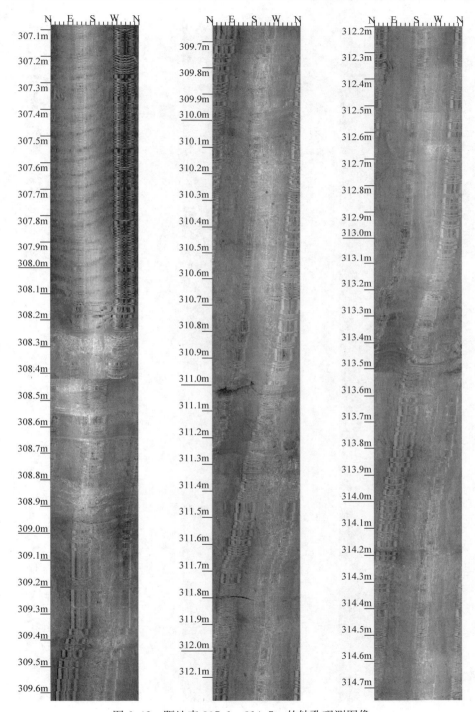

图 6.42　距地表 307.1～314.7m 的钻孔观测图像

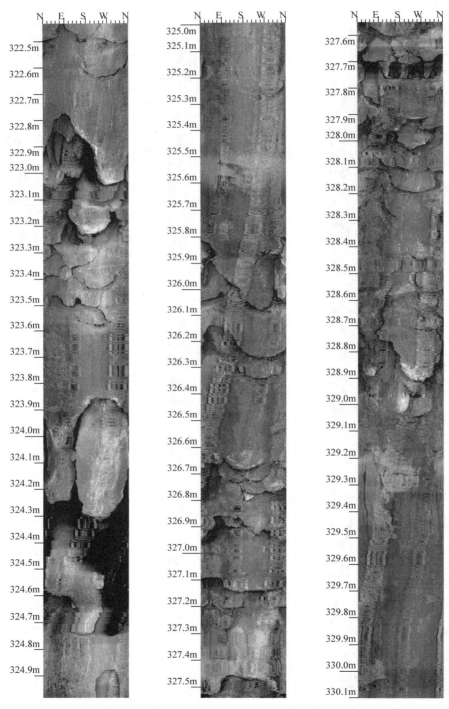

图 6.43　距地表 322.5～330.1m 的观测钻孔图像

　　依据钻孔电视结果所反映的围岩状态,将观测段分为四部分(图 6.44):第一部分为微小裂隙区,距地表 307~317m,此部分为距 3-5# 煤层顶板 90~100m 范围内的细粒砂岩,围岩完整性好,只在局部存在微小裂隙,该区域处于裂隙带范围内,但根据目前现有的图像资料,裂隙带的上边界不能够确定;第二部分为明显裂隙区,距地表 317~329m,此部分裂隙发育明显,裂隙纵横交错,并伴有离层;第三部分为离层破碎区,距地表 329~345m,此部分破碎、离层区域与完整围岩相间出现,围岩状态处于垮落带的上边界,与综合柱状体对比可知,该范围的围岩为关键层计算时的第四硬岩层,岩层强度高,破坏呈现区域性;第四部分为破碎严重区,距地表 345~350m,此部分现场观测时钻头下坠,围岩破碎明显,处于覆岩的垮落带。综合以上分析,确定工作面上覆岩层垮落带高度为 72m,裂隙带高度大于 38m,垮裂带高度大于 110m(图 6.45)。

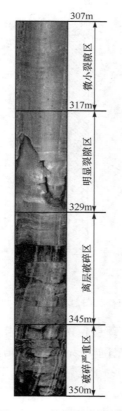

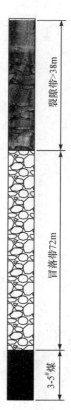

　　图 6.44　钻孔围岩特征　　　图 6.45　工作面覆岩破坏分布

　　根据电视钻孔图像,按岩性与纹理的差异,将观测段(距地表 307.1~349.9m)划分为五段,分界面分别在 308.3m、320.6m、325m 和 340m 处。将其与邻近钻孔柱状图（1508 号钻孔）对应，对应结果见图 6.46。由图可知，柱状图中埋深 363.32m 的细粒砂岩岩层（厚 10.72m）下边界移动了 1.6m，柱状图中埋深 365.5m 的粉砂岩岩层（厚 3.18m）下边界移动了 2.8m，柱状图中埋深 380.2m 的中砂岩岩层（厚 13.7m）下边界移动了 4.1m，其位置的变化是工作面开采后各岩层离层运动导致的。

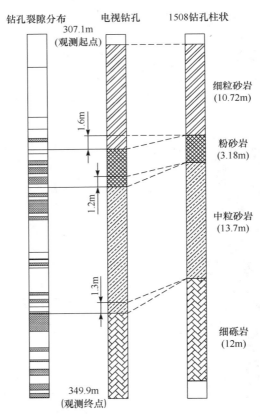

图 6.46　钻孔电视数据与柱状图对比分析

由图 6.46 可知探测各岩层裂隙分布，上部层位的细粒砂岩（厚 10.72m）有 3 条裂隙和 1 个 0.4m 高度的破碎带，破碎带比例为 3.7％；中部层位的粉砂岩（厚 3.18m）有 1 条裂隙和 3 个破碎带，破碎带高度分别为 0.5m、0.7m 和 0.8m，破碎带比例为 62.9％；下部层位的中粒砂岩（厚 13.7m）有 3 条裂隙和 7 个破碎带，破碎带高度分别为 0.4m、1.6m、0.4m、0.1m、0.3m、0.3m 和 0.4m，破碎带比例为 18.2％。

通过钻孔电视数据与原始柱状图对比可知：

（1）坚硬岩层内裂缝尺寸较大，以大角度纵向裂缝为主（图 6.47），裂缝一般沿岩石的原生弱面发展；破碎带内岩层的采动裂缝发育特征主要是高角度纵向裂缝的宽度明显增大，裂缝的角度十分紊乱，岩块呈杂乱状，裂缝纵横、交叉连通，岩层的层理和倾角出现混乱（图 6.48），岩层的张开错动十分明显，破碎岩块掉落现象普遍。

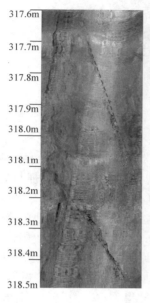

图 6.47　大角度纵向裂隙　　　　　　图 6.48　岩层破碎带

（2）工作面开采后，工作面上覆 72m 范围内岩层处于垮落带，72～110m 范围内岩层处于裂隙带，由于钻孔只有 43m 长的观测范围，裂隙带上边界无法确定。裂隙带内岩层离层及破碎明显，观测段内岩层整体下沉量为 1.6～4.1m。上覆岩层的始动点根据现有数据无法确定。

（3）电视钻孔观测段岩层中裂隙与破碎带发育程度随着远离工作面而逐渐减弱，且裂隙与破碎带发育密集的地方位于不同岩层的交界面处。

6.4.2　工作面覆岩结构 EH-4 物理探测

1. EH-4 采空区探测原理与方法

EH-4 是美国 Geometrics 公司和 EMI 公司联合研究的双源型电磁/地震系统，常称之为 EH-4 电磁成像系统（图 6.49）。该系统仪器设计精巧、坚实，适合地面 2D、3D 连续张量式电导率测量，在技术上率先突破传统单点测量壁垒，走向电磁测量拟地震化，联合 2D、3D 连续观测和资料解释。

图 6.49　EH-4 电磁成像系统

EH-4 大地电磁法测深资料分析是建立在经过多项数据处理后的图像基础上，借此研究电磁场在大地中的空间分布特征及规律，并利用这些特征与规律识别大地的电性结构；据此推断异常形态、部位、产状等，定性划分地层，圈定不良地质体的发育区等，最终结合地质、水文及钻探资料等，为地质解释提供地球物理依据。

煤层开采后形成采空区，破坏了原有的应力平衡状态。当开采面积较小时，由于残留煤柱较多，压力转移到煤柱上，未引起地层塌落、变形，采空区以充水或不充水的空洞形式保存下来；但多数采空区在重力和地层应力作用下，顶板塌落，形成垮落带、裂隙带和弯曲带。这些地质因素的变化，使得采空区及其上部地层的地球物理特征发生了显著变化，主要表现为：煤层采空区垮落带与完整地层相比，岩性变得疏松、密实度降低，其内部充填的松散物的视电阻率明显高于周围介质，在电性上表现为高阻异常；煤层采空区裂隙带与完整地层相比，岩性没有发生明显的变化，但由于裂隙带内岩石的裂隙发育，裂隙中的充入空气致使导电性降低，在电性上也表现为高阻异常；煤层采空区垮落带和裂隙带若有水注入，使得松散裂隙区充盈水分达到饱和的程度，会引起该区域的电导率迅速增加，表现为其视电阻率值明显低于周围介质，在电性上表现为低阻异常。EH-4 大地电磁法以导电性差异分析为前提，这种电性变化为应用其分析采场覆岩结构特征提供了地球物理基础。

2. 现场探测方案

为实现对工作面上覆岩层垮落带与裂隙带范围的准确划分，探测分两个阶段进行，第一阶段：采前实体煤探测；第二阶段：工作面开采后采空区探测。

通过对比分析工作面采前、采后上覆岩层的电阻率特征，来确定工作面上覆岩层垮落带与裂隙带范围。第一阶段探测方案为：在 8100 工作面对应的地表布置两条测线，1 号测线布置在 8100 工作面未开采区域的地表，2 号测线布置在 8100 工作面已开采区域的地表,测线布置方案见图 6.50,其中 1 号测线方位近南北,长度为 160m,共 9 个测点,受地形条件的限制,测线没有完全覆盖整个工作面长度范围;2 号测线方位 N21°W,长度为 340m,共 18 个测点。第二阶段探测方案为:沿着 1 号、2 号测线进行重复探测,此时 8100 工作面已开采经过 1 号测线。第三阶段探测方案为:沿着 1 号、2 号测线进行重复探测,此时 8100 工作面已开采经过 1 号、2 号测线,且开采结束后约 1 年。

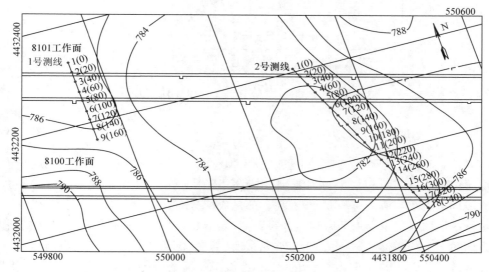

图 6.50　EH-4 测线布置图

　　图 6.51 和图 6.52 为 1 号、2 号测线对应的 3-5# 煤层底板等高线形态,图中箭头所指范围为测线所对应的井下 8100 综放工作面的范围。从图中可以看出,3-5# 煤层基本为水平,无较大的起伏变化。

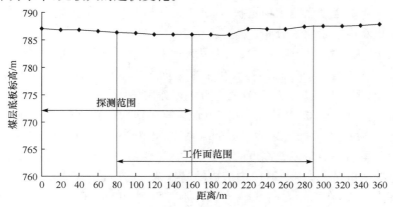

图 6.51　1 号测线探测范围与工作面范围对应关系

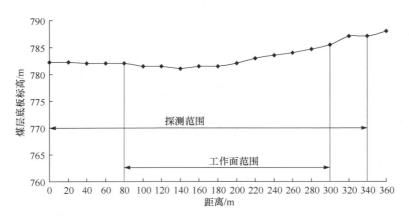

图 6.52　2 号测线探测范围与工作面范围对应关系

3. 数据处理与分析

图版 9 为 1 号测线第一、二、三阶段大地电阻率二维反演图,图中双黑虚线为煤层位置。从图版 9(a)中可以看到,电阻率等值线平滑,疏密变化不大,无错动,除浅部电阻率等值线有些波动外,基本都是成层分布,电性标志层稳定,结果证实了该区域内煤层未受采动影响,岩层赋存稳定。从图版 9(b)中可以看到,在水平方向 80~180m、标高 800~880m 有一高阻闭合圈(图版 9(b)中红色虚线所示),该异常区域范围与图 6.51 中所示的 8100 综放工作面的范围吻合,因此推断此高阻异常区为 8100 综放面开采后形成的垮落带,影响高度约 80m。图中蓝色虚线为工作面开采后裂隙带发育高度的边界,影响高度约 150m。由裂隙带的边界至地面均为弯曲下沉带。从图版 9(c)中可以看到,煤层所在位置(图中黑色虚线)上覆岩层一定范围内呈现高阻分布,且电阻率等值线平稳、连续,层状分布,说明工作面上覆岩层经过一年的运动已达到稳定状态,岩层的松散与裂隙是造成高阻的原因,稳定后的岩层重新恢复了层状分布。

图版 10 为 2 号测线第一、二、三阶段大地电阻率二维反演图,图中双黑虚线为煤层位置。从图版 10(a)可以看到,在水平方向 80~300m、标高 800~900m 有一高阻闭合圈(图中红色虚线所示),其上部电阻率等值线平稳、连续,层状分布,而且该异常区域范围与图 6.52 中所示的 8100 综放工作面的范围吻合,因此推断此高阻异常区为 8100 综放面开采后形成的垮落带,影响高度约 100m。图中蓝色虚线为工作面开采后裂隙带发育高度的边界,影响高度约 170m。由裂隙带的边界至地面均为弯曲下沉带。图版 10(b)中形成的高异常带的形态与范围基本与第一阶段形成的基本一致,在水平方向 80~300m、标高 800~900m 有一高阻闭合圈(图中红色虚线所示),推断工作面垮落带影响高度约 100m,裂隙带发育高度约 170m。

在图版 10(c)同样是电阻率等值线平稳、连续,层状分布,说明工作面上覆岩层经过 1 年的运动已达到稳定状态,稳定后的岩层重新恢复了层状分布。

1 号测线探测得到的垮落带与裂隙带高度均小于 2 号测线探测得到的结果(表 6.12),分析原因主要有:①1 号测线所处的位置为工作面刚刚开采完毕(1~1.5 个月),上覆岩层移动破坏还没最终稳定,2 号测线所处位置的工作面上覆岩层已基本稳定,形成的状态不再发生变化;②工作面开采的煤层厚度的变化,顶板岩层性质及结构的变化导致采空区形成的空间大小及形态不同也可能导致同一个工作面不同位置形成的“三带”范围略有差异。

表 6.12　EH-4 采空区两带高度探测结果

测线序号	垮落带高度/m	裂隙带高度/m
1	80	70
2	100	70

同忻煤矿 8100 工作面开采后形成的垮裂高度为 150~170m,最终 8100 综放工作面形成的“三带”形态及范围见图 6.53。采高按 15m 计算,其垮裂高度与采高之比为 10~11.3,随着开采结束时间的增长及覆岩远离工作面,垮落带内岩层被压实,裂隙带的发育程度越来越小,物理探测时可能捕捉不到微小裂隙造成的电性变化,因此实际中裂隙带的高度可能要稍大于探测结果,但误差不会太大。

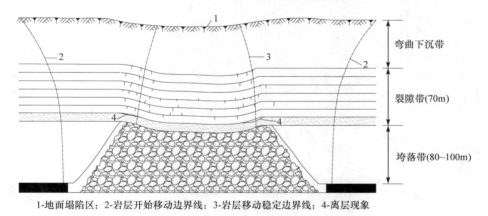

1-地面塌陷区;2-岩层开始移动边界线;3-岩层移动稳定边界线;4-离层现象

图 6.53　8100 综放工作面上覆岩层破坏特征

6.4.3　基于微地震监测技术的特厚煤层综放面围岩运动规律研究

1. 测区布置方案设计

以塔山煤矿特厚煤层综放面 8103 工作面为例说明。为揭示上覆岩层运动规律,评价支承压力对顶煤的破裂作用及裂隙带发育规律,获得煤层侧向支承压力和超前支承压力的分布规律,得到特厚煤层综放工作面三维围岩破裂规律的可靠数据,对8103工作面进行微地震监测。

考虑到工作面倾角较小,四周是实体煤,开采后两道周围岩层运动与应力分布相对于工作面走向中线来说是对称的,因此,只要在一条巷道(8103回风巷)内布置测区即可;为了能够精确监测破裂位置,同时考虑到可靠性,在距离开切眼230m处设第一个钻孔,向上垂深30~50m,钻孔向煤柱侧倾斜,这样可以使钻孔寿命延长,每隔30~50m布置一个钻孔,共布置20个三分量检波器,监测控制的距离达到500m,包括监测工作面见方和正常推进期间的岩层破裂规律。

微地震监测信号的有效区域一般在200~300m[18,19],坚硬岩层断裂的监测距离可达1000m以上,因此布置的测区可以覆盖走向800m、顺槽两侧各300m的区域。钻孔设计参数:本测区共布置20个钻孔。其中,钻孔10为炮孔,且在放完定位炮后在此钻孔中也安装一个检波器,其余钻孔各安装一个三分量检波器。钻孔直径为97mm,钻孔及检波器布置参数见表6.13。

表 6.13　钻孔及检波器布置参数

钻孔编号	检波器编号	检波器类型	工作面前方/m	与水平面夹角/(°)	钻孔深度/m	备注
1	1#	三分量	150	60	60	顶板孔
2	2#	三分量	180	60	40	顶板孔
3	3#	三分量	180	−45	15	底板孔
4	4#	三分量	210	60	40	顶板孔
5	5#	三分量	240	60	60	顶板孔
6	6#	三分量	240	−45	15	底板孔
7	7#	三分量	270	60	60	顶板孔
8	8#	三分量	300	60	40	顶板孔
9	9#	三分量	300	−45	15	底板孔
10	10#	三分量	330	60	40	顶板孔
11	11#	三分量	360	60	60	顶板孔
12	12#	三分量	360	−45	15	底板孔
13	13#	三分量	390	60	60	顶板孔
14	14#	三分量	420	60	40	顶板孔
15	15#	三分量	420	−45	15	底板孔
16	16#	三分量	450	60	40	顶板孔
17	17#	三分量	480	60	60	顶板孔
18	18#	三分量	480	−45	15	底板孔
19	19#	三分量	510	60	60	顶板孔
20	20#	三分量	540	60	40	顶板孔

钻孔检波器平面布置图见图 6.54，剖面布置图见图 6.55～图 6.59。

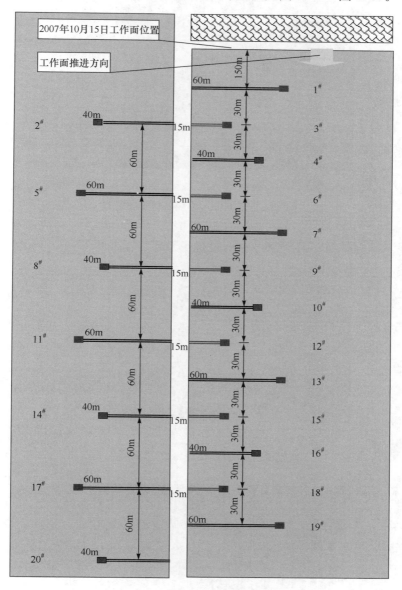

图 6.54　钻孔检波器平面布置图

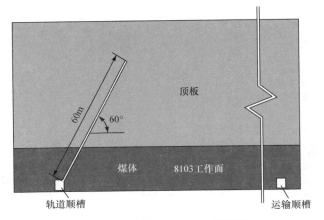

图 6.55　钻孔 1、7、13、19 剖面图

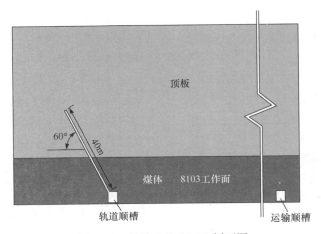

图 6.56　钻孔 2、8、14、20 剖面图

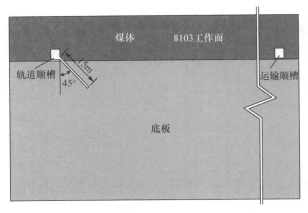

图 6.57　钻孔 3、6、9、12、15、18 剖面图

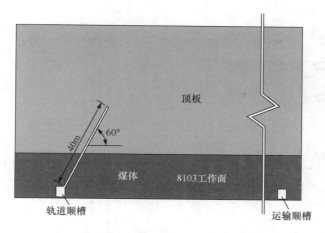

图 6.58　钻孔 4、10、16 剖面图

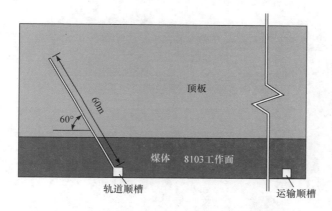

图 6.59　钻孔 5、11、17 剖面图

2. 高精度微震监测系统配置简介

8103 工作面微震监测系统的组成见图 6.60。

1）硬件配置

微震监测系统包括硬件系统和软件系统两大部分。微震监测系统硬件主要由防爆计算机（图 6.61）、前置放大器、数据采集板（卡）、三分量微地震检波器（图 6.62）与电缆、数据通信光电交换机、通信电缆（图 6.63）等组成。

2）软件配置

微震监测系统软件配置见图 6.64 和图 6.65，主要包括操作系统、数据采集卡驱动程序库、微震监测数据采集软件系统、数据通信程序、定位软件包、工程应用软件。

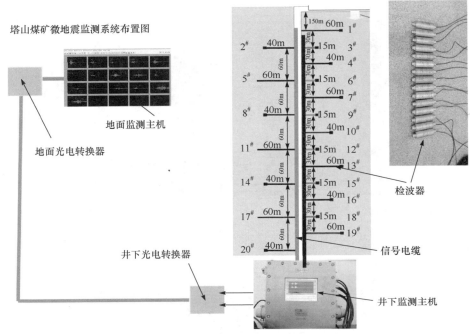

图 6.60　综放工作面微震监测系统的组成

图 6.61　防爆计算机

图 6.62　三分量微地震检波器实物照片

图 6.63　通信电缆与接口

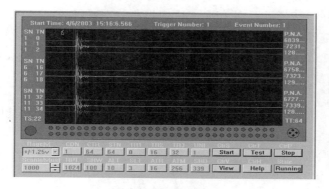

图 6.64　微震监测仪器数据采集软件界面

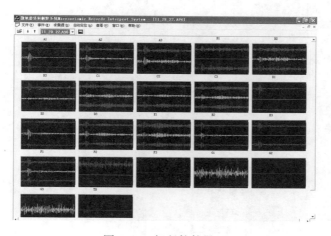

图 6.65　解释软件界面

数据采集参数：为使仪器正常工作，需要设定各种数据采集控制参数。这些参数可以控制计算机如何判断微震触发事件、如何记录微震事件资料、如何识别和压制干扰信号等，这些控制参数起着非常重要的作用。控制参数设定有两种方式：一是通过微震监测数据采集程序窗口设定；二是通过数据采集控制参数文件设定。

数据记录及传输方式：微震监测系统属于自动记录仪器，所有数据记录均自动完成，并存储于微震仪指定的位置，实施时采用井下光纤传输。

数据处理：监测结果为二进制文件，通过已开发完成的"微地震解释"软件打开，拾取到时，再通过"微地震定位软件"处理，最后，通过"微地震监测结果显示"软件将微地震事件投影到平面图和剖面图上，以便于分析处理。

3. 放炮标定方案

1）目的及意义

人工放炮作业是进行正式数据采集前必须完成的重要工作，这将为资料解释工作提供重要的基础资料。进行人工放炮作业的主要目的包括：标定各传感器的安装方位；检查各传感器的极性是否正确；确定微地震波的传播速度。

2）放炮时主机监测参数的调整

主机监测参数的调整由专门软件完成。

3）炮孔布置参数

炮孔位于 8103 工作面尾巷距离切眼 460m 处，见图 6.66 和图 6.67。孔口位于工作面侧底脚斜向下方 45°，炮孔直径 97mm。

炸药类型及要求：矿用本安型炸药，重量 3kg，每卷长度 30cm，每卷直径 35mm。

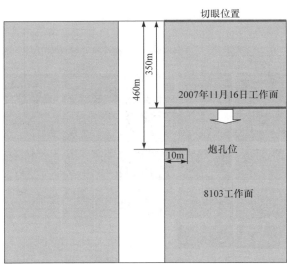

图 6.66　炮孔位置平面图

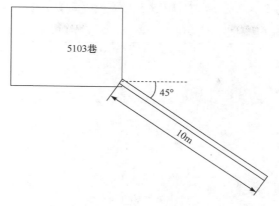

图 6.67　炮孔位置剖面图

4）炮孔装药方法

考虑到炮孔为底板钻孔，且深度较大（10m），钻孔直径较大（97mm），采用常规的装药方法很难将炸药装到孔底，且封孔难度较大。因此，微震监测研制了"快速装药及水泥袋固形封孔"方法，见图 6.68。

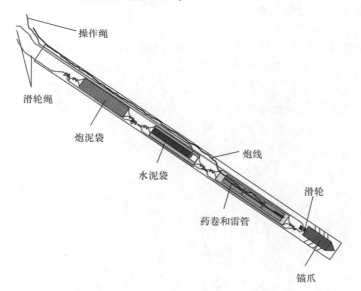

图 6.68　炮孔药卷安装及封孔示意图

放炮：完成药卷安装及封孔后，根据放炮的有关规定，撤离人员，设警戒线，连线放炮。

在现场实际进行了试验标定，B2 检波器接收到的爆破波形放大图见图 6.69，通过试验得到了塔山煤矿底板岩层微地震波的传播速度为 4.24m/ms。微地震波的顶板传播速度为 3.99m/ms，平均传播速度为 4.12m/ms。

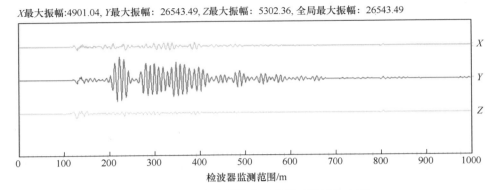

图 6.69　B2 检波器接收到的爆破波形放大图

4. 随工作面推进微震事件的显现规律

为了能够得到正常推进阶段特厚煤层的顶板结构参数及其运动规律，选取 2009 年 11 月 2 日至 2009 年 11 月 29 日期间（除 2009 年 11 月 14 日外）塔山煤矿 8103 工作面的微震监测数据作为研究顶板岩层运动规律的基础，期间工作面推进了 230.9m。

2009 年 11 月 2 日至 2009 年 11 月 29 日期间，随工作面的推进，微震事件的分布呈现出明显的阶段性和分区性。圆点代表岩层诱发微地震波的震中位置（即微震事件的位置）。

每天微震事件平面分布图见图 6.70，从图中可以看出，随工作面的推进，微震事件分布总体上超前工作面一定距离发展。

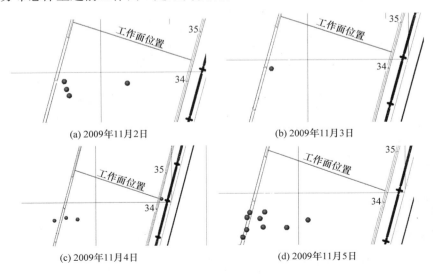

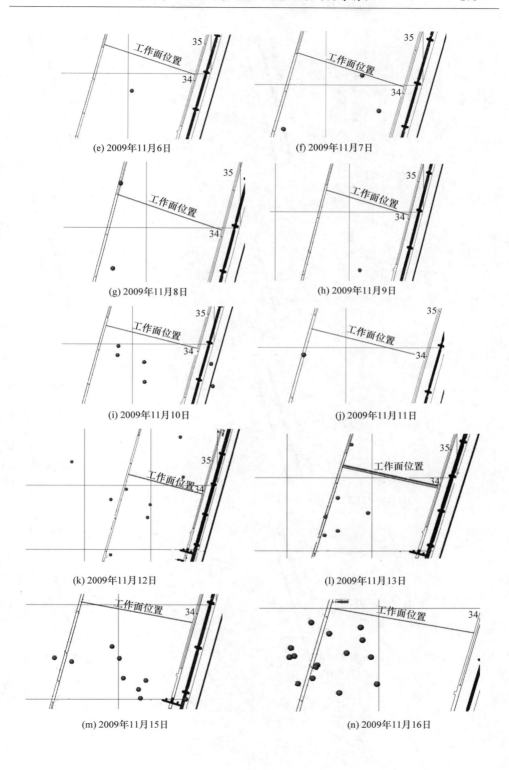

(e) 2009年11月6日

(f) 2009年11月7日

(g) 2009年11月8日

(h) 2009年11月9日

(i) 2009年11月10日

(j) 2009年11月11日

(k) 2009年11月12日

(l) 2009年11月13日

(m) 2009年11月15日

(n) 2009年11月16日

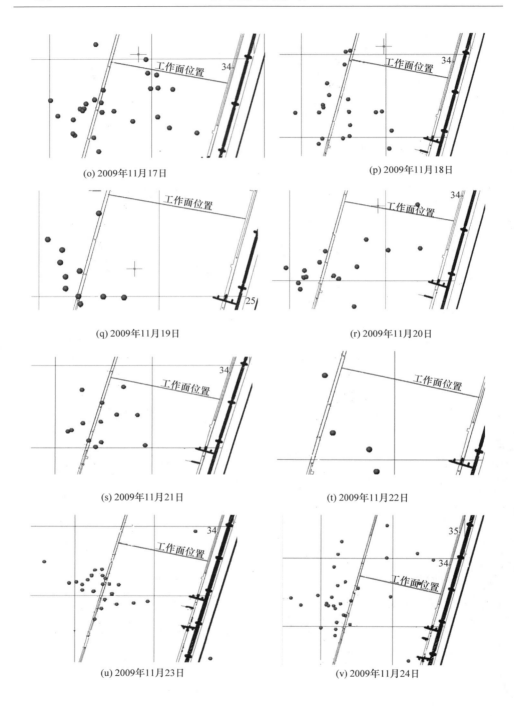

(o) 2009年11月17日

(p) 2009年11月18日

(q) 2009年11月19日

(r) 2009年11月20日

(s) 2009年11月21日

(t) 2009年11月22日

(u) 2009年11月23日

(v) 2009年11月24日

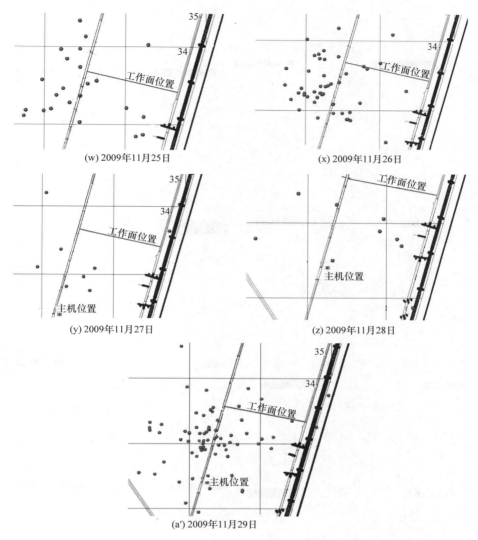

图 6.70 2009 年 11 月 2 日至 11 月 29 日每天微震事件平面分布图

　　每天微震事件倾向剖面分布图见图 6.71,从图中可以看出,工作面附近覆岩微震事件在高度上的分布呈现分区性发展的规律,高度为 75～150m,而低位岩层的微震事件则密集分布。煤柱附近覆岩微震事件的分布则固定在一定范围内。在时间上,微震事件每隔几天便会出现 1～2 次分布范围相对较大的情况,反映了岩层运动的周期性规律。

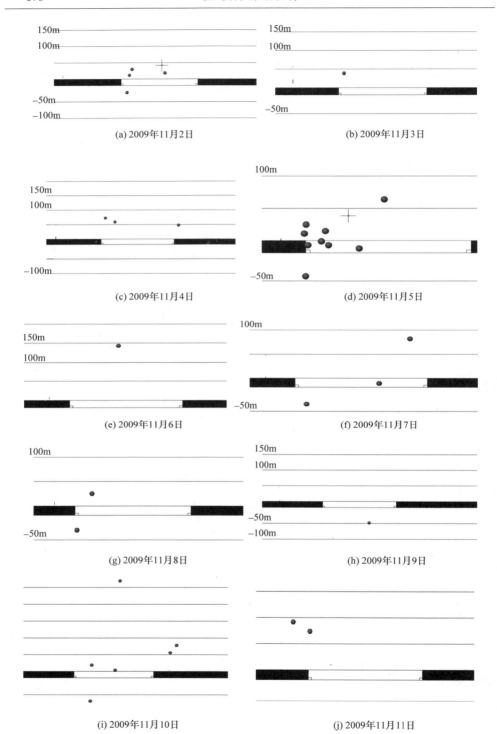

(a) 2009年11月2日

(b) 2009年11月3日

(c) 2009年11月4日

(d) 2009年11月5日

(e) 2009年11月6日

(f) 2009年11月7日

(g) 2009年11月8日

(h) 2009年11月9日

(i) 2009年11月10日

(j) 2009年11月11日

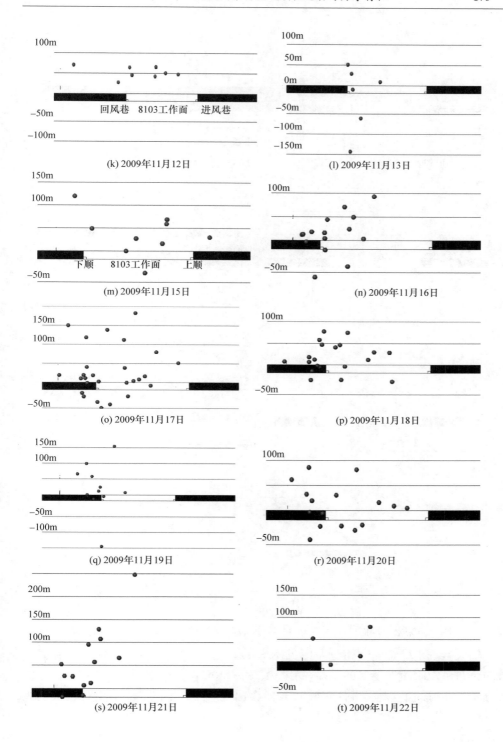

(k) 2009年11月12日

(l) 2009年11月13日

(m) 2009年11月15日

(n) 2009年11月16日

(o) 2009年11月17日

(p) 2009年11月18日

(q) 2009年11月19日

(r) 2009年11月20日

(s) 2009年11月21日

(t) 2009年11月22日

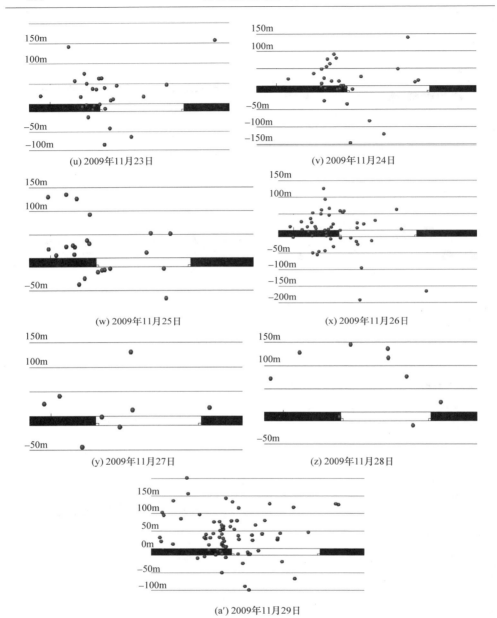

图 6.71　2009 年 11 月 2 日至 11 月 29 日每天微震事件倾向剖面分布图

　　每天微震事件走向剖面分布图见图 6.72,从图中可以看出,微震事件在高度上的分布呈现阶段性发展的规律,高度为 75～150m,而低位岩层的微震事件则密集分布。在时间上,微震事件每隔几天便会出现 1～2 次分布范围相对较大的情况,反映了岩层周期性运动的规律。

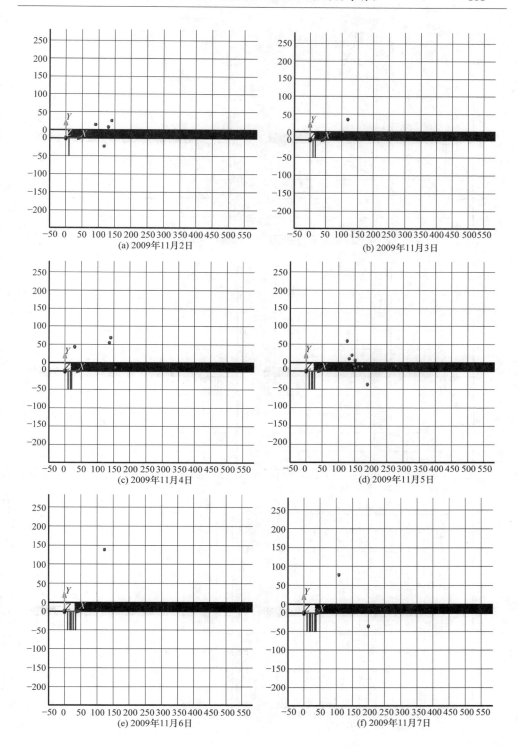

(a) 2009年11月2日

(b) 2009年11月3日

(c) 2009年11月4日

(d) 2009年11月5日

(e) 2009年11月6日

(f) 2009年11月7日

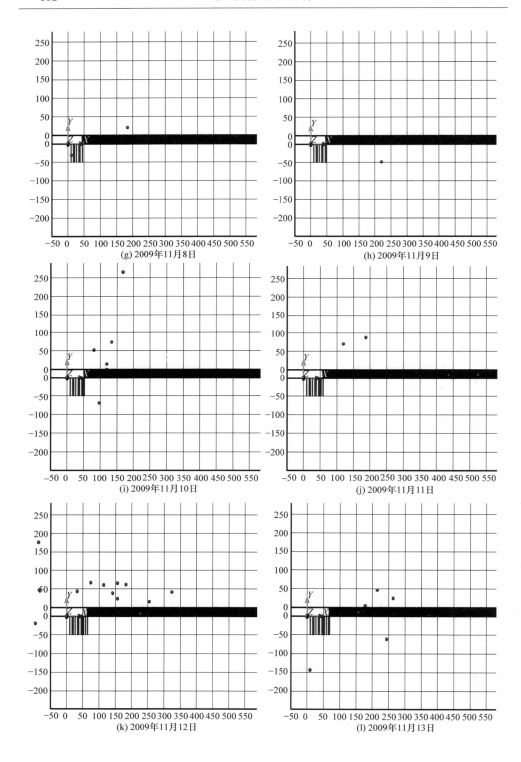

(g) 2009年11月8日

(h) 2009年11月9日

(i) 2009年11月10日

(j) 2009年11月11日

(k) 2009年11月12日

(l) 2009年11月13日

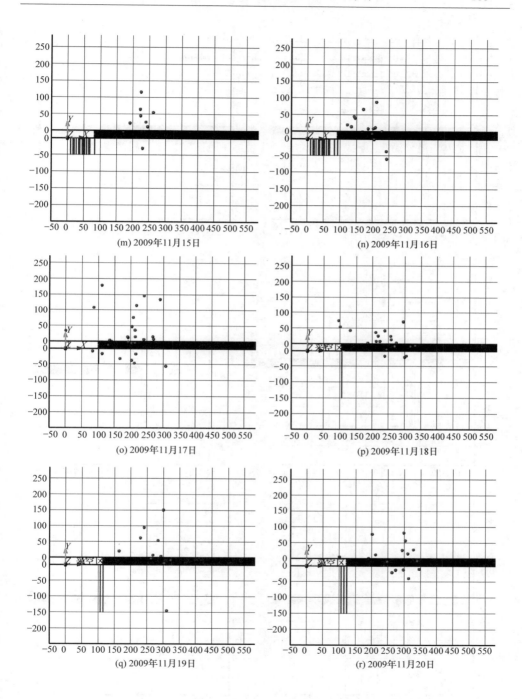

(m) 2009年11月15日

(n) 2009年11月16日

(o) 2009年11月17日

(p) 2009年11月18日

(q) 2009年11月19日

(r) 2009年11月20日

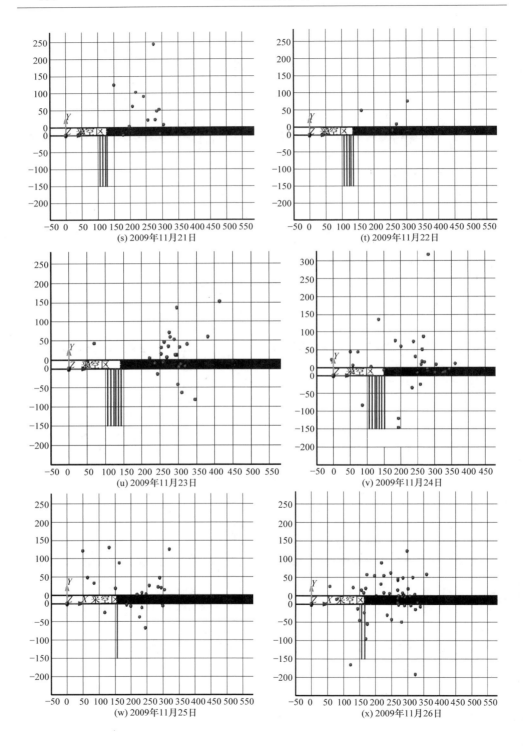

(s) 2009年11月21日

(t) 2009年11月22日

(u) 2009年11月23日

(v) 2009年11月24日

(w) 2009年11月25日

(x) 2009年11月26日

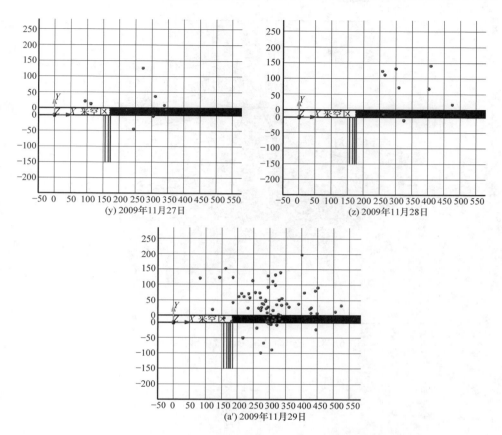

图 6.72　2009 年 11 月 2 日至 11 月 29 日每天微震事件走向剖面分布图(单位:m)

结合图 6.70、图 6.71 和图 6.72 可以看出,随工作面的推进,岩层运动范围逐渐扩大,直至一定范围。在垂直方向上,微震事件的分布规律揭示了岩层的破裂规律,可以分为低位破裂区和高位破裂区,低位破裂区的范围是在工作面上方距离煤层 75m、距离顺槽 35m 以内的区域;高位破裂区的范围是在工作面上方距离煤层 150m、距离顺槽 60m 以内的区域。

微震揭示了综放工作面岩层超前破裂情况,图 6.73～图 6.76 是 2009 年 11 月 2 日至 11 月 29 日所有微震事件平面和剖面分布图。从图中可以看出,8103 工作面高位顶板超前煤壁 75m 左右开始断裂,两条"穿面"断层在工作面前方 227m 处开始活化。微震事件密集分布区破裂高度 50m(直接顶),正常破裂高度 75m(基本顶),周期性最大破裂高度 150m,局部达到 200m(上位空间结构)。

从固定工作面微震事件走向分布规律可以得到,工作面超前破裂范围为 100m 左右;由微震事件分布规律可知(图 6.77),微震揭示的 8103 工作面走向超前支承压力影响范围为 75m 左右。

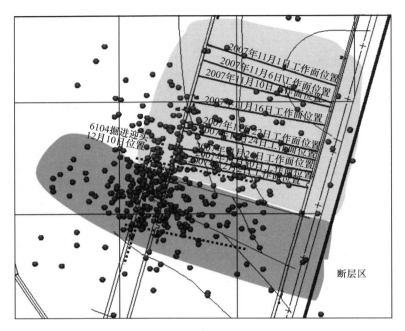

图 6.73　工作面开采影响微震事件平面图

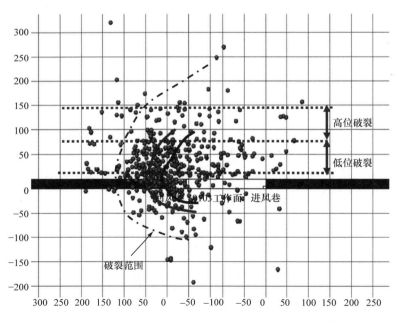

图 6.74　工作面开采影响微震事件倾向剖面分布图(单位:m)

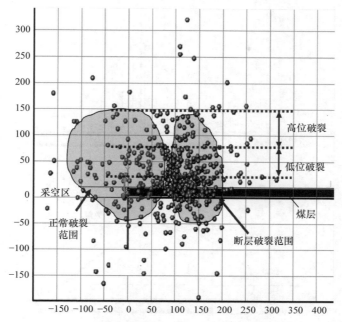

图 6.75　固定工作面微震事件走向剖面分布图(单位:m)

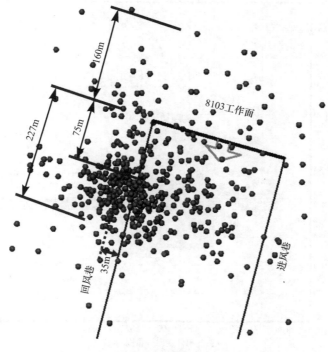

图 6.76　固定工作面微震事件平面分布规律

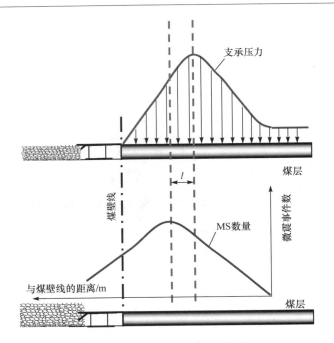

(a) 微震事件分布与支承压力的相互关系

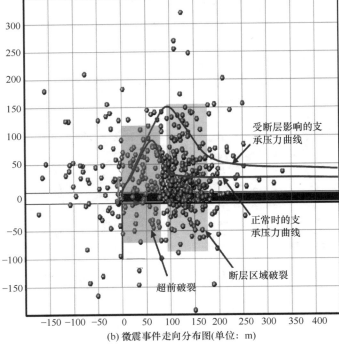

(b) 微震事件走向分布图(单位: m)

图 6.77　固定工作面微震事件揭示的超前支承压力分布规律

由固定工作面微震事件分布规律推断的支承压力分布曲线可以看出,微震监测准确地揭示出断层区域的位置,工作面前方的两个微震事件集中区为:一是工作面前方 0～100m 内正常开采引起的岩层破裂区;二是工作面前方 100～227m 的断层影响区,微震监测得到的断层区域与 8103 工作面地质物探所得断层位置是一致的。

微震监测的综放工作面侧向煤岩层破裂情况及侧向支承压力分布情况见图 6.78,从微震事件在 8103 工作面回风巷侧的显现情况图中可看出,高位岩层的破裂范围比较大,8103 工作面顶板在侧向 35m 以内开始断裂,密集分布区破裂范围为 60m,破裂高度为 75m。

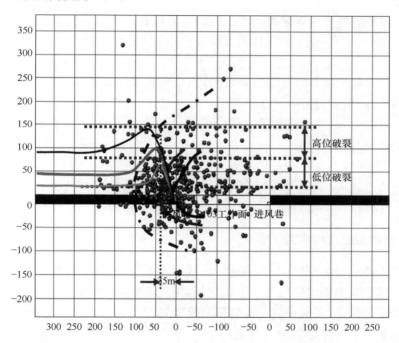

图 6.78　微震事件揭示的侧向支承压力分布规律(单位:m)

5. 微震监测的结果分析

(1)塔山煤矿微地震波以煤岩分裂的模式传播,底板岩层微地震波的传播速度为 4.24m/ms,顶板岩层微地震波的传播速度为 3.99m/ms,平均传播速度为 4.12m/ms。标定炮检验证明,系统平均定位误差为 3.0m,误差在预计的范围内,定位精度能够满足工程应用,平均能够达到 10m 以内的定位精度。

(2)微震事件显现规律再现了岩层运动破裂的整个过程,清晰地揭示了工作面覆岩低位、高位关键层依次破裂关系特征,揭示了关键层破断对覆岩运动的范围和围岩应力分布规律的控制作用。微震揭示的覆岩破断特征、运动特征与理论分析和相似材料模拟分析具有一致的规律性。

（3）微震事件显现规律揭示了覆岩低位、高位关键层破裂情况，以及其对超前支承压力分布规律的影响作用。

（4）微震监测表明，正常情况时工作面前方0～100m范围为正常开采引起的岩层破裂区，工作面超前影响范围为75m。

（5）微震事件表明，8103工作面顶板在侧向35m以内开始断裂。侧向煤柱高位岩层的破裂范围比较大，微震事件密集分布区破裂范围为60m，破裂高度为75m。

（6）微震事件显现规律揭示了工作面开采过程中的地质构造异常区域（断层区和动压区），为掘进施工和工作面安全渡过地质构造异常区域提供了科学可靠的依据。

（7）微震监测技术的监测结果表明，该监测技术完全能够对特厚煤层综放工作面的覆岩运动进行监测，并了解围岩破裂情况，结合矿压理论将对工作面地质构造异常带、围岩的运动及应力进行科学可靠的指导，与常规监测手段相比，该监测技术具有明显优势。

6.5　大空间采场坚硬顶板大结构力学特征

6.5.1　坚硬顶板大结构力学模型

回采工作面是煤矿生产的核心部分，且回采工作空间随着回采工作面的推移而不断前移。安全地维护好回采工作空间，对人员安全及提高生产效率都有极为重要的作用。因此，研究采场上覆岩层形成"结构"的可能性以及分析该"结构"失稳的条件具有十分重要的现实意义[20-29]。

根据大同矿区石炭系坚硬顶板特厚煤层采场垮落形态，建立工作面双曲扁壳结构模型见图6.6，双曲扁壳结构的力学模型见图6.79，应用弹性板理论对双曲扁壳结构单元体进行内力平衡及受力分析，见图6.80和图6.81[30]。在双曲扁壳结构失稳前，3-5#煤层上覆低位关键层的破断产生周期小压和周期大压，此时矿压显现不强烈，因为上覆载荷主要由双曲扁壳结构承担；随着工作面继续推进，主关键层达到破断距时，双曲扁壳结构上积聚的弹性能最大，工作面再继续推进双曲扁壳结构破坏，积聚的弹性能将突然释放，同时临近双曲扁壳结构的侏罗系煤层群采空区散体覆岩载荷也向下运动，在二者的共同作用下石炭系工作面及工作面前后方大范围内产生强烈矿压显现或动压显现，双曲扁壳结构破坏后能量释放[31-38]。

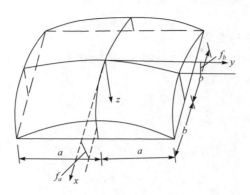

图 6.79　结构力学模型

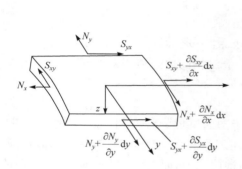

图 6.80　单元体力平衡

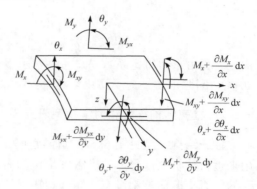

图 6.81　单元体弯矩、剪力平衡

设 q 为竖向均布荷载，w 为中曲面任意点沿 z 轴的位移函数，由平衡方程、几何方程和物理方程，并设 $\Phi(x,y)$ 为应力函数，经过推导有

$$\begin{cases} D\nabla^4 w - \nabla_k^2 \Phi = q \\ \nabla^4 \Phi + Et\,\nabla_k^2 w = 0 \end{cases} \tag{6-23}$$

式中，

$$\nabla^4 = \nabla^2 \nabla^2 = \frac{\partial^4}{\partial x^4} + 2\frac{\partial^4}{\partial x^2 \partial y^2} + \frac{\partial^4}{\partial y^4}$$

$$\nabla_k^2 = k_1 \frac{\partial^2}{\partial y^2} + 2k_t \frac{\partial^2}{\partial x \partial y} + k_2 \frac{\partial^2}{\partial x^2}$$

$$D = \frac{Et^3}{12(1-\nu^2)}$$

当 $D \neq 0$，k_1、k_2、$k_t \neq 0$ 时有两个方程，两个未知函数，w、Φ 理论上有唯一解，曲率为 $k_1 = \dfrac{\partial^2 z}{\partial x^2}$，$k_2 = \dfrac{\partial^2 z}{\partial y^2}$；扭率为 $k_t = \dfrac{\partial^2 z}{\partial x \partial y}$；其中，$z = f(x,y)$。引入一未知数函数

$F(x,y)$，并取 $\begin{cases} w=\nabla^4 F \\ \varPhi=-Et\,\nabla_k^2 F \end{cases}$，代入方程(6-23)得

$$-Et\,\nabla^4\nabla_k^2 F+Et\,\nabla_k^2\nabla^4 F=0$$

满足后再代入方程(6-23)得

$$D\,\nabla^8 F+Et\,\nabla_k^4 F=q \tag{6-24}$$

将 F 和 q 用二重三角级数表示为

$$F=\sum_{m=1}^{\infty}\sum_{n=1}^{\infty}A_{mn}\sin\frac{m\pi x}{a}\sin\frac{n\pi y}{b} \quad\text{（非齐次性特解）}$$

$$q=\sum_{m=1}^{\infty}\sum_{n=1}^{\infty}q_{mn}\sin\frac{m\pi x}{a}\sin\frac{n\pi y}{b}$$

式中，

$$q_{mn}=\frac{4}{ab}\int_0^a\int_0^b q\sin\frac{m\pi x}{a}\sin\frac{n\pi y}{b}\mathrm{d}x\mathrm{d}y$$

代入方程可求得待定系数 A_{mn}。由 F 求得 $\varPhi$，由 w 求得 N_x、N_y、S_{xy}、M_x、M_y、M_{xy}、Q_x、Q_y，问题得解。为了简化计算，将双曲扁壳结构简化为圆柱壳进行分析。

6.5.2　柱壳结构模型和力学模型研究

柱壳结构模型见图 6.82，其厚度远小于剖面拱形的跨度和矢高，可用薄壳理论来进行分析。薄壳体的求解理论包括有矩理论和无矩理论，无矩理论是假定薄壳的所有横截面上都没有弯矩和扭矩，只有薄膜内力，而支承压力壳横截面上存在弯矩，因此采用壳体有矩理论进行分析。

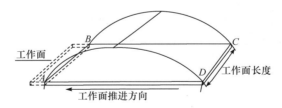

图 6.82　工作面上覆岩层柱壳结构模型

坐标系选取及单元体内力方向见图 6.83，选取 x、θ 为坐标，则拉梅系数 $A_1=1$，$A_2=a$，主曲率 $\frac{1}{R_1}=0$，$\frac{1}{R_2}=a$，代入薄壳理论有关公式得到柱壳平衡微分方程为

$$\frac{\partial T_1}{\partial x}+\frac{1}{a}\frac{\partial S}{\partial \theta}+q_1=0 \tag{6-25}$$

$$\frac{\partial S}{\partial x}+\frac{1}{a}\frac{\partial T_2}{\partial \theta}-\frac{1}{a}\left(\frac{1}{a}\frac{\partial M_2}{\partial \theta}+2\frac{\partial h}{\partial x}\right)+q_2=0 \tag{6-26}$$

$$\frac{\partial^2 M_1}{\partial x^2} + \frac{2}{a}\frac{\partial^2 H}{\partial x \partial \theta} + \frac{1}{a^2}\frac{\partial^2 M_2}{\partial \theta^2} - \frac{T_2}{a} - q_n = 0 \qquad (6\text{-}27)$$

式中，T_1、T_2 为拉压力；T_{12}、T_{21} 为剪切力；M_1、M_2 为弯矩；M_{12}、M_{21} 为扭矩；$S = T_{12} + \dfrac{M_{12}}{R_2}$；$H = \dfrac{1}{2}(M_{12} + M_{21})$；$q_1$、$q_2$、$q_n$ 分别为 x、θ 及法向分布载荷。

弹性本构关系为

$$\begin{cases} M_1 = D(k_1 + \nu k_2) \\ S = \dfrac{Eh}{2(1+\nu)}\varpi \\ T_1 = \dfrac{Eh}{1-\nu^2}(\varepsilon_1 + \nu\varepsilon_2) \end{cases}, \quad \begin{cases} M_2 = D(k_2 + \nu k_1) \\ H = D(1-\nu)\tau \\ T_2 = \dfrac{Eh}{1-\nu^2}(\varepsilon_2 + \nu\varepsilon_1) \end{cases} \qquad (6\text{-}28)$$

式中，E 为弹性模量；ν 为泊松比；h 为柱壳厚度，ε_1、ε_2、ϖ、k_1、k_2、τ 为六个变形分量；$D = \dfrac{Eh^2}{12(1-\nu^2)}$。

几何关系为

$$\begin{cases} \varepsilon_1 = \dfrac{\partial \mu_1}{\partial x}, \quad \varepsilon_2 = \dfrac{1}{a}\left(\dfrac{\partial \mu_2}{\partial \theta} + \varpi\right), \quad \varpi = \dfrac{\partial \mu_2}{\partial x} + \dfrac{1}{a}\dfrac{\partial \mu_1}{\partial \theta} \\ k_1 = \dfrac{\partial^2 \varpi}{\partial x^2}, \quad k_2 = \dfrac{1}{a^2}\left(\dfrac{\partial^2 \varpi}{\partial \theta^2} - \dfrac{\partial \mu_2}{\partial \theta}\right), \quad \tau = \dfrac{1}{a}\left(\dfrac{\partial^2 \varpi}{\partial x \partial \theta} - \dfrac{\partial \mu_2}{\partial x}\right) \end{cases} \qquad (6\text{-}29)$$

边界条件为柱壳与煤层底板相交处位移为零，即图 6.83 中 AB、CD 边的位移 $\mu_1 = 0, \mu_2 = 0, \varpi = 0$。

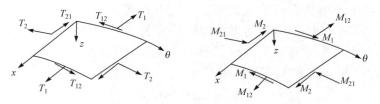

图 6.83 单元内力方向及坐标

6.5.3 柱壳结构稳定性分析

根据拱的平面稳定性理论，推导得支承压力拱临界载荷计算公式为

$$q_{\mathrm{cr}} = K\frac{(\alpha E)I}{L^3} \qquad (6\text{-}30)$$

式中，K 为拱壳稳定性系数，取值见表 6.14；L 为拱跨；E 为拱的弹性模量；α 为拱壳材料的非均匀系数，岩石类材料为 $0.1 \sim 0.3$；I 为拱在自身平面内弯曲时的截面

惯性矩，$I = h^3/12$，h 为拱壳的厚度（按关键层有效厚度取值）。

表 6.14　拱壳稳定性系数取值

f/L	两铰拱	无铰拱
0.1	28.5	60.7
0.2	45.4	101
0.3	46.5	115
0.4	43.9	111
0.5	38.4	97.4

注：L 为拱跨；f 为矢高。

6.5.4　应用实例

下面对同忻煤矿 8105 工作面顶板结构特征进行分析。

1）柱壳结构特征与支承压力拱的关系

在柱壳结构分析的基础上，可认为柱壳前拱脚作用在工作面前方煤壁上，形成支撑压力拱，这一结构特征将对工作面矿压显现起主导和控制作用。根据支承压力拱临界载荷计算公式(6-34)，若载荷不变，可得拱的极限跨距公式为

$$L_{\max} = \sqrt[3]{\frac{K\alpha EI}{q_{\mathrm{cr}}}} \tag{6-31}$$

2）亚关键层 Ⅱ 极限跨距计算

同忻煤矿 8105 工作面顶板覆岩亚关键层 Ⅱ 距主关键层 150m，岩石弹性模量为 20.5GPa，岩体弹性模量为岩石弹性模量的 15%（α 取 0.15）；亚关键层 Ⅱ 厚度为 8m，支承压力拱的有效厚度取亚关键层 Ⅱ 厚度的 60%，拱的截面惯性矩为 9.21m³。周期来压时，支承压力拱按两铰拱考虑，稳定性系数 K 取 38.4；覆岩压力拱结构所承受载荷为亚关键层 Ⅱ 与主关键层之间的覆岩重量，岩体容重为 26.25kN/m³，则 $q_{\mathrm{cr1}} = (26.25 \times 150)/1000 \approx 3.94$(MPa)，按式(6-31)计算得

$$L_{\max} = \sqrt[3]{\frac{38.4 \times 0.15 \times 20.5 \times 10^9 \times 9.21}{3.94 \times 10^6}} \approx 65.11\,(\mathrm{m})$$

同忻煤矿 8105 工作面开采过程中，实际监测确定周期大压来压步距为 60～65m，计算结果与实际矿压显现基本吻合。

3）主关键层极限跨距计算

同忻煤矿 8105 工作面顶板覆岩主关键层距地表 300m，岩石弹性模量为 25.4GPa，岩体弹性模量为岩石弹性模量的 20%（α 取 0.2）；主关键层厚度为 25m，支承压力拱的有效厚度取主关键层厚度的 70%，拱的截面惯性矩为 446.61m³。周期来压时，支承压力拱按两铰拱考虑，稳定性系数 K 取 38.4；覆岩压力拱结构所承受载荷为主关键层到地表的覆岩重量，岩体容重为 26.25kN/m³，则 $q_{\mathrm{cr1}} = $

$(26.25×300)/1000≈7.88(MPa)$，根据式（6-31）计算得

$$L_{max} = \sqrt[3]{\frac{38.4×0.2×25.4×10^9×446.61}{7.88×10^6}} ≈ 222.77(m)$$

同忻煤矿 8105 工作面开采过程中，工作面局部区域产生了较强的动压现象，且工作面后方临空巷道 200m、工作面前方 70～80m 处区域矿压显现强烈。根据计算结果分析，这种现象是由主关键层破断失稳引发的。

研究表明，同忻煤矿石炭系特厚煤层上覆有厚层坚硬顶板，综放开采形成大采场空间；矿压显现具有影响范围大、大小周期来压和动压现象等强矿压显现特点；采场上覆岩结构特征及其运动形式对工作面、临空巷道等区域矿压显现的影响显著。上覆厚层坚硬顶板形成了"覆岩大结构"，"覆岩大结构"理论较好地解释了同忻煤矿多层坚硬顶板特厚煤层工作面及两巷的矿压特征。

参 考 文 献

[1] 钱鸣高,缪协兴,许家林,等.岩层控制的关键层理论[M].徐州：中国矿业大学出版社,2000

[2] 缪协兴,钱鸣高.超长综放工作面覆岩关键层破断特征及对采场矿压的影响[J].岩石力学与工程学报,2003,(1)：45-47

[3] 许家林,鞠金峰.特大采高综采面关键层结构形态及其对矿压显现的影响[J].岩石力学与工程学报,2011,30(8)：1547-1556

[4] 许家林,朱卫兵,王晓振,等.浅埋煤层覆岩关键层结构分类[J].煤炭学报,2009,34(7)：865-870

[5] 鞠金峰,许家林,王庆雄.大采高采场关键层"悬臂梁"结构运动型式及对矿压的影响[J].煤炭学报,2011,36(12)：2115-2120

[6] 鞠金峰,许家林,朱卫兵.浅埋特大采高综采工作面关键层"悬臂梁"结构运动对端面漏冒的影响[J].煤炭学报,2014,39(7)：1197-1204

[7] 刘长友,杨敬轩,于斌,等.多采空区下坚硬厚层破断顶板群结构的失稳规律[J].煤炭学报,2014,39(3)：395-403

[8] 秦伟,许家林.对"基于薄板理论的采场覆岩关键层的判别方法"的商榷[J].煤炭学报,2010,35(2)：194-197

[9] 钱鸣高.采场上覆岩层岩体结构模型及其应用[J].中国矿业学院学报,1982,(2)：6-16

[10] 霍丙杰,于斌,张宏伟,等.多层坚硬顶板采场覆岩"拱壳"大结构形成机理研究[J].煤炭科学技术,2016,44(11)：18-23

[11] 蒋金泉,王普,武泉林,等.高位硬厚岩层弹性基础边界下破断规律的演化特征[J].中国矿业大学学报,2016,45(3)：490-499

[12] 王新丰,高明中.变长工作面采场顶板破断机理的力学模型分析[J].中国矿业大学学报,2015,44(1)：36-45

[13] 杨敬轩,鲁岩,刘长友,等.坚硬厚顶板条件下岩层破断及工作面矿压显现特征分析[J].采矿与安全工程学报,2013,30(2)：211-217

[14] 任艳芳,宁宇,齐庆新.浅埋深长壁工作面覆岩破断特征相似模拟[J].煤炭学报,2013,
　　　38(1)：61-66

[15] 黄庆国,孔令海.综放工作面支架围岩关系相似材料模拟试验[J].煤炭科学技术,2010,
　　　38(4)：28-31

[16] 翟晓荣,吴基文,沈书豪,等.断层带边界岩体采动应力特征相似材料模拟研究[J].中国安
　　　全生产科学技术,2014,10(5)：56-61

[17] 大同煤矿集团公司,太原理工大学.基于数字全景成像技术的特厚煤层综放开采覆岩活动
　　　规律研究[R].2011

[18] 陆菜平,窦林名,郭晓强,等.顶板岩层破断诱发矿震的频谱特征[J].岩石力学与工程学报,
　　　2010,29(5)：1017-1022

[19] 大同煤矿集团公司,北京科技大学.基于微地震监测技术的特厚煤层综放面围岩运动规律
　　　研究[R].2008

[20] 梁运培,李波,袁永,等.大采高综采采场关键层运动型式及对工作面矿压的影响[J].煤炭
　　　学报,2017,42(6)：1380-1391

[21] 李化敏,蒋东杰,李东印.特厚煤层大采高综放工作面矿压及顶板破断特征[J].煤炭学报,
　　　2014,39(10)：1956-1960

[22] 吴侃,王悦汉,邓喀中.采空区上覆岩层移动破坏动态力学模型的应用[J].中国矿业大学学
　　　报,2000,29(1)：34-36

[23] 曹安业,朱亮亮,李付臣,等.厚硬岩层下孤岛工作面开采"T"型覆岩结构与动压演化特
　　　征[J].煤炭学报,2014,39(2)：328-335

[24] 赵杰,刘长友,李建伟.沟谷区域浅埋煤层工作面覆岩破断及矿压显现特征[J].煤炭科学技
　　　术,2017,45(1)：34-40

[25] 任飞鹏,管芙蓉.浅埋深厚积岩复合关键层作用下工作面围岩活动规律[J].煤矿安全,
　　　2016,47(10)：191-193,197

[26] 王刚,罗海珠,王继仁,等.近浅埋大采高工作面关键层破断规律研究[J].中国矿业大学学
　　　报,2016,45(3)：469-474

[27] 宁建国,刘学生,史新帅,等.矿井采空区水泥-煤矸石充填体结构模型研究[J].煤炭科学技
　　　术,2015,43(12)：23-27

[28] 殷伟,张强,韩晓乐,等.混合综采工作面覆岩运移规律及空间结构特征分析[J].煤炭学报,
　　　2017,42(2)：388-396

[29] 黄炳香,刘长友,许家林.采动覆岩破断裂隙的贯通度研究[J].中国矿业大学学报,2010,
　　　39(1)：45-49

[30] 曲庆璋,章权,季求知,等.弹性板理论[M].北京:人民交通出版社,2000

[31] 大同煤矿集团公司,辽宁工程技术大学.大同双系特厚煤层强矿压发生机理及综合治理技
　　　术研究[R].2014

[32] 大同煤矿集团公司,辽宁工程技术大学,阜新工大矿业科技有限公司.大空间采场坚硬顶
　　　板控制理论与技术[R].2016

[33] 大同煤矿集团公司,中国矿业大学.特厚煤层综放大空间坚硬覆岩结构及控制技

术[R].2016

[34] 大同煤矿集团公司,山东科技大学.双系煤层开采覆岩结构演化致灾机理[R].2016

[35] 大同煤矿集团公司,四川大学.高强度开采条件下煤岩体破断、裂隙演化及放煤过程瓦斯涌出规[R].2014

[36] 大同煤矿集团公司,中国矿业大学,同煤国电同忻煤矿有限公司,等.大同矿区双系煤层群开采覆岩控制理论与技术研究[R].2012

[37] 大同煤矿集团公司,辽宁工程技术大学.大同矿区双系煤层开采耦合工程效应与相互作用规律研究[R].2014

[38] 大同煤矿集团公司,中国矿业大学.特厚煤层综放开采远场关键层破断型式及失稳机制[R].2016

第7章 岩层破裂演化实测方法与技术

7.1 概　　述

采场矿压显现是顶板岩层破断、运动并相互作用的结果,研究采动覆岩破断运动规律是揭示采场矿压显现特征的关键途径,掌握覆岩破坏、运动规律是准确分析来压特征、来压机制、导水裂隙带高度等的基础。覆岩破坏运动探测技术主要分为钻孔探测(钻探)技术和地球物理探测(物探)技术两大类。在我国钻孔探测技术应用较为广泛,在条件允许时,通常采用钻探为主、物探为辅、相互验证的原则[1-3]。地球物理探测技术相对于钻孔探测技术有信息量大、工作效率高等优点,但其往往只能限于定性分析的层面,为保证精确度必须结合必要的钻探工程。

岩层移动观测钻孔是岩层移动钻孔观测法的主体,我国于1958年5月在开滦唐家庄矿建成了第一个岩层移动观测钻孔。覆岩破坏规律探测的常规方法主要是钻孔冲洗液观测法,该方法以地面钻孔为依靠,通过孔中岩芯完整性状况描述及简易水文观测进行导高判定,其精度不同程度地受到施工人员的制约,而且钻孔施工难度大、费用高,"一孔之见、一时之见"已很难满足煤矿生产的技术要求。近年来,物探技术在覆岩破坏规律探测中的应用取得了很大成功[4-7],利用声幅测井技术或声速测井技术与钻孔冲洗液法配合使用,通过在时空领域中的多次测试对比与分析,来获取煤岩层在采前的赋存形态和采动的破坏规律,有效地弥补了钻孔冲洗液法的某些不足,取得了预期效果。覆岩破坏的钻孔观测方法正由传统单一的冲洗液漏失量观测技术向钻孔超声成像、钻孔声速、钻孔电视等测井手段与冲洗液漏失量观测相结合等方向发展。

1. 钻孔冲洗液法

钻孔冲洗液法,通过直接测定钻进过程中钻孔冲洗液消耗量、钻孔水位、钻进速度、掉钻、钻孔吸风及地质描述等资料,综合分析采空区覆岩破坏情况,是获取垮落带和导水裂缝带高度及特征的主要方法。该方法具有简单、易操作、可靠、实用、观测数据能反映实际导水情况等优点,缺点是速度慢、费用高,对于大范围采空区覆岩特征探测工程量大、成本高;在某些原岩裂隙发育的地区往往不能取得可靠数据,对把握观测时机的要求较高,对钻孔施工时间有一定要求,必须在覆岩破坏已发展到最大高度且尚未开始下降的期间内进行观测,否则将确定不到覆岩破坏最大高度的实际位置。

2. 钻孔声速法

利用岩体中声波传播速度与岩体弹性参数和密度有关的特点,根据声速测井中的声波传播速度在不同岩层中和采动前后过程中的衰减变化规律来判定采空区空洞及裂缝带的位置。试验和实践表明,声波在岩体中的传播速度受裂缝和破碎状况影响很大,岩体的破坏程度越严重,裂缝越发育,岩石密度降低,则波速降低越明显。该方法可以单独使用,当其与钻孔冲洗液法配合使用时,既可以增强观测资料的可靠性,又可以提高测试结果的精度。

3. 钻孔超声成像法

利用不同的岩层具有不同的波阻抗且对声波具有不同反射能力的特点,通过向钻孔孔壁发射超声波脉冲和接收反射声波,根据反射声波的强弱变化来获取岩层裂隙发育特征等地质信息。钻孔超声成像法可以较直观地获得勘测资料,将其配合钻孔冲洗液法,可以较准确地判断采空区空洞分布以及上覆岩层的裂隙发育情况,在采空区地基稳定性评价中能发挥重要作用。

4. 钻孔电视探测技术

钻孔电视探测技术利用 LED 光源照亮钻孔孔壁,CCD 摄像机摄取由锥形镜反射的孔壁图像,图像信息经电缆传送至控制器和计算机,整个采集过程由图像采集控制软件系统完成,此系统把采集的图像展开和合并,将信息记录在计算机上。该技术是近些年来发展起来的一种较为直观、实用的探测技术,可以直观地观测到煤层上覆岩层的完整性和原生裂隙的发育特征、受采动岩体裂缝带内岩层的裂缝发育宽度、连通情况、岩体破碎状况和垮落岩块的分布情况、钻孔内部孔内水位变化情况等[8,9]。用钻孔电视系统结合钻孔冲洗液法进行采空区覆岩结构探测研究效果更佳。

7.2　钻孔冲洗液法与应用

7.2.1　方法原理

钻孔冲洗液消耗量观测法简称钻孔冲洗液法,是通过直接测定钻进过程中的钻孔冲洗液消耗量、钻孔水位、钻进速度、卡钻、掉钻、钻孔吸风、岩芯观察及地质描述等资料来综合判定垮落带和导水裂缝带高度及其破坏特征的一种方法。

导水裂缝带高度主要是根据钻孔冲洗液消耗量和钻孔水位观测等结果加以确定,垮落带高度则主要是根据钻进异常现象加以确定。各观测钻孔一般均在第四系下套管止水后开始观测,实测的钻孔冲洗液消耗量和钻孔水位的典型关系一般可分为三种类型:一是从某一孔深位置开始,钻孔冲洗液消耗量明显增大,孔内水位显著下降,而且向下钻进时继续保持这种趋势,直至钻孔冲洗液全部漏失,孔内水位很低或无水(图7.1);二是从某一孔深位置开始,钻孔冲洗液突然全部漏失,孔内水位很低或无水(图7.2);三是导水裂缝带顶界以上的岩层不同程度地出现钻孔冲洗液全部漏失现象,甚至同时伴有孔内水位很低或无水现象(图7.3)。位于浅部区且岩柱尺寸较小的钻孔一般均属前两种类型,而位于深部区及岩柱尺寸较大的钻孔一般属于后一种类型。

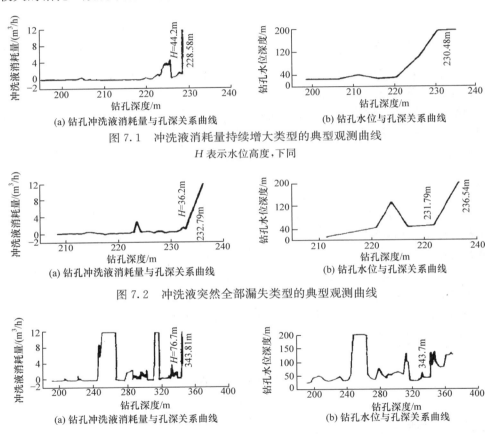

(a) 钻孔冲洗液消耗量与孔深关系曲线   (b) 钻孔水位与孔深关系曲线

图 7.1   冲洗液消耗量持续增大类型的典型观测曲线

H 表示水位高度,下同

(a) 钻孔冲洗液消耗量与孔深关系曲线   (b) 钻孔水位与孔深关系曲线

图 7.2   冲洗液突然全部漏失类型的典型观测曲线

(a) 钻孔冲洗液消耗量与孔深关系曲线   (b) 钻孔水位与孔深关系曲线

图 7.3   冲洗液在原岩裂隙中全部漏失类型的典型观测曲线

7.2.2   工程应用实例

1. 工程概况[10]

某拟建厂区位于多煤层采空区上方,采空区覆岩垮落沉降已趋于稳定,但在内、外因素的作用下采空区仍有"活化"可能。拟建厂区停采后曾进行过常规岩土勘察,勘察深度只有 35m 左右,缺少深部岩层资料。考虑到建筑物载荷较大,对地基稳定性要求较高,建设施工前必须进行工程勘察,准确把握地下岩层岩性及采空区"三带"分布情况,进而进行地基稳定性评估。

2. 钻孔冲洗液法＋钻孔电视探测方案

根据地质采矿资料、拟建的主厂房区的主要建(构)筑物位置,共设计了 7 个勘察孔,见图 7.4。其中一车间 2 个(1 号、2 号勘察孔),二车间 2 个(3 号、4 号勘察孔),综合楼 2 个(5 号、6 号勘察孔),水塔区域 1 个(7 号勘察孔)。

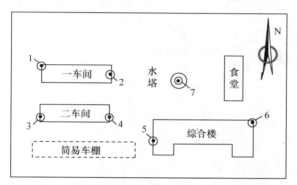

图 7.4　勘察孔与建筑物相对位置简图

各个勘察孔对应区域煤层开采情况不一样,在钻探时通过施工情况可对搜集的相关地质采矿资料进行验证,在钻探施工中勘察孔最终深度为采空区底板以下 3m 左右。

3. 勘察施工过程

勘察工程于 2010 年 5 月 17 日开始至 2010 年 6 月 15 日结束,施工总工期 30 天,钻孔总工期 22 天。各孔设计深度、终孔深度、漏水点位置与见软情况统计见表 7.1。

表 7.1　各孔深度、漏水点位置与见软情况统计

孔号	深度		漏水点位置	见软位置	备注
1	设计深度　275.00m		从 1407.17m 以下一直漏水,突击钻进	213.0～220.0m 见软	采用取芯钻进,取芯率为 93.93%
	终孔深度　252.00m				
2	设计深度　290.00m		从 145.6m 以下一直漏水,钻进至 240.47m	208.0～209.0m 见软	无芯钻进
	终孔深度　240.47m			210.1～215.0m 见软	

孔号	深度		漏水点位置	见软位置	备注
3	设计深度 230.00m		从 170.0m 以下一直漏水，钻进至设计孔深 230.0m	终孔	取芯钻孔，其中 210～230m 为无芯钻进，取芯率为 83.98%
	终孔深度 230.00m				
4	设计深度 295.00m		从 120.0m 以下一直漏水，钻进至 288.35m	210.0～225.0m 见软	
	终孔深度 288.35m				
5	设计深度 270.00m		从未见大幅度漏水	—	
	终孔深度 270.00m				
6	设计深度 295.00m		从 144.0m 以下一直漏水，突击钻进	213.0～221.0m 见软	取芯钻进，取芯率为 82.51%，210.62m 以下采取无芯钻进至终孔
	终孔深度 280.00m				
7	设计深度 310.00m		从 155.0m 以下一直漏水，突击钻进	213.0～221.0m 见软	取芯钻进，取芯率为 87.44%，213.35m 以下采取无芯钻进至设计孔深
	终孔深度 310.00m				

4. 钻孔勘察结果分析

钻孔资料分析表明，风化带厚度为 49.63～37.29m，主要取决于中粗砂岩的发育厚度及埋深。主要漏水点均出现在对应的 5# 煤层顶部中粗砂岩以下，该砂岩下部发育 1 层 3m 左右的泥岩及砂质泥岩相对隔水，一经揭露即发生大漏水现象。该中粗砂岩层相对较完整，各取芯钻孔验证 101～140m 段内发育的厚层中粗砂岩 4 个取芯钻孔均取上部单块长度超过 1m 的完整岩芯，其下部近直立裂隙较发育，疑似进入了导水裂隙带，其对应段距为孔深 140～208m。通过分析并结合简易水文观测情况，140m 以上冲洗液的漏失与消耗应属原始岩石孔隙裂隙导水，以下属受煤层采动形成的"导水裂缝带"导水。各施工钻孔普遍在 208m 左右相继进入垮落带。

一车间和二车间区域采动程度较充分，受各煤层采动的影响，垮落带呈现叠加现象并且与原井下残留巷道沟通良好，特别是位于一车间的 1、2 号孔区域，局部冲洗液完全消耗、孔内坍塌严重。综合楼与水塔区域相对于一车间与二车间采空区稳定性较好。

5. 钻孔电视勘察结果分析

通过钻孔冲洗液法对采空区及其覆岩结构有了初步的了解，为了更直观、准确地了解，在 7 个勘察孔内布置了彩色钻孔电视观测，部分钻孔电视观测结果见图 7.5。

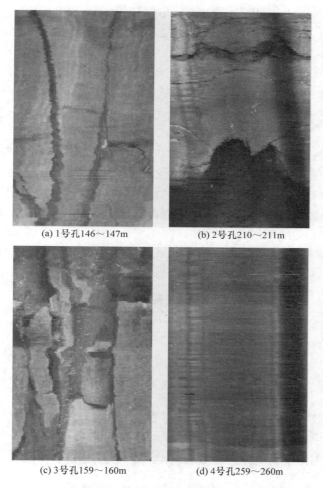

(a) 1 号孔 146～147m　　　　(b) 2 号孔 210～211m

(c) 3 号孔 159～160m　　　　(d) 4 号孔 259～260m

图 7.5　部分钻孔电视观测结果

　　1 号和 2 号孔位于一车间区域,1 号孔在 140m 以下岩层裂隙较发育,裂隙主要为大角度纵向裂隙,在 210m 左右发现有空洞存在。2 号孔在 140m 以上岩层较完整;自孔深 145m 以下,岩层裂隙较多,孔壁有淋水,孔内无水位,240m 处有明显空洞存在。3 号和 4 号孔位于二车间区域,3 号孔在孔深 120～210m 段,岩层有明显的裂隙发育情况,尤其在孔深 170～210m 段,岩层比较破碎,岩体有垮落形态。4 号孔 120m 以上岩层较完整,120m 以下岩层受煤层开采的采动影响比较大,岩体裂隙比较发育,210m 以下破碎程度尤为严重。5 号和 6 号孔位于综合楼区域,5 号孔全孔岩层较完整,没有明显的裂隙发育;6 号孔全孔岩层整体比较完整,只是在孔深 151m 至孔底段,局部裂隙发育,主要以单条裂隙发育为主。对位于水塔区域的 7 号孔观察可知,全孔岩层较为完整,仅在 304.5～306m 处有少量裂隙存在。

勘察孔钻孔电视观测资料表明,拟建厂区综合楼(5 号、6 号孔)和水塔(7 号孔)区域下覆岩层比较完整,仅有少量裂隙且不影响结构稳定性;在一车间区域 140m 以下、二车间区域 120m 以下,纵向裂隙较发育,岩层结构整体性差,受采动影响较大;一、二车间区域 200m 以下,横向、纵向裂隙均发育,岩层破碎现象严重,211m 以下可判断为出现采空区,综合分析可知,此处在受内、外因素影响下易发生失稳变形。

通过钻孔冲洗液法所得资料和钻孔电视观测资料相互对比验证可知,拟建厂区一车间、二车间下方采空区及其覆岩虽经长时间的压实,但仍存在一定程度的裂隙、离层及松散破碎等不稳定结构,其整个岩体结构处于相对稳定状态,在施加外部载荷后有可能发生失稳变形,从而给地表建筑物带来安全隐患。综合楼与水塔区域地下采空区仅有极少部分裂隙发育,压实性较好,采空区整体结构较为稳定。综合地质采矿资料与观测资料对拟建区域各部分裂隙发育深度进行初步确定,见表 7.2。

表 7.2　观测钻孔裂隙发育深度统计

建(构)筑物	实测裂隙带宽度/m	实测垮落带宽度/m	备注
一车间区域	140	200	稳定性较差
二车间区域	120	105	稳定性较差
综合楼区域	150	—	稳定性较好
水塔区域	—	—	稳定性较好

7.3　孔间电磁波 CT 测试岩体破裂演化原理与应用

7.3.1　电磁波 CT 技术

电磁波层析成像(CT)技术的研究始于 20 世纪 80 年代,是借鉴医学上 CT 技术而发展起来的一门科学技术[11]。它是基于电磁波在介质中传播时不同介质的吸收程度差异来反演、重建空间各区域吸收系数的分布,从而了解研究区域的地质结构信息。尽管发展时间很短,但是由于分辨率高、勘测精度高、轻便、高效、受震动干扰小等优点[12],井间电磁波 CT 在工程物探中具有很大的优势。其主要应用于工程对溶洞、裂隙的等精细构造和目标的探测上,并取得了很好的效果[13-19]。

CT 技术的前提是不破坏研究目标内部的结构,利用某种射线源,根据物体外部检测设备所获得的投影数据,依据一定的物理和数学关系,利用计算机反演物体内部未知的某种物理量的分布函数,生成二维、三维图像,重现物体内部特征。CT

技术可分为工业 CT、医学 CT 和工程 CT 等不同的应用领域。工程 CT 根据所使用的射线源不同,又可分为弹性波 CT、电磁波 CT 和电阻率 CT 等。其中弹性波 CT 精度最高、应用范围最广,根据振源及信号频率,可分为声波 CT 和地震波 CT;根据投影数据类型,可分为走时层析、振幅层析和波形层析等;根据反演的物性参数,可分为波速层析和衰减系数层析等;根据反演的理论基础,可分为以射线理论为基础的射线层析及以波动理论为基础的衍射层析和散射层析。

CT 勘探具有图像直观、信息量丰富的特点,可以探测覆岩结构、地质构造等的几何形态及空间分布情况。孔间 CT 分为电磁波孔间 CT 和地震波孔间 CT,通过钻孔间各岩土层对电磁波吸收率的不同及地震传播速度的不同,可查明钻孔间的岩溶裂隙、溶洞、采空、土体扰动带和断裂破碎带的分布位置及状态。随着城市建设的发展,岩溶区、采空区、土体扰动带等地区的工程勘察逐渐增多,浅层地震、电法等物探方法得到广泛应用。

7.3.2　钻孔电磁波 CT 技术的原理和方法

1. 基本原理

地下电磁波是利用工作频率 0.5~32MHz 的无线电波在两个钻孔或坑道中分别发射和接收,根据不同位置上接收的场强大小,对两孔之间地质模型的物理特性进行处理来确定地下不同介质分布的一种地球物理勘查方法,称为无线电波透视法或阴影法。地下电磁波法涉及电磁波在地下有耗半空间的辐射、传播和接收,其正反演问题的理论基础是电磁场理论和天线理论。电磁波理论表明,有耗介质中半波偶极子天线的发射与接收存在以下关系:

$$E = E_0 f_s(\theta_s) f_\tau(\theta_\tau) r^{-1} \exp(\int_L -\beta dL) \tag{7-1}$$

$$A = \int_L \beta dL \tag{7-2}$$

式中,E 为相距 r 处接收天线的电场强度;E_0 为发射天线的初始辐射常数;$f_s(\theta_s)$ 和 $f_\tau(\theta_\tau)$ 分别为发射天线和接收天线的方向分布函数;θ 为天线的辐射角度;L 为射线路径;β 为吸收系数,即介质中单位距离对电磁波的吸收值;A 为电磁波振幅衰减量。

经变换可根据一系列不同投影方向的振幅衰减量 A 来反演介质的吸收系数 β 值,获得介质吸收系数的一维分布图像。

由式(7-1)可以看出,当电磁波穿越地下不同的介质(如各种不同的岩石、矿体及溶洞、破碎带等)时,由于不同介质对电磁波的吸收存在差异(如溶洞、破碎带等的吸收系数比其围岩的吸收系数要大得多),在高吸收介质背后接收到的电磁波场强也小得多,从而呈现负异常,就像阴影一样,工程上就是利用这一差异推断目标地质体的结构和形状的。其原理与医学上的 X 射线透视相似,"阴影"就是异常,这就是本方法被称为阴影法或透视法的缘由。

钻孔电磁波 CT 有绝对衰减 CT 和相对缩减 CT 两种成像方法,前者重建地下介质绝对衰减的二维分布图像,后者重建地下介质相对减的二维分布图像。

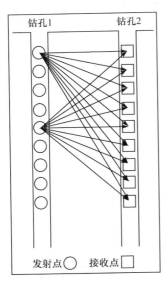

图 7.6　钻孔 CT
观测系统示意图

2. 工作方法

钻孔电磁波 CT 测试共有定点发射、水平同步和斜同步三种观测方式,发射点和接收点距离根据孔间介质吸收系数的变化范围和振幅衰减规律而定。钻孔 CT 观测系统见图 7.6,钻孔 1 发射、钻孔 2 接收完成后,对调过来进行钻孔 2 发射和钻孔 1 接收工作,构成一完整的测试剖面。正式采集数据前,应根据两钻孔的孔距、孔深及两孔间的岩体完整性进行选频,即选择采集的最佳频率。

利用采集到的数据绘制全部数据频率曲线,然后抽出最佳频率曲线,建立相应频率的数据文件。其目的有两个:一是从全部频率曲线中找出异常分布规律;二是对最佳频率曲线进行优化处理,消除个别畸变点。在成图处理时,选用适当的网格和迭代上限,采用较合适的算法进行反演计算。在反演过程中,为了提高各剖面图像的可对比性,可采用交替追赶法对计算公式(7-1)和式(7-2)中的 E_0 值做合理的调整。

7.3.3　井间电磁波 CT 探测的岩溶特征工程应用

1. 工程概况与测试方案[20]

S119 线水西大桥位于惠州市龙门县,桥长约 188.1m,设计桥宽约 50m,改建工程向两侧拓宽约 38m。勘探结果表明,该桥所处区域岩溶较为发育,多呈串珠状,空间分布复杂。为确保墩台基础的安全,为设计施工提供依据,工程场地开展了电磁波 CT 探测岩溶勘查,查明地下溶洞分布状态。

根据勘探报告,重点选定 0# 台下游、2# 墩上游以及 6# 墩上、下游共 4 个区域作为电磁波 CT 探测区域,即在位于上游的 2-1、2-3、6-2、6-9、6-10 孔以及位于下游的 0-15、0-16、6-14、6-6、6-15 孔(前一个编号表示桥梁墩台号,后一个编号表示钻孔号)共 10 个钻孔之间开展,探测孔深 17~26m,孔间距 3.2~17.8m,见图 7.7。

$1^{\#}\text{○○}9^{\#}$ $\text{○}1^{\#}$ $\text{○}1^{\#}$ $\text{○}1^{\#}$ $\text{○}1^{\#}$ $\text{○}1^{\#}$ $1^{\#}\text{○○}9^{\#}$
$2^{\#}\text{○○}10^{\#}$ $\text{○}2^{\#}$ $\text{○}2^{\#}$ $\text{○}2^{\#}$ $\text{○}2^{\#}$ $\text{○}2^{\#}$ $2^{\#}\text{○○}10^{\#}$
$3^{\#}\text{○○}11^{\#}$ $\text{○}3\#$ $\text{○}3^{\#}$ $\text{○}3\#$ $\text{○}3^{\#}$ $\text{○}3^{\#}$ $3^{\#}\text{○○}11^{\#}$
$4^{\#}\text{○○}12^{\#}$ $\text{○}3\#$ $\text{○}3^{\#}$ $\text{○}3\#$ $\text{○}3^{\#}$ $\text{○}3^{\#}$ $4^{\#}\text{○○}12^{\#}$

◄──── $0^{\#}$台　　$1^{\#}$墩　　$2^{\#}$墩　　$3^{\#}$墩　　$4^{\#}$墩　　$5^{\#}$墩　　$6^{\#}$台 ────►

$5^{\#}\text{○○}13^{\#}$ $\text{○}4^{\#}$ $\text{○}4^{\#}$ $\text{○}4^{\#}$ $\text{○}4^{\#}$ $\text{○}4^{\#}$ $5^{\#}\text{○○}13^{\#}$
$6^{\#}\text{○○}14^{\#}$ $\text{○}5^{\#}$ $\text{○}5^{\#}$ $\text{○}5^{\#}$ $\text{○}5^{\#}$ $\text{○}5^{\#}$ $6^{\#}\text{○○}14^{\#}$
$7^{\#}\text{○○}15^{\#}$ $\text{○}5^{\#}$ $\text{○}5^{\#}$ $\text{○}5^{\#}$ $\text{○}5^{\#}$ $\text{○}5^{\#}$ $7^{\#}\text{○○}15^{\#}$
$8^{\#}\text{○○}16^{\#}$ $\text{○}3^{\#}$ $\text{○}6^{\#}$ $\text{○}6^{\#}$ $\text{○}6^{\#}$ $\text{○}6^{\#}$ $8^{\#}\text{○○}16^{\#}$

图 7.7　水西大桥桥梁桩位

2. 探测设备

探测设备使用中国地质大学研制的 TC-RIM-19 型地下电磁波仪系统,见图 7.8。其工作频率为 $0.5\sim35\text{MHz}$,由数据采集系统和数据处理系统两部分组成,以跨孔方式探测钻孔间的剖面,或以单孔方式探测孔周围的地质情况。数据采集系统包括放置于钻孔中的发射机、接收机及其地下天线、控制发射机、接收机并进行数据采集的地面采集监控器。发射机发射单频的脉冲信号,接收机同步接收此单频脉冲信号。数据处理系统包括数据传输与预处理、数据滤波和 CT 等模块软件。数据经地面采集监控器记录、经数据处理系统成图。

图 7.8　TC-RIM-19 型地下电磁波仪系统

为实现宽频带程控扫频脉冲信号的发射和同步接收,数据采集并与计算机通信,应用了频率合成、功率合成、微计算机控制等现代电子技术。为了保证成像的精度,测试激发点距和接收点距均为 0.5m。根据工区地下介质的电阻率参数,测量选用了 16MHz 和 24MHz 两个工作频率。

3. 测量方法及质量控制

用电磁波 CT 对岩溶进行探测时,首先需建立观测系统,在被探测区域的两边根据勘探深度各施工一个钻孔,一个钻孔中以一定的点距逐点激发地震波,另一个钻孔中以相同的点距用传感器逐点接收同一震源点激发的地震波信号,并记录地震波形信号。然后两孔互换发射机与接收机重新测量一次,并综合两次的测量结果进行层析处理,从而构建电磁波 CT 观测系统,形成一个观测剖面,见图 7.9。

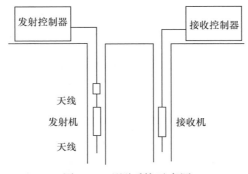

图 7.9　观测系统示意图

为控制电磁波 CT 方法测量工作的质量,首先需依据铁路工程物探规范指导测试工作,在测试中,对电磁波测量的全过程进行质量跟踪,并随机抽取一定比例的观测点作为对比重复观测采样点,确保测试误差在规定范围之内。

4. 测试成果的地质解释

以剖面 PM6-14-15 为例,对现场测试结果进行地质解释。电磁波 CT 反演可得到视吸收系数彩色 β_s 值分布色谱图。图 7.10 为钻孔 6-14 与钻孔 6-15 之间连线形成的测试剖面(PM6-14-15 剖面)的视吸收系数彩色 β_s 值分布色谱图。图中,采用 β_s 值等值线表示,等值线间区域颜色由图示方法构成,β_s 值越小,介质对电磁波的吸收越小,介质的性状越好;β_s 值越大,介质对电磁波的吸收越大,介质的性状越差。

CT 剖面图表明,灰岩中的溶洞由于有泥浆、沙、碎石之类的混合物充填,使电磁波通过这些部位时,能量被大量吸收,在图像上表现为深颜色的强吸收区域;而完整的灰岩地段,电磁波几乎是"透明"的,不发生吸收作用或吸收很小,在图像上表现为浅色区域。PM6-14-15 剖面的 CT 电性特征如下:PM6-14-15 位于 6-14 孔与 6-15 孔之间,井间距离为 6.0m,勘查深度为地面以下 5.0~26.5m。由 PM6-14-15 剖面的 β_s 分布特征,可以将该剖面分为两层:第 1 层地层深度为 5.0~20.4m,β_s=−0.5~3.0dB/m,推断为残积土含石层;第 2 层地层深度为 20.4~26.5m,β_s=3.0~4.5dB/m,岩性为中风化灰岩层。由于风化现象,第 2 层有 2 个 β_s 异常区域,即 R5-1 和 R5-2 区域,其电性特征如下:R5-1 区域的 β_s=6.0~8.0dB/m,深度为 8.0~16.0m,水平距离为 0~2.2m,形状近似为一长轴为 8.0m、短轴为 1.4m 的半椭圆形,推断其为无充填物溶洞;R5-2 区域的 β_s=4.0~4.5dB/m,深度为 21.1~26.3m,水平距离为 0.2~5.1m,其形状不规则,靠近 ZK6-14 井一侧异常深度为 22.6m,推断为其溶洞的充填物含岩石碎屑。

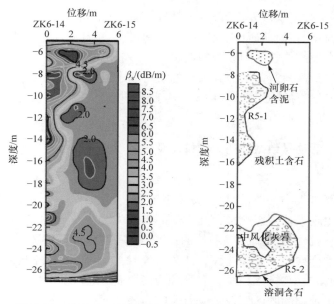

图 7.10　PM6-14-15 剖面电磁波层析成像色谱图及解释图

7.4　覆岩破断微震监测技术

7.4.1　微震监测技术

微震监测的主要依据就是各传感器(地音计)记录下的微震事件信号波形,该波形含有最新的事件发生时震源及其附近的岩石状态信息。微震研究主要是从信号波形中尽可能多地提取有用信息,如震源定位(震源半径)、发震时刻、震级大小(微震能级、震矩)、振动峰值速度、应力降及震源机制等,来表征岩石应力、应变的动态演变和围岩的最终破坏,这些参数可以对采场覆岩破断特征进行较精确的定量描述,由此推演覆岩空间破裂形态与采动应力场的关系。

微震监测技术在国外的发展较早[21],早在 1908 年,在德国鲁尔矿区波鸿就建立了第一个专门用于监测矿山地震的观测站,井下布置了早期的水平向地震仪,该仪器一直运行到第二次世界大战毁于战火;20 世纪 20 年代,在波兰的上西里西亚煤田,建立了第一个用于监测地震活动的地震台网,60 年代,波兰就利用微震监测技术对岩爆(冲击地压)进行研究,尤其在煤矿领域,微震监测系统几乎覆盖了该国整个煤矿系统;1939 年,南非为了研究矿山开采与地震活动的联系,在矿区地表组建包括五个子站的监测台网,主要的监测仪器为机械式地震仪,并从真正意义上揭示了矿山开采与地震活动性的关系;40 年代,美国矿山安全与健康管理局提出了采用微震法来监测采动岩层破裂特征。1958 年,我国应用中国科学院地球物理研究所研制的 581 微震仪首先进行矿山岩爆活动监测。此后,中国地震局、长沙矿山研究院等单位相继在河北唐山、北京门头沟和房山、江苏陶庄等地进行了矿山地震监测,设备也由地震仪替代为波兰的地音仪。

对于采矿工程,微震监测因其独到的实时动态监测特性,表现出巨大的发展潜力,人们将它与岩石的物理、力学性质结合起来进行广泛而深入的研究,做了大量的模拟及现场试验,取得巨大的进展。

7.4.2　由采矿活动导致微震的力学机理及分类

大量岩石力学试验表明,随着岩石被逐渐加压,内在缺陷被压裂或扩展或闭合,此时产生能级很小的声发射,当裂纹扩展到一定规模、岩石接近其破坏强度的一半时,开始出现大范围裂隙贯通并产生能级较大的声发射,称为微震或 MS。压力越接近岩石的极限强度,微震事件的次数越多,直至岩石破坏[22]。在煤矿采场推进过程中,工作面前方的煤体和岩体分为弹性区、塑性区和弹塑性区,对应着采动支承压力的原始应力区、高峰应力区和应力降低区。由实验室岩石强度试验可知,微震事件出现的高峰区应该是应力差的高峰区或岩石的极限强度区,高峰区与岩石的极限强度区是否重合取决于岩石性质和应力差分布。由采矿活动引起的岩石破裂产生的微震力学机理,可分为以下四类:

(1)高垂直应力、低侧压的压剪破坏(A 类)。这类应力环境主要存在于工作面前方支承压力高峰区和采空区两侧的煤体上。该应力及应力差的大小主要由采深和覆岩中基本顶结构的运动规律决定。

(2)高水平应力、低垂直应力条件下的压剪破坏(B 类)。高水平应力来源于厚层坚硬岩石(关键层)断裂前和断裂后在岩体结构中产生的水平推力或区域性水平构造应力[23]。

(3)单层或组合岩层下沉过程中由弯矩产生的层内和层间剪切破坏(C 类)。这类破坏大部分发生在采空区上方的岩层中,也有一部分发生在煤壁上方和前方的岩层中。

(4)拉张与剪切耦合作用产生的拉张和剪切破坏(D 类)。这类破坏主要是指厚层硬岩在煤壁附近先发生上部拉张破坏,后发生全厚度的剪切破坏,这类破坏在浅埋厚层硬岩采场较为常见。

上述四种力学机理中,微震事件的能级、密度和可监测性依次为 A>B>C>D。

7.4.3　煤柱两侧覆岩空间破裂与采动应力场关系的微震分析

1. 两侧煤体稳定型

以澳大利亚 South Blackwater、Southern 等煤矿煤柱两侧覆岩破裂演化微震监测为例[24]，当开采第一个工作面（即两侧为实体煤）或一侧采空且沿空侧煤柱很稳定时（煤柱足够宽，能有效地隔断上一个工作面采空区覆岩的重复运动），在煤壁前方出现支承压力作用下的微震事件群，两侧为实体煤的微震事件分布见图 7.11，在煤壁后方则出现微震事件包络线以内的顶底板破坏形态。一侧采空且煤柱稳定的微震事件分布见图 7.12。

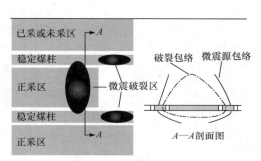

图 7.11　两侧煤体稳定条件下的微震分布

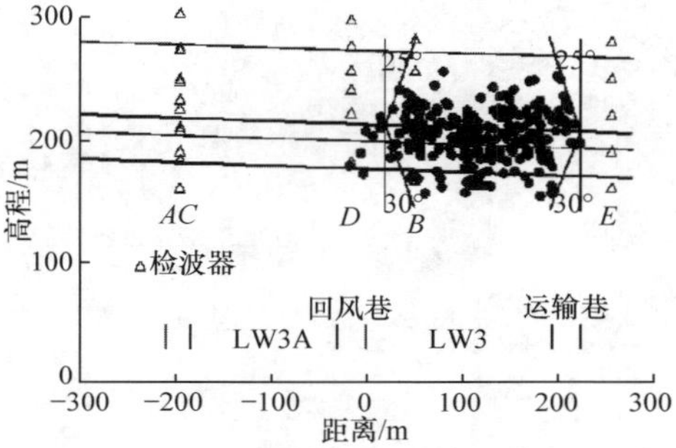

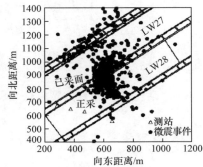

图 7.12　South Blackwater 矿微震观测剖面

2. 煤体一侧稳定、另一侧不稳定型

当煤柱不能隔断相邻工作面采空区岩层的重复活动时，两个工作面采空区的岩层将一起运动。此时，在开采工作面前方将出现应力"突角"，并出现大量微震事件。该侧微震和破裂包络线将出现大幅倾斜，见图 7.13。图 7.14 为澳大利亚 Appin 矿 LW28 工作面微震观测结果平面图。LW27 为已开采过的工作面，LW28 为正在开采的工作面。当工作面前方大范围出现密集微震事件时，工作面超前巷道的维护困难。

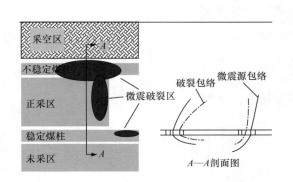

图 7.13　一侧采空且煤柱不稳定的微震分布

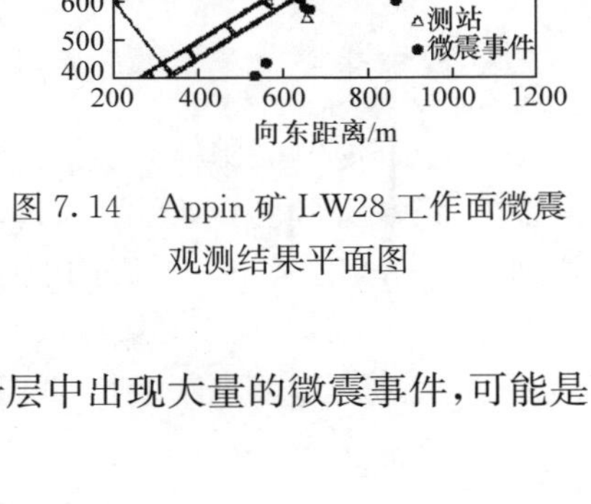

图 7.14　Appin 矿 LW28 工作面微震
观测结果平面图

3. 煤壁后方破坏型

在煤壁后方，运输巷一侧煤柱（实体）上方岩层中出现大量的微震事件，可能是

采场上方厚层坚硬岩层的断裂引起的,也可能是相邻工作面与本工作面顶板组成大结构共同作用于煤体上的结果。图 7.15 给出了微震位置和包络线示意图,图 7.16 为 Southern 矿 LW704 工作面微震观测结果平面图。

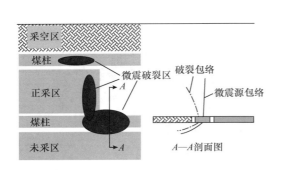

图 7.15　一侧采空、实体煤柱上方岩体微震分布

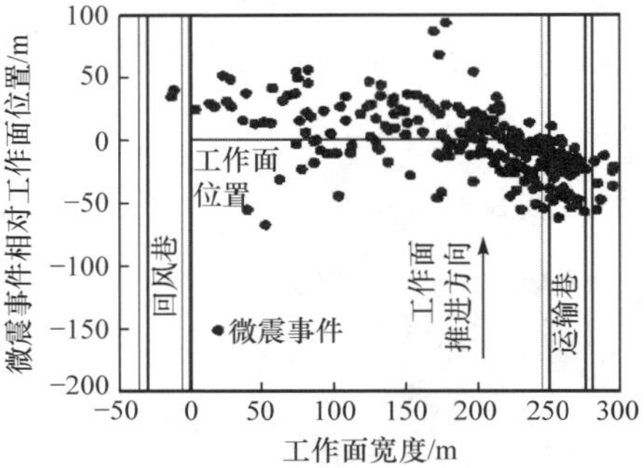

图 7.16　Southern 矿 LW704 工作面微震观测结果平面图

　　图 7.17 为工作面采空区岩层的小结构或与相邻工作面采空区岩层"连通"后产生的大结构运动过程中,在工作面后方实体煤柱上方岩体中产生微震的示意图。

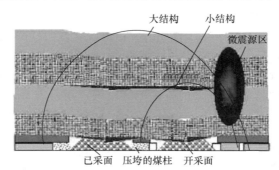

图 7.17　岩层小结构或大结构运动与微震分布的关系

7.4.4　采空区覆岩高位裂隙体特征微震监测案例

1. 裂隙体分布参数确定原则与微震监测优势

　　采动裂隙场(裂隙体)是整体的空间概念,如果要确定其分布状态,关键是要考察裂隙发育的高度 A 与宽度 B 这两个参数。另外,长度参数 C 能反映出工作面回采到一定阶段时采空区覆岩内裂隙场的发育状态(图 7.18)。尤其是对于覆岩含有巨厚坚硬岩层的情况,裂隙体发育特征更加明显。通常,随着工作面的不断前移,采空区覆岩裂隙不断发育、扩展直至连通。工作面后方覆岩裂隙场形成过程中

经历了不同的发育阶段,包括裂隙发育孕育期、裂隙发育剧烈期和裂隙发育衰退期。

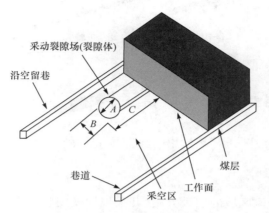

图 7.18　高位裂隙体分布参数

为了准确地确定采动裂隙场分布参数,就必须研究覆岩劣化过程中所表现出的微破裂(微震活动)前兆,而覆岩劣化诱发微破裂活动的直接原因则是覆岩中应力或应变增加。采动影响下,应力场的变化诱发了大量微裂纹的萌生、扩展及贯通,揭示了采动应力场与覆岩采动裂隙形成之间的时空内在联系和微破裂前兆规律。

微震监测技术充分发挥出其全方位监测煤岩对采动响应的优势,与常规方法相比,微震技术具有远距离、高精度、动态、三维监测的特点,而其最显著的特点是它可以对三维空间内的煤岩体性状进行 24h 主动不间断地监测,可以从煤岩体变形的最初始阶段开始,跟踪监测煤岩体内部从单元煤岩块的断裂到整个煤岩体失稳的渐进性破坏过程,通过对煤岩体微破裂时产生的弹性波的采集和分析,可以判断煤岩体破裂的空间位置、震级、能量释放等参数,从而显著提高了监测过程的科学性、准确性和超前性。

2. 监测区情况[25]

淮南矿区新庄孜矿 62114 工作面属于高瓦斯低透气性煤层群开采方式,瓦斯安全威胁大,水文地质条件较为复杂。该工作面属无突出危险煤层,作为首采卸压层开采,即保护层开采。工作面走向长 900m;上限标高−569m,下限标高−650m,采高 1.5m,平均倾向长约 145m,直接顶上部为 C15 煤,厚 0～0.8m,不稳定,法距为 2.0～3.0m;老底下部为 C13 煤,法距为 9～14m。另外,C15 和 C13 煤层为强突出煤层,是被卸压煤层,首采保护层 C14 保护 C15 和 C13,该工作面监测区域开采条件见图 7.19。

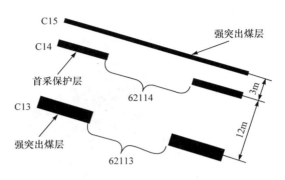

图 7.19　监测区域开采条件

3. 监测方案设计

在充分考虑监测区域的回采方案、开采规划及安装难易程度后,在 62113 与 62114 工作面分别布置 3 个和 2 个采集仪,这 5 个采集仪共与 30 个单轴传感器相连,采集仪之间串联后,将信号传递到地面(图 7.20)。传感器大部分布置在掘进面后方巷道内,部分布置在工作面底板巷内。传感器间距为 50~80m,局部加密为 20m,在工作面周围形成一个良好的立体包围空间阵列,监测工作面覆岩采动裂隙场形成的过程。

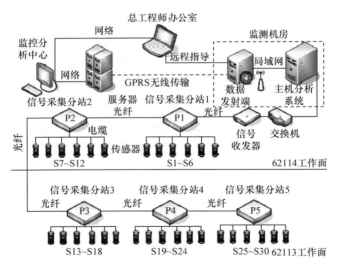

图 7.20　微震监测系统网络拓扑图

系统运行时,传感器接收到的信号通过双绞线传递给采集仪,5 个采集仪通过串联方式连接,而每个采集仪与 6 个单轴传感器相连接。之后,经过数模及光模转换,信号以光信号的形式传递到主机分析系统。最后,信号通过计算分析,转换成各个格式的数据库并保存在计算机内,可供主机系统操作并处理数据,然后,通过信息交换可供客户主机工程师使用,亦可通过与主机终端相连的 GPRS 发射端把数据库发送到远方的监控分析中心,以便监控人员实时了解系统的运行状况并进行科学分析,或通过专家系统的支持,把信息反馈给监控中心或现场技术人员。

　　图版 11 反映了采动裂隙场形成过程中微震事件及其等值密云图的演化规律,选取典型的 2009 年 7 月所监测到的沿工作面倾向方向上的微震事件及其等值密云图作为研究目标。微震事件图中,事件形状大小表示事件的能量大小,事件形状越大,表明能量越大,颜色的变化表示震级的大小,颜色由紫色向红色转变,表明震级就越大;而等值密云图中,等值线形状与颜色变化代表微震事件密度的分布情况,颜色由蓝色向红色过渡时,表明事件密度越大。从图版 11 中可以看出,监测期间(7 月),微震事件由 89 个逐渐增加到 232 个,事件积聚规模也不断地迁移并扩大;相应地,微震事件等值密云图也显示了事件密度的不断变化过程。在 2009 年7 月 1~3 日,89 个微震事件集中在靠近沿空留巷、下巷及工作面上方,采动裂隙场内并没有产生微震事件;同样,等值密云图也反映了在上述区域事件密度较大,说明采动下覆岩出现了微弱的层间离层裂隙,但采动裂隙现象不明显(图版 11(a))。在 2009 年 7 月 1~7 日,产生了 102 个微震事件,在前期的基础上,此时事件集中区域明显发生了变化,很明显地在采动裂隙场区域产生了微震事件;同样,等值密云图也说明在此区域事件密度较大,这就描述了采动裂隙场区域微裂隙开始孕育、扩展(图版 11(b))。之后,在 2009 年 7 月 1~25 日,事件不断增多,由 122 个增加到 182 个,在覆岩内产生了大量的事件,特别是采动裂隙场区域内,事件非常明显,并不断堆积延伸,事件密度的范围加大,这就说明在采动影响下,覆岩垮落大部分排列规则,并呈微弱弯曲下沉趋势,而采动裂隙不断得到发育,并相互沟通,不断向上及高位发展,以竖向裂隙为主,裂隙发育丰富(图版 11(c)~(f))。直至 2009 年7 月 31 日,最后微震事件达到了 232 个,事件累积现象明显,等值密云图事件密度分级更为细化突出,覆岩上方中部裂隙率减小,逐渐呈现压实状态,而采动裂隙场区域内,采动裂隙呈跳跃式发展,离层裂隙与竖向裂隙发育成熟,和下部不规则垮落带相连通,在采动裂隙区形成裂隙发育场(图版 11(g))。各图分别代表了不同时间段内的变化,左图为微震事件变化图,右图为微震事件等值密云图,比例尺为1：400。

　　整个监测期间,从沿工作面走向方向上来看,随着工作面的推进,裂隙场不断发育形成,且在采空区覆岩内分别沿工作面倾向方向呈周期性向前发育,再考虑到走向方向上的裂隙发育状况,最终在切眼、沿空留巷与下巷及工作面内侧上方形成采动裂隙场。从整体上来看,该采空区侧采动裂隙场发育形状是不一样的,并呈不规则分布状态,可看成一个不规则闭合的"圆柱形横卧体",整体上近似一个圆环形的裂隙带,见图版 12。

7.5　采动覆岩井上下联动"三位一体"综合观测方法

7.5.1　方法原理

大同煤矿集团联合中国矿业大学、辽宁工程技术大学、煤炭科学研究总院等单位,在研究石炭系坚硬顶板特厚煤层开采覆岩运动规律 10 多年的基础上,提出了覆岩运动特征监测的井上下联动"三位一体"综合观测方法[26]。

覆岩井上下联动"三位一体"将矿压的研究范围突破了基本顶的范围,科学地将采场矿压、岩层移动和地表沉陷作为一个有机整体予以研究,提出基于采空区应力演化特征反演覆岩破断运动规律的全新思路。在覆岩不同层位坚硬岩层(关键层)中布置位移测点,观测不同层位岩层运动特征,结合地表沉陷监测、井下(工作面、采空区)矿压显现监测等数据综合分析,实现了"地表-覆岩-采场"三位一体的岩层运动原位监测,为大空间采场大范围岩层运动特征研究提供了监测手段,覆岩井上下联动"三位一体"监测技术体系见图版 13。

井上下联动"三位一体"综合观测方法即是通过采场矿压、岩层运动、地表沉陷的综合观测,建立工作面来压期间覆岩不同层位岩层运动与支架来压之间的对应关系,揭示采动覆岩远近场关键层破断运动对采场矿压显现的作用机制,据此确定矿压显现的主控岩层,揭示矿压显现的发生机理,为矿压显现防治提供基础。

7.5.2　采动覆岩内部岩移的监测仪器及软件系统

为了全面揭示煤层开采后整个采动覆岩范围内的岩体运动规律,布置地面钻孔,结合覆岩关键层判别,在钻孔内部关键层位置布置位移监测点,以期掌握随工作面开采的上覆岩层内部运动位移变化。

岩层移动观测作为井上下联动"三位一体"综合观测方法的重点环节,自主研发了岩层内部移动监测设备(图 7.21～图 7.24),相对于国内外同类产品具有突出优势(表 7.3),充分保证岩层移动观测的准确性及持续性。

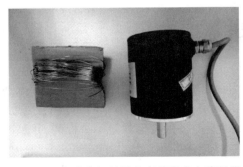

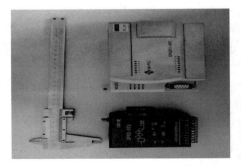

图 7.21　高强度钢丝绳和高精度光电编码器　　图 7.22　数据解析终端和数据无线发射器

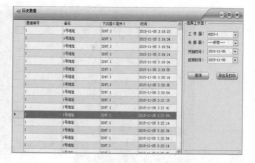

图 7.23　地面钻孔岩移装配图　　　　图 7.24　地面钻孔内部多点位移远程传输界面

表 7.3　地面钻孔内部多点位移监测系统技术指标对比

参数	最大孔深 /m	钻孔直径 /mm	位移范围 /m	分辨率 /mm	供电方式	数据记忆	传输方式
国内外岩移测试系统量程	<500	100~300	0~3	0.5	持续供电	无	本地存储
本系统	≤1000	90~150	0~20	0.1	可间断	有	本地存储＋无线传输

　　地面钻孔内部多点位移监测系统的最大钻孔深度为 1000m,钻孔直径范围较大(90~150mm),最大位移变化范围为 20m,分辨率为 0.1mm,可以由太阳能持续供电或蓄电池供电,如果出现断电异常,由于选用的是绝对型编码器,断电期间的位移变化数据重新上电后能自动监测,单套价格低。该系统采用无线远程与本地存储相结合的传输方式,位移监测范围大,技术指标完全满足大同双系特厚煤层开采要求,在多数指标上优于国内外同类产品。

7.5.3　"三位一体"综合观测方法应用

　　以大同煤矿集团同忻煤矿 8203 工作面为试验工作面展开"三位一体"实测研究,通过地面钻孔,布置岩层内部移动测点,通过高强度钢丝绳的牵引作用,破断岩层运动同步反映于地面孔口位移传感器,解析获取采动覆岩不同层位岩层移动量,同时结合采场矿压,建立采动覆岩关键层破断运动与采场矿压显现的对应关系。8203 工作面"三位一体"综合观测方法现场布置及测量见图 7.25~图 7.27。

　　基于采场矿压、内部岩层移动、地表沉陷实测及钻孔电视观测结果,发现 8203 工作面推进至岩移钻孔前后一段时间内,由钻孔电视直观反映的采动岩层运动如图 7.28 所示,由内部岩移数据定量反映的覆岩破断运动与工作面来压存在图 7.29 所示的对应关系,表明采动岩层破断运动导致钻孔堵孔位置上升及工作面来压现象,亦证明采动覆岩内部岩层运动监测仪器是可靠的。

图 7.25　采动覆岩内部移动设备安装示意图

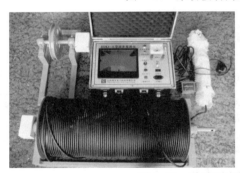

图 7.26　采动覆岩钻孔电视观测示意图

图 7.27　地表沉陷测量示意图

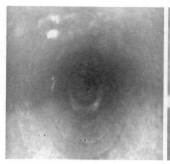

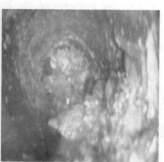

(a) 9月12日钻孔电视通孔完整　　(b) 9月13日钻孔电视-442m处堵死　　(c) 9月14日钻孔电视-360m处堵死

图 7.28　钻孔堵孔位置上升

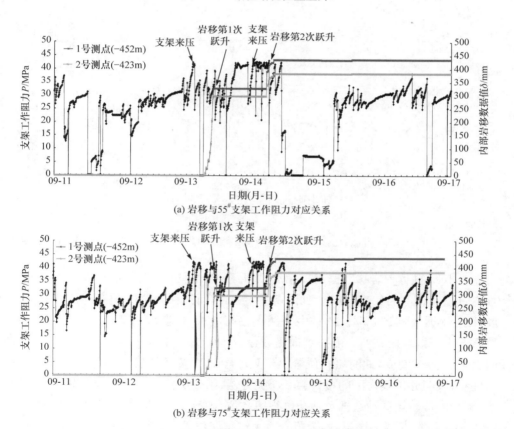

(a) 岩移与55#支架工作阻力对应关系

(b) 岩移与75#支架工作阻力对应关系

图 7.29　采动覆岩内部移动与工作面来压对应关系

2010 年 9 月 13 日上午岩移数据首次出现跃升,与此同时,工作面支架亦产生来压,见图 7.30,表明此时岩层已经发生破断运动。同时结合 9 月 12 日与 9 月 13 日中午两次钻孔电视观测结果(图 7.31)可知,9 月 12 日钻孔电视顺利向下探放至覆岩第 1 层关键层以下,表明此时覆岩第 1 层关键层尚未破断;而 9 月 13 日中午钻孔电视观测发现孔深－442m 处钻孔已经堵孔,表明此位置之下的覆岩第 1 层关键层已经破断运动,在控制软岩向上破断发展动态运动过程中得以捕捉。因此,综合内部岩层移动数据及钻孔电视堵孔位置变化可以发现,本次来压是覆岩第 1 层关键层破断运动所致。

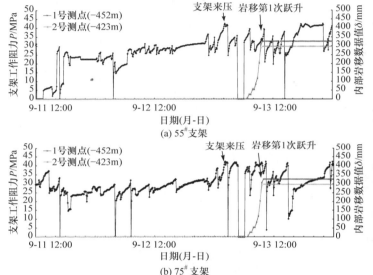

(a) 55# 支架

(b) 75# 支架

图 7.30　岩移数据第 1 次跃升与支架阻力

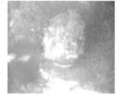

(a) 9 月 12 日全孔通畅

(b) 9 月 13 日－442m 处堵死

图 7.31　钻孔堵孔位置

　　9 月 13 日下午岩移数据出现第 2 次跃升,与此同时,工作面支架一直处于 9 月 13 日～14 日持续来压状态,见图 7.32。工作面顶板岩层破断高度持续向上发展,结合 9 月 13 日与 9 月 14 日中午两次钻孔电视观测结果(图 7.33),可知 9 月 13 日～14 日,岩层破断高度持续向上发展,不足 24h 内,钻孔堵孔位置由－442m 向上发展至－360m,此时堵孔位置已经处于覆岩主关键层底界面,结合覆岩关键层柱状,表明此位置之下的覆岩第 2 层关键层、第 3 层关键层均已经破断运动。因此,综合内部岩层移动数据及钻孔电视堵孔位置变化可以发现,本次来压是覆岩第 2 层关键层、第 3 层关键层,即为覆岩主关键层层位之下、煤层顶板之上 120m 范围内岩层破断运动所致。

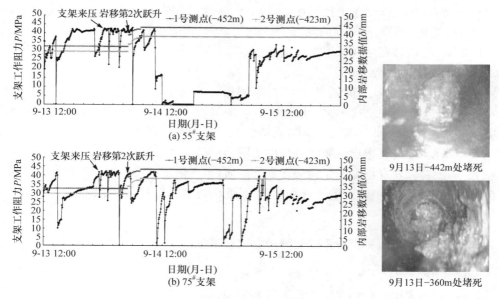

图 7.32　岩移数据第 2 次跃升与支架阻力　　　　图 7.33　钻孔堵孔位置

7.6　实验室覆岩采动裂隙放射性测量系统与方法

7.6.1　氡气工程领域应用分析

　　氡(Rn)是一种化学元素,通常的单质形态是氡气。氡气是人类所接触到的唯一具有放射性的惰性气体,其常态下无色无味,易溶于水和有机质[27]。通常所说的氡是指由铀(^{238}U)最终衰变而成的^{222}Rn,具有 3.82 天的半衰期,在煤、岩石和土壤中都普遍存在。氡在地质环境中除以气态方式迁移外,还以溶解态伴随地下水和土壤水迁移,其活动性较强,具有很强的迁移能力。

　　由于氡气具有放射性,即使浓度很小,也可被测出;同时它又具有惰性气体的地球物理化学性质,即可在微孔或微裂隙中传输和积聚,在地质工程及煤矿安全工程等领域中应用广泛。在地质勘察中,应用氡气寻找铀矿、进行地质填图、探测隐伏构造、寻找基岩地下水和地热、寻找石油天然气等已取得了成功经验[28,29]。在灾害地质研究中,根据土气(soil-gas)中氡气浓度的快速上升,或土壤、地下水中氡气浓度的快速变化,来预测地震、火山爆发和断层活动等方面也取得了一定成功[30]。在煤矿安全领域,应用氡气探测煤自燃火源点及老空区定位方面也取得一些成功实例。中国和澳大利亚实践[31,32]表明,利用煤层自燃区上方氡气浓度明显上升的特点,可快速定位出自燃点,为防灭火赢得宝贵时间。在煤矿老空区定位方面[33],由于地下煤炭开采前后地应力的变化,可造成采空区与非采空区地表氡气浓度的差异,通过在地面采用测氡法测量这一差异,可确定出采空区的位置与范围及采空区的准确边界。

在采场覆岩采动裂隙氡气探测方面,利用常态环境下,氡气易溶于水,氡气可从煤、岩层和土壤中逃逸出来,且逃逸方向为单向的垂直向上特性,分析覆岩中孔隙与裂隙网分布特征。岩层断裂与采动裂隙扩展可明显增加其运移速度和距离,且裂隙密度不同,其逸出的氡气数目也不同;裂隙发育区对应地表土壤中的氡气浓度大小,随裂隙发育程度及是否与含水层沟通,氡气浓度都将有明显的变化。通过分析地表土壤中氡气浓度的异常变化,可反演出裂隙的发育高度、发育程度及是否与含水层沟通。

7.6.2　氡气地表探测覆岩采动裂隙综合试验系统

张炜等[34]设计了氡气地表探测覆岩采动裂隙综合试验系统,主要由可调节二维/三维物理模拟试验台架、氡气输出装置、KJD-2000R 连续测氡仪等几大部件组成。

1. 二维/三维物理模拟试验台架

可调节二维/三维物理模拟试验台架是氡气地表探测覆岩采动裂隙综合试验系统的一个核心单元,主要由试验架架体、可视活动插板、氡腔以及机械式螺旋千斤顶装置等组成,试验台架结构设计及实物装置见图 7.34 和图 7.35。

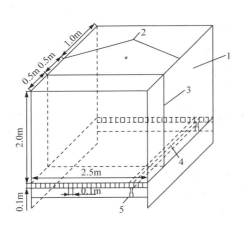

图 7.34　试验台架结构设计示意图
1-架体;2-插槽;3-活动插板;4-氡腔;5-千斤顶

图 7.35　试验台架实物装置照片

试验台架平台尺寸为 2.5m×2.0m,在 0.5m、1.0m 和 2.0m 三处可安装可视活动插板,可实现物理模拟试验台架在二维与三维之间的切换,最大模拟高度为 2.0m;整个架体由槽钢铰接而成,槽钢刚度大,可约束模型点的运动;试验台架架体底板由 25 根氡腔构成,氡腔可以代替模拟煤层,同时作为氡气释放的通道,模拟氡气在煤层底部均匀向上释放;每根氡腔的下部两端均对称设有可准确控制其升降高度的机械式螺旋千斤顶装置,通过升降千斤顶装置来模拟工作面煤层采高。

2. 氡气输出装置设计

综合试验系统中的氡气输出装置主要由浓度可控式氡源、循环泵、氡腔等通过直径 10mm 的塑料软管串联组成。氡源由一个壁厚约 1cm、直径 10cm、长 30cm 的钢桶制成,内装 1.4kg 沥青铀矿渣。沥青铀矿渣作为氡气的产生材料,其中含有少量的^{238}U,经过一系列衰变成为^{222}Rn,见图 7.36;循环泵给整个氡源输出装置串联系统提供一定的微气压,使系统中的氡气能够平稳循环,见图 7.37。

图 7.36　氡源　　　　　　　　　　　　　图 7.37　循环泵

氡腔:尺寸为 100mm×100mm×2000mm,采用两块 100mm 的槽钢外口相对焊接而成,对焊槽钢两端用矩形板焊接密闭,并在其中心位置开设直径 5mm 的圆孔。氡腔上表面开设密集微孔,用于氡气释放,见图 7.38。

连续测氡仪:选择 KJD-2000R 连续测氡仪(谱仪),它利用静电收集氡衰变子体进行连续测量,灵敏度较高,可以几分钟得出一个数据,并进行数据存储,操作方便,见图 7.39。

根据可调节二维/三维物理模拟试验架、氡源输出装置、循环泵、连续测氡仪等在综合试验系统中的具体位置和作用,并通过连接导管(塑料软管串联和直径 5mm 的橡胶软管连接模拟岩层与测氡仪)进行整体连接,完成整个综合试验系统组装,见图 7.40。

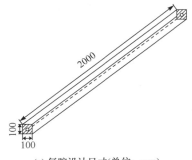

(a) 氡腔设计尺寸(单位: mm)

(b) 氡腔加工实物

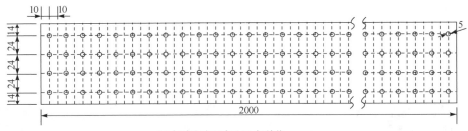

(c) 氡腔上表面布孔尺寸(单位: mm)

图 7.38　氡腔

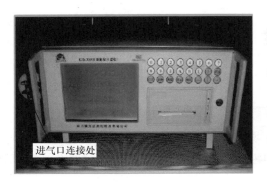

图 7.39　KJD-2000R 连续测氡仪

图 7.40　综合试验系统整体照片

7.6.3　综合试验系统应用案例

将综合试验系统应用于内蒙古神东矿区大柳塔煤矿 11203 工作面开采二维相似物理模拟试验中,研究其覆岩采动裂隙演化与氡气浓度变化之间的相关性。

1. 11203 工作面采矿地质条件

11203 综采工作面是大柳塔矿井首采工作面,工作面长度 150m,开采煤层为

1^{-2} 煤层,煤层平均倾角为 $3°$,平均厚度为 6m(沿底采高 4.5m,留 1.5m 顶煤),埋藏深度 50～60m,属于典型的浅埋煤层。

2. 相似模型参数

模型采用 1∶100 几何相似比,模型试验规格为长×宽×高＝2.5m×0.5m×0.8m,模型内煤层每 1h 开采一次,每次推进 10cm,约相当于回采工作面每天推进 10m。为了消除试验模型的边界效应,走向方向两边各留 0.3m 煤柱,模型实际回采长度 1.9m,共开采 19 次。

3. 相似材料配比选择

根据相似模拟研究的主要目的,开采煤层上覆岩层以单向抗压强度、弹性模量和泊松比为主要考虑指标,确定本试验相似材料选用沙子、碳酸钙、石膏按照材料强度相似比 $α_R＝167$ 配成。虽然模型材料氡气浓度与现场煤层氡气浓度并不存在相似关系,但试验主要研究采动裂隙动态演化过程与氡气浓度变化曲线形态特征的对应规律,因此,通过氡源提供一定的本底氡浓度进行试验,能够满足试验的完全性要求。

4. 试验模型制作

试验模型铺设之前,在试验台架相邻槽钢和氡腔等接触面涂抹黄油进行密封处理。在装填模型时,将配比好的每层相似材料较快地倒入模型架中,并用机械振动器夯实找平。在试验模型内共布置 9 个测点,为了监测不同岩层中氡气浓度的变化与采动裂隙发展过程之间的对应规律,基岩内不同深度布置 3 个氡浓度监测点;地表风积沙层表层布置 6 个测点(模型上表面 1cm 处),9 个测点均布设在模型宽度中截面上,采用直径 5mm 的橡胶软管与 KJD-2000R 连续测氡仪连接,测点布置参数见图 7.41。

5. 回采过程模拟

待模拟岩层达到预定力学条件、掌握各监测点氡浓度本底值、氡源系统平衡稳定后,即可开始模拟工作面回采。回采过程中,通过调节千斤顶装置,每小时下降 1 根氡腔,下降高度均为 4.5cm(相当于现场实际开采 4.5m),然后及时采用泡沫塞子涂抹黄油后堵塞下降造成的氡腔两头空隙,防止漏气,模型开采过程见图 7.42。

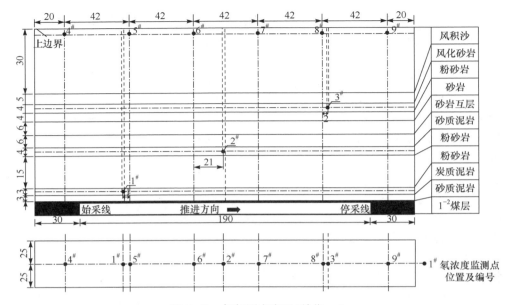

图 7.41　氢气测点布置(单位:m)

图 7.42　模型开采过程

6. 试验结果分析

采动裂隙演化规律分析:试验观测得出基本顶初次来压步距约 50m,周期来压步距约 20m。开切眼上方纵向裂隙发育,在基本顶初次破断来压后,基岩采动裂隙贯穿整个基岩层直至地表风积沙层,并一直未重新闭合。随着工作面继续推进,在此后的周期来压过程中,覆岩采动裂隙未再贯穿整个基岩层,采动裂隙在采空区后方逐渐闭合,在停采线附近采动裂隙未能完全闭合,工作面后方采空区上部至地表之间的覆岩呈整体下沉状,与现场实际情况基本相同,证明应用该综合试验系统进行的试验结果是正确的。

以 1# 测点监测数据为例说明采动裂隙演化与氡气浓度变化的对应关系。以工作面开采进度为横坐标，氡气浓度值为纵坐标作图，如图 7.43 所示。1# 测点埋设于开切眼前方 30m 处的基本顶岩层内，距离煤层 4.5m。由图 7.43 可以看出，由于距离下部氡腔较近，初始平衡时该测点氡气浓度平均值达 7400Bq/m³。随着工作面开采向前推进，1# 测点氡气浓度值开始呈小幅增长趋势；当工作面推进约50m 时，测点氡气浓度急剧升高，而后出现最大峰值，大小为 11928Bq/m³。由于1# 测点埋设在直接顶上部的基本顶岩层内，随着直接顶的垮落，采动裂隙不断发育，预测上部基本顶开始初次破断，开始初次来压，导致氡气浓度随之迅速升高。试验台架后部的可视活动插板处的观测结果证实了这一预测，同时也与现场实测的初次来压步距 48m 基本吻合。此后，随着工作面的不断推进，垮落带的岩层逐渐被压实，测点氡气浓度也随之缓慢降低，最终稳定平衡，氡气浓度平均值约6800Bq/m³，接近初始平衡时的浓度。

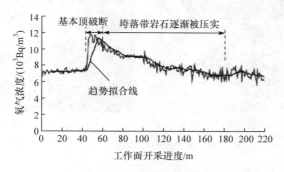

图 7.43　1# 测点氡气浓度变化曲线

7.7　巷道围岩裂隙探测技术

巷道围岩裂隙探测技术是指围岩松动圈探测，松动圈是巷道在特定的地质条件和力学环境作用下的综合反映，是了解围岩的力学性状和确定支护方式与支护参数的重要指标，因此松动圈厚度的准确测定是合理设计巷道支护的重要前提。目前，松动圈测试方法有很多，这里以数字钻孔摄像和地质雷达这两种简便而可靠的测试方法为例进行说明。

7.7.1　数字钻孔摄像法松动圈测试

1. 数字钻孔摄像法松动圈测试系统

数字钻孔摄像法松动圈测试系统总体结构见图 7.44。

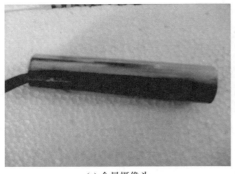
(a) 全景摄像头

(b) 深度测量轮

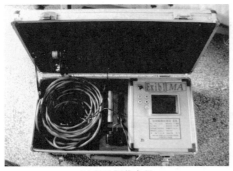
(c) 钻孔摄像主机

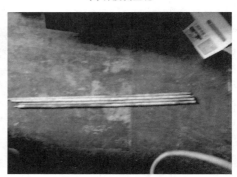
(d) 安装杆

图 7.44　钻孔摄像测试围岩松动圈系统

2. 数字钻孔摄像法松动圈测试步骤

数字钻孔摄像法松动圈测试的主要步骤见图 7.45。

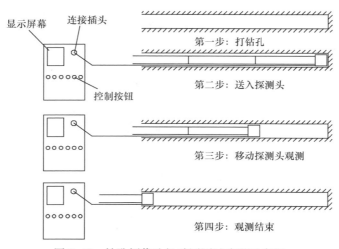

图 7.45　钻孔摄像法松动圈测试步骤示意图

在选定地点打钻孔,钻孔的直径要能够放入摄像头。钻孔打好后,将钻孔中的煤岩粉吹干净,以使摄像头采集的图像清晰。

将摄像头用金属杆送入钻孔内,直至摄像头到达钻孔底部。连接插头,打开电源,开启记录按钮,开始采集图像。

将数据线绕过深度指示仪的转轮,与金属杆同步缓慢向外拉动摄像头,使采集的图像与其所处的钻孔深度一致,直至钻孔口。当摄像头到达钻孔口时,关闭记录按钮,保证数据存储正确,准备下一个钻孔的测量。

将存储在主机内的钻孔视频文件通过 USB 接口转存于计算机,通过钻孔摄像软件对围岩内不同深度围岩的破碎情况进行直观分析(图 7.46),得出巷道围岩松动范围。

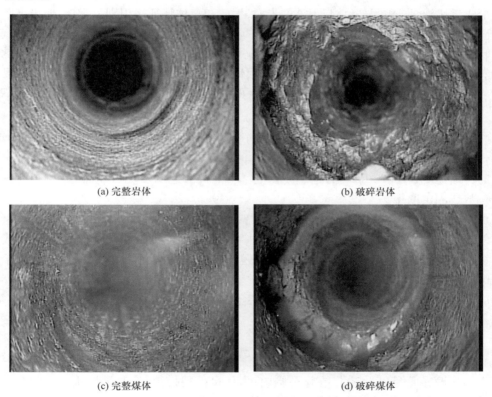

(a) 完整岩体　　　　　　　　　　　　　　(b) 破碎岩体

(c) 完整煤体　　　　　　　　　　　　　　(d) 破碎煤体

图 7.46　孔壁内围岩特征图

为了在钻孔数字摄像试验过程中获得比较清晰的图像,需要注意的内容:先对钻孔孔壁清洗,然后用高压风管将孔壁粉尘吹清;需要保持探头筒内的清洁,尤其是玻璃筒及反光镜处要干净;为了保持实时记录摄像过程中探头所处的位置,必须用光缆线紧紧地缠绕住绞车滑轮。

7.7.2　地质雷达法松动圈测试

1. 地质雷达法松动圈测试系统

地质雷达探测具有以下特点：无损探测；高分辨率；连续测量；可满足不同探测深度和精度需要（通过选择适当频率的天线实现）；可重复进行扫描，能原位检查测量结果；资料解释可引用反射地震中一些成熟的方法；设备轻便，操作简单、迅速，现场实时成像。

国际上先进的地质雷达有瑞典的 RAMAC/GPR 等。它通过记录电磁反射波信号的强弱及到达时间来判定电性异常体的几何形态和岩性特征，介质中的反射波形成雷达剖面，通过异常体反射波的走时、振幅和相位特征来识别目标体，便可推断介质结构，判明其位置、岩性及几何形态。从几何形态来看，地下异常体可概括为点状体和面状体两类，前者如洞穴、巷道、管道、孤石等，后者如裂隙、断层、层面、矿脉等。它们在雷达图像上有各自特征，点状体特征为双曲线反射弧，面状体呈线状反射，异常体的岩性可通过反射波振幅来判断，其位置可通过反射波的走时来确定。

$$h = \sqrt{v^2 t^2 + x^2/4}$$
$$v = c/\xi \tag{7-3}$$

式中，h 为地质体埋深；t 为反射波的到达时间；x 为天线距离；v 为电磁波在岩土中的传播速度；$c = 0.3\text{m/ns}$ 为电磁波在空气中的传播速度；ξ 为介电常数，可查有关参数或测定取得。

此外，通过合理选择天线频率，可以满足不同探测深度和精度的需要，实现重复扫描，并能原位检查测试结果。由于井下巷道是较小的封闭空间，对电磁波形成多次反射，加上巷道里的金属支架和设备也对电磁波形成强反射，故井下巷道对于电磁波法测试属于特别复杂的环境，只能选择屏蔽天线。考虑到巷道围岩松动圈的范围，选择 250MHz 屏蔽天线进行本次雷达测试。

2. 地质雷达法松动圈测试步骤

雷达测试围岩松动圈的原理是由于围岩松动圈是以围岩破坏产生宏观裂隙形成的物性界面为主要特征，在该范围内，岩体呈破裂松弛状，通过地质雷达围绕巷道断面一周进行扫描，则由地质雷达发出的电磁波在其中传播时，波形呈杂乱无章状态，无明显同相轴。当电磁波经过松动圈与非破坏区交界面（松动圈界面）时，必然发生较强的反射，从而可以根据反射波图像特征来确定围岩松动圈破坏范围，即松动圈厚度。

利用地质雷达具有不用钻孔的优点，可选择具有代表性的工程断面布置探测线，即断面的周边线或轴向线。在探测过程中，为了能够探测巷道内每个巷道断面测区围岩不同位置的松动圈厚度,在每个巷道断面两帮及顶板围绕巷道周边每20cm 选择一个探测点,将沿每条放射线的雷达图像记录下来,从而得出围岩松动圈厚度,见图 7.47。

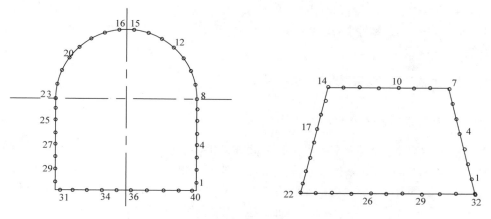

图 7.47　巷道围岩松动圈测点布置示意图

松动圈的典型雷达探测记录图见图 7.48(a)。由于巷道围岩松动圈内均为松弛破裂岩体,电磁波在其中传播时,波形较为复杂,反射波强度不一,且无明显的同相轴。而围岩松动圈外边界两侧岩体松散程度差异较大,电磁波经过该边界时必然发生较强的反射;而在松动圈之外,围岩基本完好,电磁波在其中传播时不会或仅出现较弱的反射信号。这样,在雷达剖面上就会出现两种典型的反射信号,在松

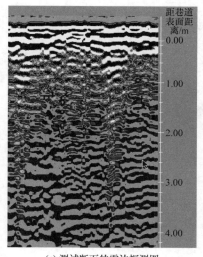

(a) 测试断面的雷达探测图

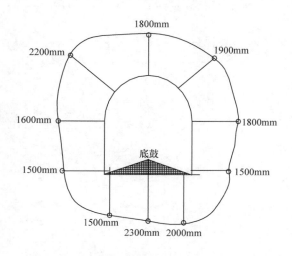

(b) 测试断面松动圈边界线(数据表示距巷道底板距离)

图 7.48　雷达探测松动圈结果处理示意图

动圈范围内有杂乱的雷达回波;在松动圈以外反射信号较弱。根据反射波组的雷达图像即可分析松动圈的大小。

为便于处理和解释,将断面的测试结果展布在测线上,横坐标表示测点编号,纵坐标表示探测深度。将每个测点的松动圈深度或者外边界绘制在对应的断面图上,再把这些点连接起来,即可得到图 7.48(b)所示的某个巷道断面的松动圈边界线。

7.7.3　大同矿区"双系"煤巷围岩松动圈测试

1. 石炭系煤巷围岩松动圈测试[35-37]

松动圈测点布置:永定庄煤矿是大同煤矿集团下属的百万吨矿井之一,开采历史悠久,多年来一直开采侏罗系煤层,目前,侏罗系煤炭资源已枯竭,逐渐转入下部石炭系煤层的开采,是石炭系煤层的矿井。对其进行松动圈测试能较好地反映出石炭系煤层松动圈的发展情况,进而为巷道快速支护系统的建立提供有利的条件。

经过综合比较,永定庄煤矿选择煤层较厚的 3-5# 煤层,厚度为 8.32 ~ 41.98m,平均 24.96m,顶板为炭质泥岩、高岭质泥岩,底板为炭质泥岩,属较稳定 ~ 不稳定煤层,具有代表性。在 3-5# 煤层延深皮带大巷中布置第一测站(距巷道口约 140m),分别用钻孔摄像和地质雷达进行松动圈观测,钻孔深 6m,孔径 28mm。第一测站平面位置见图 7.49,横断面测点布置见图 7.50,松动圈测试结果见表 7.4。

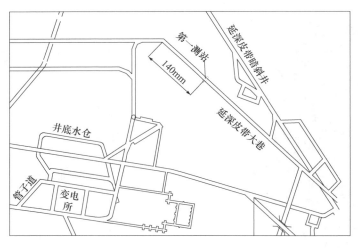

图 7.49　永定庄煤矿 3-5# 煤层第一测站平面位置图

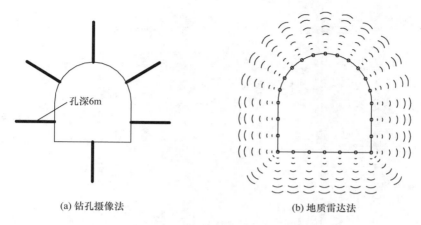

(a) 钻孔摄像法　　　　　　　　　　　(b) 地质雷达法

图 7.50　永定庄煤矿松动圈测试横断面测点布置图

2. 侏罗系煤巷围岩松动圈测试

以开采侏罗系煤层的晋华宫煤矿为例。考虑到松动圈测试钻孔施工的难易程度和巷道不同时期的松动圈厚度的差别,选取 12-3# 煤层 2105 巷进行松动圈测试,该巷道为在掘巷道,已完成掘进长度约 1000m,采用锚索网支护,共布置 2 个测站:第一测站距 2105 巷道口 700m,处于迎头新掘段,围岩力学环境还在调整过程中;第二测站距 2105 绕道口 10m,巷道基本已达到稳定,钻孔平面布置见图 7.51。每个测站在巷道两帮和顶板中部各钻一个松动圈测试钻孔,孔深 6m,直径 28mm,钻孔断面布置见图 7.52。

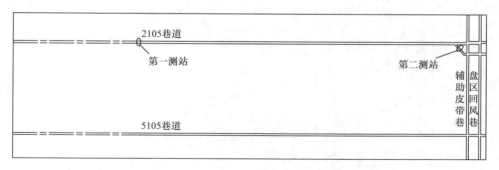

图 7.51　晋华宫煤矿 12-3# 煤层松动圈测站平面布置图

表 7.4　永定庄煤矿 3-5# 煤层盘区皮带巷松动圈测试结果

编号	测点位置	断面尺寸及支护形式	松动圈厚度/m				备注
			左帮	顶板	右帮	底板	
21-0001	距入口约280m	直墙拱，宽4.3m，高4.45m，锚网索喷支护	1.2	1.18~1.2	1.1~1.26	1.1~1.26	支护效果良好，左帮顶挂电缆，右帮中部水管两根，风筒在左水管旁，底板右侧水管一根，中线偏右皮带，偏左轨道
21-0002	距入口约226m		1.1~1.24	1.24~1.46	1.21~1.24	1.2	
21-0003	226~216m	底板轨道中间测线	—	—	—	1.08~1.4	由里向外拉
21-0004	216~226m	左帮测线，距底板约80cm	1.18~1.38	—	—	—	由外向里拉
21-0005	226~216m	右帮测线，距底板约80cm	—	—	1.09~1.4	—	由里向外拉
21-0006	距入口约185m	直墙拱，宽4.3m，高4.45m，锚网索喷支护	1.1~1.22	1.22~1.39	1.24~1.5	1.3	1~26左帮，下到上，25,26电缆;27~70顶板，左到右;71~95右帮，上到下,84水管2根;96~100底板
21-0007	距入口45m		1.18~1.38	1.2~1.4	1.3	1.21~1.3	1~22左帮，下到上，21,22电缆;23~91顶板，左到右;92~105右帮，上到下,99水管2根;106~140底板,110水管,130轨道,135轨道
21-0008	36~16m	左帮测线，距底板80cm，由里向外拉	1.32~1.6	—	—	—	
21-0009	16~36m	底板测线，由外向里拉	—	—	—	1.2~1.6	
21-0010	36~16m	右帮测线，距底板80cm，由里向外拉	—	—	1.18~1.51	—	

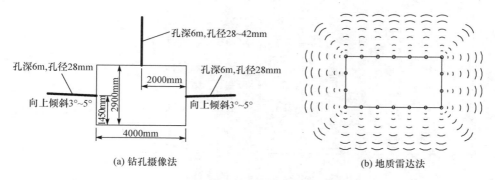

(a) 钻孔摄像法　　　　　　　　　　(b) 地质雷达法

图 7.52　晋华宫煤矿松动圈测试横断面测点布置图

晋华宫煤矿煤层围岩松动圈测试结果及分析如下：

第一测站距迎头较近，巷道开挖后应力调整剧烈，围岩松动圈还未充分形成，因此松动圈厚度较小，顶板为 0.1m，左帮为 0.15m，右帮为 0.09m，均为小松动圈围岩。

第二测站距迎头已经约 700m，完成掘进近 4 个月，应力调整早已结束，围岩松动圈得到了充分的演化，因此其顶板松动圈厚度为第一测站的 6.9 倍，为 0.69m；左帮处于三角煤柱中，应力集中程度大，反映到松动圈上就是其厚度明显增大，达到 0.97m，为第一测站的 6.5 倍；右帮为实体煤，承受集中应力的能力较大，与左帮相比松动圈厚度稍小，为 0.79m，为第一测站的 8.8 倍。从松动圈围岩分类来看，第二测站的围岩均为Ⅱ类中松动圈围岩，围岩较稳定，采用锚杆悬吊理论、喷层局部支护等原理进行支护设计，但左帮松动圈厚度接近 1m，在支护设计时应重点加强。

为了丰富松动圈测试成果，并为松动圈智能预测提供大量的学习数据，同时考虑到煤矿钻孔的难度，采用地质雷达对 7# 煤-轨道巷（半煤岩）、7# 煤-307 盘区回风巷、8# 煤-盘区回风巷（半煤岩）、8# 煤-轨道巷（半煤岩）、11# 煤-总回风巷、11# 煤-轨道巷（煤巷）、12# 煤-轨道巷、12# 煤-东翼回风巷、12# 煤-301 南翼总回风巷（盘区回风巷）等不同岩性、不同断面形式的大巷进行了松动圈测试。各巷道松动圈测试结果见表 7.5。

表 7.5　晋华宫煤矿地质雷达松动圈测试结果汇总表

巷道名称	编号	测点位置	断面尺寸及支护形式	松动圈厚度/m				备注
				左帮	顶板	右帮	底板	
7#煤-轨道巷	5-02	距猴车巷约20m	矩形，宽4.66m，高3m，锚杆支护	1.22~1.42	1.22~1.44	1.2~1.32	1.38~1.4	半煤岩巷道，顶板4根锚杆，间排距1m×1m，两帮无支护
	2-01	距猴车巷约40m，起坡点	矩形，宽4.8m，高2.75m，锚杆支护	1.36~1.4	1.3~1.4	1.18~1.3	1.38~1.46	顶板4根锚杆，间排距1m×1m，两帮无支护
7#煤-307盘区回风巷	4-12	距入口60m	矩形，宽4.3m，高2.4m，锚喷支护	1.2~1.38	1.34~1.44	1.26~1.39	1.2	局部无网，两帮无支护
	4-13	距入口约150m		1.44~1.58	1.48~1.58	1.4~1.48	1.44~1.54	
8#煤区回风巷	4-14	距入口约80m	矩形，宽4.65m，高2.7m	1.22~1.6	1.22~1.59	1.12~1.22	1.32	半煤岩巷道，局部底部约10cm
	4-15	距入口约200m	矩形，宽4.3m，高2.5m	1.1~1.14	1.1~1.33	1.1~1.3	1.3~1.38	
8#煤-轨道巷	4-17	距出口50m	矩形，宽4.7m，高2.76m	1.3~1.6	1.3~1.67	1.24~1.3	1.12	半煤岩巷道，顶板左脚挂电缆，不影响测量
	4-19	距出口20m	矩形，宽5.4m，高2.6m	1.1	1.1~1.21	1.2~1.44	1.21~1.47	右帮挂水管，不影响测量
	4-01	距入口约150m	矩形，宽4.46m，高2.9m，锚喷支护	1.68	1.5~1.64	1.64	1.8~1.89	顶板4根锚杆，间排距1m×1m，两帮喷混凝土，无锚杆；两帮喷混凝土，左帮无锚杆无网，左帮节理发育，右帮节理严重，底板潮湿落；右帮片帮严重，喷板潮湿
	4-02	距入口约120m	矩形，宽4.75m，高2.61m，锚喷支护	1.68~1.8	1.68~1.82	1.68~1.79	1.8	
11#煤-总回风巷	4-03	距入口80m	矩形，宽4.26m，高2.12m，锚喷支护	1.76~2.0	1.8~1.84	1.71~1.78	1.75~1.89	
	4-04	距入口30m	矩形，宽4.5m	2	2.07~2.04	1.67~1.80	1.67~1.87	
	4-05	距入口30m					1.64~1.86	底板测线，测线长16m
	4-06	距入口30m		1.91~2.02	—	—	—	左帮测线，测线长16m
	4-07	距入口30m		—	—	1.66~1.75	—	右帮测线，测线长16m

续表

巷道名称	编号	测点位置	断面尺寸及支护形式	松动圈厚度/m				备注
				左帮	顶板	右帮	底板	
11#煤-轨道巷	4-10	距入口约20m	矩形，宽4.15m，高2.66m，锚网喷支护	1.96~2.05	2.0~2.06	1.78~2.00	1.86~1.90	煤巷,顶板4根锚杆,间排距1m×1m,喷混凝土;两帮锚网喷,2排锚杆,锚网五花布置,左帮片帮严重,右帮喷混凝土脱落
	4-11	距入口约50m		1.98~2.02	1.8~1.98	1.74~1.78	1.90	
12#煤-轨道巷	1-02	交叉口右巷道向里30m	直墙拱，宽3.73m，高3.33m，喷混支护	1.2~1.4	1.3~1.4	1.4~1.74	1.36	底板煤泥厚约30cm
	1-01	交叉口向外5m	直墙拱，宽5.1m，高3.33m，喷混支护	1.18~1.36	1.4~1.46	1.3~1.4	1.32~1.38	底板无煤泥,较干
12#煤-东翼回风巷	1-03	距入口80m	矩形，宽4.1m，高2.56m，锚网支护	1.2~1.32	1.52~1.88	1.16~1.3	1.28	顶板3根锚杆,间排距1m×1m,右帮一排锚杆,左帮无,左帮中部片帮,左帮剥落约15cm
	1-04	距入口70m		1.06~1.24	1.2~1.74	1.12~1.24	1.24	
	1-06	距入口30m	矩形，宽4.9m，高2.3m，锚网支护	1.15~2.32	1.96~2.22	0.96	1.15~2.06	
	1-07	距入口20m		1.28	1.8~2.28	1.2	1.28~1.44	

续表

巷道名称	编号	测点位置	断面尺寸及支护形式	松动圈厚度/m 左帮	顶板	右帮	底板	备注
12#煤-301南翼总回风巷(盘区回风巷)	1-08	距入口约150m	矩形,宽4.4m,高2.8m,锚索网支护	1.46~1.6	1.4~1.6	1.3~1.4	1.5~1.58	顶板4根锚杆,间距1m,锚索1排,间距4m,左右帮五花布置锚杆,挂金属网
	1-09	距入口120m	矩形,宽4.4m,高2.6m,锚索网支护	1.18~1.39	1.14~1.32	1.14	1.15	
	1-10	距入口70m,距5108绕道15m	矩形,宽4.5m,高2.26m,锚索网支护	1.38~1.48	1.3~1.5	1.18~1.3	1.38	
	2-02	距入口90m	矩形,锚索网支护	—	—	—	0.92~1.29	底板测线,长20m
	2-03	距入口90m		—	—	1.2~1.57	—	右帮测线,长20m,实体帮
	2-05	距入口90m		1.3~1.52	—	—	—	左帮测线,长20m,左侧采空
	3-01	距入口60m	矩形,宽3.6m,高2.92m,锚索网支护	1.28~1.56	1.38~1.4	1.33~1.42	1.28~1.37	顶板4根锚杆,间距1m,锚索1排,间距4m,左右帮五花布置锚杆,挂金属网
	3-02	距入口30m	矩形,宽4.95m,高2.5m,锚索网支护	1.26~1.42	1.3	1.28~1.49	1.2~1.3	
	3-03	距入口10m	矩形,宽4.4m,高2.63m,锚索网支护	1.3~1.49	1.3~1.38	1.38~1.48	1.4	

参 考 文 献

[1] 曲相屹,李学良. 钻、物探技术在采空区注浆效果检测中的应用[J]. 金属矿山,2013,(2)：
151-155

[2] 中国水利电力物探科技信息网. 工程物探手册[M]. 北京：中国水利水电出版社,2011

[3] 李学良,田迎斌. 煤矿采空区探测技术分析及应用[J]. 河南理工大学学报(自然科学版),
2013,32(3)：277-280

[4] 申宝宏,孔庆军. 综放工作面覆岩破坏规律的观测研究[J]. 煤田地质与勘探,2000,28(5)：
42-44

[5] 尹增德,李伟,王宗胜. 兖州矿区放顶煤开采覆岩破坏规律探测研究[J]. 焦作工学院学报,
1999,18(4)：235-238

[6] 程久龙. 岩体破坏弹性波CT动态探测试验研究[J]. 岩土工程学报,2000,22(5)：555-568

[7] 程久龙,刘斌,于师建,等. 覆岩破坏直流电场特征数值计算[J]. 计算物理,1999,16(1)：
54-58

[8] 张玉军. 钻孔电视探测技术在煤层覆岩裂隙特征研究中的应用[J]. 煤矿开采,2011,16(3)：
77-80

[9] 李树志,李学良. 钻孔电视探测技术在采空区注浆效果检测中的应用[J]. 煤矿安全,2013,
44(3)：147-149

[10] 李太启. 冲洗液法＋钻孔电视在采空区探测中的应用[J]. 金属矿山,2015,44(6)：144-148

[11] 郭贵安,魏柏林. 井间电磁波CT技术在溶洞探测中的应用[J]. 华南地震,1999,19(4)：
28-34

[12] 李荣先,张志豪,周训军. 电磁波CT探测溶洞问题探讨[C]//第九届全国工程地质大会,青
岛,2012

[13] 李永涛,陶喜林,余建河,等. 井间电磁波CT技术在长江大堤岩溶探测中的应用[J]. CT理
论与应用研究,2009,18(1)：55-62

[14] 付晖. 电磁波CT在水利水电工程岩溶探测中的应用[J]. 人民长江,2003,34(11)：26-27

[15] 蔡加兴. 电磁波CT技术在水库堤坝隐患探测中的应用[J]. 人民长江,2002,33(1)：21-22

[16] 佘建峡,李枝文,宋伟,等. 电磁波技术在矿井物探中的应用[J]. 工程地球物理学报,2015,
12(1)：55-58

[17] 欧阳立胜. 电磁波CT技术在探测堤坝工程中的应用[J]. 华南地震,2002,22(1)：64-69

[18] 刘海军,常东超. 地下电磁波CT法在工程勘查中的应用[J]. 新技术新工艺,2010,30(8)：
52-54

[19] 朱亚军,龙昌东,杨道煌. 井间电磁波CT技术在地下孤石探测中的应用[J]. 工程地球物理
学报,2015,12(6)：721-725

[20] 罗彩红,邢健,郭蕾. 基于井间电磁CT探测的岩溶空间分布特征[J]. 岩土力学,2016,
37(增 1)：669-673

[21] 程爱平. 底板采动破坏深度微震实时获取与动态预测及应用研究[D]. 北京:北京科技大
学,2014

[22] 窦林名,何学秋.冲击矿压防治理论与技术[M].徐州:中国矿业大学出版社,2001

[23] 钱鸣高,缪协兴,许家林,等.岩层控制的关键层理论[M].徐州:中国矿业大学出版社,2000

[24] 姜福兴,Luo X,杨淑华.采场覆岩空间破裂与采动应力场的微震探测研究[J].岩土工程学报,2003,25(1):23-25

[25] 刘超,李树刚,薛俊华,等.基于微震监测的采空区覆岩高位裂隙体识别方法[J].中国矿业大学学报,2016,45(4):709-716

[26] 朱卫兵,许家林,施喜书,等.覆岩主关键层运动对地表沉陷影响的钻孔原位测试研究[J].岩石力学与工程学报,2009,28(2):403-409

[27] 吴慧山,林玉飞,白云生,等.氡测量方法与应用[M].北京:原子能出版社,1995

[28] 刘汉彬,尹金双,崔勇辉.土壤氡气测量在鄂尔多斯盆地西缘砂岩型铀矿勘查中的应用[J].铀矿地质,2006,22(2):115-120

[29] Ciotoli G,Etiope G,Guerra M,et al.Migration of gas injected into a fault in low-permeability ground[J].Quarterly Journal of Engineering Geology and Hydrogeology,2005,38(3):305-320

[30] 金培杰.氡气测量在骊山北坡坡体病害工程地质研究中的应用效果[J].中国地质灾害与防治学报,1996,7(2):68-72

[31] 金智新,白希军,王爱国.煤矿地下多层火区探测技术研究与应用[J].华北科技学院学报,2006,3(1):9-13

[32] Xue S,Dickson B,Wu J.Application of ^{222}Rn technique to locate subsurface coal heatings in Australian coal mines[J].International Journal of Coal Geology,2008,74(2):139-144

[33] 唐岱茂,白春明,贾恩立,等.用测氡技术探测采空区位置与范围的探讨[J].山西矿业学院学报,1995,13(1):18-22

[34] 张炜,张东升,马立强,等.一种氡气地表探测覆岩采动裂隙综合试验系统研制与应用[J].岩石力学与工程学报,2011,30(12):2531-2539

[35] 大同煤矿集团公司,中国矿业大学(北京).塔山矿综放工作面临空开采动压显现治理[R].2011

[36] 大同煤矿集团公司,天地科技股份有限公司.深部特厚煤层多次采动巷道围岩综合应力场演化及支护技术[R].2015

[37] 大同煤矿集团公司,中国矿业大学.特厚煤层综放工作面大变形回采巷道离层监测及超前支护技术[R].2016

第 8 章 大空间采场坚硬顶板矿压显现规律

8.1 大结构对采场矿压显现的影响

同忻煤矿石炭系 3-5# 煤层为特厚煤层、顶板存在多层厚的坚硬岩层,矿压显现具有特殊性。坚硬顶板关键层的破断控制着工作面的矿压显现规律,3-5# 煤层 8105 工作面矿压显现主要受上覆亚关键层Ⅰ、亚关键层Ⅱ和主关键层破断的控制。

亚关键层Ⅰ破断分析:初次破断距为 30.1m,破断前下方自由空间高度 △ 为 12.7m,对应工作面推进到 33.2m,发生初次垮落。亚关键层Ⅰ初次垮落工作面矿压显现不明显,周期破断距为 24m,造成工作面周期小压。此时压力拱发育到亚关键层Ⅰ位置,见图 8.1[1,2]。

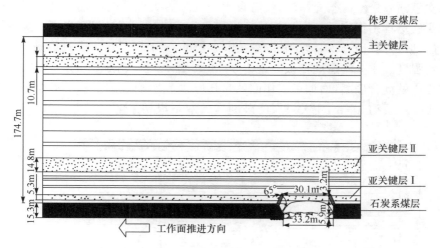

图 8.1 8105 工作面推进 33.2m 亚关键层Ⅰ垮落特征(初次垮落)

亚关键层Ⅱ破断分析:初次破断距为 38.9m,破断前下方自由空间高度 △ 为 15m,对应 8105 工作面推进到 69.4m,发生初次破断。亚关键层Ⅱ对上覆 32.4～143.5m 范围内的岩层起主要支撑作用,其破断造成工作面初次来压,初次来压步距为 69.4m,压力拱发育到亚关键层Ⅱ位置,见图 8.2。亚关键层Ⅱ周期破断距为 31.8m,造成工作面周期大压,基本顶周期大压步距为 31.8m。

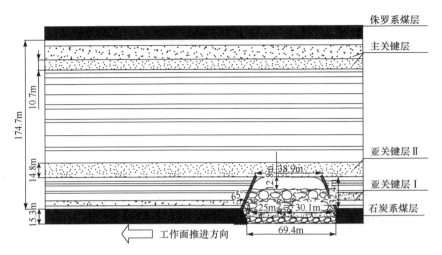

图 8.2　8105 工作面推进 69.4m 亚关键层 II 垮落特征（基本顶初次来压）

主关键层破断分析：初次破断距为 43.1m，破断前下方自由空间高度 Δ 为 8.3m，对应 8105 工作面推进到 178m，主关键层发生初次破断，见图 8.3。主关键层初次破断后采空区被充填满，没有自由空间。主关键层的周期性破断是在采空区压实的过程中挠度逐渐增加超过允许值且主关键层岩梁达到破断距的条件下发生，采空区垮落矸石对关键层破断载荷起到缓冲作用，降低了主关键层破断时的矿压显现强度。主关键层周期破断距为 35.3m。主关键层与亚关键层 II 在工作面推进过程中的耦合破断，增加了工作面的来压强度和影响范围。主关键层距上覆侏罗系 14# 煤层约 6.2m，主关键层的破断导致双系煤层采空区连通，造成工作面采

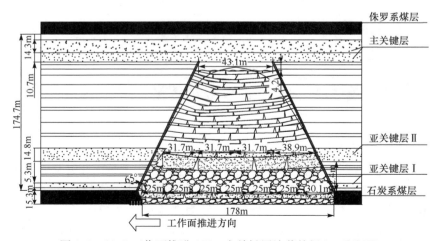

图 8.3　8105 工作面推进 178m 主关键层垮落特征（双系连通）

动影响范围大,影响工作面后方 169~178m 范围。工作面推进过程中形成的覆岩
垮落特征见图 8.4。8105 工作面关键层破断对矿压的控制规律见表 8.1。

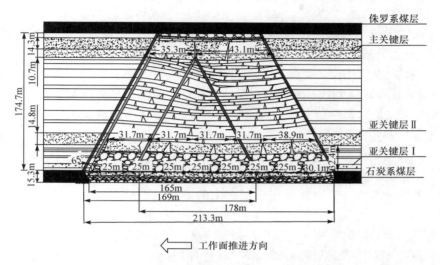

图 8.4　8105 工作面主关键层破断后覆岩垮落特征(矿压影响区域)

表 8.1　8105 工作面关键层破断对矿压的控制规律

关键层破断		工作面推进长度/m				
		33.1	69.4	178.0	209.7	213.3
亚关键层 I	初次破断距 30m 周期破断距 24m	初次破断; 周期小压	周期破断	周期破断	周期破断	周期破断
亚关键层 II	初次破断距 39m 周期破断距 31m	未破断	初次破断; 周期大压	第 3 次周期破断; 周期大压	第 4 次周期破断; 周期大压	协同主关键层破断; 周期大压
主关键层	初次破断距 43m 周期破断距 35m	未破断	未破断	初次破断	未破断	第 1 次周期破断
理论分析矿压特征		周期小压	基本顶初次来压; 周期大压	周期大压; 采空区后方影响范围为 178m	周期大压	周期大压; 采空区后方影响范围为 169m
现场监测矿压特征		初次来压步距 90~110m;周期小压步距 15~20m;周期大压步距 30~40m; 工作面前方采动应力影响范围为 0~90m,距工作面 10~30m 范围内矿压显现强烈;工作面后方采动应力影响范围 0~200m				
侏罗系对石炭系的影响		不影响	不影响	双系煤层连通,有影响	影响工作面后方采空区	双系煤层连通,有影响

根据 8105 工作面关键层破断对矿压的控制分析,8105 工作面回采过程中,受主关键层和亚关键层破断过程中形成不同尺度的类拱"大结构",低位关键层形成的各种尺度的"大结构"失稳,导致工作面产生周期大压和周期小压的复合矿压现象。高位主关键层破断前,采场形成真正的覆岩大结构,导致工作面矿压显现影响范围大,理论分析主关键层的破断影响工作面后方 169~178m 的范围(该范围不包括拱脚的影响范围,是拱脚内部尺寸范围),这与现场工作面后方临空巷道约 200m 处矿压显现强烈较一致。石炭系特厚煤层综放工作面矿压显现特点如下:

(1)采动应力影响范围大。理论分析工作面后方矿压影响范围为 169~178m 的主要原因是主关键层覆岩大结构周期失稳。

(2)工作面具有周期大压和周期小压的复合矿压现象。根据现场观测和理论分析,工作面周期大压产生的主要原因是工作面亚关键层 Ⅱ 破断或亚关键层 Ⅱ 和主关键层同时破断;工作面周期小压产生的主要原因是工作面亚关键层 Ⅰ 周期破断。

(3)主关键层对上覆侏罗系煤层群采空区与石炭系煤层工作面之间的联系起主要控制作用。主关键层距上覆侏罗系 14# 煤层约 6.2m,主关键层破断导致石炭系煤层工作面和采空区与侏罗系煤层群采空区通过裂隙连通。

8.2　大同矿区石炭系特厚煤层采场矿压显现规律

8.2.1　塔山煤矿石炭系特厚煤层采场矿压显现规律

1. 塔山煤矿石炭系煤层 8102 工作面矿压显现规律

1) 8102 工作面开采条件[3-8]

8102 工作面为塔山煤矿首采工作面,主采石炭系 3-5# 煤层是特厚煤层,厚度为 9.65~29.21m,平均厚度为 15.72m,采用综采放顶煤开采工艺。煤层倾角为 1°~5°,埋深 300~500m,夹矸 6~11 层,层厚一般为 0.2~0.3m,最大 0.6m。由于受岩浆岩侵入的影响,造成上部出现一层 2~4m 的变质煤带。煤层由上至下节理、硬度不同:上部煤层节理非常发育、质软,夹矸层多;下部煤层节理较发育,f 值为 2~4,下部 7m 厚度范围夹矸 2 层。

底板多为砂质、高岭质、炭质泥岩、泥岩及高岭岩,少量粉砂岩、细砂岩,f 值为 4~6。顶板为复合结构,多为不同岩性的薄层岩石互层的相间结构。

直接顶主要是高岭质泥岩、炭质泥岩、砂质泥岩,局部为煌斑岩石层,顶厚度为 6~12m,平均厚 8m。

基本顶层位、岩性不稳定,岩性主要为厚层状中硬以上粗粒石英砂岩、砂砾岩,厚度 20m 左右。炭质泥岩、高岭质泥岩的单向抗压强度为 10.3～34.5MPa,平均为 21.0MPa;砂质泥岩的单向抗压强度为 31.3～34.4MPa,平均为 32.5MPa;火成岩的单向抗压强度为 51.3～56.5MPa,平均为 54.4MPa。

8102 工作面顶底板条件见表 8.2,8102 工作面综合柱状图见图 8.5。

表 8.2　8102 工作面顶底板情况

顶底板名称	岩石名称	厚度/m	坚固性系数 f	特性
基本顶	粉砂岩	>30	11.6	下部为深灰色粉砂岩及砂质泥岩,局部赋存岩浆岩,厚度 0.4～1.8m,中夹 1～2 层煤线。上部以深色及灰白色中、粗砂岩及细粉砂岩为主,局部地段有细砾岩 1～2 层,厚度在 3.0～5.0m,以及砂质泥岩
直接顶	细～中砂岩	0.51～30.00	10.7	下部为深灰色及灰黑色高岭岩,以及 2# 煤层,局部赋存,中夹岩浆侵入体,局部分叉 2 层以上。中部为灰白色粗砂岩及含砾岩细砂岩,局部夹薄层粉砂岩或多层煤线。上部为山4# 煤
伪顶	无	0.01～0.5	—	灰黑色炭质泥岩、高岭质岩,局部为白色煌斑岩
直接底	细砂岩	0～5.52	10.7	棕色高岭质泥岩,南部较薄,局部相变为深色粉砂岩
老底	中砂岩或粗砂岩	5.2～10.90	4～6	灰白色中或粗砂岩,以石英、长石为主,少量暗色矿物

该工作面地层为近似走向东西、倾向北西的单斜构造,倾角为 3°左右,局部可达 5°以上。煤层垂直节理发育,致使煤层的完整性遭到破坏。工作面在掘进中揭露了 10 条门帘石冲刷体和 1 条岩浆岩冲刷体,其宽度为 0.15～1.50m。

2) 8102 工作面矿压观测结果

8102 工作面在回采期间共计来压 77 次,其中包括基本顶初次破断及 76 次基本顶周期破断。

当工作面推进 11m 左右时,50#～60# 支架后上方顶煤开始垮落,初次垮落高度为 2.0m 左右;随着工作面的继续推进,顶煤垮落范围逐渐扩展到 45#～67# 支架,垮落高度为 5～6m;工作面平均推进 15m 时,顶煤的垮落范围扩展到 32#～82# 支架,垮落高度达到 10m 左右;当工作面平均推进 21.75m 时,顶煤基本全部垮落。

根据现场矿压记录情况,分析得到顶煤初次垮落步距约为 12m,直接顶初次垮落步距约为 35m,基本顶初次破断步距为 50m;工作面推进过程中,由于地质构造、顶板结构特征和推进速度等的差异性,基本顶周期来压步距变化较大,变化范围为 18～21.7m。工作面每次来压时支架压力较大,可达到 10000kN 以上,工作面中部压力显现明显。

地层时代	深度/m	柱状 1:500	层厚/m 最小~最大 平均值	岩石名称	岩性描述
二叠系山西组	380.88	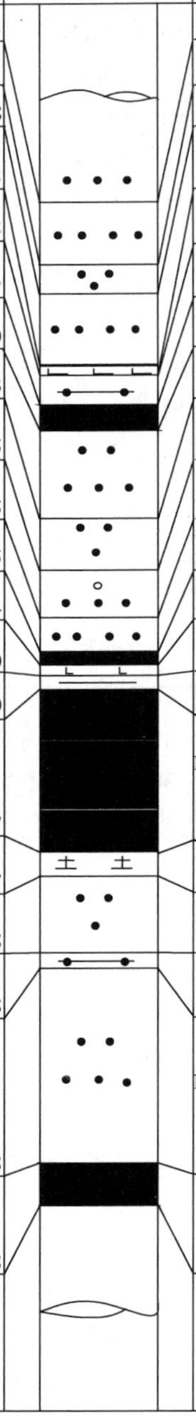		细砂岩	灰色, 以石英为主, 次为长石及暗色矿物, 平均层理
	387.38		$\frac{0.20\sim13.29}{6.50}$	粉砂岩	灰白色, 成分以石英、长石为主, 次为黑色矿物, 局部为细砾岩, 成分主要为石英, 胶结坚硬, 分选差
	390.38		$\frac{0.52\sim7.72}{3.00}$	中粗砂岩	深灰色, 薄层状, 水平层理, 分选较好, 中夹高岭岩
	397.88		$\frac{1.10\sim15.40}{7.50}$	粉砂岩	灰白色, 晶质结构, 块状, 局部分叉为2层, 下部为煤及硅化煤, 厚度为0.1~0.27m
	398.88		$\frac{0.40\sim1.80}{1.00}$	岩浆岩	深灰色, 泥质结构, 水平纹理, 含植物化石
	401.93		$\frac{2.33\sim4.10}{3.05}$	砂质泥岩	灰黑色, 含植物化石, 块状构造
	404.60		$\frac{0\sim4.40}{2.67}$	山$_4^{\#}$煤	煤, 半亮型, 局部赋存
	413.63		$\frac{7.38\sim12.51}{9.03}$	中细砂岩	灰白色, 细砂岩无层理, 分选性差, 中砂岩以石英为主, 磨圆度呈棱角状
	419.15		$\frac{0.90\sim10.40}{5.52}$	中粗砂岩	主要成分以石英、长石为主, 含少量暗色矿物, 交错层理发育
	424.05		$\frac{1.70\sim7.72}{4.90}$	含砾细砂岩	斜层理发育, 局部夹薄状粉砂岩或煤线
	427.55		$\frac{2.15\sim4.47}{3.50}$	粉砂岩	灰色, 局部夹炭质泥岩, 有灼烧变质现象
	428.94		$\frac{0.59\sim2.40}{1.39}$	2$^{\#}$煤	煤, 局部赋存
石炭系太原组	430.10		$\frac{0\sim2.50}{1.16}$	煌斑岩	灰白色, 局部分叉, 达2层以上
	431.60		$\frac{0\sim2.90}{1.50}$	泥岩	灰黑色, 炭质泥岩, 高岭质泥岩或砂质泥岩
	448.47		$\frac{12.63\sim20.20}{16.87}$	3-5$^{\#}$煤	煤层夹石变化较大, 分层较多。 煤层结构自上而下为: 2.11(0.1)3.00(0.2)2.00(0.16)4.00(0.10)0.8(0.20)1.50(0.10) 2.05(0.05)0.5
	450.97		$\frac{0\sim5.52}{2.50}$	高岭质泥岩	棕色, 南部较薄, 向北变厚, 局部相变为粉砂质泥岩
	458.78		$\frac{5.17\sim10.92}{7.81}$	中砂岩或粗砂岩	灰白色, 主要成分以石英、长石为主, 含少量的暗色矿物, 为含水层
	460.38		$\frac{0.60\sim3.80}{1.60}$	砂质泥岩	黑色砂质泥岩, 含大量的粒物化石, 局部夹煤线
	480.38		$\frac{17.18\sim23.61}{20.00}$	中细砂岩	灰白色, 层理较发育, 局部夹煌斑岩和煤线, 底部为灰黑色炭质泥岩
	484.78		$\frac{2.20\sim6.88}{4.40}$	8$^{\#}$煤	半亮型

图 8.5　8102 工作面综合柱状图

当工作面来压时,一般工作面中部首先破断,然后向两端头扩展;而且工作面中部压力较大,有时甚至出现连续来压的现象;当工作面两端头不平行推进时,工作面中部靠前一侧首先破断,然后再向两端头扩展。

根据工作面来压强度,可将工作面分为三个区域:$30^\#\sim70^\#$ 支架为来压强烈区,其特点为来压强度大,持续时间长,来压时,安全阀开启频繁,每小时 $4\sim6$ 次;$17^\#\sim30^\#$、$70^\#\sim105^\#$ 两个支架区域为来压强度相对较小区,其特点为持续时间相对较短,来压时安全阀每小时开启 $2\sim3$ 次;工作面上下两端头附近为来压不明显区,其特点为来压时表现为持续增阻,但安全阀开启较少。

根据现场监测结果分析,工作面顶板超前煤壁 21m 左右产生裂隙,超前煤壁 15m 产生错动位移,超前煤壁 $0\sim5$m 产生断裂位移;顶板活动层位较高,可达到 $60\sim70$m。

顶板未出现冲击来压现象,以缓慢的回转运动为主。当工作面具有合理的推进速度($\geqslant4.0$m)时,顶板运动向采空区方向缓慢下沉,循环内活柱下缩量为 $20\sim60$mm,后柱阻力明显高于前柱;当工作面推进不正常或停产时间长时,顶板一般向煤壁方向回转下沉,造成机道顶板台阶下沉,支架阻力急增,安全阀开启,支架活柱下缩速度最大为 320mm/h,显现为工作面整体来压。

在回采过程中,工作面推进速度直接影响工作面的来压强度和来压步距。当工作面推进速度超过 4.0m/d 时,工作面来压时压力比较平稳;当工作面推进速度为 $3.0\sim4.0$m/d 时,工作面来压时压力比较明显;当工作面推进速度小于 3.0m/d 时,工作面来压时容易出现压架事故。工作面在回采期间,由于推进速度过慢,共发生 3 次严重的压架事故,共损坏 43 根后立柱。

工作面推进过程中,揭露多条小断层及侵入体构造。在地质构造区,煤层节理和裂隙发育,煤层松软。在破碎区发生多次机道漏顶事故,垮落高度在 2.0m 左右,最高可见火成岩顶板,使得支架不接顶,给顶板管理造成一定影响。

在回采过程中,工作面没有发生严重的煤壁片帮现象。这是由于顶煤厚度较大,直接顶岩层在煤壁后方垮落后易形成一个堆砌角,在放顶煤的条件下,顶煤和直接顶破断的受力支撑点在支架顶梁上方顶煤破断处,使得顶煤上部岩层折断位置向采空区方向偏移,折断后的基本顶岩梁倒转压到支架的后方,所以煤壁受力较小,工作面煤壁较稳定;而且支架后立柱比支架前立柱在来压时承受的压力大。

2. 塔山煤矿石炭系煤层 8103 工作面矿压显现规律

1) 8103 工作面地质与开采条件

8103 工作面主采石炭系 3-5$^\#$ 煤层,采用综采放顶煤开采工艺。3-5$^\#$ 煤层在本区内稳定可采,是 3$^\#$、5$^\#$ 合并煤层,厚度 $12.70\sim15.39$m,平均厚度 13.53m,煤层倾角 $2°\sim5°$。埋深 $300\sim500$m,夹矸 $5\sim14$ 层,夹矸的岩性主要以灰黑色、灰褐色高岭岩、高岭质泥岩、炭质泥岩及泥岩为主,局部为深灰色粉砂岩与灰白色细砂岩。

顶板为复合结构,多为不同岩性的薄层岩石互层的相间结构。直接顶下部赋存有厚度 0.2～1.3m 的硅化煤为 2# 煤层,其次为灰黑色煌斑岩,厚层状结构;中部有灰褐色高岭质泥岩;上部为深灰色粉砂岩,块状均一,厚度 4.96～8.21m。底板多为高岭质、炭质泥岩与薄煤层 0.1～0.25m,局部相变为深灰色粉砂岩,厚 0.5～2.5m。

基本顶下部为灰白色、深灰色细砂岩与灰白色中粒砂岩,中厚层状(K₃),中部为深灰色粉砂岩、粉砂质结构,硅质胶结构,上部为山# 煤层与灰黑色砂质泥。8103 工作面顶底板情况见表 8.3,8103 工作面综合柱状图见图 8.6。

表 8.3　8103 工作面顶底板情况

顶底板名称	岩石名称	厚度/m	硬度 f	特性
基本顶	粉砂岩	＞30	11.6	下部为灰白色、深灰色细砂岩与灰白色中粒砂岩,中厚层状(K₃);中部为深灰色粉砂岩,粉砂质结构,硅质胶结;上部为山$_4$# 煤层与灰黑色砂质泥
直接顶	细～中砂岩	4.96～8.21	10.7	下部为深灰色及灰黑色高岭岩,以及 2# 煤层,局部赋存,中夹煤浆侵入体,局部分叉 2 层以上;中部为灰白色粗砂岩及含砾岩细砂岩,局部夹薄层粉砂岩或多层煤线;上部为山$_4$# 煤
伪顶	—	0.01～0.5	—	灰黑色炭质泥岩、高岭质岩,局部为白色煌斑岩
直接底	细砂岩	0～5.52	10.7	棕色高岭质泥岩南部较薄,局部相变为深色粉砂岩
老底	—	5.2～10.90	—	灰白色中或粗砂岩,以石英、长石为主,少量暗色矿物

8103 工作面地层为近似走向东西、倾向北西的单斜构造,倾角 3°左右,局部可达 5°以上。掘进过程中共揭露断层 18 条,落差在 0.07～1.50m 变化,其中较大的断层有 F5、F17、F18。揭露门帘石 10 条。

煤层垂直节理发育,致使煤层的完整性遭到破坏,其他因素(陷落柱、火成岩、冲刷带等)对回采也造成影响。

2) 8103 工作面矿压观测结果

当工作面来压时,一般工作面中部首先破断,然后向两端头扩展;而且工作面中部压力较大,有时甚至出现连续来压现象;当工作面两端头不平行推进时,工作面中部靠前一侧首先破断,然后再向两端头扩展。

由于工作面长度较大,顶板来压呈现分段来压的特征;工作面来压时间较长,一般影响 2 天左右,最短 20h。根据工作面来压强度,可将工作面分为三个区域:

地层			柱状 1：200	累深 /m	层厚/m 最小～最大 平均	岩性描述
系	统	组				
二叠系	下统	山西组 K₃		425.83		煤层顶部为炭质泥岩、高岭质泥岩与砂质泥岩，参差状断口
				426.71	0.40～1.28 0.88	煤(山⁴₄)黑色，暗淡型光泽，块状，较硬，局部夹炭质泥岩，部分已硅化，不可采
				433.60	3.87～16.54 6.95	顶上部为深灰色细砂岩，局部有煤0.50m，灰褐色高岭质泥岩，中厚层状，泥质结构，其下部为深灰色粉砂岩，中厚层状，粉砂质结构，硅质胶结
石炭系	上统	太原组		437.08	0.79～6.28 3.42	顶部为灰黑色砂质泥岩、灰白色细砂岩、深灰色粉砂岩，厚层状构造，中部有硅化煤存在，下部为白色煌斑岩、深灰色粉砂岩，中厚层状，灰白色细砂岩，以石英、长石为主，其次为灰黑色炭质泥岩与砂质泥岩
				439.07	1.92～2.05 1.99	煤(2#)黑色，弱玻璃光泽，局部硅化，局部含1～2层夹石，厚度0.04～0.20m，岩性为灰褐色高岭质泥岩
				445.35	4.96～8.21 6.28	上部为深灰色粉砂岩，块状，均一，中部为灰褐色高岭质泥岩，薄层状，含不完整植物化石，局部有灰绿色岩浆岩侵入。下部大多赋存有硅化煤0.20～1.30m，岩浆岩0.05～3.90m，接近煤层处即伪顶多为灰黑色炭质泥岩与灰褐色高岭质泥岩，薄层状泥质胶结
				458.88	11.70～15.39 13.53	煤(3-5#)黑色，玻璃光泽，半亮型，为极复杂煤层，5～14层夹石，夹石岩性为黑色高岭岩、高岭质泥岩与灰黑色炭质泥岩。局部为深灰色粉砂岩或灰白色细砂岩。煤层结构自上而下为：1.73(0.25)0.80(0.20)0.85(0.35)0.80(0.20)1.90(0.22)2.00 (0.40)1.15(0.20)0.90(0.20)1.40(0.10)2.00
				465.44	3.37～10.14 6.56	灰褐色高岭质泥岩和灰黑色炭质泥岩，断口平坦，局部为灰黑色砂质泥岩，性脆、易碎，夹煤屑，下部为深灰色粉砂岩，水平层理，局部层面见白云母。灰白色粗砂岩，分选差，含砾粗砂岩，巨厚层状，主要成分为石英、长石。在52#钻孔资料中，3-5#层底部3.14m处，发现有6#煤层存在，煤厚0.25m，黑色，块状，光泽暗淡
						灰色粉砂岩，结构均一，含黄铁矿结核，浅灰色泥岩，致密，含铝土质黄铁矿，局部有一层高岭质泥岩

图 8.6 8103 工作面综合柱状图

40#～90# 支架为来压强烈区，其特点为来压强度大，持续时间长，来压时安全阀开启频繁，每小时 4～6 次；17#～40#、90#～110# 两个支架区域为来压强度相对较小区，其特点为持续时间相对较短，来压时安全阀每小时开启 2～3 次；工作面上下两端头附近为来压不明显区，来压时表现为持续增阻，但安全阀开启较少，时间短，来压时短时间开启后，相对增阻时间长。

根据现场监测结果分析,工作面顶板超前煤壁 21m 左右产生裂隙,超前煤壁 15m 产生错动位移,超前煤壁 0～5m 产生断裂位移;顶板活动层位较高,可达到 60～70m。通过分析,基本顶初次来压步距为 55.6m,工作面正常推进时周期来压步距为 15～19m;推进不正常、速度缓慢时,周期来压步距缩短为 9～14m。工作面倾斜长度大,顶煤厚度大,因此每次来压时工作面支架压力较大,压力集中区可以达到 13000kN 以上,由于工作面倾斜长度较大,中部压力显现比较明显。工作面来压时,工作面机道顶板开始断裂,工作面支架受力增大;在顶煤破碎地带,会出现每割一刀顶板折断一次,持续带压现象。

顶板未出现冲击来压现象,以缓慢的回转运动为主。当工作面具有合理的推进速度(≥4.0m/s)时,顶板运动向采空区方向缓慢下沉,循环内活柱下缩量为 20～60mm,后柱阻力明显高于前柱;当工作面推进不正常或停产时间长时,顶板一般向煤壁方向回转下沉,造成机道顶板台阶下沉,支架阻力急增,安全阀开启,支架活柱下缩速度最大为 320mm/h,显现为工作面整体来压。

工作面推进过程中,揭露多条小断层及侵入体构造。在地质构造区,煤层节理和裂隙发育,煤层松软。在破碎区发生多次机道漏顶事故,垮落高度在 2.0m 左右,最高可见火成岩顶板,使得支架不接顶,给顶板管理造成一定影响。

8.2.2 同忻煤矿石炭系特厚煤层采场矿压显现规律

1. 工作面矿压监测内容及方案

同忻煤矿 8100、8101、8106、8107 工作面均采用单一走向长壁后退式综合机械化低位放顶煤开采的采煤方法,煤层平均厚度为 13.8～15.32m,综采放顶煤一次采全高,工作面倾斜长度 193～200m,可采走向长度 1406～1509m。为了研究"两硬"综放条件下上覆岩层结构及运动特征,掌握工作面初次来压、周期来压规律,探讨支架-围岩关系及优化支架选型,对四个工作面进行了矿压监测。监测设备采用山东尤洛卡公司生产的 ZVDC-1 型综采支架计算机监测系统对工作面支架的载荷及其工况连续不间断地监测。工作面共有支架 114 架,设 11 个压力分机,从 9# 支架开始每间隔 10 个支架安设一组,分别安设在 9#、19#、29#、39#、49#、59#、69#、79#、89#、99#、109# 支架上(由于工作面长度关系,个别工作面的压力分机布置在 8#、18#、28#、38#、48#、58#、68#、78#、88#、108# 支架上),具体布置见图 8.7。压力分机的三个接口分别接支架的前柱、后柱的下腔,对前柱、后柱油缸的下腔压力进行监控。

工作面选用 ZF15000/27.5/42 型支撑掩护式低位放顶煤液压支架,其技术参数见表 8.4,实物见图 8.8。

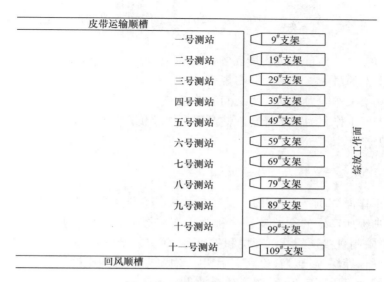

图 8.7 矿压观测测站布置

表 8.4 ZF15000/27.5/42 型支撑掩护式低位放顶煤液压支架技术参数

架型	支撑掩护式正四连杆低位放顶煤液压支架
型号	ZF15000/27.5/42
支架结构高度/mm	2750~4200
支架宽度/mm	1660~1860
支架最大长度/mm	8600
支架中心距/mm	1750
立柱缸径/mm	360
初撑力/kN(MPa)	12778(31.4)
额定工作阻力/kN(MPa)	15000(36.86)
支护强度/MPa	1.46

图 8.8 ZF15000/27.5/42 型支撑掩护式低位放顶煤液压支架

选取同忻煤矿已开采的 8100、8106、8107 工作面支架的部分监测数据,做如下分析:

(1) 初撑力的分布区间及其合格率。

(2) 支架的最大工作阻力分布规律。

(3) 支架工作阻力与初撑力之间的关系。

(4) 支架工作阻力的选择合理性及适应性评价。

(5) 工作面来压步距确定。

2. 工作面支架初撑力统计分析

综采工作面液压支架在升起支护顶板时,其立柱下腔液体压力达到泵站压力时支架对顶板所产生的初始支护力称为支架初撑力。它的作用是保证支架的稳定;阻止或限制直接顶的下沉离层和破碎,从而有效地管理顶板;使支架上下方的垫层(如矸石、浮煤等)压缩,提高支架实际支撑能力,加强支撑系统刚度;综放工作面支架初撑力可以压碎顶煤,提高放煤效果。因此,初撑力是工作面液压支架最重要的技术指标之一。从同忻煤矿 8100、8106、8107 工作面支架初撑力分布直方图(图 8.9～图 8.11)中可以看到:

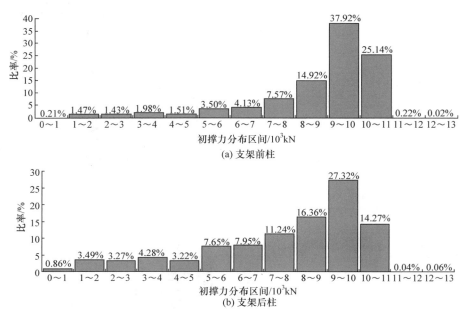

图 8.9　8100 工作面支架初撑力分布直方图(2010 年 10 月～2011 年 4 月)

(1) 工作面支架前后柱初撑力在 8000～11000kN 的分布频率较大,现场支柱初撑力要求不小于 9766kN,则前柱初撑力合格率分别为 32.38%、40.49%、

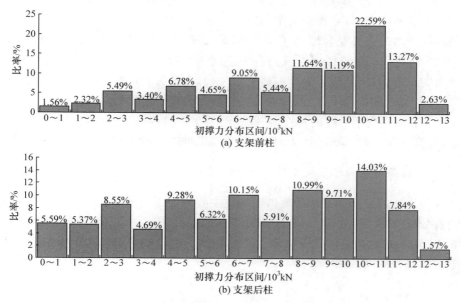

图 8.10　8106 工作面支架初撑力分布直方图（2011 年 6～8 月）

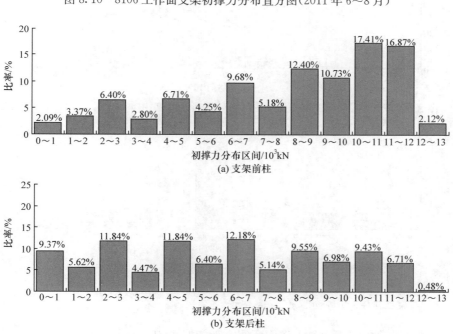

图 8.11　8107 工作面支架初撑力分布直方图（2012 年 5～6 月）

38.40％；后柱初撑力合格率分别为 19.37％、24.94％、17.82％。以初撑力最大分布频率区间 8000～11000kN 计算，初撑力占额定工作阻力的 53.3％～73.3％。根据相关现场实测文献,合理的支架初撑力与额定工作阻力之比应为 0.6～0.85,据此判断初撑力的选择是合理的,但支架满足初撑力要求的比率还待进一步提高。

(2) 综放采场采空区内形成的自由空间相对较大,上覆岩块的回转空间也相应地增大,"砌体梁"结构易发生回转变形失稳,变形失稳加剧了支架后部顶煤的破碎,导致支架后部接顶不充分,造成后柱初撑力合格率偏低。

(3) 应加强支架后柱的初撑力,保证支架在初始状态时受力均匀,有利于支架稳定,提高支架维护顶板的能力,也有利于顶煤破碎,确保放煤效果。

3. 工作面支架循环最大工作阻力

评价支架的工作性能和顶板冲击程度主要是由支架的最大工作阻力在不同区间的百分比来确定,支架合理的最大工作阻力分布为一正态分布。图 8.12～图 8.14 为工作面开采期间支架最大工作阻力分布直方图,用以分析支架最大工作阻力的分布区间及频率。

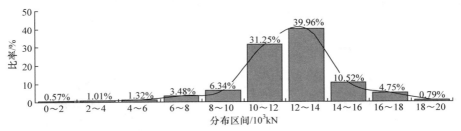

图 8.12　8100 工作面支架最大工作阻力分布直方图(2010 年 10 月～2011 年 4 月)

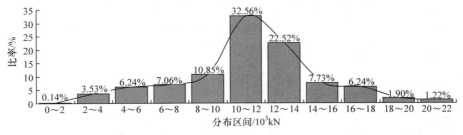

图 8.13　8106 工作面支架最大工作阻力分布直方图(2011 年 6～8 月)

4. 支架工作阻力与初撑力关系分析

图 8.15～图 8.17 为各工作面所测支架初撑力 P_0 与循环最大阻力 P_M 的散点分布,两者近似呈线性关系。各工作面最终确定两者的回归分析式分别为

8100 工作面:

$$P_M = 0.7569P_0 + 6541.4 \tag{8-1}$$

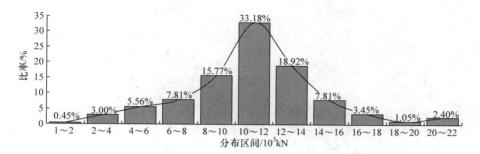

图 8.14　8107 工作面支架最大工作阻力分布直方图（2012 年 5～6 月）

8106 工作面：

$$P_M = 1.3766P_0 - 369.9 \qquad (8\text{-}2)$$

8107 工作面：

$$P_M = 1.04111P_0 + 3942.8 \qquad (8\text{-}3)$$

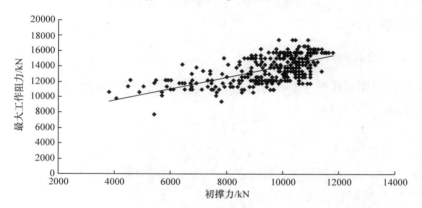

图 8.15　8100 工作面支架初撑力与最大工作阻力关系图

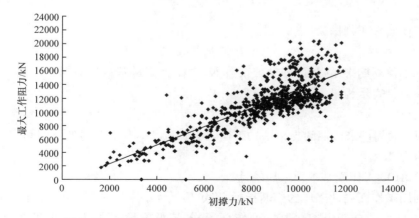

图 8.16　8106 工作面支架初撑力与最大工作阻力关系图

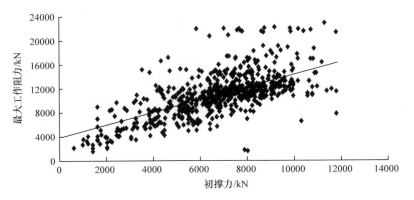

图 8.17　8107 工作面支架初撑力与最大工作阻力关系图

初撑力与最大工作阻力的线性关系说明工作面顶板岩层破断后没有形成相互铰接的平衡结构,而是呈悬梁结构,岩梁的破断与下沉导致支架工作面阻力随初撑力的增大而持续升高。

5. 工作面基本顶来压统计分析

工作面周期来压的判断指标为支架的平均循环末阻力与其均方差之和,计算公式如下:

$$\sigma_P = \sqrt{\frac{1}{n} \sum_{i=1}^{n} (P_{ti} - \overline{P_t})^2} \tag{8-4}$$

式中,σ_P 为循环末阻力平均值的均方差;n 为实测循环数;P_{ti} 为各循环的实测循环末阻力;$\overline{P_t}$ 为循环末阻力的平均值。

$$\overline{P_t} = \frac{1}{n} \sum_{i=1}^{n} P_{ti} \tag{8-5}$$

工作面来压判据为

$$P_t' = \overline{P_t} + \sigma_P \tag{8-6}$$

基本顶周期来压强度,即动载系数 K,常作为衡量基本顶周期来压强度指标,动载系数可表示为

$$K = P_z / P_f \tag{8-7}$$

式中,P_z 为周期来压期间支架平均工作阻力,kN;P_f 为非周期来压期间支架平均工作阻力,kN。

1) 8100 工作面基本顶来压统计

利用工作面周期来压的判断指标,确定顶板周期来压判据,计算基本顶周期来压动载系数。同忻煤矿 8100 工作面部分支架循环末阻力曲线见图 8.18～

图 8.20。

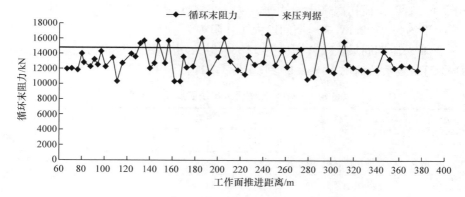

图 8.18　8100 工作面 48# 支架循环末阻力曲线

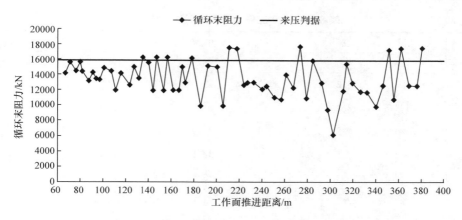

图 8.19　8100 工作面 68# 支架循环末阻力曲线

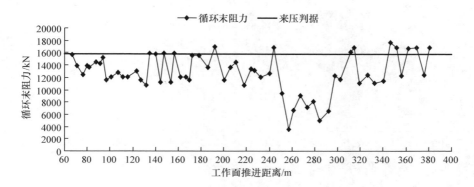

图 8.20　8100 工作面 88# 支架循环末阻力曲线

工作面上、中、下三部基本顶周期来压数据见表 8.5～表 8.8。通过数据整理和分析可知,工作面初次来压步距平均为 129.4m;基本顶周期来压步距为 9.4～35.8m,平均为 21.29m;来压期间最大工作阻力为 14521.1kN,占额定工作阻力的 96.8%,非来压期间最大工作阻力为 11339.9kN,占额定工作阻力的 75.6%,周期来压期间动载系数为 1.10～1.90,平均为 1.31。

表 8.5　8100 工作面基本顶初次来压步距　　　　　　（单位:m）

工作面位置	上部			中部			下部		
	18#	28#	38#	48#	58#	68#	78#	88#	98#
来压步距/m	127.2	131.45	134.95	134.95	134.95	134.95	134.95	134.95	115.7
平均值/m		131.2			134.95			122.1	
总平均值/m					129.4				

表 8.6　8100 工作面基本顶周期来压步距　　　　　　（单位:m）

来压次序	上部			中部			下部		
	18#	28#	38#	48#	58#	68#	78#	88#	98#
1	20.0	25.2	12.2	12.3	12.2	12.2	12.3	12.2	11.5
2	22.5	13.1	9.4	9.4	9.4	9.4	9.4	9.4	20.0
3	30.8	30.8	29.2	13.1	21.5	21.5	15.7	15.7	25.2
4	32.1	23.5	25.2	16.1	22.4	14.1	19.9	19.9	28.1
5	18.2	26.8	21.6	19.9	26.6	18.8	31.8	18.8	23.5
6	22.6	22.6	24.2	21.4	16.7	21.6	19.85	13.0	32.8
7	19.3	24.2	35.5	16.7	17.3	28.5	13.0	19.9	40.8
8	18.6	28.9	27.4	13.0	12.3	12.3	35.4	23.8	13.7
9	34.9	19.6	32.5	16.55	18.9	11.15	21.8	11.5	15.3
10		29.8	24.6	18.9	19.0	29.6	12.5	35.1	13.7
11				19.0	15.3	37.4	19.7	32.1	35.8
12				34.9	24.9	10.5	22.7	22.8	
13				34.4	29.1	18.6	11.6		
小平均值	24.3	24.46	24.11	18.9	18.9	18.9	18.9	19.5	23.67
平均值		24.29			18.9			20.69	
总平均值					21.29				

表 8.7　8100 工作面基本顶历次来压期间动载系数统计

支架号		18#	28#	38#	48#	58#	68#	78#	88#	98#	平均值	总平均值
初次来压		1.10	1.37	1.38	1.17	1.32	1.19	1.25	1.44	1.11	1.26	
周期来压	1	1.10	1.06	1.41	1.25	1.30	1.37	1.35	1.41	1.21	1.27	1.31
	2	1.10	1.13	1.38	1.41	1.27	1.36	1.38	1.35	1.10	1.28	
	3	1.20	1.11	1.06	1.20	1.17	1.42	1.32	1.27	1.19	1.22	
	4	1.26	1.15	1.15	1.34	1.21	1.52	1.48	1.35	1.15	1.29	
	5	1.19	1.10	1.04	1.31	1.23	1.49	1.58	1.21	1.86	1.33	
	6	1.15	1.20	1.18	1.13	1.36	1.13	1.90	1.14	1.59	1.31	
	7	1.13	1.10	1.20	1.30	1.16	1.21	1.06	1.78	1.26	1.24	
	8	1.24	1.14	1.05	1.16	1.66	1.53	1.24	1.56	1.04	1.29	
	9	1.11	1.44	1.23	1.20	1.45	1.61	1.35	1.30	1.12	1.31	
	10		1.09	1.12	1.54	1.33	1.46	1.39	1.46	1.11	1.31	
	11				1.31	1.12	1.56	1.60	1.37		1.39	
	12				1.17	1.42	1.46	1.46	1.36		1.37	
	13				1.44	1.78	1.4	1.46			1.52	

表 8.8　8100 工作面基本顶周期来压期间支架阻力统计

区间	测站	支架号	平均循环末阻力/kN	最大阻力/kN	平均值/kN	总平均值/kN
非来压期间	上部	18#	11428.9	12517	11428.6	11339.9
		28#	11422.2	12452		
		38#	11434.6	12106		
	中部	48#	12126.0	13454	11819.3	
		58#	11828.9	13476		
		68#	11503.1	13705		
	下部	78#	10804.3	12778	10772	
		88#	10867.2	12941		
		98#	10644.4	12029		
来压期间	上部	18#	13221.8	14914	13438.4	14521.1
		28#	13406.9	17112		
		38#	13686.4	15220		
	中部	48#	15500.0	17417	15807.3	
		58#	15793.8	18374		
		68#	16128.0	17722		
	下部	78#	15129.5	17824	14317.7	
		88#	14914.3	17758		
		98#	12909.4	14854		

2) 8106 工作面基本顶来压统计

同忻煤矿 8106 工作面部分支架循环末阻力曲线见图 8.21～图 8.23。工作面上、中、下三部基本顶周期来压数据见表 8.9～表 8.12。通过数据整理和分析可知，工作面基本顶周期来压步距为 8.6～66.2m，平均为 23.9m，来压期间最大工作阻力为 13585kN，占额定工作阻力的 90.6%，非来压期间最大工作阻力平均为 9647kN，占额定工作阻力的 64.3%，周期来压期间动载系数为 1.04～2.83，平均为 1.46。

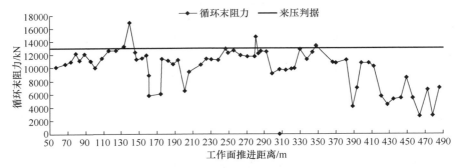

图 8.21　8106 工作面 19# 支架循环末阻力曲线

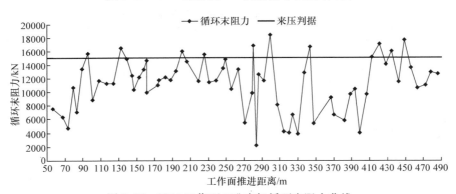

图 8.22　8106 工作面 59# 支架循环末阻力曲线

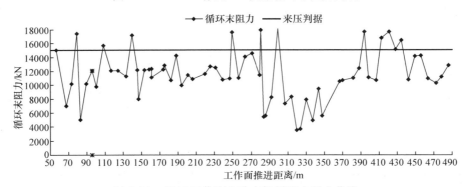

图 8.23　8106 工作面 89# 支架循环末阻力曲线

表 8.9　8106 工作面基本顶初次来压步距　　　　　（单位：m）

工作面位置	上部				中部			下部			
	9#	19#	29#	39#	49#	59#	69#	79#	89#	99#	109#
来压步距/m	56.7	79.2	79.2	67.4	56.7	79.6	56.7	56.7	56.7	56.7	67.4
平均值/m		70.6				64.3			59.4		
总平均值/m						64.8					

表 8.10　8106 工作面基本顶周期来压步距　　　　　（单位：m）

来压次序	机头				中部			机尾			
	9#	19#	29#	39#	49#	59#	69#	79#	89#	99#	109#
1	22.40	9.85	21.40	11.75	38.80	16.40	22.40	22.40	22.40	26.25	15.60
2	66.15	27.10	44.75	21.40	37.30	12.35	16.40	28.75	28.75	24.90	56.45
3	15.80	23.35	29.80	32.30	25.20	24.95	12.35	31.55	31.55	31.55	13.70
4	14.00	18.60	25.95	12.45	29.70	28.25	31.55	18.60	35.65	13.70	20.55
5	31.05	17.05	45.50	12.75	18.40	20.90	21.65	15.65	12.65	20.55	19.85
6	25.00	18.45	16.85	17.05	19.35	19.05	12.60	27.35	13.30	14.05	31.95
7	15.40	31.95	22.55	12.65	37.90	24.45	14.10	24.45	24.45	50.85	21.05
8	16.85	21.05	21.25	18.40	17.00	23.75	43.40	23.75	23.75	10.65	16.85
9	20.25	9.35	12.90	19.35	11.85	14.15	18.10	14.15	31.15	21.55	28.85
10	8.60	24.50	27.65	13.10	27.85	17.00	31.15	17.00	18.60	12.85	14.95
11	14.95	26.80	22.25	32.20	23.55	18.60	18.60	18.60	15.15	15.35	12.90
12	22.80	22.80	18.50	21.45	50.05	24.70	21.10	24.70	15.85	44.65	23.55
13	17.75	17.75	39.40	37.75	27.25	19.95	23.55	19.95	13.65	26.35	44.85
14	34.15	34.15	35.50	40.00	35.20	23.30	26.35	26.35	50.05	23.70	24.05
15	16.70	16.70	14.85	28.60	16.60	26.75	42.55	23.70	27.25	27.25	36.75
16	22.35	50.70		22.35		27.25	15.35	41.05	13.80	35.20	23.45
17	35.20	23.45		57.30		13.80	21.40	21.40	21.40	16.60	
18	30.00	13.40				14.55		22.10	30.00		
19						28.95					
小平均值	23.85	22.61	24.94	24.16	27.70	21.00	23.00	23.40	23.80	24.40	25.30
平均值		23.86				23.67			24.23		
总平均值						23.9					

表 8.11　8106 工作面基本顶历次来压期间动载系数统计

支架号		9#	19#	29#	39#	49#	59#	69#	79#	89#	99#	109#	平均值	总平均值
周期来压	1	1.27	1.14	1.28	1.63	1.51	1.77	1.31	1.57	2.36	1.38	1.07	1.48	
	2	1.15	1.13	1.31	1.17	1.58	1.83	1.92	2.00	1.44	1.45	1.24	1.47	
	3	1.08	1.11	1.11	1.22	1.36	1.38	1.53	1.85	1.39	1.35	1.25	1.33	
	4	1.10	1.36	1.07	1.39	1.50	1.28	1.50	1.50	1.55	1.15	1.17	1.32	
	5	1.15	1.19	1.23	1.40	1.59	1.06	1.45	1.26	1.15	1.18	1.06	1.25	
	6	1.08	1.36	1.08	1.16	1.65	1.26	1.35	1.47	1.38	1.25	1.17	1.29	
	7	1.61	1.31	1.13	1.10	1.74	1.35	1.68	1.54	1.10	1.43	1.22	1.38	
	8	1.76	1.07	1.20	1.20	2.03	1.25	1.68	2.21	1.14	2.27	1.07	1.53	
	9	1.15	1.10	1.42	1.25	1.92	1.67	1.50	1.85	1.50	1.23	1.47	1.46	
	10	1.33	1.05	1.10	1.33	1.43	2.80	2.10	2.40	1.93	1.44	2.17	1.73	1.46
	11	1.38	1.24	1.31	1.28	1.73	2.02	2.36	2.83	2.56	1.77	1.38	1.81	
	12	1.10	1.04	1.15	1.23	1.62	1.64	1.14	1.65	1.54	1.81	1.63	1.41	
	13	1.25	1.24	1.25	1.51	1.50	1.84	1.33	1.96	1.83	1.06	1.12	1.44	
	14	1.40	1.16	1.43	1.34	1.08	1.54	1.88	1.86	1.81	1.47	1.06	1.46	
	15	1.75	1.50	2.75	1.47	1.12	2.03	1.15	1.42	1.58	1.36	1.04	1.56	
	16	1.63	1.98	1.59	1.41		1.32	1.28	1.30	1.24	1.28	1.23	1.43	
	17	1.73	1.81		2.27		1.26	1.42	1.58	1.27	1.21	1.12	1.52	
	18		2.45		1.47		1.49		1.29	1.33			1.61	
	19						1.13						1.13	

表 8.12　8106 工作面基本顶周期来压期间支架阻力统计

区间	测站	支架号	平均循环末阻力/kN	最大阻力/kN	平均值/kN	总平均值/kN
非来压期间	上部	9#	9124	11502	9715	9647
		19#	9447	12427		
		29#	10111	14617		
		39#	10179	12976		
	中部	49#	9632	12055	9838	
		59#	9534	12974		
		69#	10348	14407		
	下部	79#	9277	12765	9437	
		89#	9597	14181		
		99#	9305	11720		
		109#	9570	11775		

续表

区间	测站	支架号	平均循环末阻力/kN	最大阻力/kN	平均值/kN	总平均值/kN
来压期间	上部	9#	11754	14487	12485	13585
		19#	11835	16943		
		29#	12696	17600		
		39#	13655	17599		
	中部	49#	14795	18312	14975	
		59#	14197	18485		
		69#	15933	20489		
	下部	79#	15635	18516	13643	
		89#	14348	18068		
		99#	13058	17885		
		109#	11532	13103		

3）8107 工作面来压统计

同忻煤矿 8107 工作面部分支架循环末阻力曲线见图 8.24~图 8.26。工作面上、中、下三部基本顶周期来压数据见表 8.13~表 8.15。通过数据整理和分析可知，工作面基本顶周期来压步距为 6.4~34.7m，平均为 17.97m，来压期间最大工作阻力为 14176.38kN，占额定工作阻力的 94.5%，非来压期间最大工作阻力为 10469.75kN，占额定工作阻力的 69.8%，周期来压期间动载系数为 1.01~2.84，平均为 1.38。

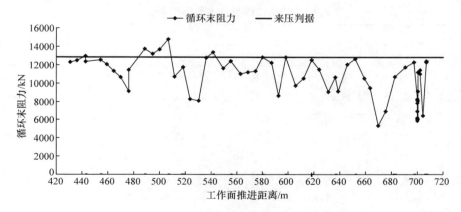

图 8.24　8107 工作面 19# 支架循环末阻力曲线

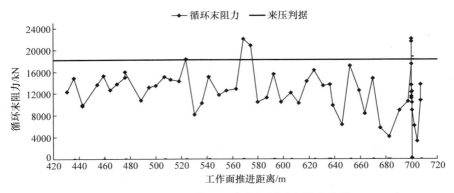

图 8.25　8107 工作面 59# 支架循环末阻力曲线

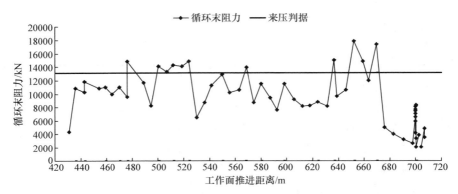

图 8.26　8107 工作面 89# 支架循环末阻力曲线

表 8.13　8107 工作面基本顶周期来压步距　　　　　　　（单位：m）

来压次序	上部				中部			下部			
	9#	19#	29#	39#	49#	59#	69#	79#	89#	99#	109#
1	11.80	11.50	16.40	16.40	16.40	23.00	6.60	16.40	6.60	27.30	6.60
2	21.65	34.65	17.30	17.30	17.30	17.30	16.40	10.90	16.40	6.40	16.40
3	12.05	17.90	30.35	30.35	18.30	30.35	17.30	18.85	10.90	30.35	17.30
4	12.45	11.85	11.85	11.85	12.05	17.10	23.80	11.35	6.40	17.10	23.80
5	11.35	23.15	23.15	23.15	17.10	17.90	11.45	11.45	23.80	17.90	11.45
6	23.65	13.75	13.75	13.75	17.90	26.35	12.20	30.10	11.45	13.75	51.25
7	31.65	24.55	31.70	12.60	21.15	24.45	17.90	26.35	12.20	12.60	17.15
8	18.85	18.00	30.80	11.95	29.65	13.05	13.75	11.95	25.95	24.45	18.00
9	12.85	19.95	34.00	12.50	19.55	18.30	12.60	18.00	18.30	13.05	25.85
10	30.80	18.60	11.60	19.55	24.50	12.70	19.10	14.05	11.95	12.40	12.70
11	13.30	15.40	19.00	19.20	22.50	15.40	24.90	24.50	18.00	18.60	9.30

续表

来压次序	上部				中部			下部			
	9#	19#	29#	39#	49#	59#	69#	79#	89#	99#	109#
12	20.70	45.60	15.00	20.70	10.50	17.60	11.80	22.50	25.85	15.40	17.70
13	17.60	9.50	9.50	11.60	30.75	30.75	12.70	23.50	12.70	17.60	27.00
14	28.00			19.00	6.75	6.75	15.40	17.75	15.40	13.00	9.40
15	9.50			17.40			17.60		17.60	17.40	7.10
16				7.10			13.00		30.75	7.10	
17							17.40		6.75		
18							7.10				
小平均值	18.41	20.34	20.34	16.53	18.89	19.36	15.06	18.40	15.94	16.53	18.07
平均值		18.90				17.77			17.23		
总平均值						17.97					

表 8.14　8107 工作面基本顶历次来压期间动载系数统计表

	支架号	9#	19#	29#	39#	49#	59#	69#	79#	89#	99#	109#	平均值	总平均值
	1	1.06	1.05	1.18	1.55	1.76	1.20	2.53	1.46	2.52	1.93	1.06	1.82	
	2	1.05	1.01	1.07	1.22	1.62	1.38	1.33	1.06	1.15	1.20	1.05	1.21	
	3	1.31	1.26	1.04	1.32	1.53	1.16	1.39	1.62	1.01	1.14	1.31	1.28	
	4	1.32	1.10	1.31	1.39	1.15	1.21	1.29	1.49	1.11	1.54	1.32	1.29	
	5	1.06	1.09	1.16	1.50	1.06	1.27	1.57	1.11	1.55	1.16	1.06	1.85	
	6	1.03	1.38	1.60	1.47	1.38	1.63	1.20	1.08	1.42	1.51	1.03	1.37	
	7	1.20	1.07	1.11	1.06	1.64	1.78	1.52	1.14	1.07	1.18	1.20	1.28	
	8	1.08	1.15	1.11	1.08	1.10	1.10	2.17	1.82	1.05	1.17	1.08	1.28	
周期来压	9	1.27	1.23	1.09	1.10	1.08	1.16	1.42	1.08	1.46	1.09	1.27	1.20	
	10	1.19	1.24	1.03	0.95	1.50	1.33	1.26	1.13	1.34	1.22	1.19	1.22	1.38
	11	1.04	1.03	1.03	1.30	1.49	1.01	1.00	1.26	1.32	1.42	1.04	1.19	
	12	1.09	1.20	1.17	1.19	1.49	2.12	1.34	1.35	1.36	2.07	1.09	1.43	
	13	1.14	1.35	2.88	1.81	1.06	1.41	1.04	1.58	1.03	1.62	1.14	1.49	
	14	1.91	1.54	1.43	1.08	2.84	3.12	1.22	1.27	1.85	2.00	1.91	1.83	
	15	1.31			1.37	1.06	1.64	2.17	1.86	1.75	1.46	1.31	1.54	
	16			2.45		1.53		1.29	2.51				1.95	
	17					1.58		1.43					1.50	
	18					2.27							1.13	
	19					1.47							1.47	

表 8.15　8107 工作面基本顶周期来压期间支架阻力统计简表

区间	测站	支架号	平均循环末阻力/kN	最大阻力/kN	平均值/kN	总平均值/kN
非来压期间	上部	9#	10591.36	10591.36	10644.50	10469.75
		19#	10887.14	10887.14		
		29#	10809.8	10809.87		
		39#	10289.63	10289.63		
	中部	49#	11019.57	11019.57	11109.95	
		59#	11683.06	11683.06		
		69#	10627.23	10627.23		
	下部	79#	10735.06	10735.06	9654.79	
		89#	9352.17	9352.17		
		99#	9115.79	9115.79		
		109#	9416.12	9416.12		
来压期间	上部	9#	12463.35	12463.35	12961.39	14176.38
		19#	12702.47	12702.47		
		29#	12945.34	12945.34		
		39#	13734.41	13734.41		
	中部	49#	16037.67	16037.67	16411.29	
		59#	17214.03	17214.03		
		69#	15982.18	15982.18		
	下部	79#	14632.35	14632.35	13156.46	
		89#	12962.36	12962.36		
		99#	13237.13	13237.13		
		109#	11794.00	11794.00		

　　大同煤矿集团长期主采侏罗系煤层,通过大量的科研工作,已基本掌握了侏罗系煤层开采的矿压规律。石炭系煤层开采较晚,而且埋藏深度较大,加之上方为侏罗系煤层群已开采区域,因此对石炭系煤层开采的矿压特征、显现规律等进行了实测分析研究,掌握大同矿区石炭系煤层开采矿压显现的一般规律,对于石炭系煤层安全高效开采、支架合理选型和顶板有效控制等具有重要的现实意义。

8.3　特厚煤层回采巷道矿压监测分析

8.3.1　矿压监测内容及方案

　　同忻煤矿 8103 工作面为北一盘区的第 7 个工作面,开采石炭-二叠系 3-5# 煤层。其中 8104 工作面与 8103 工作面相邻,两工作面之间留设有 38m 宽的保护煤柱(图 8.27)。8103 工作面对应上覆为永定庄煤矿侏罗系 9#、11#、12#、14# 和 15# 煤层采空区,其中对应侏罗系 14# 煤层为永定庄煤矿 8218、8216、8214、8212、8210、8208、8207、8206、8205、8204、8203、8202 工作面多个采空区,其间留有纵横交错的巷间煤柱,与该层间距为 139～147m。工作面煤层厚度为 15.2～25.92m,平均厚度为 18.59m。煤层倾角为 1°～4°,平均为 2°。8103 工作面基本顶为含砾粗砂岩及粉砂岩,直接顶为含砾粗砂岩,直接底为高岭质泥岩。5103 巷为 8103 工作面回风顺槽,巷道断面为矩形,净宽 5000mm,净高 3700mm,净断面 18.5m²。2103 巷为 8103 工作面运输顺槽,巷道断面为矩形,净宽 5600mm,净高 3400mm,净断面 19.04m²。

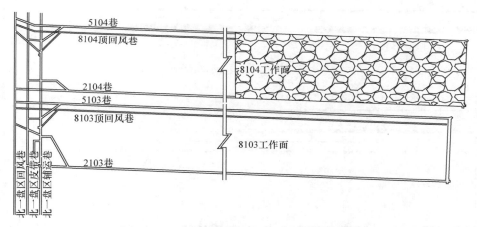

图 8.27　8103 工作面和 8104 工作面位置关系

　　8103 工作面矿压监测内容包括:①顶板离层监测;②巷道锚杆(索)承载力监测;③煤柱应力监测。8103 工作面矿压监测断面布置见图 8.28～图 8.30,分别在 2103、5103 巷道内各布置 2 个监测断面。根据前期对同忻井田构造应力分区的研究成果及上覆侏罗系煤层残留煤柱的分布特征,确定 5103 巷 1# 监测断面距离开

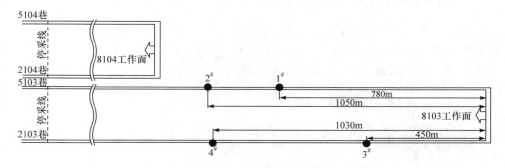

图 8.28　8103 工作面矿压监测断面平面图

切眼 780m,2# 监测断面距离开切眼 1050m;确定 2103 巷 3# 监测断面距离开切眼 450m,4# 监测断面距离开切眼 1030m。每个监测断面均布置巷道顶板离层监测、锚杆(索)动态锚固力监测、煤柱应力监测。

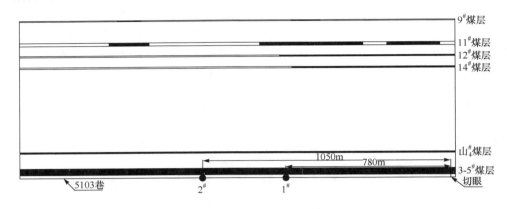

图 8.29　5103 巷道监测断面剖面图

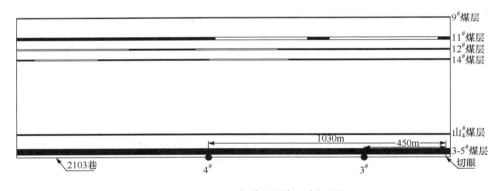

图 8.30　2103 巷道监测断面剖面图

1. 顶板离层监测设计

通过监测巷道围岩深部位移,了解围岩发生破坏与离层的具体位置,判断围岩稳定性。顶板离层监测采用两点式围岩位移测定仪(图 8.31),在 1# ~4# 监测断面均布置顶板离层监测,围岩位移测定仪基点安装深度为 2m、6m(图 8.32)。

2. 锚杆(索)动态锚固力监测设计

通过监测锚杆(索)动态锚固力,可实现对锚杆受力大小及其变化过程跟踪监测,判定围岩稳定性。在监测断面上分别监测巷道顶板及两帮锚杆、锚索应力(图 8.33 和图 8.34),1# ~4# 监测断面布置锚杆(索)动态锚固力监测点。

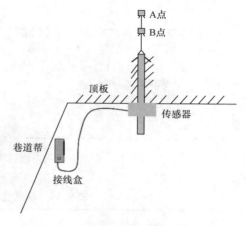

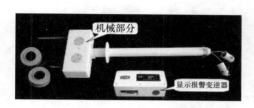

图 8.31　YHW300 本安型围岩位移测定仪　　　　图 8.32　顶板离层监测安装示意图

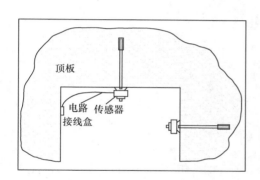

图 8.33　MCS-400 矿用本安型锚杆(索)测力计　　　图 8.34　锚杆(索)动态锚固力
　　　　　　　　　　　　　　　　　　　　　　　　　　　　监测安装示意图

3. 煤柱应力监测设计

通过在煤层或岩层中打水平钻孔(图 8.35),将 GMC20 应力传感器(图 8.36)安装到钻孔深部,煤层或岩层应力直接作用到传感器上,传感器输出信号通过二次仪表测量。通过观测不同深度煤柱的应力分布情况来判断与评价煤柱的稳定性。在 $1^{\#}$～$4^{\#}$ 监测断面均设置区段煤柱应力监测点,各监测断面煤柱侧帮在 5～20m 深度范围内布置 3 个应力监测点,回采侧帮在 5～30m 深度范围内布置 3 个应力监测点,由于打钻过程中钻孔坍塌,部分测点未达到预定深度,实际测点布置见表 8.16。

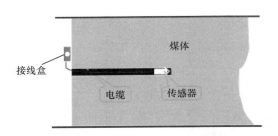

图 8.35　煤柱应力监测安装示意图

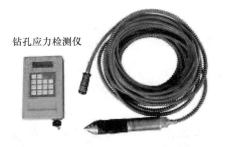

图 8.36　GMC20 应力传感器

表 8.16　巷道监测设备安装统计表

巷道	监测断面	煤柱侧煤体应力监测	开采侧煤体应力监测
5103	1	4m/7m/7.5m	5m/15m/18m
	2	5m/5m	5m/10m/11m
2103	3	——	5m/15m/24m
	4	——	5m/15m/21m

8.3.2　顶板离层监测数据分析

1. 5103 巷道顶板离层监测数据分析

本次监测数据是 2014 年 1 月 20 日至 2014 年 4 月 15 日的数据,在此期间 8104 工作面由采位 1285m 推进至采位 1713m。图 8.37、图 8.38 分别为 5103 巷 1$^\#$ 监测断面和 2$^\#$ 监测断面处的离层变化曲线。

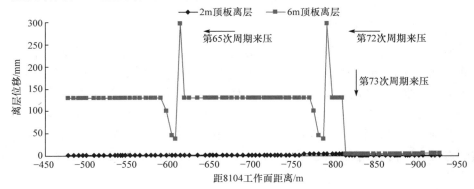

图 8.37　1$^\#$ 监测断面(采位 780m)离层变化曲线图

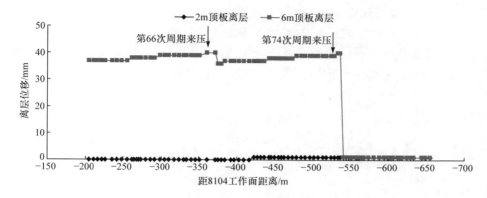

图 8.38　2# 监测断面(采位 1050m)离层变化曲线

由图可知,8104 工作面推过监测断面后,巷道顶板岩层产生较大的离层,1# 监测断面和 2# 监测断面深基点离层值分别达到 130mm 和 37mm。由图 8.37 可知,1# 监测断面在 8104 工作面推过 590m 后,深基点离层值由 130mm 逐渐减小;推过 607m 时,减小至最小值 38mm;随后离层值迅速攀升,推过 613m 时,离层值增大至 297mm;随后又迅速回落至 130mm。8104 工作面推过 1# 监测断面 613m 时,工作面第 65 次周期来压,并且来压显现强烈,离层的大幅度变化发生在周期来压前后。同样,8104 工作面推过 1# 监测断面 775m 时的第 72 次周期来压导致 1# 监测断面顶板离层值大幅度变化;8104 工作面推过 1# 监测断面 809m 时第 73 次周期来压,1# 监测断面顶板离层值降低至 4mm。由上述分析可知,8104 工作面的第 65 次、第 72 次和第 73 次周期来压对 5103 巷道 1# 监测断面的离层变化影响显著,5103 巷道 1# 监测断面在 8104 工作面推过 809m 仍会受到其回采的影响。

由图 8.38 可知,8104 工作面推过 2# 监测断面后,深基点离层值的变化幅度相对较小。8104 工作面推过 2# 监测断面 361m 时的第 66 次周期来压导致离层值发生变化,由来压前的 39mm 增加到来压时的 40mm,又降低至来压后的 36mm;8104 工作面推过 2# 监测断面 533m 时的第 74 次周期来压后,离层值由 40mm 降低至 1mm。由上述分析可知,8104 工作面的第 66 次和第 74 次周期来压对 5103 巷道 2# 监测断面的离层值变化影响明显,5103 巷道 2# 监测断面在 8104 工作面推过 550m 仍会受到其回采的影响。

2. 2103 巷道顶板离层监测数据分析

图 8.39 和图 8.40 为 2103 巷 3# 监测断面和 4# 监测断面处的离层变化曲线。由图可知,3# 监测断面和 4# 监测断面深基点最大离层值分别达到 4mm 和 33mm,2103 巷道顶板离层值比 5103 巷监测断面的小。对应侏罗系实体区的 3# 监测断面巷道顶板只产生了较小的离层,最大离层值为 4mm,在离层变化的拐点处大多

都对应 8104 工作面的周期来压。对应侏罗系煤柱的 4# 监测断面巷道顶板的离层值较大,最大离层值为 33mm,在第 66 次周期来压和第 73 次周期来压的位置,离层值发生了较大的变化。由两图对比可知,2103 巷道位于侏罗系煤柱下方区域的离层值比侏罗系实煤区的离层值大,上部侏罗系煤柱导致 2103 巷道顶板离层值增大。

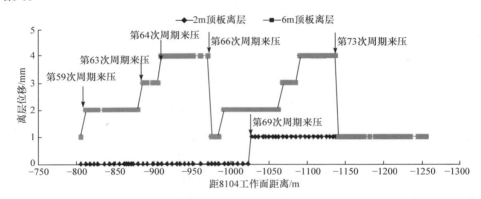

图 8.39　3# 监测断面(采位 450m)顶板离层变化曲线

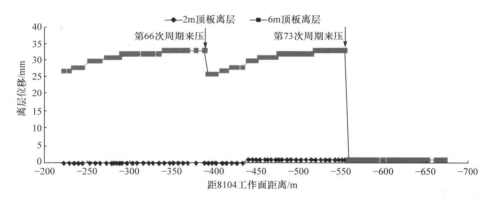

图 8.40　4# 监测断面(采位 1030m)顶板离层变化曲线

分析以上离层数据得到:

(1) 靠近采空区侧的 5103 巷道顶板离层严重,最大离层值达到 140mm,侏罗系煤柱下方监测断面的离层值大于非煤柱下方的。

(2) 临空巷道顶板离层值存在跃迁-回落现象,采空区顶板在滞后工作面一定距离仍在不断运动与破坏,引起临空巷道顶板离层变化。

(3) 实体煤侧的 2103 巷道顶板最大离层值达 33mm。离层值虽有上下波动,且与 8104 工作面顶板来压有较好的对应性,但变化差值不大。

8.3.3　锚杆(索)应力监测数据分析

1. 5103 巷道锚杆(索)应力监测数据分析

图 8.41 和图 8.42 为 1# 监测断面和 2# 监测断面的锚杆(索)应力变化曲线。由图 8.41 可知,8104 工作面推过 1# 监测断面 520m 时,工作面第 58 次周期来压,顶锚杆和回采侧锚杆应力骤然减小,顶锚杆应力由 63kN 降低至 55kN,回采侧锚杆应力由 50kN 降低至 35kN;随着工作面继续推进,锚杆应力又逐渐升高;8104工作面推过 1# 监测断面 577m 时,工作面第 64 次周期来压,回采侧锚杆应力急剧升高,由 50kN 增至 66kN;类似地,8104 工作面的第 65 次、第 66 次、第 68 次、第 70 次、第 73 次和第 75 次周期来压对应的 1# 监测断面锚杆(索)应力大小均发生变化,其中第 68 次周期来压对 1# 监测断面锚杆(索)应力变化影响显著。1# 监测断面的锚杆(索)应力在距 8104 工作面 850m 范围内始终受 8104 工作面的来压影响。

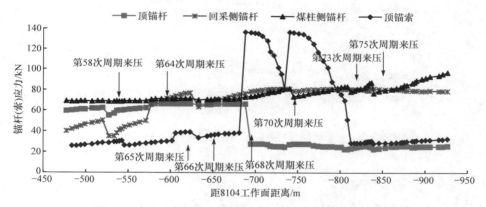

图 8.41　1# 监测断面(采位 780m)锚杆(索)应力变化曲线

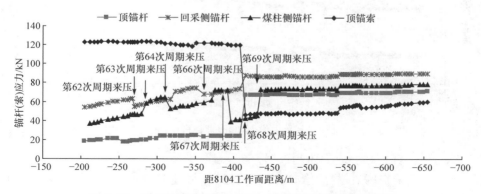

图 8.42　2# 监测断面(采位 1050m)锚杆(索)应力变化曲线

由图 8.42 可知,在 8104 工作面推过 2# 监测断面 270～430m 的过程中,8104工作面的第 62～64 次周期来压和第 66～69 次周期来压,对 2# 监测断面锚杆(索)应力变化产生影响,其中第 67 次周期来压和第 68 次周期来压对 2# 监测断面锚杆(索)应力变化影响显著。8104 工作面推过 2# 监测断面 430m 以后,锚杆(索)应力趋于稳定。由 2# 监测断面监测数据可知,8104 工作面后方影响范围为 430m,超过 430m 锚杆(索)应力趋于稳定。

2. 2103 巷道锚杆(索)应力监测数据分析

2103 巷道不同监测断面的锚杆(索)应力变化曲线见图 8.43 和图 8.44。随着工作面的推进,3# 监测断面和 4# 监测断面的锚杆(索)应力整体呈缓慢上升的趋势,应力变化比较稳定,两断面锚杆(索)的受力相差不大。

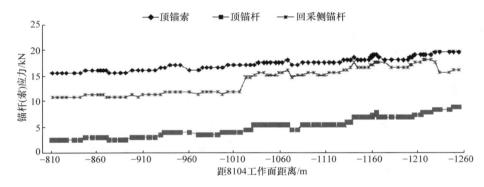

图 8.43　3# 监测断面(采位 450m)顶锚杆(索)应力变化曲线

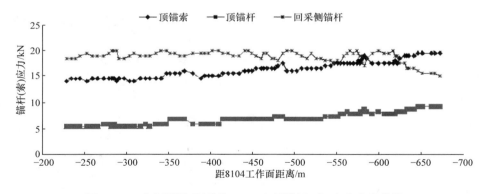

图 8.44　4# 监测断面(采位 1030m)顶锚杆(索)应力变化曲线

综合以上锚杆(索)应力监测数据分析得到:

(1) 临近采空区对锚杆(索)应力影响显著,邻近工作面的顶板周期来压使得锚杆(索)应力发生周期性的波动。在临近采空区的作用下,锚杆(索)应力达到60~80kN,个别达到了138kN;5103巷处于侏罗系煤柱下部的1#监测断面锚杆受力比非煤柱下方的2#监测断面变化更为剧烈,煤柱加剧了锚杆(索)应力变化。

（2）2103巷道锚杆(索)应力较小,达到5~20kN,并且呈缓慢上升的变化趋势。位于上部侏罗系煤柱下方的4#监测断面锚杆(索)应力稍大于非煤柱下方的3#监测断面,锚杆(索)应力相差3~5kN。

8.3.4　钻孔应力监测数据分析

1. 5103巷道钻孔应力监测数据分析

图8.45和图8.46为1#监测断面和2#监测断面的钻孔应力变化曲线。由图8.45可知,1#监测断面钻孔应力总体呈上升趋势,8104工作面推过1#监测断面512m和569m时,对应8104工作面第61次和第64次周期来压,回采侧18m钻孔应力和煤柱侧5m深钻孔应力发生小幅度变化;随着8104工作面继续推进,8104

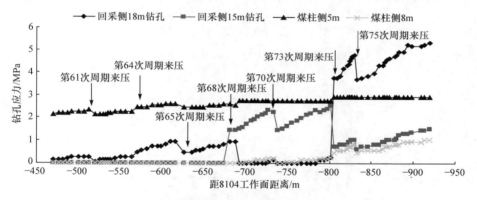

图 8.45　1#监测断面(采位 780m)实体煤帮钻孔应力变化曲线

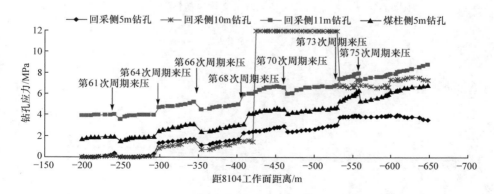

图 8.46　2#监测断面(采位 1050m)实体煤帮钻孔应力变化曲线

工作面第 65 次、第 68 次、第 70 次、第 73 次和第 75 次周期来压对 1# 监测断面钻孔应力的变化影响明显,应力变化幅度较大。

由图 8.46 可知,2# 监测断面钻孔应力整体呈上升趋势,随着 8104 工作面的推进,8104 工作面第 61 次、第 64 次、第 66 次、第 68 次、第 70 次、第 73 次和第 75 次周期来压对 5103 巷道 2# 监测断面钻孔应力的变化影响明显;应力变化幅度相对 5103 巷 1# 监测断面较小,钻孔应力基本呈线性上升的趋势。

5103 巷位于侏罗系煤柱下的 1# 监测断面钻孔应力变化幅度较大,受临近采空区顶板运动及上部侏罗系煤柱影响,煤柱应力发生跃迁频繁。

5103 巷不同深度位置的煤柱受力状态不同,越靠近采空区侧,煤柱受力越大,相对应力值最大达 5MPa,伴随邻近工作面的周期来压,越靠近采空区的煤柱应力周期性跃升越明显。

2. 2103 巷道钻孔应力监测数据分析

图 8.47 和图 8.48 为 2103 巷 3# 监测断面、4# 监测断面的钻孔应力变化曲线。由图可以看出,部分钻孔应力较小,这是由于钻孔应力计安装初期,应力计没有被压实。钻孔应力呈上升趋势,3# 监测断面在 8104 工作面第 71 次、第 73 次和第 75

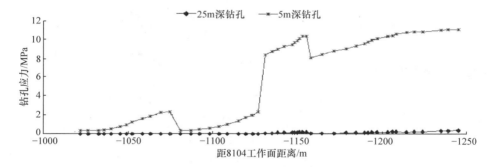

图 8.47　3# 监测断面(采位 450m)实体煤帮钻孔应力变化曲线

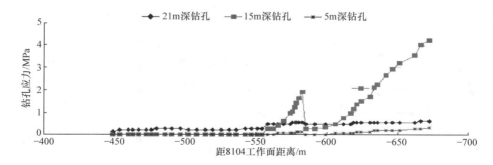

图 8.48　4# 监测断面(采位 1030m)实体煤帮钻孔应力变化曲线

次周期来压时钻孔应力变化显著,4# 监测断面在 8104 工作面第 73 次和第 75 次周期来压时钻孔应力变化显著。

锚杆(索)应力、钻孔应力监测数据表明,工作面推进过程中存在大范围(200～300m)的应力突变,从高应力水平突然降为应力很低的水平,经分析是覆岩大结构周期性失稳导致的,因此巷道应力监测也揭示了覆岩大结构的存在。

坚硬顶板大结构形成过程中对工作面和两巷矿压显现有重要影响,控制着工作面大小周期来压显现、来压步距、来压强度等矿压显现特征;坚硬顶板大结构达到一定尺度时会失稳,失稳将产生冲击载荷导致工作面、尾巷超前支护区域和临空巷道等作业区域产生强矿压显现现象。

对于大同矿区石炭系大空间采场,其强矿压显现机制更为复杂。石炭系大空间采场上覆侏罗系采空区煤柱结构的存在改变了覆岩大结构的条件,侏罗系煤柱与覆岩大结构的协同失稳强化了大空间采场强矿压的显现作用,是石炭系大空间采场强矿压显现的重要因素。同时,大结构失稳导致双系采场连通,导致上覆侏罗系采空区积水下泄、双系采空区有害气体渗流、漏风引起采空区着火等矿井灾害。

8.4　大同矿区双系煤层开采矿压相互影响

8.4.1　煤柱对下覆煤层开采的影响

煤炭地下开采过程中常留设各类煤柱以保护巷道稳定或控制岩层移动,这些煤柱导致底板岩层应力环境发生相应变化,这种变化是上覆岩层载荷通过煤柱向煤层底板传播的结果。不同煤柱类型及其四邻的开采状态决定了煤柱覆岩结构特征、煤柱应力分布特征等。关于煤柱引起底板应力变化、煤柱一侧采空、两侧采空、煤柱不同尺寸形成的集中应力分布规律及其向底板方向传递特征等方面的研究成果较多。陆士良等[9]通过大量现场实测,总结出下位煤层巷道距上位煤柱边缘水平距离 S 与上部煤层间垂距 z 的经验关系。鞠金峰等[10]研究了大柳塔煤矿活鸡兔井近距离煤层 21305 工作面过上部煤柱时的动载矿压问题。徐金海等[11]利用最小势能原理,建立了考虑顶板刚度及煤柱软化与流变特性的煤柱时间相关稳定性模型,得到了煤柱保持长期稳定的必要条件。黄炳香等[12-20]对大煤柱形成孤岛工作面条件,其特殊的覆岩结构特征、孤岛工作面巷道支承压力分布特征、孤岛工作面冲击危险性、孤岛工作面顶板来压时能量积聚和释放的演化规律等进行了研究。张明等[21]针对冲击煤层孤岛工作面上覆岩结构复杂、开采极易诱发冲击地压等灾害问题,提出了采前孤岛工作面宽度设计的留设方法。潘俊峰[22]研究了孤岛边角煤柱工作面的诱冲机制及控制对策。于斌等[23-26]研究了大同矿区侏罗系煤层采空区留设区段煤柱、井田境界煤柱等对下覆石炭系煤层工作面矿压显现的影响,确定侏罗系尺寸较小的煤柱(如区段煤柱)对底板方向应力影响范围较小,井田境界煤柱等大尺寸煤柱对石炭系煤层矿压显现影响较大。

8.4.2　工程条件

大同矿区赋存有侏罗系煤层群和石炭系煤层群,现侏罗系煤层群开采已接近尾声,石炭系煤层群已进入规模开发阶段。侏罗系煤层群开发历史早,矿井井田面积设计较小;石炭系煤层群采用先进的设计理念、集中开发,如同忻煤矿、塔山煤矿等。同忻井田上覆侏罗系煤层群主要由忻州窑煤矿、煤峪口煤矿、永定庄煤矿、同家梁煤矿等矿井开采。大同矿区侏罗系煤层群开采过程中留设了区段煤柱、大巷保护煤柱、井田境界煤柱等多种类型煤柱,其中井田境界煤柱具有煤柱尺寸大、多层煤柱叠加等特点。开采实践表明,大型煤柱体对下覆石炭系煤层的矿压显现具有重要影响。

大同矿区侏罗系煤层,含煤地层总厚度 $74 \sim 264\mathrm{m}$,平均厚度 $210\mathrm{m}$,可采煤层 21 层,单层最大厚度 $7.81\mathrm{m}$。煤层自上而下分为三组,上组煤层主要为中厚煤层段,即 $2^{\#}$、$3^{\#}$、$4^{\#}$、$5^{\#}$ 煤组;中组煤层为薄煤层段,即 $7^{\#}$、$8^{\#}$、$9^{\#}$、$10^{\#}$ 煤组;下组煤层为厚煤层段,即 $11^{\#}$、$12^{\#}$、$14^{\#}$、$15^{\#}$ 煤组。下组煤层间距离较近,分叉合并频繁,侏罗系部分地层柱状图见图 8.49。同忻煤矿上覆侏罗系煤层群主要开采 $3^{\#}$、$7^{\#}$、$8^{\#}$、$9^{\#}$、$11^{\#}$、$12^{\#}$、$14^{\#}$、$15^{\#}$ 煤层,已有近百年的开采历史,而且这些矿井现在仍在生产,开采过程中应用了刀柱式采煤法、长壁采煤法等多种采煤方法,开采过程中留设了很多类型煤柱,特别是大型煤柱,如井田境界煤柱、大巷保护煤柱、断层煤柱等对下覆石炭系煤层开采的影响较大。例如,同忻煤矿石炭系 $3\text{-}5^{\#}$ 煤层 8105 工作面在即将通过上覆永定庄煤矿与煤峪口煤矿井田境界煤柱时发生冲击地压灾害。

大同矿区石炭系煤层具有赋存较深、煤层厚度大、覆岩存在多层坚硬顶板等特点,工作面以及回采巷道矿压显现强烈。侏罗系煤层群复杂的开采状态加剧了石炭系煤层矿压显现的复杂性和来压强度,为下覆石炭系煤层的安全开采带来了困难,同忻井田双系煤层柱状图见图 8.50。

8.4.3　多层叠加煤柱覆岩结构特征

1. 多层叠加煤柱两侧采动覆岩特征分析

比值判别法是煤层群开采中分析下部煤层开采时上部目标层是否破坏的主要方法之一,通过分析层间距、下位煤层的采厚及开采煤层数等参数,计算目标层整体性是否破坏。假设井田内有 $n+1$ 层煤层,m_1 煤层之下有 n 层煤,当开采下部 n 层煤时,综合比值 K_z 为

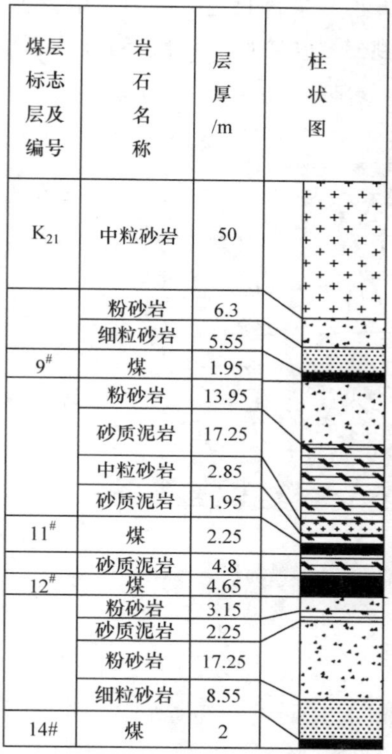

煤层标志层及编号	岩石名称	层厚/m	柱状图
K$_{21}$	中粒砂岩	50	
	粉砂岩	6.3	
	细粒砂岩	5.55	
9$^{\#}$	煤	1.95	
	粉砂岩	13.95	
	砂质泥岩	17.25	
	中粒砂岩	2.85	
	砂质泥岩	1.95	
11$^{\#}$	煤	2.25	
	砂质泥岩	4.8	
12$^{\#}$	煤	4.65	
	粉砂岩	3.15	
	砂质泥岩	2.25	
	粉砂岩	17.25	
	细粒砂岩	8.55	
14#	煤	2	

图 8.49　侏罗系部分地层柱状图

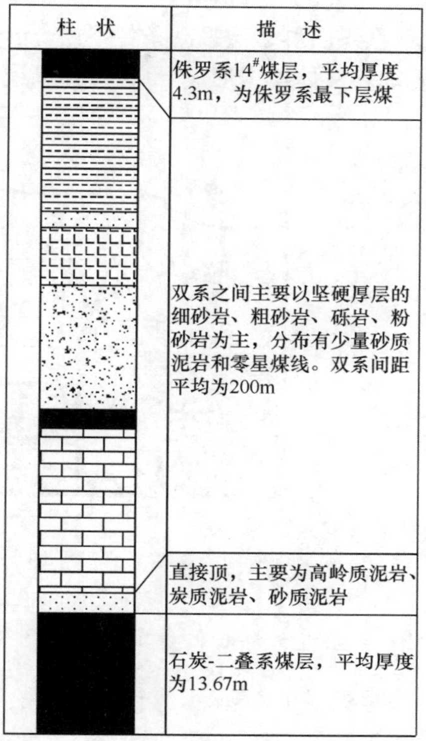

柱状	描述
	侏罗系14$^{\#}$煤层,平均厚度4.3m,为侏罗系最下层煤
	双系之间主要以坚硬厚层的细砂岩、粗砂岩、砾岩、粉砂岩为主,分布有少量砂质泥岩和零星煤线。双系间距平均为200m
	直接顶,主要为高岭质泥岩、炭质泥岩、砂质泥岩
	石炭-二叠系煤层,平均厚度为13.67m

图 8.50　同忻井田双系煤层柱状图

$$K_Z = \cfrac{1}{\cfrac{1}{K_1} + \cfrac{1}{K_2} + \cfrac{1}{K_3} + K + \cfrac{1}{K_{n-1}} + \cfrac{1}{K_n}} \tag{8-8}$$

式中,

$$K_1 = \frac{H_1}{M_2}, \quad K_2 = \frac{H_2}{M_3}, \quad \cdots, \quad K_{n-1} = \frac{H_{n-1}}{M_n}, \quad K_n = \frac{H_n}{M_{n+1}}$$

其中,H_1、H_2、$\cdots$、H_n 为 m_2、m_3、$\cdots$、m_{n+1} 煤层分别与 m_1 煤层的层间距,m;M_2、M_3、$\cdots$、M_{n+1} 为 m_2、m_3、$\cdots$、m_{n+1} 煤层的厚度,m。

根据我国生产实践和相关研究成果,当 $K_Z > 6.3$ 时,下部煤层开采时上部煤层可以进行正常的采掘活动,即多煤层间的覆岩未遭到整体破坏。

同忻煤矿上覆侏罗系煤层为近距离煤层群,其一盘区上覆侏罗系主要开采 9$^{\#}$、11$^{\#}$、12$^{\#}$、14$^{\#}$ 煤层,其中 9$^{\#}$ 煤层厚度 1.95m,距 K$_{21}$ 中粒砂岩层 11.85m,11$^{\#}$ 煤层厚度 2.25m,距 K$_{21}$ 中粒砂岩层 48.75m,12$^{\#}$ 煤层厚度 4.65m,距 K$_{21}$ 中粒砂岩层 52.65m,14$^{\#}$ 煤层厚度 2m,距 K$_{21}$ 中粒砂岩层 83.85m,将相关数据代入式(8-8)

可得 $K_Z=3.08<6.3$，其中 K_{21} 中粒砂岩层为侏罗系覆岩的主关键层。由此可知，在侏罗系煤层群多层采动条件下，叠加煤柱两侧覆岩整体性遭到破坏，破坏直达地表，叠加煤柱体覆岩形成"倒梯形孤岛覆岩结构"，见图 8.51。

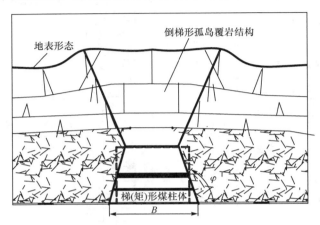

图 8.51　侏罗系多层叠加大煤柱形成"倒梯形孤岛覆岩结构"

2. 多层叠加煤柱体稳定性分析

根据极限平衡理论，煤柱两侧开挖后，煤柱周边围岩应力重新分布，煤柱两侧边缘首先遭到破坏，并逐步向深部扩展和转移，直至弹性区边界，距离煤柱边缘越远，煤柱的承载能力越强。煤柱在支承压力和自身承载能力下，存在一个处于极限平衡状态的塑性区域，支承压力峰值与煤柱边缘之间的距离即塑性区的宽度为

$$x=\frac{m}{2\xi f}\ln\frac{P+c\cot\varphi}{\xi(p_1+c\cot\varphi)} \tag{8-9}$$

式中，m 为煤层开采厚度；f 为煤层与顶底板接触面的摩擦系数，$f=\tan\varphi/4$；P 为支承压力峰值，为 γH 的倍数；c 为煤体的黏聚力；φ 为煤体的内摩擦角；p_1 为支架对煤帮的阻力；ξ 为三轴应力系数，$\xi=\dfrac{1+\sin\varphi}{1-\sin\varphi}$。

根据煤柱保持稳定性的基本条件，煤柱两侧产生塑性变形后，在煤柱中央存在一定宽度的弹性核，该弹性核的宽度应不小于煤柱高度的 2 倍，因此煤柱稳定的最小宽度 B 应满足

$$B=x_0+2m+x_1 \tag{8-10}$$

式中，x_0 为煤柱左侧塑性区宽度，m；m 为煤层采高，m；x_1 为煤柱右侧塑性区宽度，m。

根据大同矿区侏罗系煤层群开采过程中矿压观测数据，确定两侧采动时取 $9^{\#}$、$11^{\#}$、$12^{\#}$、$14^{\#}$ 煤层留设煤柱的应力集中系数分别为 4.0、4.5、4.75、5.0；左侧

和右侧塑性区宽度均等于 x，支架对煤帮的阻力 p_1 取 0；9# 煤层采高为 1.95m，11# 煤层采高为 4.65m，12# 煤层采高为 2.25m，14# 煤层采高为 2m；根据物理力学参数测试，煤样试件黏聚力为 4.28MPa，一般取煤体的黏聚力为煤样的 0.45～0.75 倍，由于其开采时间较长，长期应力集中导致其强度降低，此处取 0.5 倍；煤体的内摩擦角为 27.5°。将上述参数代入式（8-10）可得，9# 煤柱稳定的最小宽度为 7.4m，11# 煤柱稳定的最小宽度为 22.3m，12# 煤柱稳定的最小宽度为 10.3m，14# 煤柱稳定的最小宽度为 10.6m，当煤柱小于最小宽度时，煤柱不能稳定，遭到破坏。

因此，多层叠加煤柱体要想保证其稳定性，按照组成煤柱体最厚的煤层，即 11# 煤柱稳定的最小宽度分析，煤柱宽度在 22.3m 以上时组成煤柱体的各煤柱理论上可以保持稳定，多层叠加煤柱体将会形成"倒梯形孤岛覆岩结构"，其对下覆石炭系煤层应力环境造成重要影响。当煤柱宽度小于极限平衡的稳定宽度时，煤柱体发生塑性破坏，此时煤柱体下覆应力比两侧采空区稍高，对石炭系煤层应力场的影响较小。

8.4.4 "倒梯形孤岛覆岩结构"对石炭系煤层应力场影响分析

"倒梯形孤岛覆岩结构"载荷均匀地作用在煤柱下方，其应力向下传递方式与集中载荷按"压力泡"传递的模式不同，"倒梯形孤岛覆岩结构"可以认为其几乎与两侧覆岩在水平方向上没有力学传递，对下覆岩层应力场的影响类似于凸起的"小山包"，下覆岩层的应力直接按自重应力计算。

根据同忻煤矿北一盘区综合柱状及钻孔数据，同忻煤矿石炭系 3-5# 煤层至侏罗系 14# 煤层约有 24 层岩层（表 8.17），其中以坚硬的砂岩和砾岩为主，软弱的泥岩分布很少。由关键层理论确定同忻煤矿 8105 工作面上覆岩层存在亚关键层Ⅰ、Ⅱ 分别距离煤层顶板 3.2m、32.4m，主关键层距离工作面顶板 143.5m（表 8.18）[27,28]，"倒梯形孤岛覆岩结构"随着石炭系主关键层的破断而失稳。

表 8.17　上覆岩层力学参数

序号	岩性	实际厚度 /m	容重 /(kN/m³)	抗拉强度/MPa	弹性模量/GPa
Y1	砂质泥岩	3.2	26.31	5.47	18.35
Y2	K₃ 砂岩	5.3	25.44	7.68	36.21
Y3	中粒砂岩	7.7	26.73	6.14	29.57
Y4	细粒砂岩	2.1	27.12	7.81	35.54
Y5	粉砂岩	5.3	26.45	4.97	23.64

序号	岩性	实际厚度/m	容重/(kN/m³)	抗拉强度/MPa	弹性模量/GPa
Y6	山#煤	2.1	10.36	1.27	4.20
Y7	粉砂岩	2.4	25.78	4.25	23.35
Y8	粗粒砂岩	4.3	24.21	4.82	20.32
Y9	细粒砂岩	14.8	25.62	8.20	35.62
Y10	砾岩	12.9	27.35	4.34	28.43
Y11	粗粒砂岩	3.5	23.89	5.24	19.98
Y12	砾岩	12.0	27.10	4.34	28.74
Y13	中粒砂岩	13.7	25.52	7.01	29.62
Y14	粉砂岩	3.2	24.58	4.45	23.48
Y15	细粒砂岩	10.7	27.17	7.93	35.21
Y16	砾岩	4.6	26.95	4.23	28.64
Y17	细粒砂岩	10.3	26.51	7.87	36.01
Y18	粉砂岩	10.5	25.20	4.52	23.17
Y19	粉质泥岩	6.9	25.98	5.81	18.46
Y20	砾岩	5.1	27.15	3.92	28.42
Y21	粉质泥岩	2.9	26.51	4.14	18.56
Y22	细粒砂岩	10.7	26.82	8.11	36.12
Y23	粗粒砂岩	14.3	25.24	5.34	21.31
Y24	粗粒砂岩	6.2	27.54	8.64	35.87

表 8.18　8105 工作面关键层分布及其破断特征

序号	关键层	岩性	厚度/m	破断距/m	距 3-5#煤层顶板距离/m
Y23	主关键层	粗粒砂岩	14.3	76.82	154.2
Y22	主关键层	细粒砂岩	10.7	76.82	143.5
Y9	亚关键层 II	细粒砂岩	14.8	67.44	32.4
Y2	亚关键层 I	K_3 砂岩	5.3	52.18	3.2

设石炭系上覆各岩层的厚度和容重根据序号分别依次为 $h_{Y1}, h_{Y2}, \cdots, h_{Yi}, \cdots,$ $h_{Yn}; \gamma_{Y1}, \gamma_{Y2}, \cdots, \gamma_{Yi}, \cdots, \gamma_{Yn}$，则作用在石炭系 3-5#煤层上的原始自重应力为

$$\begin{cases} \sigma_0 = \sum_{i=1}^{43} \gamma_{Yi} h_{Yi} \\ i \in Z \\ 4 \leqslant i \leqslant 49 \end{cases} \tag{8-11}$$

"倒梯形孤岛覆岩结构"作用在石炭系 3-5# 煤层上的应力由两部分组成:一部分为石炭系至侏罗系煤层之间的覆岩结构产生的自重应力对石炭系 3-5# 煤层作用的应力;另一部分为侏罗系孤岛覆岩结构产生的自重应力对石炭系 3-5# 煤层作用的应力。两部分叠加即为石炭系煤层在孤岛覆岩结构下的自重应力。

石炭系至侏罗系煤层之间的覆岩结构对 3-5# 煤层产生的应力 σ_1 为

$$
\begin{cases}
\sigma_1 = \sum_{i=1}^{27} \gamma_{Yi} h_{Yi} \\
i \in Z \\
4 \leqslant i \leqslant 27
\end{cases}
\tag{8-12}
$$

侏罗系"倒梯形孤岛覆岩结构"对 3-5# 煤层产生的应力 σ_2 为

$$
\begin{cases}
\sigma_2 = \dfrac{2 \sum_{j=29}^{49} \left[1 + \dfrac{\cot\alpha \sum_{i=29}^{j} h_{Yi}}{x} \right] \gamma_{Yj} h_{Yj}}{\pi z} \\
i,j \in Z \\
29 \leqslant j \leqslant 49 \\
29 \leqslant i \leqslant j
\end{cases}
\tag{8-13}
$$

式中,x 为孤岛煤柱的宽度;α 为岩层垮落角,根据同忻煤矿岩层参数,取 $\alpha=65°$。

因此,"倒梯形孤岛覆岩结构"对石炭系 3-5# 煤层产生的应力 σ_g 为

$$
\sigma_g = \sigma_1 + \sigma_2
\tag{8-14}
$$

由式(8-12)、式(8-13)和式(8-14)可知

$$
\begin{cases}
\sigma_g = \sum_{i=1}^{27} \gamma_{Yi} h_{Yi} + \dfrac{2 \sum_{j=29}^{49} \left[1 + \dfrac{\cot\alpha \sum_{i=29}^{j} h_{Yi}}{x} \right] \gamma_{Yj} h_{Yj}}{\pi z} \\
i,j \in Z \\
29 \leqslant j \leqslant 49 \\
1 \leqslant i \leqslant j
\end{cases}
\tag{8-15}
$$

根据同忻煤矿实际情况,代入相关数据可知,静载荷与孤岛煤柱宽度 x 的关系见图 8.52。由图可知,当组成叠加煤柱体中任何一个煤柱的宽度小于 22.3m 时,煤柱体发生塑性破坏,此时形不成"倒梯形孤岛覆岩结构",3-5# 煤层应力基本为垂直方向上原岩应力 10.46MPa;当煤柱宽度在 30~120m 时,"倒梯形孤岛覆岩结构"对石炭系煤层应力场有较大影响,应力为 20~37MPa,比原岩应力提高了 91%~259%;当叠加煤柱体宽度为 80m 时,"倒梯形孤岛覆岩结构"对石炭系煤层

的影响最大,最大应力达到 37MPa,比原岩应力增加了 259%。根据理论分析,拟合出侏罗系多层叠加煤柱形成的"倒梯形孤岛覆岩结构"对石炭系煤层应力场影响关系:

$$\sigma_g = \begin{cases} 0.4197x + 3.7336, & 22.3 < x \leqslant 80 \\ 709.1x^{-0.7506}, & x > 80 \end{cases} \tag{8-16}$$

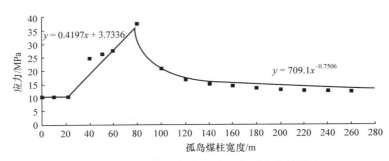

图 8.52　孤岛煤柱宽度 x 对石炭系应力的影响

"倒梯形孤岛覆岩结构"在石炭系煤层开采过程中随着关键层的破坏而运动,其失稳产生的动载对石炭系工作面矿压显现影响较大。

8.4.5　"倒梯形孤岛覆岩结构"对石炭系矿压影响的微震监测研究

1. 同忻煤矿 8104 工作面与侏罗系大型叠加煤柱对应情况

同忻煤矿 8104 工作面埋深平均为 439m,工作面东部为实煤区,北部为 8105工作面,西部为三条盘区大巷煤柱,南部为 8103 工作面。工作面走向长度为1932.6m,倾向长度为 207m。煤层平均厚度为 16.42m,倾角为 2°。8104 工作面上部对应的侏罗系 14#、12#、11# 和 9# 煤层均已开采完毕,残留了数个错综复杂的采空区。14# 煤层与同忻煤矿 3-5# 煤层的距离为125~140m。

图 8.53 给出了 8104 工作面 500~900m 范围与侏罗系煤层群各煤柱的对应关系。在 8104 工作面上覆岩层中存在一个井田边界煤柱重叠区域(多层叠加煤柱体),对应 8104 工作面 590~650m 的开采位置;另一个是对应 8104 工作面 720~760m 的开采位置,14#、12# 和 11# 三个区段煤柱相互重叠,该区域为区段煤柱重叠区域。

2. 微震事件时空分布特征

微震监测是通过监测岩体破裂产生的震动或其他物体的震动,对监测对象的破坏状况、安全状况等做出评价,从而为预报和控制灾害提供依据。微震监测信息在空间上的分布反映了岩体损伤及破裂的空间位置,微震事件活动的时间丛集性

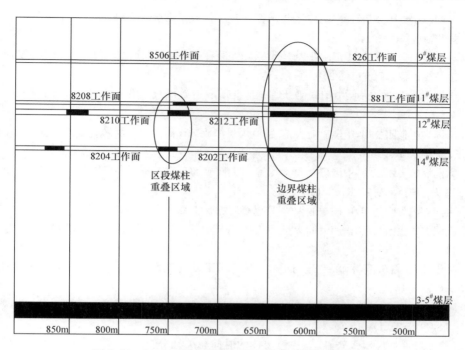

图 8.53　8104 工作面部分区域与侏罗系煤柱对应关系

直观反映了各个微震事件随着开采的时间变化。对微震活动性的时空特征研究有利于对采动应力、覆岩运动与破坏规律进一步深入研究。

对同忻煤矿 8104 工作面开采期间微震监测数据进行分析,以 10 天为单位对工作面的微震事件进行统计,研究 8104 工作面推进过程中"倒梯形孤岛覆岩结构"对覆岩破坏的影响关系,见图版 14 和图版 15。图中绿色表示震动能量级别为 10^2J,蓝色表示震动能量级别为 10^3J,橙色表示震动能量级别为 10^4J,粉色表示震动能量级别为 10^5J,红色表示震动能量级别为 10^6J。8104 工作面通过"倒梯形孤岛覆岩结构"期间微震事件分布情况为:8104 工作面由 450m 推进至 510m(2013年 9 月 11 日~2013 年 9 月 20 日),工作面距"倒梯形孤岛覆岩结构"远,微震事件的影响范围小,微震事件能量较小,能量级别为 10^2J 和 10^3J。8104 工作面由575m 推进至 640m(2013 年 10 月 1 日~2013 年 10 月 10 日),工作面在边界煤柱区域(590~650m)下方推进,"倒梯形孤岛覆岩结构"运动加剧直至失稳,引起工作面上覆岩层微震事件密集分布,能量级别个别达到了 10^6J。

参 考 文 献

[1] 大同煤矿集团公司,辽宁工程技术大学. 大同双系特厚煤层强矿压发生机理及综合治理技术研究[R]. 2014

[2] 大同煤矿集团公司,辽宁工程技术大学. 大同矿区双系煤层开采耦合工程效应与相互作用规律研究[R]. 2014

[3] 大同煤矿集团公司,中国矿业大学(北京). 大同石炭系特厚煤层综放开采全煤巷道矿压监测及支护技术研究[R]. 2010

[4] 大同煤矿集团公司,中国矿业大学(北京). 塔山矿综放工作面临空开采动压显现治理[R]. 2011

[5] 大同煤矿集团公司,中国矿业大学. 特厚煤层综放工作面大变形回采巷道离层监测及超前支护技术[R]. 2016

[6] 大同煤矿集团公司,中国矿业大学(北京). 大同矿区石炭系特厚煤层回采巷道矿压显现规律及支护技术研究[R]. 2013

[7] 大同煤矿集团公司,中国矿业大学. 特厚煤层综放开采动压巷道布置及支护技术[R]. 2015

[8] 大同煤矿集团公司,山西大同大学. 大同矿区石炭系厚煤层强矿压条件下的巷道支护技术研究[R]. 2015

[9] 陆士良,姜耀东,孙永联. 巷道与上部煤层间垂距 Z 的选择[J]. 中国矿业大学学报,1993, 22(1): 4-10

[10] 鞠金峰,许家林,朱卫兵,等. 近距离煤层工作面出倾向煤柱动载矿压机理研究[J]. 煤炭学报,2010,35(1): 15-20

[11] 徐金海,缪协兴,张晓春. 煤柱稳定性的时间相关性分析[J]. 煤炭学报,2005,30(4): 433-437

[12] 黄炳香,刘长友,郑百生,等. 超长孤岛综放工作面煤柱支承压力分布特征研究[J]. 岩土工程学报,2007,29(6): 932-937

[13] 王宏伟,姜耀东,赵毅鑫,等. 长壁孤岛工作面冲击失稳能量释放激增机制研究[J]. 岩石力学与工程学报,2013,32(11): 2250-2257

[14] 窦林名,何烨,张卫东. 孤岛工作面冲击矿压危险及其控制[J]. 岩石力学与工程学报,2003, 22(11): 1866-1869

[15] 曹安业,朱亮亮,李付臣,等. 厚硬岩层下孤岛工作面开采"T"型覆岩结构与动压演化特征[J]. 煤炭学报,2014,39(2): 328-335

[16] 李佃平,窦林名,牟宗龙,等. 孤岛型边角煤柱工作面反弧形覆岩结构诱冲机理及其控制[J]. 煤炭学报,2012,37(5): 719-724

[17] 刘长友,黄炳香,孟祥军,等. 超长孤岛综放工作面支承压力分布规律研究[J]. 岩石力学与工程学报,2007,26(增1): 2761-2766

[18] 谢广祥,杨科,刘全明. 综放面倾向煤柱支承压力分布规律研究[J]. 岩石力学与工程学报, 2006,25(3): 545-549

[19] 孟达,王家臣,王进学. 房柱式开采上覆岩层破坏与垮落机理[J]. 煤炭学报,2007,32(6): 577-580

[20] Mortazavi A,Hassani F P,Shabani M. A numerical investigation of rock pillar failure mechanism in underground openings[J]. Computers and Geotechnics,2009,36(5): 691-697

[21] 张明,李克庆,姜福兴,等.基于覆岩结构理论的冲击煤层孤岛工作面宽度研究[J].金属矿山,2016(4):62-66

[22] 潘俊峰.半孤岛面全煤巷道底板冲击启动原理分析[J].煤炭学报,2011,36(s2):332-338

[23] 于斌,刘长友,杨敬轩,等.大同矿区双系煤层开采煤柱影响下的强矿压显现机理[J].煤炭学报,2014,39(1):40-46

[24] 于斌,霍丙杰.多层叠加煤柱覆岩结构特征及对下伏煤层矿压显现影响[J].岩石力学与工程学报,2017,36(增1):1-8

[25] 于斌,朱卫兵,高瑞,等.特厚煤层综放开采大空间采场覆岩结构及作用机制[J].煤炭学报,2016,41(3):571-580

[26] 于斌,刘长友,刘锦荣.大同矿区特厚煤层综放回采巷道强矿压显现机制及控制技术[J].岩石力学与工程学报,2014,33(9):1863-1872

[27] 张宏伟,朱志洁,霍利杰,等.特厚煤层综放开采覆岩破坏高度[J].煤炭学报,2014,39(5):816-821

[28] 朱志洁,王洪凯,张宏伟,等.多层坚硬顶板综放开采矿压规律及控制技术研究[J].煤炭科学技术,2017,45(7):1-6

第9章　大空间采场坚硬顶板煤柱力学特征

9.1　掘巷前采场煤岩体力学特征分析

由于上区段工作面回采,采空区上覆岩层垮落,基本顶初次来压形成O-X破断,周期来压即基本顶周期破断后的岩块沿工作面走向方向形成砌体梁结构,在工作面端头破断形成弧形三角块。弧形三角块在煤壁内部断裂、旋转下沉,它的运动状态及稳定性直接影响下方煤体的应力和变形。沿空掘巷一般在采空区上覆岩层基本稳定后掘进,巷道掘进一般不影响三角块结构的稳定;受到下区段工作面回采超前支承压力作用,弧形三角块结构的稳定性必将遭到破坏而发生转动或滑移,并通过直接顶作用于沿空掘巷,从而对沿空掘巷的稳定性产生重要影响[1-7]。现场实践也表明,沿空掘巷在掘进影响阶段及掘后稳定阶段的变形较小,受工作面采动影响之后,加上围岩松软破碎,巷道围岩变形剧烈。三角块结构的稳定状况及位态决定了沿空掘巷围岩的稳定状况,反过来,通过对沿空掘巷围岩施加支护来提高其稳定性也能影响三角块结构的稳定状况。通过建立巷道开挖前后基本顶三角块结构及其下部煤岩体的力学模型,对三角块结构的稳定性及巷道周围煤岩体的应力和位移进行力学分析,揭示基本顶三角块结构稳定性演化规律及其对巷道的影响。

相邻工作面回采后,上覆岩体的垮落特征、垮落后的赋存状态在一定程度上取决于基本顶岩层的断裂特征及其垮落后的赋存状态。沿空掘巷一侧为未开采的实体煤,另一侧为上区段采空区,上区段工作面基本顶在实体煤侧为固支边。根据相关理论,假设上区段工作面的回采造成综放沿空掘巷上覆岩层的断裂结构见图9.1[8-10]。该结构具有以下特征:

(1)上区段工作面回采过程中,采空区中部顶板岩层活动表现为旋转下沉和平移下沉。当煤层采出并在工作面支架推过后,采空区的直接顶在自重应力作用下首先离层,从下往上分层垮落。

(2)随着上区段工作面的不断推进,基本顶岩梁逐渐变形到一定程度时出现初次来压形成O-X破断,随后基本顶发生周期性破断而出现周期来压。

(3)基本顶周期性破断后的岩块沿工作面推进方向形成砌体梁结构,沿侧向形成悬臂梁。基本顶岩层的重量逐渐转移到煤体深部,使煤体深部出现应力集中,煤体边缘及采空区处于卸压状态。

(4)随悬臂梁的旋转,基本顶在侧向煤体深部沿弧形破断线断裂形成弧形三角块 B 并发生回转或弯曲下沉,断裂后形成的岩体 A、岩块 B 与采空区先前垮落的基本顶岩块 C 在直接顶和垮落碎矸的支撑下,形成侧向砌体梁结构。随采空区逐渐压实,形成的砌体梁结构逐渐趋于稳定。

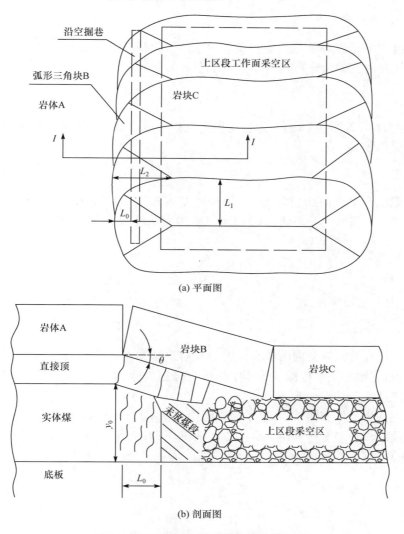

(a) 平面图

(b) 剖面图

图 9.1　掘巷前侧向煤岩体结构力学模型

9.1.1　弧三角形关键块的结构参数

根据深井综放面侧向煤岩体结构力学模型的结构关系,岩块 B 对于综放开采沿空掘巷上覆岩体结构的稳定起到关键作用。因此,要研究深井综放沿空掘巷的围岩演化规律及其稳定性,就必须对关键块 B 的结构参数及其稳定性进行研究。

关键块结构的参数主要有三个:基本顶沿工作面推进方向断裂长度 L_1、沿侧向断裂跨度 L_2 和基本顶在侧向煤壁内的断裂位置 L_0。关键块 B 的基本尺寸通过基本顶在周期来压时的断裂模式和周期来压步距确定。

1. L_1 的确定

关键块 B 沿工作面推进方向的长度 L_1,即为基本顶周期来压步距,其值可以通过现场观测或理论计算获得,L_1 可用式(9-1)计算:

$$L_1 = h_l \sqrt{\frac{R_t}{3q}} \tag{9-1}$$

式中,h_l 为基本顶厚度,m;R_t 为基本顶的抗拉强度,MPa;q 为基本顶单位面积承受的载荷,MPa。

2. L_2 的确定

关键块 B 沿侧向断裂跨度 L_2 是指随基本顶断裂后在采场侧向形成的悬跨度。根据板的屈服线分析法,认为 L_2 与工作面长度 S 和基本顶的周期来压步距 L_1 相关,则 L_2 可用式(9-2)计算:

$$L_2 = \frac{2L_1}{17} \sqrt{\left(10\,\frac{L_1}{S}\right)^2 + 102 - 10\,\frac{L_1}{S}} \tag{9-2}$$

式中,S 为工作面长度,m。

3. L_0 的确定

基本顶在侧向煤壁内的断裂位置对三角块结构稳定性的影响很大,是一个重要的参数,它影响采空区侧向煤体中的应力分布规律、煤柱宽度的合理确定、巷道围岩的完整性及外部力学环境。

研究认为工作面回采后,基本顶破断位置基本位于煤体弹塑性交接处,破断后的基本顶以该轴为旋转轴向采空区旋转下沉,断裂位置距上区段采空侧煤壁的距离 L_0 可用式(9-3)计算:

$$L_0 = \frac{y_0 A}{2\tan\varphi_0} \ln \frac{k\gamma H + \dfrac{c_0}{\tan\varphi_0}}{\dfrac{c_0}{\tan\varphi_0} + \dfrac{p_2}{A}} \tag{9-3}$$

式中,y_0 为煤层厚度,m;A 为侧压系数;φ_0 为煤体内摩擦角,(°);c_0 为煤体黏聚力,MPa;k 为应力集中系数;γ 为上覆岩层平均容重,MN/m³;H 为巷道埋深,m;p_2 为上区段工作面巷道煤帮的支护阻力,MPa。

9.1.2　掘巷前三角块受力分析

当综放沿空掘巷掘进前,围岩结构中关键块 B 的结构形态如前所述,根据掘巷前深井综放面侧向煤岩体整体力学模型,建立基本顶三角块受力简图,见图 9.2。

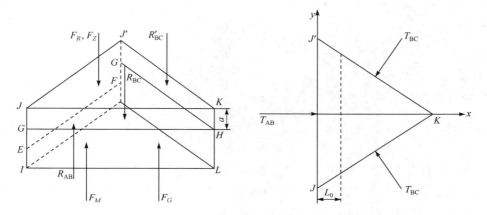

图 9.2　关键块 B 受力简图

根据三角块结构受力状况分析其稳定性。三角块结构失稳的方式主要有两种,即滑落失稳和转动失稳。滑落失稳指三角块 B 与岩体 A 之间的剪切力大于两岩块之间的水平推力所引起的摩擦力,三角块 B 沿岩体 A 滑落;转动失稳指三角块 B 转动角度过大,与岩体 A 之间的水平推力所引起的压应力大于两岩块接触处的有效抗压强度,块体被挤碎而失稳。

为分析三角块结构的稳定性,引入三角块结构稳定性系数的概念,将 A、B 岩块之间的摩擦力与三角块结构的剪切力 R_{AB} 之比定义为滑落稳定性系数 K_1,A、B 岩块之间的挤压应力与 A、B 岩块接触处的有效抗压强度之比定义为转动稳定性系数 K_2,即

$$K_1 = \frac{T_{AB}\tan\varphi}{R_{AB}} \tag{9-4}$$

$$K_2 = \frac{T_{AB}}{L_1 a\delta\sigma_c} \tag{9-5}$$

式中,$\tan\varphi$ 为岩块间的摩擦系数,一般可取 0.3;L_1 为三角块 B 沿工作面推进方向的长度,m;δ 为因岩块在转角处的特殊受力条件而取的系数,取 0.3;σ_c 为岩块的抗压强度,MPa;a 为岩块 A、C 与三角块 B 的作用位置参数,$a = \frac{1}{2}(h_L - L_2\sin\theta)$,$L_2$ 为基本顶断裂后在采场侧向形成的悬跨度,即三角块的侧向宽度,m,h_L 为三角块 B 的厚度,m,θ 为三角块 B 的侧向回转角,(°),$\theta = \arcsin\dfrac{y_0 - [y_0(1-\eta)K_m + H_z(K_z-1)]}{L_2}$,$y_0$ 为煤层的厚度,η 为工作面的回采率,H_z 为直接顶的厚度,m,K_z 为直接顶的碎

胀系数；T_{AB} 为侧向 A 岩块对三角块 B 的水平推力的合力；R_{AB} 为侧向 A 岩块对三角块 B 的垂直剪力的合力。

1）T_{AB} 的求解

$$T_{AB} = \frac{L_2(F_R + F_Z)\cos\alpha}{h_l - \dfrac{L_2\sin\theta}{2}} \tag{9-6}$$

式中，α 为三角块的底角，$(\degree)$，$\alpha = \arctan\dfrac{2L_2}{L_1}$；$F_R$ 为三角块上覆软弱岩层的重量，MN；F_Z 为三角块自重，MN。

$$F_R = S_\Delta h_R \gamma_R, \quad F_Z = S_\Delta h_L \gamma_L$$

其中，S_Δ 为三角块 B 的面积，m^2，$S_\Delta = L_1 L_2 / 2$；h_R 为三角块 B 上覆软弱岩层的厚度，m；γ_R 为三角块 B 上覆软弱岩层的容重，MN/m^3；h_L 为三角块 B 的厚度；γ_L 为三角块 B 的容重，MN/m^3。

2）R_{AB} 的求解

$$R_{AB} = 2R_{BC} + F_R + F_Z - F_M - F_G \tag{9-7}$$

式中，F_M 为三角块 B 下方煤体对三角块的支撑力，

$$F_M = \int_0^{L_0} \sigma_y \frac{-2}{\tan\alpha}(x - L_2)\mathrm{d}x$$

其中，L_0 为基本顶在侧向煤壁内的断裂位置，m；σ_y 为三角块 B 下方煤体的垂直应力。

F_G 为三角块 B 下方垮落矸石对三角块的支撑力，

$$F_G = \int_{L_0}^{L_2\cos\theta} f_g\left[-\frac{2}{\tan\alpha}(x - L_2)\right]\mathrm{d}x \tag{9-8}$$

其中，f_g 为单位面积矸石产生的支撑力，MPa，

$$f_g = K_G S_y \tag{9-9}$$

K_G 为采空区垮落矸石对三角块 B 的支撑强度，MPa；S_y 为三角块 B 对其下位垮落矸石的压缩率，

$$S_y = \frac{S_x - h_空}{y_0(1 - \eta')K_m + H_z K_z} \tag{9-10}$$

S_x 为三角块 B 任一点的旋转下沉量，m，$S_x = x\sin\theta$；$h_空$ 为采空区空顶高度，m，

$$h_空 = y_0 - [y_0(1 - \eta')K_m + H_z(K_z - 1)] \tag{9-11}$$

η' 为工作面端头的回采率。

如果 $h_空 < 0$，则直接顶不规则垮落的高度 $H_z' = \dfrac{y_0 - y_0(1 - \eta')K_m}{K_z - 1}$，令 $H_z = H_z'$，代入 $h_空$ 的计算公式重新计算。

如果 $S_y \leqslant 0$，表明三角块旋转下沉以后，未接触或刚接触矸石，没有受到垮落矸石的支撑，$F_G = 0$。

R_{BC} 为岩块 C 对三角块 B 的垂直剪力的合力，

$$R_{BC} = \frac{1}{L_2 \cos\theta}(R_1 + R_2 + R_3 - R_4) \tag{9-12}$$

其中，R_1 为 $2T_{BC}$ 对三角块 EF 轴的转矩，

$$R_1 = 2aT_{BC}\cos\alpha \tag{9-13}$$

T_{BC} 为岩块 C 对三角块 B 的水平推力，

$$T_{BC} = \frac{L_2(F_R + F_Z)}{2\left(h_i - \dfrac{L_2 \sin\theta}{2}\right)} \tag{9-14}$$

R_2 为煤体对三角块 EF 轴的支撑力矩，

$$R_2 = \int_0^{L_2 \cos\theta} \sigma_y \frac{-2}{\tan\alpha}(x - L_2)x\mathrm{d}x \tag{9-15}$$

R_3 为矸石对三角块 EF 轴的支撑力矩，

$$R_3 = \int_{L_0}^{L_2 \cos\theta} f_g \left[-\frac{2}{\tan\alpha}(x - L_2)\right]x\mathrm{d}x \tag{9-16}$$

R_4 为三角块自重及上覆软岩层荷载对 EF 轴的转矩，

$$R_4 = \frac{L_2 \cos\theta(F_R + F_Z)}{3} \tag{9-17}$$

如果 $T_{AB} > 0$、$R_{AB} > 0$，则 $K_1 > 1$ 表明三角块结构不会发生滑落失稳；K_1 越大，稳定性越好；$K_1 < 1$ 表明三角块结构发生滑落失稳，但如果 $R_{AB} < 0$，即在垂直方向，三角块受到煤体和垮落矸石的支撑力之和大于三角块与上覆软弱岩层的重量、前后两岩块 C 对三角块的剪切力之和，三角块 B 不需要岩块 A 对其向上的作用力（R_{AB}）即能保持平衡；计算结果 $K_1 < 0$，表明三角块结构不会发生滑落失稳。

如果 $T_{AB} > 0$，则 $K_2 < 1$ 表明三角块结构不会发生转动失稳，K_2 越小，稳定性越好；$K_2 > 1$ 表明三角块结构发生转动失稳；$K_2 = 1$ 表明三角块结构处于临界状态。

9.1.3　掘巷前三角块下部煤体受力分析

根据深井综放面侧向煤岩体结构力学模型，上区段工作面采完后基本顶发生断裂，上覆岩层破断以后形成能够承受载荷的稳定岩体结构（砌体梁结构），因此关键块 B 在旋转下沉的过程中通常以给定变形的方式作用于直接顶。相应地，关键块 B 下部的直接顶就以给定变形的方式作用于其下部煤体（综放沿空掘巷的围岩）。

砌体梁中关键块 B 以给定变形方式作用于煤体，给定变形量从煤体边缘往里

线性减小至 0,因而在煤体边缘形成破碎区和塑性区,该煤体塑性区一般呈倒梯形分布。据此建立掘巷前深井综放面侧向关键块 B 下部煤体的计算模型,见图 9.3。根据该计算模型和弹塑性力学理论,运用全量理论的变分原理可推导出关键块下部煤体的位移及应力计算公式。

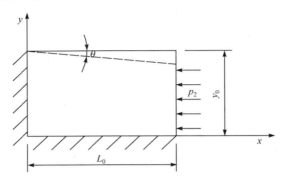

图 9.3　掘巷前关键块 B 下部煤体力学模型

1. 位移变分方法

顶煤在 z 方向可视为无限长,为平面应变问题,在一般应变状态下,弹性体储存的形变势能为

$$U = \frac{1}{2}\iint \sigma\varepsilon\,\mathrm{d}s \tag{9-18}$$

采用位移分量可表示为

$$U = \frac{E}{2(1+\nu)}\iint\left[\frac{\nu}{1-2\nu}\left(\frac{\partial u}{\partial x}+\frac{\partial v}{\partial y}\right)^2 + \left(\frac{\partial u}{\partial x}\right)^2 + \left(\frac{\partial v}{\partial y}\right)^2 + \frac{1}{2}\left(\frac{\partial u}{\partial y}+\frac{\partial v}{\partial x}\right)^2\right]\mathrm{d}x\mathrm{d}y \tag{9-19}$$

假设弹性体位移分量 u、v 发生了位移边界条件所允许的微小变化,分别为 δu、δv,则得到拉格朗日位移变分方程为

$$\delta U = \iint X\delta u + Y\delta v\mathrm{d}x\mathrm{d}y + \iint(\overline{X}\delta u + \overline{Y}\delta v)\mathrm{d}S \tag{9-20}$$

式中,X、Y 为体力分量;$\overline{X}$、$\overline{Y}$ 为面力分量。

取位移分量为

$$\begin{cases} u = u_0 + \sum_m A_m u_m \\ v = v_0 + \sum_m B_m v_m \end{cases} \tag{9-21}$$

式中,A_m、B_m 为互不依赖的系数(待定常数);u_0、v_0 为设定的函数,它们的边值等于边界上的已知位移;u_m、v_m 为在边界上等于 0 的函数。

将式(9-21)代入式(9-20)得

$$
\begin{cases}
\dfrac{\partial U}{\partial A_m} = \iint X u_m \mathrm{d}x\mathrm{d}y + \iint \overline{X} u_m \mathrm{d}S \\[3mm]
\dfrac{\partial U}{\partial B_m} = \iint Y v_m \mathrm{d}x\mathrm{d}y + \iint \overline{Y} v_m \mathrm{d}S
\end{cases}
\tag{9-22}
$$

求出 A_m、B_m 即可得到位移计算公式,继而得到应力、应变分布的解析表达式。

2. 问题求解

根据关键三角块下部煤体的力学模型,有
体力分量:$X=0$,$Y=-\rho g$;
面力边界条件:$x=L_0$ 时,$\overline{X}=-P_2$,$\overline{Y}=0$;
位移边界条件:$x=0$ 时,$u=0$;$y=0$ 时,$v=0$;$y=y_0$ 时,$v=-x\theta$。
取位移分量表达式为

$$
\begin{cases}
u = Ax \\[2mm]
v = -x\theta\dfrac{y}{y_0} + By\left(1-\dfrac{y}{y_0}\right)
\end{cases}
\tag{9-23}
$$

式中,L_0、y_0、θ 见图 9.3;A、B 为待定常数。

显然,式(9-23)满足位移边界条件,可用瑞兹法求解。对于平面应变问题,三角块下部煤体的弹性势能为

$$
U = \frac{E}{2(1+\nu)} \int_0^{L_0} \int_0^{y_0} \left[\frac{\nu}{1-2\nu}\left(\frac{\partial u}{\partial x}+\frac{\partial v}{\partial y}\right)^2 + \left(\frac{\partial u}{\partial x}\right)^2 + \left(\frac{\partial v}{\partial y}\right)^2 + \frac{1}{2}\left(\frac{\partial u}{\partial y}+\frac{\partial v}{\partial x}\right)^2 \right] \mathrm{d}x\mathrm{d}y
\tag{9-24}
$$

利用瑞兹位移变分方法,可以建立待定常数 A、B 的联立方程组:

$$
\begin{cases}
\dfrac{1}{6}\dfrac{E}{2(1+\nu)}\dfrac{L_0}{y_0}\dfrac{(-12y_0^2 A+6\nu L_0\theta y_0+12y_0^2 A\nu)}{-1+2\nu} = -y_0 p_2 L_0 \\[4mm]
\dfrac{E}{2(1+\nu)}\dfrac{L_0}{y_0}\dfrac{(4y_0^2 B\nu-4y_0^2 B)}{-1+2\nu} = -y_0^2 L_0\rho g
\end{cases}
\tag{9-25}
$$

这是 A、B 的二元一次方程组。求出 A、B 后即可得到三角块下部煤体位移分量的具体表达式,进而求出应力、应变分量。

由于

$$
\begin{cases}
\sigma_x = \dfrac{E}{1-\nu^2}\left(\dfrac{\partial u}{\partial x}+\nu\dfrac{\partial v}{\partial y}\right) \\[3mm]
\sigma_y = \dfrac{E}{1-\nu^2}\left(\dfrac{\partial u}{\partial y}+\nu\dfrac{\partial v}{\partial x}\right) \\[3mm]
\tau_{xy} = \dfrac{E}{2(1+\nu)}\left(\dfrac{\partial v}{\partial x}+\dfrac{\partial u}{\partial y}\right)
\end{cases}
\tag{9-26}
$$

将式(9-23)代入式(9-26)得

$$
\begin{cases}
\sigma_x = \dfrac{E}{1-\nu^2}\left\{A+\nu\left[-\dfrac{x\theta}{y_0}+B\left(1-\dfrac{y}{y_0}\right)-B\dfrac{y}{y_0}\right]\right\} \\[3mm]
\sigma_y = \dfrac{E}{1-\nu^2}\left[\nu A-\dfrac{x\theta}{y_0}+B\left(1-\dfrac{y}{y_0}\right)-B\dfrac{y}{y_0}\right] \\[3mm]
\tau_{xy} = \dfrac{-E}{2(1+\nu)}\theta\dfrac{y}{y_0}
\end{cases}
\tag{9-27}
$$

又由 $\varepsilon_x=\dfrac{\partial u}{\partial x},\varepsilon_y=\dfrac{\partial v}{\partial y},\varepsilon_{xy}=\dfrac{\partial v}{\partial x}+\dfrac{\partial u}{\partial y}$ 得

$$
\begin{cases}
\varepsilon_x = A \\[3mm]
\varepsilon_y = -\dfrac{x\theta}{y_0}+B\left(1-\dfrac{y}{y_0}\right)-B\dfrac{y}{y_0} \\[3mm]
\varepsilon_{xy} = -\dfrac{y\theta}{y_0}
\end{cases}
\tag{9-28}
$$

9.2　小煤柱护巷围岩力学模型

根据沿空掘巷围岩力学模型相关研究文献[11-24],上覆岩体垮落稳定后,综放开采沿空掘巷在关键块 B 下方的煤体中掘进,掘巷后得到综放沿空掘巷的整体力学模型见图 9.4。为了分析沿空掘巷围岩的应力与变形在掘巷后和采动期间的演化规律及其与上部关键块 B 的相互作用关系,下面根据巷道顶底板及两帮的受力及变形特征,分别建立相应的力学模型,然后采用弹塑性理论推导出围岩应力和变形的理论计算公式。

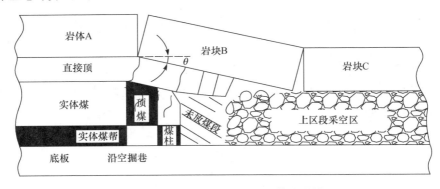

图 9.4　掘巷后综放沿空掘巷整体力学模型

根据岩石降压破碎过程的能量分析,对于地下工程,在最大主应力减小过程中,由于岩体内变形能小于其储存能量的能力,而不会对岩体造成破坏;当最大主

应力超过其单轴抗压强度时,在最小主应力降低过程中由于岩体内的变形能超过其储存能量的能力,可使岩体破坏。由于基本顶以给定变形作用于关键块 B 下方的煤体,最大主应力 σ_1 接近铅垂方向,因煤体边缘塑性区的形成,最小主应力 σ_3 接近煤体侧向方向。因此,巷道的开掘对顶煤和底板来说是最大主应力降低,对巷道两侧煤体则是最小主应力降低。因此,沿空掘巷的开挖将造成两帮(特别是煤柱)一定范围的破坏而对顶煤无大的影响。

9.2.1　沿空掘巷顶板力学模型

　　建立巷道顶板的力学模型见图 9.5,顶煤左边界可视为固定边界,右边界简化为煤柱上方煤体作用于顶煤的横向阻力 p_w,p_w 等于图 9.5 所示力学模型中 $x=w$ 时的水平应力。由于直接顶的刚度远大于煤体,上边界为施加给定变形的边界,下边界受到锚杆支护阻力 p_s 的作用。根据该计算模型和弹塑性力学理论,运用全量理论的变分原理可推导出关键块下部煤体的位移及应力计算公式。位移变分方程及位移函数的构造同 9.1.3 节。

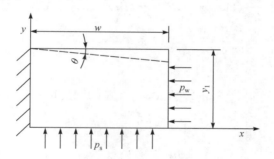

图 9.5　掘巷后巷道顶煤力学模型

　　根据顶煤力学模型,确定边界条件如下:

　　体力分量:$X=0$,$Y=-\rho g$;

　　面力边界条件:$x=w$ 时,$\overline{X}=-p_w$,$\overline{Y}=0$;$y=0$ 时,$\overline{X}=0$,$\overline{Y}=-p_s$;

　　位移边界条件:$x=0$ 时,$u=v=0$;$y=y_1$ 时,$v=-x\theta$。

则位移分量表达式可构造为

$$\begin{cases} u=Ax \\ v=-x\theta+Bx(y_1-y) \end{cases} \tag{9-29}$$

式(9-29)显然满足位移边界条件,可以用瑞兹法求解,将式(9-29)代入式(9-24)得顶煤应变能为

$$U=\frac{E}{2(1+\nu)}\left[\frac{\nu w y_1}{1-2\nu}\left(A^2+\frac{3}{2}B^2 w^2\right)+\frac{w y_1}{2}\left(\theta^2-B\theta+\frac{B y_1}{2}\right)-\frac{2AB w y_1}{1-2\nu}\right]$$

$$\tag{9-30}$$

则

$$
\begin{cases}
\dfrac{\partial U}{\partial A} = \dfrac{Ewy_1}{2(1+\nu)(-1+2\nu)}(2\nu A - 2A + \nu Bw) \\[3mm]
\dfrac{\partial U}{\partial A} = \dfrac{Ewy_1}{6(1+\nu)(-1+2\nu)}(6\nu Aw + 4\nu Bw^2 - 4Bw^2 + 3\theta y_1 - 6\theta y_1 \nu - 2By_1^2 + 4By_1^2 \nu)
\end{cases}
$$

$$(9\text{-}31)$$

根据式(9-22)和边界条件得

$$
\begin{cases}
\dfrac{\partial U}{\partial A} = -p_w w y_1 \\[3mm]
\dfrac{\partial U}{\partial B} = \dfrac{w^2 y_1}{2}(p_s - \rho g y_1)
\end{cases}
$$

$$(9\text{-}32)$$

将式(9-32)代入式(9-31)得求解 A、B 的方程组为

$$
\begin{cases}
\dfrac{Ewy_1}{2(1+\nu)(-1+2\nu)}(2\nu A - 2A + \nu Bw) = -p_w y_1 \\[3mm]
\dfrac{Ewy_1}{6(1+\nu)(-1+2\nu)}(6\nu Aw + 4\nu Bw^2 - 4Bw^2 + 3\theta y_1 - 6\theta y_1 \nu - 2By_1^2 + 4By_1^2 \nu) \\[3mm]
\quad = -\dfrac{w^2 y_1}{2}\left(p_s + \dfrac{1}{2}\rho g y_1\right)
\end{cases}
$$

$$(9\text{-}33)$$

利用式(9-33)可得 A、B 的表达式,代入式(9-31)可求得位移分量,进而求出应力与应变分量。

由式(9-29)可求得

$$
\begin{cases}
\dfrac{\partial u}{\partial x} = A \\[3mm]
\dfrac{\partial u}{\partial y} = 0 \\[3mm]
\dfrac{\partial v}{\partial x} = B(b-y) - \theta \\[3mm]
\dfrac{\partial v}{\partial y} = -Bx
\end{cases}
$$

代入

$$
\begin{cases}
\sigma_x = \dfrac{E}{1-\nu^2}\left(\dfrac{\partial u}{\partial x} + \mu \dfrac{\partial v}{\partial y}\right) \\[3mm]
\sigma_y = \dfrac{E}{1-\nu^2}\left(\dfrac{\partial v}{\partial y} + \mu \dfrac{\partial u}{\partial x}\right) \\[3mm]
\tau_{xy} = \dfrac{E}{2(1+\nu)}\left(\dfrac{\partial v}{\partial x} + \dfrac{\partial u}{\partial y}\right)
\end{cases}
$$

得

$$\begin{cases} \sigma_x = \dfrac{E}{1-\nu^2}(A+\nu Bx) \\[2mm] \sigma_y = \dfrac{E}{1-\nu^2}(A\nu - Bx) \\[2mm] \tau_{xy} = \dfrac{E}{2(1+\nu)}\big[B(y_1-y)-\theta\big] \end{cases} \tag{9-34}$$

又由 $\varepsilon_x = \dfrac{\partial u}{\partial x}$, $\varepsilon_y = \dfrac{\partial v}{\partial y}$, $\varepsilon_{xy} = \dfrac{\partial u}{\partial x} + \dfrac{\partial v}{\partial y}$ 得

$$\begin{cases} \varepsilon_x = A \\ \varepsilon_y = -Bx \\ \varepsilon_{xy} = B(y_1-y)-\theta \end{cases} \tag{9-35}$$

9.2.2　沿空掘巷实体煤帮力学模型

　　沿空掘巷开挖后,巷道围岩应力重新分布,导致两侧煤体边缘首先遭到破坏,并逐步向深部扩展,直至弹性应力区边界。该边界至巷道表面的这部分煤体处于应力极限平衡状态,当煤体因塑性变形向巷道空间产生位移时,在巷道高度范围内的煤层与顶煤和底板岩石的交界面上都伴随有剪应力产生。由于巷道高度范围以外的煤体(顶煤)受到巷道顶板煤体的约束而对帮位移无直接作用,可取巷道高度范围内的实体煤帮为研究对象,建立相应的力学模型,见图 9.6。

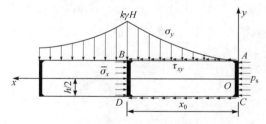

图 9.6　实体煤帮力学模型

　　图中 $ABCD$ 为应力极限平衡区,$\bar{\sigma}_x$ 为 $x=x_0$ 处在模型整个厚度上水平应力 σ_x 的平均值,p_s 为支护对实体煤帮的支护阻力;τ_{xy} 为煤层与顶煤或底板界面处的剪切应力(MPa);h 为巷道高度(m);x_0 为巷道实体煤帮表面至极限强度发生处的距离(m)。

1. 基本假设

　　(1)煤体视为均质连续体。

　　(2)取整个处于极限强度范围内的煤体作为研究对象,研究在平面应变情况下进行。

（3）煤体受剪切而发生破坏，破坏满足莫尔-库仑准则。

（4）煤层界面是煤体相对顶煤和底板运动的滑移面。滑移面上的正应力 σ_y 与剪切应力 τ_{xy} 之间满足应力极限平衡的基本方程，即

$$\tau_{xy} = -(\sigma_y \tan\varphi + c_0) \tag{9-36}$$

（5）在实体煤帮极限强度处（应力极限平衡区与弹性区交界处）即 $x = x_0$ 处，应力边界条件为

$$\begin{cases} \sigma_y\big|_{x=x_0} = k\gamma H\cos\beta \\ \sigma_x = \lambda k\gamma H\cos\beta \end{cases} \tag{9-37}$$

式中，λ 为极限强度所在面的侧压系数，$\lambda = \nu/(1-\nu)$，ν 为泊松比；σ_x 为 x 方向应力，MPa；σ_y 为 y 方向应力，MPa；$k\gamma H$ 为实体煤中支承压力峰值，MPa；k 为应力集中系数；γ 为上覆岩层容重；H 为巷道埋深，m。

2. 模型的求解

求解屈服区界面应力的平衡方程为

$$\begin{cases} \dfrac{\partial \sigma_x}{\partial x} + \dfrac{\partial \tau_{xy}}{\partial y} = 0 \quad (x\,方向) \\[2mm] \dfrac{\partial \sigma_y}{\partial y} + \dfrac{\partial \tau_{xy}}{\partial x} = 0 \quad (y\,方向) \\[2mm] \tau_{xy} = -(c_0 + \sigma_y \tan\varphi_0) \end{cases} \tag{9-38}$$

式中，x 和 y 分别为极限平衡区内煤体在 x 和 y 方向的体积力，MPa；c_0 为煤层与顶底板界面处的黏聚力，MPa；φ_0 为煤层与顶底板界面处的摩擦角，(°)。

联立式（9-38）得

$$\frac{\partial \sigma_y}{\partial y} - \frac{\partial \sigma_y}{\partial x}\tan\varphi_0 = 0 \tag{9-39}$$

设

$$\sigma_y = f(x)g(y) + A \tag{9-40}$$

将式（9-40）代入式（9-39）并整理得

$$\frac{f'(x)}{f(x)}\tan\varphi_0 = \frac{g'(y)}{g(y)} \tag{9-41}$$

方程两侧分别只是 x 或 y 的函数，故可令方程两侧等于同一常数 B 得

$$\begin{cases} \dfrac{f'(x)}{f(x)}\tan\varphi_0 = B \\[2mm] \dfrac{g'(y)}{g(y)} = B \end{cases} \tag{9-42}$$

求解式（9-42）可得

$$\begin{cases} f(x) = B_1 \mathrm{e}^{\frac{Bx}{\tan\varphi_0}} \\ g(y) = B_2 \mathrm{e}^{By} \end{cases} \tag{9-43}$$

联立式(9-36)、式(9-41)和式(9-43)可得

$$\begin{cases} \sigma_y = B_1 B_2 \mathrm{e}^{By\frac{Bx}{\tan\varphi_0}} + A \\ \tau_{xy} = -(B_1 B_2 \mathrm{e}^{By\frac{Bx}{\tan\varphi_0}} + A)\tan\varphi_0 + c_0 \end{cases} \tag{9-44}$$

因为在煤层的上边界，$y = h/2$，故设

$$B_0 = B_1 B_2 \mathrm{e}^{Bh}$$

取整个屈服区为分离体，由极限平衡区内 x 方向的合力为 0 的特征可得

$$h\lambda\sigma_y \Big|_{x=x_0} - 2\int_0^{x_0} \tau_{xy}\,\mathrm{d}x - p_s h = 0 \tag{9-45}$$

方程两边是关于 x_0 的平衡方程，对 x_0 求导得

$$\frac{h\lambda\mathrm{d}\sigma_y \big|_{x=x_0}}{\mathrm{d}x_0} - 2\tau_{xy} \big|_{x=x_0} = 0 \tag{9-46}$$

求解式(9-46)得

$$\sigma_y \big|_{x=x_0} = B' \mathrm{e}^{\frac{2\tan\varphi_0}{h\lambda}x_0} - \frac{c_0}{\tan\varphi_0} \tag{9-47}$$

令式(9-47)中 $x = x_0$，$y = h/2$，并与式(9-44)进行比较可得

$$\begin{cases} A = -\dfrac{c_0}{\tan\varphi_0} \\ B = \dfrac{2}{h\lambda}\tan^2\varphi_0 \\ B' = B_0 \end{cases} \tag{9-48}$$

联立式(9-37)、式(9-45)、式(9-46)和式(9-48)可得

$$\begin{cases} B_0 \mathrm{e}^{\frac{2\tan\varphi_0}{h\lambda}x_0} - \dfrac{c_0}{\tan\varphi_0} = k\gamma H \\ h\lambda\sigma_y \Big|_{x=x_0} + 2\int_0^{x_0} \tau_{xy}\,\mathrm{d}x - p_s h = 0 \end{cases} \tag{9-49}$$

由于

$$\int_0^{x_0} \tau_{xy}\,\mathrm{d}x = \frac{B_0 h\lambda}{2}\left(1 - \mathrm{e}^{\frac{2\tan\varphi_0}{h\lambda}x_0}\right) \tag{9-50}$$

由式(9-49)和式(9-50)可得

$$B_0 = \frac{1}{\lambda}p_s + \frac{c_0}{\tan\varphi_0} \tag{9-51}$$

因此，极限平衡区内的煤层应力为

$$\begin{cases} \sigma_y = \left(\dfrac{c_0}{\tan\varphi_0} + \dfrac{p_s}{\lambda} \right) \mathrm{e}^{\frac{2\tan\varphi_0}{h\lambda}} - \dfrac{c_0}{\tan\varphi_0} \\[4mm] \tau_{xy} = - \left(\dfrac{p_s \tan\varphi_0}{\lambda} + c_0 \right) \mathrm{e}^{\frac{2\tan\varphi_0}{h\lambda}} \end{cases} \tag{9-52}$$

实体煤中应力极限平衡区宽度 x_0 为

$$x_0 = \frac{h\lambda}{2\tan\varphi_0} \ln \frac{k\gamma H + \dfrac{c_0}{\tan\varphi_0}}{\dfrac{c_0}{\tan\varphi_0} + \dfrac{p_s}{\lambda}} \tag{9-53}$$

9.2.3　沿空掘巷煤柱帮力学模型

由于沿空掘巷两帮收敛变形主要是巷道高度范围内的两帮煤体在挤压作用下向巷道内鼓出所致，而且巷道两帮上部的顶煤由于受到巷道顶板的约束而对两帮位移无直接作用，可取巷道高度范围内的煤柱为研究对象建立相应的力学模型。煤柱上边界为顶煤，下边界为底板岩层，左边界和右边界分别受到来自巷道锚杆支护阻力 p_s、p_2 的作用，因煤柱采空区侧（右侧）破碎程度大于巷道侧（左侧）且两侧的支护强度存在差别，一般采空区侧支护阻力小于巷道侧支护阻力。煤柱左右两侧横向力的差异由煤柱上下边界与围岩的剪应力来平衡。煤柱下边界受底板的支撑作用，垂直方向位移相对较小，可认为下边界给定垂直位移为零。据此建立煤柱的力学模型，见图 9.7。

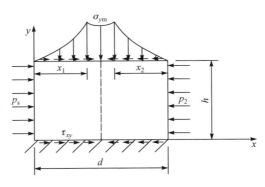

图 9.7　煤柱力学模型

针对煤柱的力学模型建立图 9.8 所示的计算模型和坐标系统。图中，p_s 为巷道支护对煤壁沿 x 方向的约束力（MPa）；τ_{xy} 为煤层与巷道顶底板界面处的剪切应力（MPa）；h 为巷道高度（m）；x_1 为巷道煤柱表面至煤柱极限强度发生处的距离（m）；x_2 为采空侧至煤柱极限强度发生处的距离（m）；σ_{ym} 为煤柱的极限强度（即支承压力峰值，MPa）。

1. 模型的求解

该模型的求解与实体煤帮极限平衡区的求解过程类似,对煤柱两侧的极限平衡区分别进行推导可得出:

（1）巷帮距煤柱极限强度发生处的距离为

$$x_1 = \frac{h\lambda}{2\tan\varphi_0} \ln \frac{\sigma_{ym} + \dfrac{c_0}{\tan\varphi_0}}{\dfrac{c_0}{\tan\varphi_0} + \dfrac{p_s}{\lambda}} \tag{9-54}$$

进一步可以求得巷道侧极限平衡区内任意一点的应力为

$$\begin{cases} \sigma_y = \left(\dfrac{c_0}{\tan\varphi_0} + \dfrac{p_s}{\lambda} \right) e^{\frac{2\tan\varphi_0}{h\lambda}} - \dfrac{c_0}{\tan\varphi_0} \\ \tau_{xy} = -\left(\dfrac{p_s \tan\varphi_0}{\lambda} + c_0 \right) e^{\frac{2\tan\varphi_0}{h\lambda}} \end{cases} \tag{9-55}$$

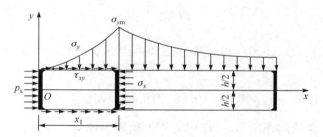

(a) 巷帮至煤柱极限强度的计算模型

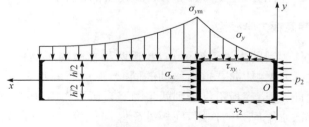

(b) 采空区侧至煤柱极限强度的计算模型

图 9.8　煤柱计算模型

（2）煤柱采空区侧表面距极限强度发生处的距离为

$$x_2 = \frac{h\lambda}{2\tan\varphi_0} \ln \frac{\sigma_{ym} + \dfrac{c_0}{\tan\varphi_0}}{\dfrac{c_0}{\tan\varphi_0} + \dfrac{p_2}{\lambda}} \tag{9-56}$$

采空区侧极限平衡区内任意一点的应力为

$$
\begin{cases}
\sigma_y = \left(\dfrac{c_0}{\tan\varphi_0} + \dfrac{p_2}{\lambda} \right) e^{\frac{2\tan\varphi_0}{h\lambda}} - \dfrac{c_0}{\tan\varphi_0} \\[3mm]
\tau_{xy} = -\left(\dfrac{p_2 \tan\varphi_0}{\lambda} + C_0 \right) e^{\frac{2\tan\varphi_0}{h\lambda}}
\end{cases}
\tag{9-57}
$$

2. 煤柱极限强度 σ_{ym} 的确定

根据式(9-58)：

$$
\sigma_{ym} = 2.729 \, (\zeta\sigma_c)^{0.729}
\tag{9-58}
$$

式中, ζ 为煤岩流变系数; σ_c 为煤岩试块的单轴抗压强度, MPa。求出 σ_{ym}, 然后将其代入 x_1 和 x_2 的表达式算出 x_1 和 x_2。若 $x_1 + x_2 \leqslant d$, 则说明按式(9-58)计算的极限强度符合煤柱此时所处的状态; 若 $x_1 + x_2 > d$, 则说明煤柱的实际强度低于式(9-58)的计算值, 而且整个煤柱都进入了极限平衡区, 此时应按下面的方法重新计算 x_1、x_2 和 σ_{ym}。

因为整个煤柱都进入了极限平衡区, 所以有 $x_1 + x_2 = d$, 根据此式可求出 σ_{ym}、x_1 和 x_2。

将 x_1、x_2 代入式(9-54)和式(9-56)即可得到煤柱极限平衡区中的应力分布公式。

将 x_1、x_2 以及 $y = \dfrac{h}{2}$ 代入式(9-55)即可得到煤柱上边界的应力分布, 积分后得到煤柱对三角块的作用力, 该作用力加上顶板煤体对三角块的作用力即为三角块所受下部煤体的作用力, 据此可计算分析三角块的稳定性。

9.2.4 沿空掘巷底板力学模型

从煤柱和实体煤帮的力学模型可知, 巷道两帮在竖向压缩作用下产生较大的塑性区, 该塑性区内的煤体向巷道内移动的同时, 形成新的水平剪切应力, 称为二次水平应力。因此, 巷道底板不仅受到两帮的竖直压力作用, 还受到二次水平应力的作用。由于二次水平应力的作用, 底板处于竖向拉应力状态的岩层产生较大的压曲结构效应, 使该部分岩层产生向上的挠曲变形; 同时, 底板岩层在两帮煤体竖向压力的作用下出现不同程度的下沉, 由于巷道底板未受到任何外荷载的直接作用, 两帮下部底板的下沉量大于巷道底板的下沉量, 因而表现为巷道底板的隆起, 即底鼓[25]。因此, 以上两方面的综合作用是最终导致深井综放沿空掘巷出现强烈底鼓的根本原因。据此可以建立底板受力和变形的力学模型, 见图 9.9。

为了便于计算, 根据以上分析的底鼓机理将底板力学模型简化为两部分计算模型(图 9.10), 底板的最终底鼓为这两部分计算结果的叠加。首先, 取底板表面以下处于竖向拉伸状态的底板岩层为研究对象并将其简化为一端固定而另一端铰

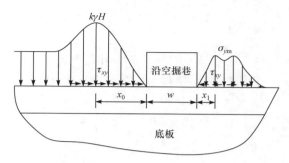

图 9.9　底板力学模型

支的压杆结构[图 9.10(a)]，压杆的长度根据两帮塑性区的计算结果而定。根据力学模型中的几何关系，可得压杆的长度为

$$l = x_0 + w + x_1 \tag{9-59}$$

压杆结构模型中，压杆两端受到的轴向力 F 为巷道两帮煤体变形过程中对底板产生的二次水平压力（剪力），从最不利的角度考虑，该轴向力取为煤柱和实体煤帮对底板的剪切力中的最大者。

底板发生压杆失稳的临界压力 F_{cr} 为

$$F_{cr} = \frac{\pi^2 EI}{(0.7l)^2} \tag{9-60}$$

压曲效应导致底板的挠度（底鼓量）为

$$s = \frac{P}{F}\left[\frac{1}{k}\sin(kx) - l\cos(kx) + l - x\right] \tag{9-61}$$

式中，P 为底板对煤柱的反作用力；$k = \sqrt{\dfrac{F}{EI}}$。

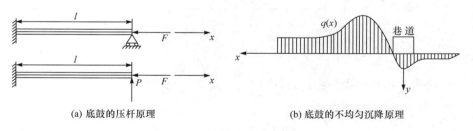

(a) 底鼓的压杆原理　　　　　　　　(b) 底鼓的不均匀沉降原理

图 9.10　巷道底鼓计算模型

除了压杆作用引起底鼓外，构成底鼓的另一重要机理是作用于巷道底板的非均匀垂直支承压力导致底板不同部位出现不均匀沉降。也就是说，巷道两帮高支承压力区底板表面的下沉量比巷道底板表面大得多，从而在现象上表现为两帮下沉和巷道底板的隆起。因此，在某一应力状态下只要分别求出巷道底板和两帮煤体下底板的下沉量，它们的差值即为巷道底板相对于两帮底板的底鼓量。

1. 巷道底板等效载荷分布

由于掘巷后作用在巷道底板上的垂直应力和掘巷前的应力有很大差别,为计算底板岩层位移时消除掘巷前应力的影响,引入等效载荷的概念。

$$q(x) = F(x) - G(x) \tag{9-62}$$

式中,$q(x)$为巷道底板等效分布载荷;$F(x)$为掘巷后实际载荷;$G(x)$为掘巷前载荷。

2. 巷道底板中线上垂直位移的计算

由弹性力学理论可知,平面应变条件下的半无限体在边界微小载荷$q(x)\mathrm{d}x$作用下(图 9.11),M点的径向位移$\mathrm{d}u_r$和切向位移$\mathrm{d}u_\theta$可表示为

$$\mathrm{d}u_r = -\frac{1+\nu}{\pi E}\left[2(1-\nu)\cos\theta\ln r + (1-2\nu)\theta\sin\theta\right]q(x)\mathrm{d}x + I\cos\theta \tag{9-63}$$

$$\mathrm{d}u_\theta = \frac{1-\nu^2}{\pi E}\left(2\sin\theta\ln r - \frac{1-2\nu}{1-\nu}\theta\cos\theta + \frac{\sin\theta}{1-\nu}\right)q(x)\mathrm{d}x - I\sin\theta \tag{9-64}$$

式中,E、ν为底板岩层弹性模量和泊松比;I为待定常数。

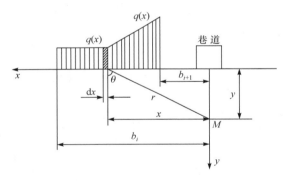

图 9.11　底板位移计算简图

根据式(9-63)和式(9-64),可以得到垂直位移分量为

$$\mathrm{d}u_x = \mathrm{d}u_r\cos\theta - \mathrm{d}u_\theta\sin\theta$$

$$= -\frac{1+\nu}{\pi E}\cos\theta\left[2(1-\nu)\cos\theta\ln r + (1-2\nu)\theta\sin\theta\right]q(x)\mathrm{d}x + I\cos^2\theta$$

$$- \frac{1+\nu}{\pi E}\sin\theta\left[2(1-\nu)\sin\theta\ln\gamma - (1-2\nu)\theta\cos\theta + \sin\theta\right]q(x)\mathrm{d}x + I\sin^2\theta$$

$$= -\frac{1+\nu}{\pi E}\left[2(1-\nu)\ln r + \sin^2\theta\right]q(x)\mathrm{d}x + I \tag{9-65}$$

由坐标对应关系可知

$$\begin{cases} \sin\theta = \dfrac{x}{\sqrt{x^2+y^2}} \\[2mm] \cos\theta = \dfrac{y}{\sqrt{x^2+y^2}} \\[2mm] \theta = \arctan\dfrac{x}{y} \\[2mm] r = \sqrt{x^2+y^2} \end{cases} \tag{9-66}$$

将式(9-66)代入式(9-65)得

$$\mathrm{d}u_x = -\frac{1+\nu}{\pi E}\left[(1-\nu)\ln(x^2+y^2)+\frac{x^2}{x^2+y^2}\right]q(x)\mathrm{d}x + I \tag{9-67}$$

则在分布载荷作用下 M 点的垂直位移为

$$u_M = -\frac{1+\nu}{\pi E}\int\left[(1-\nu)\ln(x^2+y^2)+\frac{x^2}{x^2+y^2}\right]q(x)\mathrm{d}x + I \tag{9-68}$$

由于巷道底板上不同区域分布载荷不同,可按分布载荷的变化规律分段积分,然后相加,即可得 M 点总的位移量。

为消除式(9-68)中 I 的影响,假设一定深度处底板岩层的位移量为零,可求出底板中线各点相对该深度处岩层的位移量。

9.3　煤柱力学特征数值模拟研究

9.3.1　数值模拟条件与几何模型的建立

岩石材料在受力过程中一般经过弹性、应变硬化、破坏、应变软化或应力跌落、残余塑性流动几个阶段。经典的弹塑性力学理论对破坏后材料行为的研究还很不完善,大量的岩石三轴试验结果表明,岩石屈服破坏后表现出明显的塑性应力软化特性。由于煤柱整体破坏以前就会有局部破坏发生,况且煤柱的形成过程是在结构不断发生局部破坏的前提下进行的,"破坏的煤体"仍然有相当的承载力,因此考虑煤体强度峰值后区特性对煤柱形成全过程中的应力研究是十分必要的。

FLAC^{3D}的应变软化本构模型是在莫尔-库仑塑性模型的基础上建立起来的,可以反映岩石峰后应力软化特性。在该本构模型中,岩石发生屈服破坏以后的力学参数(如黏聚力、内摩擦角及剪胀角等)并不是保持为常值,而是随着剪切塑性应变的增大而发生弱化;抗拉强度也随着塑性拉伸应变的增大而发生弱化。岩石的黏聚力、内摩擦角及剪胀角随剪切塑性应变的变化关系可以表示为分段线性函数的形式。

选取应变软化模型研究煤柱形成全过程中的应力变化,采用分段线性软化规律对煤体(岩体)破坏后的黏聚力和内摩擦角进行软化,各段的软化系数分别为 0.8、0.64 和 0.32。根据 8105 工作面地质报告,考虑到裂隙、节理、断层等对岩体强度的影响,参考类似工程实例,各层围岩力学参数选取见表 9.1。

表 9.1 数值模拟所取围岩力学参数

名称	层厚/m	密度/(kg/m³)	体积模量/GPa	切变模量/GPa	抗拉强度/MPa	黏聚力/MPa	内摩擦角/(°)	峰后软化黏聚力/MPa			峰后软化内摩擦角/(°)		
上部岩层	72.5	2700	11.58	19.30	11.44	3.47	45	2.78	2.22	1.11	36.00	28.80	14.40
基本顶	23.0	2600	11.62	16.88	11.11	3.47	43	2.78	2.22	1.11	34.40	27.52	13.76
直接顶	4.5	2920	10.06	13.42	9.64	2.72	38	2.18	1.74	0.87	30.40	24.32	12.16
煤层	15.0	1510	0.84	2.34	2.61	1.00	32	0.80	0.64	0.32	25.60	20.48	10.24
直接底	5.0	2580	4.04	3.58	7.46	2.72	36	2.18	1.74	0.87	28.80	23.04	11.52
老底	5.0	2640	6.58	6.47	8.59	3.47	41	2.78	2.22	1.11	32.80	26.24	13.12
下部岩层	40.0	2570	7.89	8.64	12.90	3.47	46	2.78	2.22	1.11	36.80	29.44	14.72

在数值模拟中建立与实际情况一致的支护方式,即顶板支护和巷帮支护。

1. 顶板支护

锚杆采用型号为 HRB400 的 22# 左旋无纵筋螺纹钢锚杆,长度 2.4m,间排距 800mm×800mm;树脂加长锚固,锚固长度 0.8m;采用 W 钢带护顶,厚 4mm,宽 250mm,长 5100mm;施加锚杆预紧力 80kN。

锚索采用 ϕ22mm、1×19 股高强度低松弛预应力钢绞线锚索,长度 8300mm,树脂锚固,锚固长度 1500mm;每两排锚杆打 3 根锚索,间排距 2000mm×1600mm,全部垂直顶板岩层;采用槽钢代替钢带,长 4300mm;施加锚索预紧力 220kN。

2. 巷帮支护

仅采用锚杆支护,锚杆排距 800mm,每排每帮 4 根锚杆,间距 1000mm,其余参数同顶板锚杆。计算过程中各支护构件力学参数见表 9.2～表 9.4。

表 9.2 支护材料力学参数取值表

名称	屈服力/kN	破断力/kN	弹性模量/GPa	每米锚固力/kN	延伸率
锚杆	152	217	200	125	≥18%
锚索	457.85	600	195	125	7%左右

表 9.3　钢带槽钢等效力学参数

名称	弹性模量/GPa	泊松比	截面面积/$10^{-3}\,m^2$	y 轴惯性矩/$10^{-9}\,m^4$	z 轴惯性矩/$10^{-5}\,m^4$	极惯性矩/$10^{-5}\,m^4$
钢带	200	0.2	3.0	36	1.563	1.566
槽钢	200	0.2	2.8	373.3	0.114	0.152

表 9.4　金属网等效力学参数

名称	弹性模量/GPa	泊松比	厚度/$10^{-3}\,m$
金属网	200	0.2	4

根据煤柱宽度确定原则和评价方法,针对二次采动前后 50m、44m、38m、30m 等不同宽度煤柱内部竖向应力变化规律展开研究,共建立二维模拟方案 9 个,三维模拟方案 7 个,详细方案设计内容见表 9.5。

表 9.5　模拟方案设计表

时间	二次采动前(二维)									二次采动后(三维)						
模型编号	1	2	3	4	5	6	7	8	9	10	11	12	13	15	16	
煤柱宽度/m	50	44	38	34	30	25	20	15	10	50	44	38	34	30	26	20
研究内容	沿空掘巷前后不同宽度煤柱内部竖向应力变化规律									二次采动对不同宽度煤柱内部竖向应力分布规律的影响						

沿空掘巷主要在上部采场开采完毕、顶板垮落完成、巷道所在煤体稳定后进行,为简化模型的建立,采用二维模型进行研究,取煤层的倾角为 0°。

5105 回风兼辅运顺槽断面形状为矩形,巷宽 5.5m,高 3.9m。在 FLAC^{3D}模型中,以 5105 巷底板中心为坐标原点,垂直巷道轴向的水平方向为 x 方向、巷道轴向为 y 方向、高度方向为 z 方向建立数值计算模型坐标系。模型 x 方向坐标原点左右各取 90m,正 z 方向取 60m,负 z 方向取 40m,沿巷道轴向(y 方向)取 1m。

模型的边界条件采用施加约束的方法,在模型的底面加滑动支座以约束垂直自由度,在平行巷道走向的两侧施加滑动支座,只约束 y 方向的自由度而释放 x、z 方向的自由度,垂直于巷道走向的两侧施加 x 方向的约束,以模拟岩体的沉降,见图 9.12。模型上部施加垂直载荷模拟上覆岩层的重量,根据塔山煤矿 8105 工作面煤层平均埋深($H=40$m)和平均岩体容重($\gamma=2500$kN/m³)计算,模型上部施加垂直应力 $\sigma_z=-8.0$MPa。考虑构造应力的影响,在煤层倾向的水平应力取垂直应力的 1.25 倍($\sigma_x=1.25\sigma_z$),沿煤层走向的水平应力取垂直应力的 0.75 倍($\sigma_y=0.75\sigma_z$)。

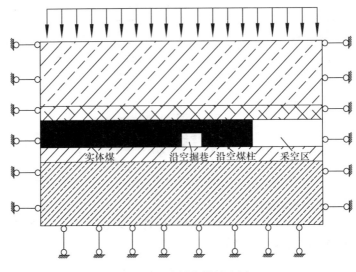

图 9.12　边界条件示意图

在一次采动影响稳定后,煤柱(10m 和 15m)的沿空掘巷使煤柱内部和巷道顶板产生了巨大的集中应力,不利于煤柱的稳定和巷道的维护,若再受到 8105 巷二次采动的影响,则矿井开采的安全性会进一步降低。为此,主要针对 20m 及以上宽度的煤柱展开研究。

为了更好地反映 8105 工作面采动引起的超前支承压力对 5105 巷沿空帮煤柱内部应力变化的影响,采用三维模型模拟真实的回采过程,在 FLAC^{3D} 模型中,以 5105 巷底板中心为坐标原点,垂直巷道轴向的水平方向为 x 方向、巷道轴向为 y 方向、高度方向为 z 方向建立数值计算模型坐标系。模型 x 方向坐标原点左右各取 90m,正 z 方向取 60m,负 z 方向取 40m,由于要模拟实际的回采过程,沿巷道轴向(y 方向)取 240m。图 9.13 为 FLAC^{3D} 软件生成的三维模型,模型共 171680 个单元、181602 个节点,为尽可能准确地考察巷道围岩变形和受力情况,模型中巷道附近单元格较密,远离巷道处单元划分较疏。

计算顺序为:

(1)一次性开挖 $x=40.75\sim90$m 的煤层,计算至平衡,模拟采空区。

(2)开挖 5105 巷,应力释放 50 步后,添加锚杆、锚索、钢带等支护构件,计算至平衡,模拟沿空掘巷稳定后、8105 工作面回采前的力学环境。

(3)在实际回采宽度范围内,沿回采方向一次开挖 $y=195\sim240$m 的煤层,删除支护构件,计算至平衡,提取整个模型的应力参数,利用 Tecplot 10.0 软件进行处理,做出不同层位的三维应力分布等值线图,研究回采过程中采动对 5105 巷沿空煤柱内部应力变化的影响。

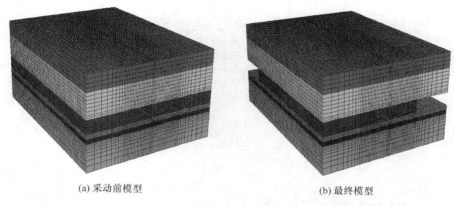

(a) 采动前模型　　　　　　　　　　　　(b) 最终模型

图 9.13　二次采动后煤柱内部应力分布规律数值模拟模型图

9.3.2　掘巷前煤柱应力分布规律研究

8104 工作面未开采时,煤体处于原岩应力状态,同一水平内的竖向应力基本相等,见图 9.14,当 8104 采面回采后,随着工作面的推进,顶板约束条件由四方嵌固向两侧嵌固的状态转化,弯矩进一步向两侧煤壁转移,从而导致顶板沿两侧煤壁嵌固端断裂。顶板中应力随与煤壁距离的增加按负指数曲线规律递减。此时,由于煤壁周边应力超过煤层的极限抗压强度,边缘煤体遭到破坏而失去支承能力,使应力高峰深入煤层内部,最终在煤壁中形成强度大于原岩应力的侧向支承压力,该压力稳定后其侧向支承压力分布等值线图见图 9.15。

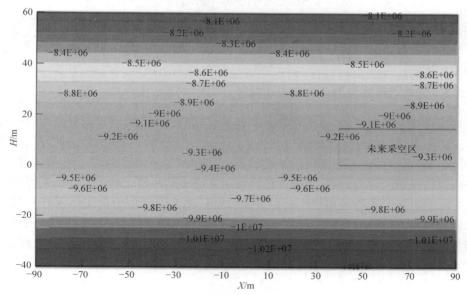

图 9.14　原岩应力分布等值线图

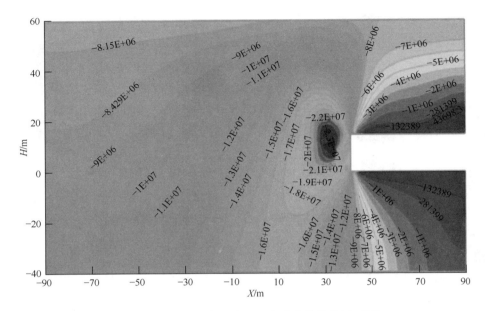

图 9.15　回采稳定后煤壁侧向支承压力分布等值线图(单位:MPa)

由图 9.14 和图 9.15 可知,原岩应力状态下,煤层顶部和底部应力分别为 9.2MPa、9.4MPa,煤体开采稳定后,在侧向支承压力的作用下,煤壁内部由外向里竖向应力先增加后减小,在距煤壁约 8m 处达到最大,约为 25MPa,在铅垂方向,最大应力出现在距煤层底板 10m 左右的位置,在该位置从上往下应力先增大后减小,煤层顶部和底部应力分别约为 23MPa 和 20MPa,为原岩应力的 2.5 倍和 2.1 倍,可见超前支承压力对煤体上部的影响比下部大。经对比分析,在沿空巷道开挖前,侧向支承压力对煤体水平方向的影响范围约为 70m。

9.3.3　掘巷后煤柱应力分布规律研究

当煤柱沿空掘巷后,原来相邻区段开采引起的支承压力将重新分布,其侧向支承压力分布规律与在实体中掘进巷道的不同。研究表明,在巷道掘进前,围岩运动已经稳定,采空区附近处于极限平衡状态,煤体位于残余支承压力分布带。巷道掘进后煤柱遭到破坏而卸载,引起煤柱向巷道方向强烈移动。巷道另一侧的煤体,由原来承受高压的弹性区衍变为破裂区、塑性区;随着支承压力向煤体深处转移,煤体也向巷道方向显著位移。为了研究沿空掘巷对不同宽度煤柱竖向应力分布的影响,针对 50m、44m、38m、34m、30m、25m、20m、15m 和 10m 九种不同宽度的煤柱展开研究,沿空掘巷后,其应力分布等值线图见图 9.16~图 9.24。

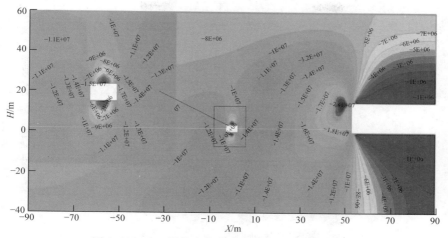

图 9.16　50m 煤柱应力分布等值线图(单位:MPa)

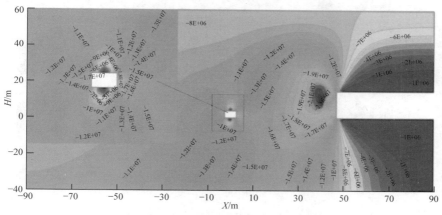

图 9.17　44m 煤柱应力分布等值线图

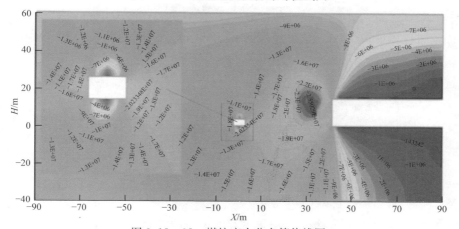

图 9.18　38m 煤柱应力分布等值线图

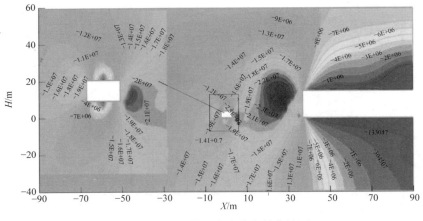

图 9.19　34m 煤柱应力分布等值线图

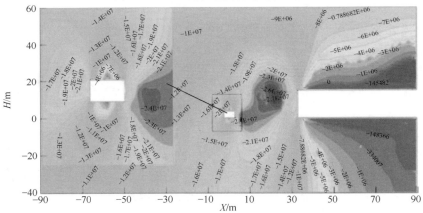

图 9.20　30m 煤柱应力分布等值线图

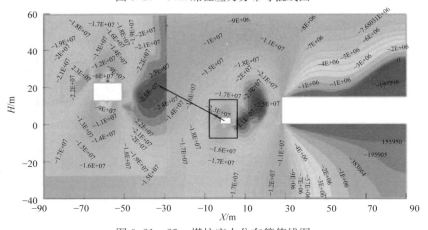

图 9.21　25m 煤柱应力分布等值线图

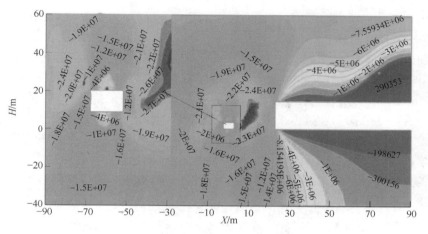

图 9.22　20m 煤柱应力分布等值线图

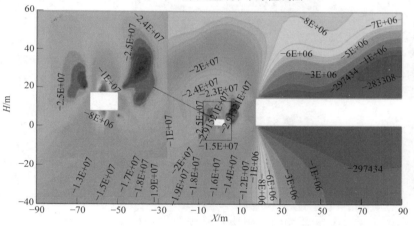

图 9.23　15m 煤柱应力分布等值线图

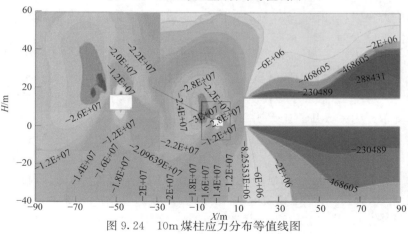

图 9.24　10m 煤柱应力分布等值线图

　　沿空掘巷后,一次采动在煤柱内形成的侧向支承压力的稳定状态又遭到了破坏,从图 9.18~图 9.24 可以看出:

　　(1)沿空掘巷对最大侧向支承压力水平位置的影响比竖向位置大。沿空掘巷后,不同煤柱宽度下最大侧向支承压力所处位置见表 9.6,从表中可知,对于宽度 50~20m 的煤柱,随着煤柱宽度不断减小,由于沿空掘巷的卸压作用,最大侧向支承压力在水平方向不断远离采空区,向巷道靠近,而竖直方向上基本没有变化。当煤柱宽度减小到 10m 时,最大侧向支承压力的位置转移到了巷道的左侧,达到 30.9MPa,若再受到 8105 工作面二次采动的影响,则巷道左帮所受的力会更大,对巷道的支护极其不利,对塔山特厚煤层综放开采来说,过小的煤柱会对矿井的安全生产带来极大的隐患。

表 9.6　不同煤柱宽度下最大侧向支承压力所处位置统计表

煤柱宽度/m	最大侧向支承压力/MPa	距采空区距离/m	距煤层底板距离/m
50	24.0	4.0	14
44	25.0	6.5	10
38	25.5	8.0	10
34	25.8	9.5	10
30	27.0	10.5	10
25	28.2	11.0	10
20	29.1	11.0	10
15	29.2	10.7	9
10	30.9	17.5	7

　　(2)沿空掘巷对煤柱侧向支承压力的影响与煤柱宽度呈反比。对比掘巷稳定后九种不同宽度煤柱内部应力分布规律可知,巷道开挖后,在巷道两帮出现了不同程度的应力集中,预留 50m 煤柱时,开挖前巷道附近竖向应力约为 14MPa,开挖后巷道实体帮应力为 15MPa,临空帮应力达到 17MPa。使已经稳定的侧向支承压力增加了多个应力集中点,随着煤柱宽度的减小,巷道临空帮的应力集中区域逐渐与侧向支承压力的应力集中区域贯通,当煤柱宽度减小到 15m 时,巷道直接将侧向支承压力一分为二,形成了强度为 29.2MPa 的两个应力集中区,比平衡状态最大的侧向支承压力(25MPa)还大 4.2MPa。

　　(3)巷道四周应力集中位置随着煤柱宽度的减小由两帮逐渐转移到顶板。50~38m 煤柱时,掘巷后两帮出现了较小的应力集中;34m 煤柱和 30m 煤柱时,巷道左上角和右下角产生了明显的应力集中,受侧向支承压力峰值的影响,后者比前者约大 0.4MPa;25m 煤柱和 20m 煤柱时,右下角的集中应力逐渐向右帮中部转移,左上角的应力集中程度进一步加大,达到 26MPa;当煤柱宽度减小到 15m 时,巷道原右下角的集中应力转移到右上角,并与左上角的应力相"贯通",在巷道的顶板上形成一对"耳朵"形压力区,很容易使顶板垮落或沿顶角发生整体切落事故,给巷道的支护工作带来了很大的困难。

从巷道的稳定来看,两帮中部和顶板中部是最薄弱的地方,故在数值模拟过程中记录了不同煤柱情况下巷道两帮和顶底板中部深 38m(临空帮监测宽度为煤柱宽度)以内的围岩竖向应力,结果见图 9.25 和图 9.26。

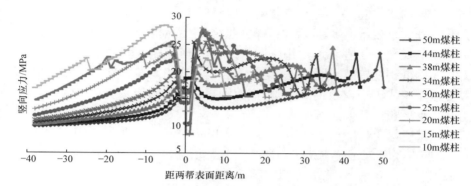

图 9.25　不同宽度煤柱下巷道两帮中部应力变化关系

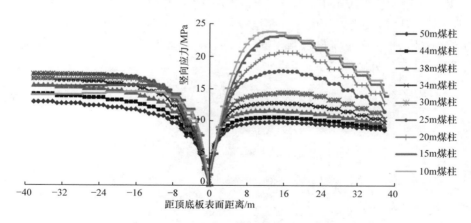

图 9.26　不同宽度煤柱下巷道顶底板中部应力变化关系

(4) 不同宽度煤柱对巷道实体帮中部应力影响较大。在图 9.25 中,沿 x 轴负方向,当煤柱宽度从 50m 减小到 30m 时,煤体整体竖向应力变化不大,煤柱宽度小于 30m 后整体应力增幅明显。

煤柱宽度对顶板内部竖向应力的影响与对实体帮中部的影响相似,不同的是前者的影响程度更大。在图 9.26 中,沿 x 轴正方向,一段深度范围内,顶板中部竖向应力随顶板深度呈线性增加,之后又开始下降,煤柱越窄,下降幅度越快。50~

30m煤柱时,顶板整体应力分布变化不大,38m煤柱时,顶中最大应力为11.78MPa,30m煤柱时,应力稍有增加,达到14.44MPa,但煤柱宽度减小到20m和10m时,最大应力增大到20.73MPa和23.91MPa,分别为38m时的1.76倍和2.03倍,分别为30m煤柱时的1.44倍和1.66倍。

(5)煤柱越窄,临空帮中部竖向应力变化越剧烈。在图9.26中,沿 x 轴正方向,随着距巷道表面距离的增加,临空帮中部应力整体趋势为先增加后减小,到达靠近采空区的煤柱表面时,不同煤柱对应的竖向应力基本相同,而临空帮内最大应力的位置和大小相差不多,这就使得煤柱越窄,单位宽度内应力升降幅度越大,承受高应力的煤柱宽度越小。从图中也可以看出,当煤柱宽度大于或等于30m时,峰后应力降低程度较慢,出现一段"近水平段",高应力承载宽度为20m左右,而当煤柱宽度小于或等于25m时,承载高应力的煤柱宽度最大约为10m,对大采高综放开采煤柱的稳定是十分不利的。

(6)煤柱宽度对巷道底板中部竖向应力影响不大。由图9.26可以看出,巷道开挖后,底板深度15m范围内竖向应力呈指数增加,15~38m范围内基本保持不变。38m煤柱时,底中最大应力为15.57MPa,25m煤柱时,增加到17.25MPa,仅增加1.68MPa,之后随着煤柱宽度的减小,底中竖向应力开始减小,到10m煤柱时,减小到14.61MPa,小于38m煤柱情况下底中存在最大应力。随着煤柱宽度的减小,实体帮中最大应力与煤柱宽度呈线性增加,表面煤体不断发生塑性破坏,最大应力所处水平位置逐渐向煤帮深部转移,基本上煤柱宽度每减小10m,最大应力向深部转移1m,见图9.27。

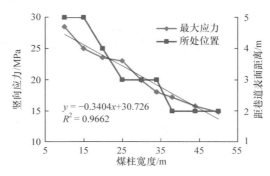

图 9.27　实体帮最大应力与煤柱宽度关系曲线

9.3.4　采动后煤柱应力分布规律研究

对20m、26m、30m、34m、38m、44m和50m七种不同宽度煤柱的二次采动进行模拟,采用Tecplot软件沿5105巷中部水平面(即 $z=1.95$m所在平面)进行切片,做出巷道中部水平面三维竖向应力分布等值线图,结果见图9.28~图9.34。

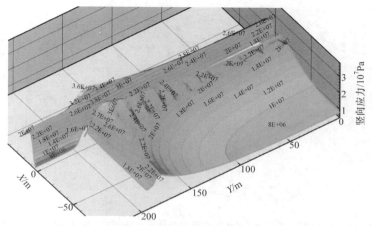

图 9.28　20m 煤柱时二次采动下巷道中部水平面竖向应力三维分布等值线图

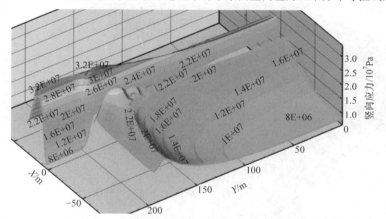

图 9.29　26m 煤柱时二次采动下巷道中部水平面竖向应力三维分布等值线图

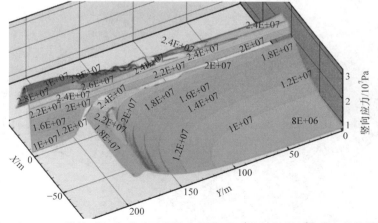

图 9.30　30m 煤柱时二次采动下巷道中部水平面竖向应力三维分布等值线图

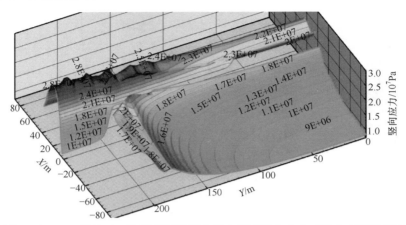

图 9.31　34m 煤柱时二次采动下巷道中部水平面竖向应力三维分布等值线图

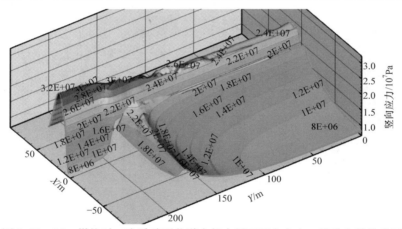

图 9.32　38m 煤柱时二次采动下巷道中部水平面竖向应力三维分布等值线图

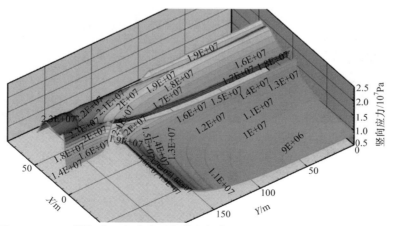

图 9.33　44m 煤柱时二次采动下巷道中部水平面竖向应力三维分布等值线图

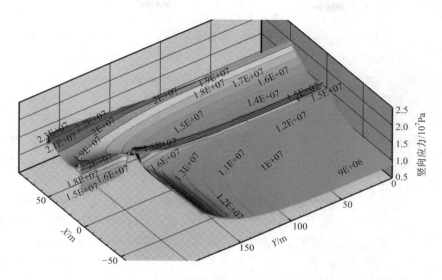

图 9.34　50m 煤柱时二次采动下巷道中部水平面竖向应力三维分布等值线图

从以上七种情况可知：

（1）数值模拟结果与现场实测结果相符。由图 9.32 可以看出，在 38m 的煤柱中，沿 y 轴正方向，应力开始上升点到工作面的距离约为 114m，数值模拟所得的沿工作面走向超前支承压力影响范围为 114m，与现场实测得到的 116m 十分相符；此外，在实体煤帮中部，距巷道表面 10m 处钻孔应力及所测采动最大支承压力为 23MPa，数值模拟中所得结果约为 24MPa，与实测结果仅差 1MPa。可见，该数值模拟结果具有很高的可靠性。

（2）沿工作面走向，煤柱宽度对二次采动引起超前支承压力的峰值位置没有影响。当 8105 工作面回采时，顶板在自重及上覆岩层重力的作用下发生垮落，在采空区形成松散的不规则垮落带，上覆岩层大部分呈悬空状态，悬空岩层的重量转移到工作面前方的煤体上，在工作面前方的煤体出现比原岩应力大得多的超前支承压力。沿工作面走向，煤层回采后，竖向应力迅速增加，在距工作面 15m 左右处达到最大，之后又缓慢下降，直至无采动影响，应力峰值位置与煤柱尺寸没有关系。在煤柱中，对采矿安全造成影响的超前支承压力峰值点比工作面的滞后 4m 左右（38m 煤柱中滞后 2m）。

（3）二次采动影响下 20m 煤柱破坏剧烈，不适合在塔山特厚煤层综放开采中应用。图 9.28 中，在 8104 工作面采空区、5105 巷开掘扰动和 8105 工作面采动影响的共同作用下，煤柱两侧煤体在高压力下发生破坏，应力峰值向煤柱内部转移，使得距巷道表面 5m 深处形成了巨大的集中应力，而该应力的煤柱有效承载宽度仅有 2m，严重威胁着煤柱的稳定和煤炭开采的安全。

（4）适当的"煤柱卸压"不仅有利于生产的安全，也能提高煤矿的经济效益。在工作面前方煤柱，统计不同宽度煤柱中最大应力可以发现，20～50m 煤柱对应的最大应力峰值分别为 36MPa、32MPa、28MPa、27MPa、30MPa、23MPa 和 23MPa，可见，煤柱应力峰值并不是随着煤柱宽度的增加而减小，当煤柱宽度大于 38m 时，煤柱越宽，最大竖向应力越小；当煤柱宽度在 38～20m 时，最大竖向应力先减小后增大，38m 对应的应力峰值为 30MPa，比 30m 和 34m 煤柱的大 2～3MPa。究其原因，主要是 38m 煤柱较宽，抵抗超前支承压力的能力较强，出现了"硬抗"现象，而稍窄的煤柱在超前支承压力的影响下出现局部的塑性破坏，释放了一部分压力。

（5）对于 26～50m 的较宽煤柱，其应力横断面分布见图 9.35，中间部分为弹性区，也即前面所说的最大应力有效承载宽度。从图 9.29～图 9.31 可知，26m、30m 和 34m 煤柱对应的弹性区宽度分别为 10m、14m 和 18m，分别占到煤柱宽度的 38.5%、46.7%和 52.9%，考虑到生产的安全性和煤矿的经济效益，选用 30m 煤柱比较合适。

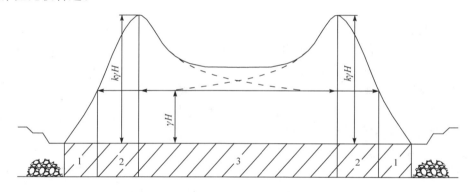

图 9.35　较宽煤柱应力横断面分布示意图

8105 工作面回采过程中，由于超前支承压力的作用，5105 巷顶板部分锚杆和锚索被拉断，托盘被切穿，顶板压力较大。为了增加研究成果的实用性，主要研究不同煤柱下巷道顶底板中部铅垂面沿工作面走向的竖向应力分布规律，为煤柱合理尺寸的选取提供参考，计算结果见图 9.36～图 9.42。

由图 9.36～图 9.42 可知：

（1）沿工作面走向，巷道顶底板中部铅垂面上竖向应力分布规律与巷道中部水平向上的相似。回采后，在超前支承压力的作用下，巷道顶板中部铅垂面上超前支承压力迅速增加，在距工作面 15m 左右达到最大，并且最大应力分布区大小和位置基本上不随煤柱宽度的变化而变化，主要分布在工作面前方约 40m 以内的基本顶、直接顶及其下方 3～5m 的煤层范围内。

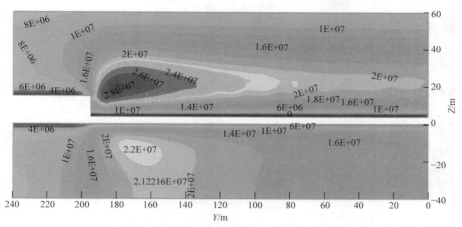

图 9.36　沿工作面走向 20m 煤柱下巷道顶底板中部铅垂面竖向应力分布图(单位:MPa)

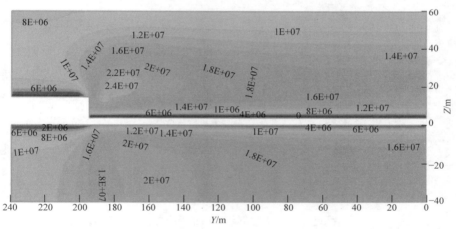

图 9.37　沿工作面走向 26m 煤柱下巷道顶底板中部铅垂面竖向应力分布图

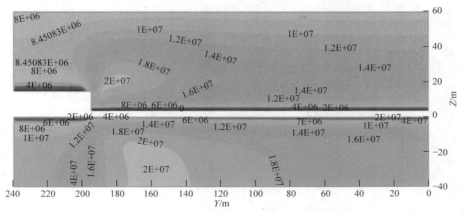

图 9.38　沿工作面走向 30m 煤柱下巷道顶底板中部铅垂面竖向应力分布图

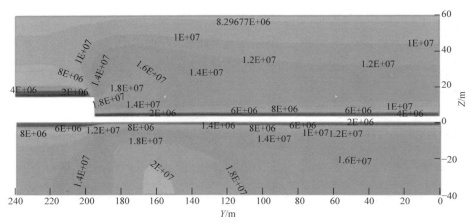

图 9.39　沿工作面走向 34m 煤柱下巷道顶底板中部铅垂面竖向应力分布图

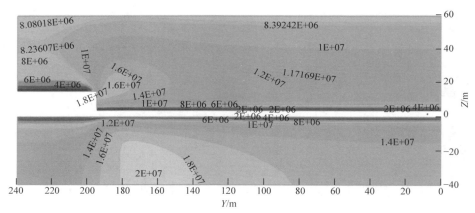

图 9.40　沿工作面走向 38m 煤柱下巷道顶底板中部铅垂面竖向应力分布图

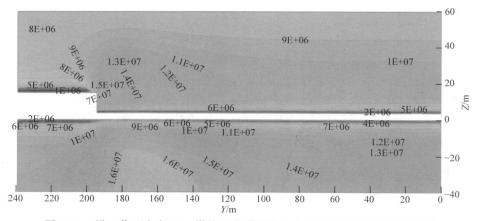

图 9.41　沿工作面走向 44m 煤柱下巷道顶底板中部铅垂面竖向应力分布图

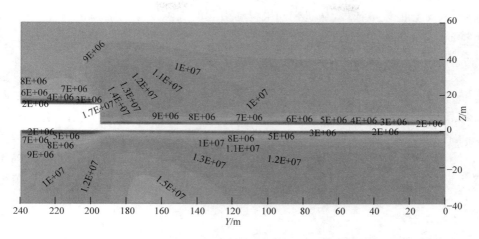

图 9.42　沿工作面走向 50m 煤柱下巷道顶底板中部铅垂面竖向应力分布图

（2）煤柱宽度对巷道顶板中部超前支承压力的影响程度比底板大。对比以上七种计算结果,在巷道底板,沿工作面走向超前支承压力的分布范围和大小基本相同,而在巷道顶板,随着煤柱宽度的减小,超前支承压力的大小不断增加。50～38m 煤柱时,顶板中部最大超前支承压力基本相同,为 18MPa 左右;30m 煤柱时,最大超前支承压力增加了 2MPa;而到 20m 煤柱时,最大超前支承压力达到了28MPa,与 38m 煤柱相比增加了 55.6%,与此同时,在相同分布范围内的超前支承压力也相应增加。

（3）在不同煤柱宽度下,巷道顶底板中部铅垂面上竖向应力大小及分布分析表明,当煤柱宽度小于 30m 时,顶板中部超前支承压力受煤柱宽度的影响强烈,巷道 20m 煤柱时,顶板中部超前支承压力过大,不利于顶板的控制,故不适合在与8105 工作面煤层环境相同的采面运用。

9.4　沿空掘巷端部结构及渗透特征研究

9.4.1　工作面概况

塔山煤矿 8206 与 8204 工作面采用特厚煤层综放开采,开采强度大导致对覆岩扰动影响增大,从而导致两工作面间的小煤柱破坏损伤程度增大,不同于一般采高工作面。上覆煤岩层垮落、破裂、弯曲下沉或者下覆煤岩层的破裂,使得煤岩体的原有裂隙张开,同时产生大量新的裂隙,导致煤层透气性显著增大。采场覆岩中因开采扰动而形成的垮落带、裂隙带空间分布,以及因煤岩体破裂损伤导致的渗透性系数增加,直接关系到瓦斯抽采钻孔布置方式以及抽采效果评估。基于

ABAQUS 数值模拟计算,从研究开采扰动引起的裂隙带空间结构、覆岩应力场分布特征出发,得出 8204 回采巷道掘进期间和正常回采期间的覆岩与小煤柱的透气性系数分布规律。

　　8204 综放工作面布置在二盘区东部,与 8202 和 8206 采空区相邻,在靠近8206 工作面侧布置,与二盘区回风巷、皮带巷和辅运巷连通,西北部与 F13810 断层相邻。工作面上覆为侏罗系挖金湾煤业公司挖金湾井田 14 号层及古窑采空区,层间距为 400.6～419.4m。8204 工作面对应地表为分水岭两侧马淋涧沟支沟和马口沟支沟的上游沟谷与山坡地段。8204 工作面布置及相邻工作面开采情况见图 9.43。

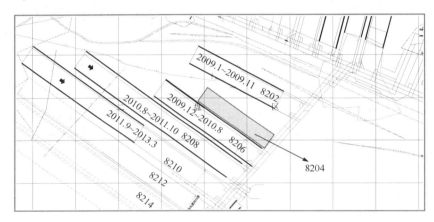

图 9.43　8204 工作面布置平面及相邻工作面开采情况

　　8204 工作面长 162m,工作面走向长度 1100m,采用一进两回三巷布置,其中2204 皮带巷、5204 回风巷沿煤层底板掘进,8204 高抽巷沿煤层顶板掘进。5204 回风巷与下区段 8206 采空区间煤柱为 6m。将 8204 顶板高抽巷与 5204 回风巷间的水平距离设计为 15m(中对中),以利于工作面上隅角瓦斯的治理。8204 综放面与相邻 8206 已采工作面布置关系见图 9.44。

9.4.2　掘巷前 8206 工作面端部覆岩结构及小煤柱侧裂隙场分布

1. 8206 工作面采空区稳定前端部结构特征

　　8206 大采高综放面倾向 230m,煤层厚度平均 15m,根据 W803、W804 钻孔,8206 大采高综放面煤层上方 25m 左右存在一层厚 8m 的细砂岩,煤层上方 80m 存在一层厚 10m 的细砂岩。根据关键层理论,两层均为关键层,从下往上 100m 钻孔未取芯,因此无法判断主关键层位置,但不影响对覆岩垮落特征的分析。为方便叙述,8m 后细砂岩成为低位关键层,10m 后细砂岩成为高位关键层。8206 采空区倾

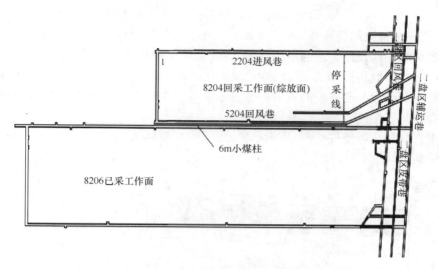

图 9.44　8204 综放面与相邻 8206 已采工作面布置关系

向覆岩结构见图 9.45。

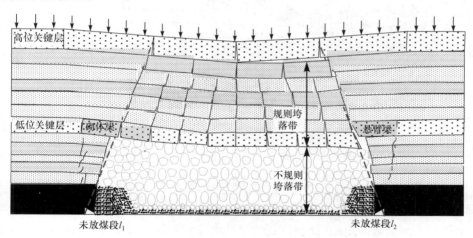

图 9.45　8206 采空区倾向覆岩结构图

1）低位关键层垮落特征

根据未放煤段长度与低位关键层破断步距关系判断低位关键层结构特征。

在工作面倾向方向中部，工作面割煤高度 3.6m，放煤高度 11.4m，按照顶煤 85% 的回收率，一次采出空间达到 13.3m，低位关键层破断后下沉量为

$$\Delta = M - \sum h(K_z - 1) \tag{9-69}$$

式中，$\sum h$ 为直接顶的厚度；M 为回采厚度；K_z 为直接顶的碎胀系数，取 1.25。

一般,当关键层下沉量大于关键层厚度时,关键块体破断后不能形成砌体梁结构,而是以悬臂梁结构存在,当下沉量小于其厚度时可能形成稳定结构,需要根据破断岩块的塑性铰接关系确定。根据 8206 工作面地质条件,为简化计算,放出的顶煤的碎胀系数仍按 1.25 计算,低位关键层的下沉量达到 6.3m,可见低位关键层在采空区垮落后与已破断的岩体失去力的联系,不能形成稳定结构,而是以悬臂梁结构存在。

根据现场实际条件,在工作面中部,由于采出空间大,低位关键层破断无法形成稳定结构,见图 9.46。

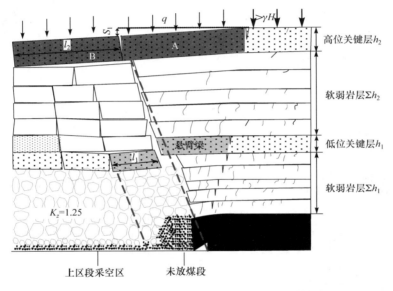

图 9.46　8206 工作面采空区稳定前端部结构

端部 3~5 台支架未放煤,加上巷道宽度,端部 10.8~14.3m 内实际采高为 3.6m,使该范围内采空区关键层下方垮落岩层厚度较大。若实际采高较小段长度大于低位关键层破断步距,使已破断的关键块与前方的关键层存在力的联系,可能成为砌体梁结构。若实际采高较小段长度小于低位关键层破断步距,已破断的关键块与前方破断的关键层失去力的联系,则成为悬臂梁结构。根据实际地质条件判断,此处形成悬臂梁。

2）高位关键层垮落特征

高位关键层距离煤层上方 80m,其下方有足够厚的岩层使采空区能够充满,形成砌体梁结构。

破断特征:裂隙发育位置滞后于工作面,且在回采巷道实体煤侧,即高位关键层裂隙发育至煤柱外侧。

结构特征：未完全断裂的岩块为砌体梁结构的 A 块，已破断与其铰接的岩块为 B 块，根据 8206 综放面矿压观测高位关键层破断步距为 50～60m，这种情况下的砌体梁结构的 C 块与 B 块对称，并起到同样的结构效应，其本质为铰接岩梁。

2. 8206 工作面采空区稳定后端部结构特征

随着时间的推移，覆岩继续下沉直至采空区被压实，地表下沉表现为地表下沉值趋于稳定。8104 工作面与 8206 工作面地质条件类似，工作面平均埋深 450m，二者主要差别在于 8104 工作面倾向长度为 210m，8206 工作面倾向长度为 230m，但相差不大，二者地表下沉规律相似，因此，结合中国矿业大学（北京）2009 年 2 月至 2010 年 10 月对 8104 工作面地表下沉的观测，说明采空区稳定后工作面端部结构特征。

根据 2010 年 9 月 5 日现场调查发现，裂缝主要沿采空区边界环形发育，随着工作面的不断推进，沿工作面走向方向形成直线形裂缝，在工作面停采线附近形成弧线形裂缝。在工作面倾向观测线附近上顺槽地表裂缝发育的平面几何形态见图 9.47。距离上顺槽最远的一条裂缝与上顺槽的距离为 89.5m，而 8104 工作面的平均采深为 450m，因此可得工作面倾向裂缝角为 78.8°。实测倾向地表下沉曲线见图 9.48。

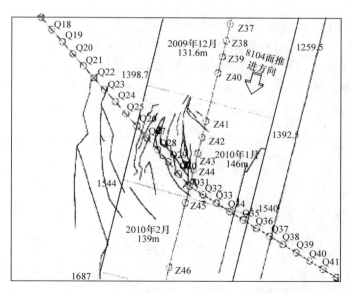

图 9.47　2010 年 9 月 8104 工作面倾向观测线附近地表裂缝发育情况

根据 8104 工作面实际的推进情况，2010 年 9 月工作面已推进至停采线附近，此时工作面距离倾向观测线约 1000m，倾向观测线附近地表下沉时间已达到 9 个

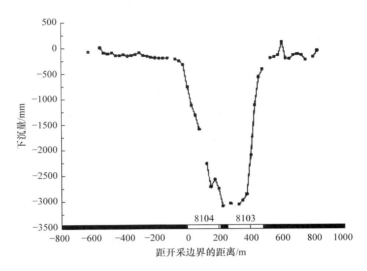

图 9.48　8104 工作面推至 2500m 时倾向观测线实测下沉曲线

月,基本处于稳定时期。可见,工作面地表下沉在倾向方向没有达到充分采动。根据地表下沉数据,容易得到上下山边界角 $\beta=67.7°$,上山移动角 $\gamma=78.6°$,上山裂缝角 $\delta=78.8°$。

　　鉴于两个工作面的地质条件和开采条件类似,可参考 8104 工作面地表下沉参数确定 8206 工作面岩层移动范围,根据这些参数可得到 8206 工作面煤层上方 80m 处高位关键层以及上位岩层断裂和裂隙发育范围。根据相似模拟结果,煤层上方岩层垮落角约为 60°,结合地表下沉观测中覆岩活动范围的移动角和垮落角确定 8206 工作面端部断裂发育区和裂隙发育区的范围,见图 9.49。

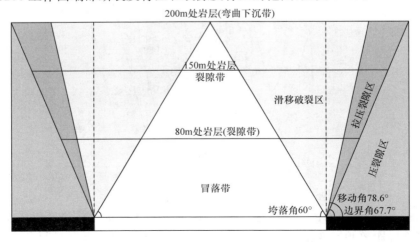

图 9.49　根据地表下沉确定工作面端部断裂发育区和裂隙发育区范围

　　根据煤层净开采厚度为 13m,按照碎胀系数 1.25 计算,充满采空区所需岩层厚度为 42m,即 42m 处岩层为垮落带与裂隙带边界。按照采空区覆岩垮落角 60°计算(图 9.49),裂隙带发育高度达到煤层上方 200m 岩层附近,即裂隙带高度为 200m,按照裂隙带发育高度为 13～18 倍采高,平均 15 倍采高计算,裂隙带发育高度为 156～234m,平均 195m,说明根据垮落角确定裂隙带发育高度的方法是正确的。

　　由此可确定 8206 工作面垮落带高度为 42m,裂隙带范围为 42～200m,200m以上岩层处于弯曲下沉带内。在垮落带和裂隙带内岩层覆岩活动是剧烈的,因此根据覆岩垮落角和走向移动角确定断裂发育区,见图 9.50 中虚线区域,该区域内岩层产生明显断裂。沿移动角与边界角向上区域岩层的运动情况明显弱于断裂发育区,称为拉压裂隙区,该区域内岩层有裂隙发育,而断裂发育较少。图 9.50 中椭圆形虚线区域主要受支承压力产生的压剪裂隙,从微震监测中也能说明该现象。

　　图 9.51 为 8103 工作面微震震源分布图。从图 9.51 可以看出,除采空区上方和底板断裂震源外,端部断裂多集中在一个三角形区域内,发展高度为 180～200m(该高度与按照破断角确定裂隙带发育高度吻合)。另外,在煤柱外侧还有一个裂隙区,该区域受侧向支承压力影响以压剪破坏为主,而高度方向上三角形断裂发育区以拉伸破裂为主。

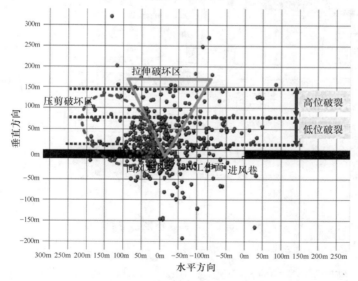

图 9.50　8103 工作面微震震源分布

　　随着工作面的推进,覆岩下沉运动继续发展,采空区碎胀系数减小,沿岩层移动角断裂继续发展,该三角形断裂发育区向采空区倾斜滑移,形成三角形滑移区,见图 9.52。

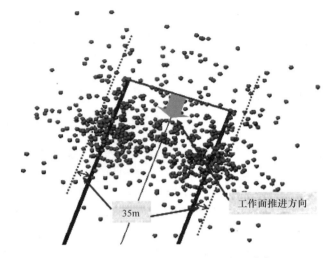

图 9.51　8103 工作面平面微震震源分布

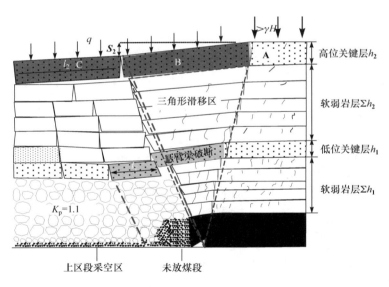

图 9.52　8206 工作面面采空区稳定后端部结构

在 8206 工作面刚推进一定距离后采空区进一步压实,根据沿空留巷方面的研究,端部结构破断运移发生滞后工作面 $100\sim200\text{m}(1\sim1.5$ 个月),而地表观测裂隙发育至地表滞后 9 个月,说明端部覆岩从破断至稳定大概需要 8 个月的时间。在该段时间内,碎胀系数由 1.25 变为残余碎胀系数 1.1。在此过程中,采空区已垮落岩层表现为压实过程,裂隙带和弯曲下沉带内岩层表现为逐步下沉至稳定阶段。采空区中部上方 B 块体的持续下沉带动 A 块体进一步回转下沉,使其靠近实体煤侧断裂持续发展,A 块体之上的载荷也促使其朝采空区回转下沉滑移,促使竖向断裂贯通。在此过程中,A 块体下沉量由 S_1 增大至 S_2,采空区稳定前的 B 块体转化为采空区稳定后的 C 块体,采空区稳定前的 A 块体转化为采空区稳定后的 B 块体,铰接点的位置相应发生改变。

采空区稳定前与稳定后的砌体梁承载特征几乎不发生变化,但在砌体梁 B 块体回转下沉的同时,促使低位关键层形成的悬臂梁结构破断,并使其下方的岩层与其具有同样的回转下沉趋势,并最终形成三角形滑移区,该过程促进拉压裂隙区裂隙的发育。三角形滑移区在采空区侧受已垮落块体的支撑和摩擦阻力作用,在实体煤侧受到支撑作用。该区域的运动使侧向支承压力分布发生变化,稳定后侧向支承压力分布也趋于稳定。

3. 小煤柱侧上覆岩层裂隙场分布

采用数值模拟及理论分析说明小煤柱上覆岩层裂隙场分布特征。数值模拟开挖模型见图 9.53,工作面开挖后覆岩结构特征见图 9.54。

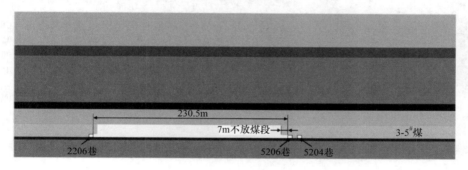

图 9.53　8206 工作面开挖模型

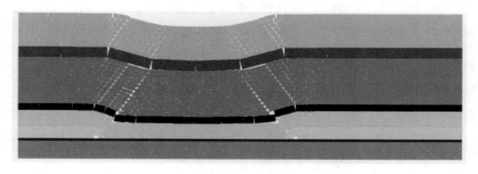

图 9.54　8206 工作面开挖后覆岩结构特征

图 9.54 表明,CDEM 软件可以模拟煤层开采后上覆岩层的运移情况。煤层

上覆岩层可以清楚地区分出垮落带和裂隙带,下部关键层在采空区边缘破断形成悬臂梁结构,上部关键层在采空区边缘形成铰接结构。

8206 工作面开挖后上覆岩层位移场分布见图 9.55。图 9.55 中,在工作面倾向方向将其分为垮落区、滑移破坏区和破裂区(塑性区),与图 9.54 对比可以看出,二者类似。数值模拟得到的覆岩层移动角为 57°,滑移破坏区的滑移角为 70°,相似模拟得到的移动角为 60°,地表下沉得到的移动角为 67.7°,从数据对比来看相差微小。以上说明将工作面端部分为滑移破裂区、拉裂隙区和压裂隙区是正确的。从数值模拟结果来看,压裂隙发育至煤层底板,这与工程实际是吻合的。

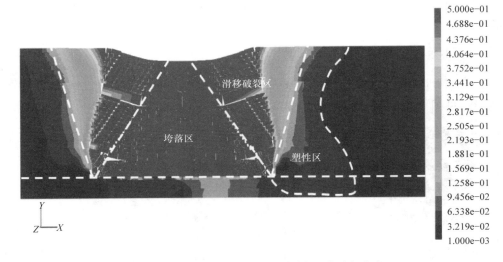

图 9.55　8206 工作面开挖后上覆岩层位移场分布

综上所述,结合微震监测与地表沉陷结果,在采空区稳定后沿工作面倾向方向分为三角形滑移区、拉裂隙区和压裂隙区,分区分别以采空区岩层垮落角、岩层移动角、裂隙角和侧向支承压力峰值为边界。其中,三角形滑移区边界出现明显断裂,并向采空区方向回转滑移,移动角边界与裂隙角边界区域内的岩层产生的裂隙主要受岩层往采空区运动下沉产生的拉裂隙的影响,压裂隙区裂隙或断裂的发育情况主要受侧向支承压力大小的影响,小煤柱侧裂隙场分布见图 9.56。

9.4.3　小煤柱渗透特征研究

1. 模型计算反演分析

1)数值模拟模型

8206 与 8204 工作面长度大于 1000m,针对模拟的目的,可适当减小模型尺

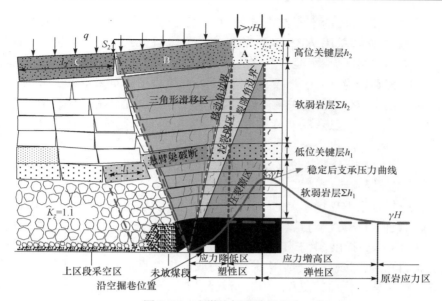

图 9.56　小煤柱侧裂隙场分布

寸,将模型沿工作面推进长度改为 600m。图 9.57 为模型示意图,模型高 170m、宽 500m、长 600m。

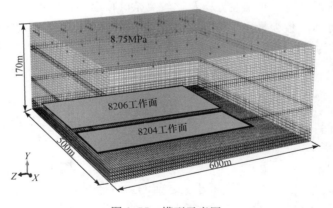

图 9.57　模型示意图

位移边界条件:由于模拟的是整个煤层开挖影响区域,模型中垂直于 X 轴的两个边界面在 X 方向的位移为 0,即 $U_1 = 0$。同理,垂直于 Z 轴的两个边界面在 Z 方向的位移为 0,即 $U_3 = 0$。应力边界条件:在模型顶部施加 8.75MPa 的均布垂直应力,以模拟上覆岩层或松散层的重量。

2) 开采方式及观测线布置

模型中网格边长为 1m,共划分约 540 万六面体网格,采动问题本身为动态非平衡问题,即在工作面的不断推进过程中,上覆岩层并未处于稳定平衡状态。因此,工作面开挖必须采用 ABAQUS 的显式动力求解方式。此外,弹性体的应力-应变关系与加载路径无关,但塑性体的应力-应变关系与加载路径有关,变形不可恢复。为了得到较为真实的顶板大结构(顶板大结构指的是采空区上方的岩层结构),每次开挖应至少小于亚关键层(基本顶)破断距,设置每次开挖 5m,开挖顺序为 8206 工作面回采巷道、8206 工作面、8204 工作面回采巷道、8204 工作面。整个模型布置 27 条测线,每一条测线位于每层岩层中央,监测垂直应力 SZZ、损伤应变 PE(在积分点的 6 个分量)、位移分量 $U_i(i=1、2、3)$。

3) 反演分析流程

反演分析是根据现场实测的结构工作状态变化,确定工程设计所需要的计算参数,采用数值分析方法对结构变形和力学特性进行分析的方法。该方法由 Kavanagh 和 Clough 提出,由于其解决问题的优越性和独特性而备受关注。若进行反演分析,首先要对现场工程结构进行应力或位移等的监测,而最可靠且最容易测得的是工程结构的位移。位移反演分析自然成为反演分析的重点。同时,反演分析可分为正反分析及逆反分析。逆反分析通常仅适合于线性问题,且需要编制复杂烦琐的程序,普遍实用性不强,难以广泛应用。正反分析则是采用给定的初始参数进行试探计算,通过多次试探计算,采用目标函数进行优化,进而得到参数的最佳值。正反分析可用于非线性分析及比较复杂的模型结构,具有较强的实用性。

采用的目标函数为最小二乘目标函数,即把实测值与相应数值分析计算值之差的平方和作为目标函数。目标函数 $f(X)$ 是反演分析参数的函数形式,可表示为

$$f(X) = \sum_{j=1}^{n} \left[S_j(X) - S_j^*(X) \right]^2 \rightarrow \min \tag{9-70}$$

式中,n 为测点个数;S_j 为第 j 个测点的计算位移;S_j^* 为第 j 个测点的实测位移。

通过上述目标函数,参数反演问题就变成一个优化问题。反演分析流程见图 9.58。

具体流程如下:

(1) 先真实模拟 8204 工作面开挖之前的边界条件,即模拟相邻的 8206 工作面的开挖过程;再模拟 8204 工作面掘巷与回采历程,得到 8204 工作面顶板的位移场。

(2) 根据当前地表变形监测数据,进行岩层物理力学参数及采空区充填软弹体参数反演。

(3) 根据反演得到的力学参数,进行 8204 工作面推进全过程分析,计算上覆岩层位移与应力,判断上覆岩层破断及移动特征。

反演分析采用沿工作面走向布置的 49 个测点,8204 工作面推进至 200m 和 300m 时,根据实测工作面的地表位移,对模型进行仿真反演分析。采用正反分

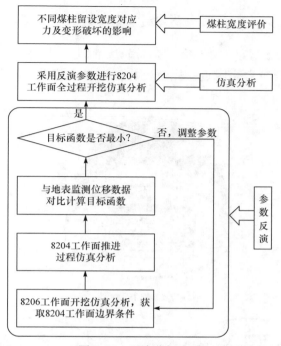

图 9.58　反演分析流程

析,通过并行计算搜索采空区材料的弹性模量与泊松比,得出反演参数的最优解。工作面推进过程中实测值与位移反演仿真计算值对比见图 9.59。从图中可以看出,仿真计算值基本和后期开挖地表实测值吻合良好,精度较高。位移反分析后,采空区材料的弹性模量调整为 89MPa,泊松比调整为 0.04。

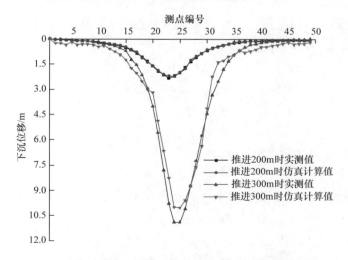

图 9.59　工作面推进过程中实测值与位移反演仿真计算值对比

2. 8206 工作面掘进期间数值模拟结果分析

现有相似模拟试验已发现垮落裂隙带轮廓面即应力拱内曲面,并认为采场裂隙带边界位于采场应力壳附近一定范围内。建立裂隙带空间分布几何模型,见图 9.60。

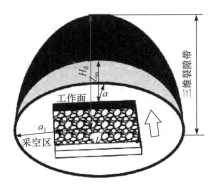

(a) 宏观裂隙带形状

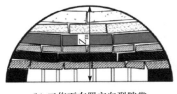 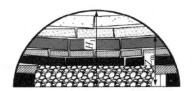

(b) 工作面布置方向裂隙带   (c) 工作面推进方向裂隙带

图 9.60 裂隙带空间示意图

基于上述假设,以平行工作面的采空区中心平面为基点,利用普氏理论计算中心平面裂隙带,具体步骤如下:

$$\sum M = 0$$
$$Th - Qx^2/2 = 0$$
$$T' = T$$
$$T' \leqslant Qa_i f'/2$$

联合上述公式得

$$h = x^2/(a_i f') \tag{9-71}$$

式中,M 为弯矩,$N \cdot m$;h 为拱高,m;T 为水平力,N;T' 为水平反力,N;Q 为上覆岩层载荷,N;a_i 为第 i 段普氏拱跨距,m;f' 为坚固系数。

令 $x = a_i, h = H_i$,得

$$f' = a_i/H_i \tag{9-72}$$

将式(9-72)代入式(9-71)得

$$h = \frac{H_i x^2}{a_i^2} \qquad (9-73)$$

式中,

$$H_1 = \frac{1 + C_x L - \dfrac{\tau}{\gamma H}}{\eta} \qquad (9-74)$$

其中,η 为表征岩层组合特性和采高对裂隙带高度影响的参数,其随顶板岩层坚硬度及采高呈负相关变化,即

$$\eta = \frac{k}{d} \qquad (9-75)$$

$$k = \frac{\sum F}{(15-20)D} \qquad (9-76)$$

$$H_{i-1} = \frac{H_i x_i^2}{a_i^2} \qquad (9-77)$$

式中,H_1 为深部采场裂隙带高度最大值,m;H_i 为第 i 段拱高,m;H_{i-1} 为第 $i-1$ 段拱高,m;x_i 为第 i 段位置坐标;k 为顶板岩层硬度系数;F 为裂隙带内软岩(黏土岩、泥岩、粉砂岩和煤层)累计厚度,m;D 为采高,m;C_x 为岩梁间力传递系数;τ 为未破断岩层最大抗剪强度,MPa;L 为工作面长度,m;γ 为岩层容重,kN/m³。

沿采空区走向以普氏理论为基础,建立如下几何模型:

$$Z = H_i - \left[\left(H_i - \frac{H_i x^2}{a_i^2} \right) \frac{y^2}{a_{ij}^2} + \frac{H_i x^2}{a_i^2} \right] \qquad (9-78)$$

以 $D = \{(x,y) \mid x^2 + y^2 \leqslant a_1^2\}$ 为例,化简得

$$Z = H_i - \frac{H_i}{a_i^2}(x^2 + y^2) \qquad (9-79)$$

式(9-79)即为简化的采场裂隙带空间分布几何模型。

$$y = \frac{L}{2} - l \qquad (9-80)$$

$$a_{ij} = a_{\mathrm{g}} \qquad (9-81)$$

$$H_i = H_{\mathrm{g}} \qquad (9-82)$$

将式(9-80)~式(9-82)代入式(9-79)并化简得

$$Z_{\mathrm{m}} = H_{\mathrm{g}} \left\{ 1 - \frac{1}{a_{\mathrm{g}}^2} \left[\left(\frac{L}{2} - l \right)^2 + x^2 \right] \right\} \qquad (9-83)$$

式中,x、y 为位置坐标,$j = 1,2,3,\cdots$;a_{ij} 为走向第 ij 段普氏拱跨距,m;Z_{m} 为工作

面覆岩裂隙带高度,m;H 为未破断岩层埋深,m;l 为工作面控顶距,m;a_g 为工作面上方普氏拱走向跨度,m;H_g 为工作面上方普氏拱拱高。

1) 8206 工作面掘巷期间采空区裂隙带分布特征

图版 16 为 8204 工作面掘进 200m 时的垂直应力分布云图。可知,8206 工作面上方的垂直应力并未完全形成连续的应力壳,而是呈现断续状,说明覆岩并未形成稳定承载结构,裂隙发育至模型顶部,即裂隙带最大高度位于煤层上方约 170m。从 8206 工作面采空区垂直应力分布可知,垂直应力分布呈现中心大、四周小的特点,这说明采空区中心已被压实,随着远离中心,压实程度逐渐降低。

图 9.61 为 8204 掘进巷道期间模型中塑性区域三维分布。由图 9.61 可知,8206 工作面覆岩中塑性区域发育至模型顶部,并呈现中心空心状,对应 O 形圈分布。8204 掘进巷道两侧约 4m 同样处于塑性区。综上,8206 工作面覆岩裂隙带发育高度达 170m。

图 9.61　8204 掘进巷道期间塑性区域三维分布

2) 掘巷期间残余裂隙分布特征

图 9.62 为 8204 掘巷期间掘进头所处平面垂直位移切片图,由图可知,模型中 8206 工作面覆岩的最大下沉量达 11.53m,说明已经接近充分下沉,采空区中部已被压实。

采空区中部裂隙往往比端部发育,但随着采空区中部压实,垮落岩块间缝隙变窄,且缝隙方向无序,瓦斯气体流动的阻力势必增加。此时,压实状态下虽裂隙发育,但透气性减小。工作面端部的岩层破断后,往往保持有序层状结构,岩层间的离层空间不易被压实,是瓦斯运移的重要通道,且离层空间方向性明显,瓦斯流动阻力较小,透气性较好,端部裂隙带岩层结构互相连通,形成 O 形圈。

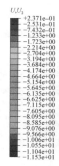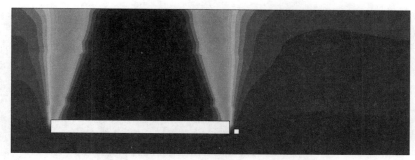

图 9.62　掘巷期间掘进头所处平面垂直位移切片图

利用 ABAQUS 后处理 Python 编程统计并输出掘巷期间 8206 工作面覆岩中未闭合压实裂隙占固定正方形面积的比值 F，见图版 17。正方形面积应比直接顶破断块体的特征尺寸大，因此可取 $25m^2$。由图版 17 可知，残余裂隙呈 O 形分布，且工作面端部上方的残余裂隙最多，F 最大值可达 0.5927。

假定透气性系数 λ 与 F 成正比，即

$$\lambda = kF \tag{9-84}$$

根据相关资料，8206 工作面采空区所在的二盘区煤层透气性系数为 $\lambda_0 = 1.108 \times 10^{-4} m^2/(MPa^2 \cdot d)$，据此可得到整个模型内受 8206 工作面采动影响及 8204 工作面掘巷影响后的岩层内的透气性系数。

3）掘巷期间小煤柱应力分布

8204 回采巷道掘进 200m 时的掘进工作面前后垂直应力分布见图 9.63 和图 9.64；小煤柱中心轴线处的垂直应力分布见图 9.65，横坐标负值表示位于掘进工作面后方，正值表示位于掘进工作面前方。可以看出，掘进工作面处煤柱的垂直应力最小，约为 20MPa；掘进工作面后方垂直应力随距离呈缓慢增大趋势，至 20m 后逐渐稳定在 22MPa；掘进工作面前方垂直应力呈先增加后减小趋势，0～6m 内急剧增至 28.5MPa，随后逐渐减小，至 60m 处减至 25MPa。小煤柱应力分布说明掘进工作面后方的小煤柱在经历了 8206 工作面采动扰动及 8204 回采巷道掘进扰动后，掘进工作面后方的煤柱进入塑性状态，有一定承载能力但承载能力降低；掘进工作面前方 0～6m 内的煤柱同样进入塑性状态，但垂直应力增大，6～60m 内的煤柱仍处于弹性状态。

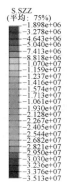
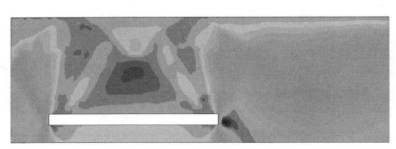

(a) 距掘进头前方10m

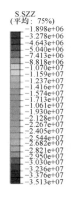
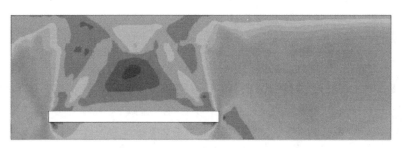

(b) 距掘进头前方20m

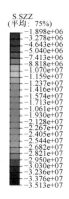
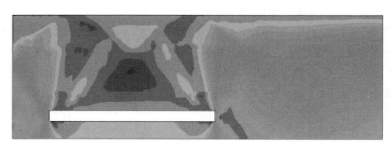

(c) 距掘进头前方30m

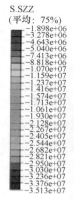
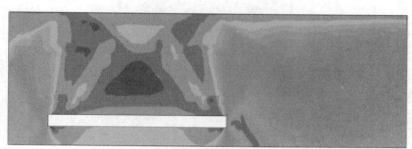

(d) 距掘进头前方40m

图 9.63　掘进头前方的垂直应力分布

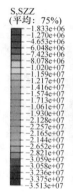
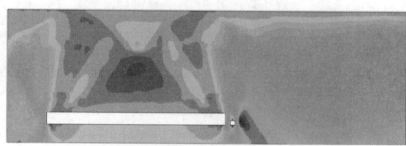

(a) 距掘进头后方10m

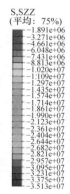
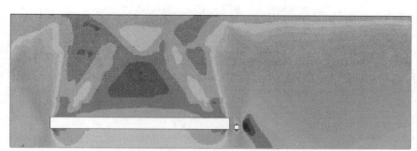

(b) 距掘进头后方20m

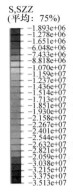

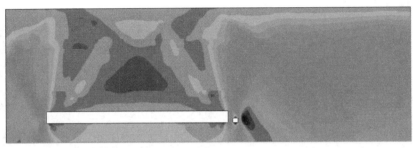

(c) 距掘进头后方30m

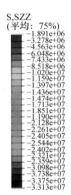

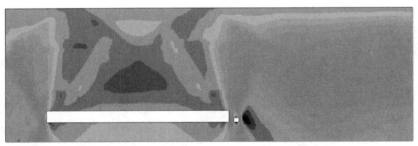

(d) 距掘进头后方40m

图 9.64　掘进头后方的垂直应力分布

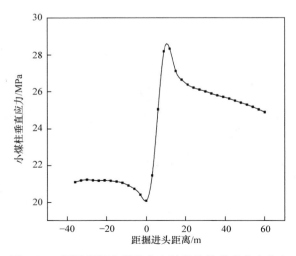

图 9.65　掘进期间小煤柱中心轴线处的垂直应力分布

4) 掘巷期间小煤柱损伤特性

小煤柱在近似单轴压缩作用下损伤破坏,统计小煤柱的损伤应变可反映煤柱内的裂隙发育程度,进而为分析小煤柱的透气性提供依据。为了反映煤柱裂隙发育程度,在小煤柱中心布置测线,监测小煤柱的损伤应变,监测结果见图 9.66。

由图 9.66(a)可知,掘进头处的塑性主应变值为 0.112;随着向后逐渐远离,损伤应变开始增大,至距离掘进头 30～45m,损伤应变达到最大值,约为 0.131;继续远离掘进工作面则损伤应变逐渐减小,至 105m 处为 0.123。

由图 9.66(b)可知,掘进工作面前方的损伤应变值随远离掘进工作面呈现减小趋势,0～6m 内损伤应变急剧由 0.123 减小至 0.094,6～99m 内呈现近似线性递减,至 99m 处约为 0.085。

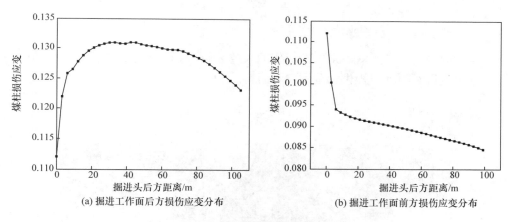

(a) 掘进工作面后方损伤应变分布　　　　　　(b) 掘进工作面前方损伤应变分布

图 9.66　掘进期间小煤柱损伤应变分布

3. 8206 工作面回采期间数值模拟结果分析

1) 8206 工作面回采期间裂隙带分布特征

图 9.67 为 8204 工作面回采期间模型中塑性区三维分布。可以看出,受 8204 工作面采动影响,8206 工作面覆岩中塑性区域进一步扩大,与 8204 采空区覆岩塑性区相连;8204 回采巷道两侧约 6m 同样处于塑性区;8204 采空区覆岩塑性区高度比 8206 采空区小约 6m,可反映裂隙带发育高度约为 164m。

2) 回采期间残余裂隙分布特征

图 9.68～图 9.70 为回采期间残余裂隙的空间分布状况。可以看出,8206 工作面采空区覆岩依然呈现端部多残余裂隙,在工作面推进方向上残余裂隙分布变化不大;8204 工作面后方的残余裂隙随距离工作面呈递减趋势,说明采空区靠近中心时,原有裂隙逐渐被压实;8204 工作面前方的残余裂隙随距离增加而迅速衰

图 9.67　8204 工作面回采期间塑性区域三维分布

减,至 30m 之外已变化不大;8206 工作面采空区与 8204 工作面采空区残余裂隙相连,为采空区瓦斯涌出提供大范围空间通道。

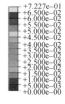
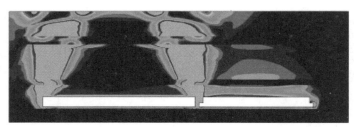

(a) 工作面所在平面

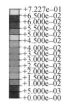
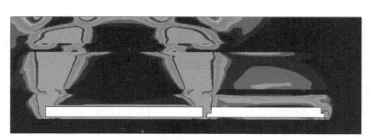

(b) 工作面后方9m

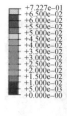
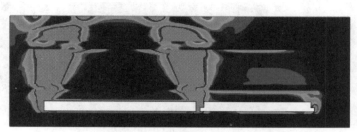

(c) 工作面后方20m

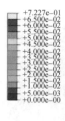
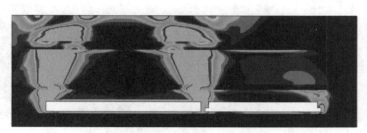

(d) 工作面后方30m

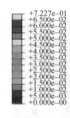
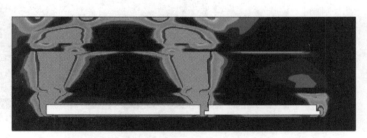

(e) 工作面后方40m

图 9.68　8206 工作面后方的未闭合压实裂隙 F 分布

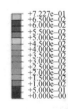
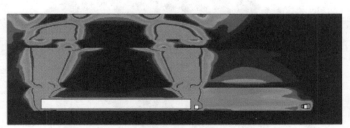

(a) 工作面前方10m

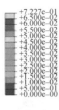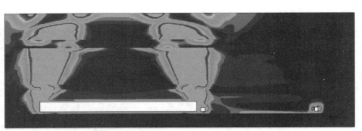

(b) 工作面前方20m

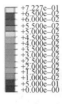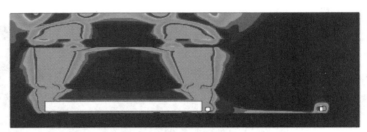

(c) 工作面前方30m

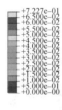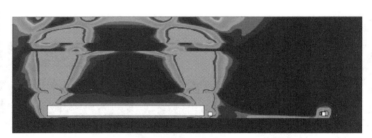

(d) 工作面前方40m

图 9.69　8206 工作面前方的未闭合压实裂隙 F 分布

图 9.70　8206 采空区覆岩中未闭合压实裂隙 F 空间分布

3）回采期间裂隙带及覆岩应力场分布特征

图 9.71 为 8204 工作面推进 200m 时的垂直应力分布云图。由图可知，当 8204 工作面推进 200m 时，8204 采空区的垂直应力低于 8206 采空区，说明 8204 采空区的压实程度低于 8206 采空区，8204 工作面上隅角处出现应力集中。

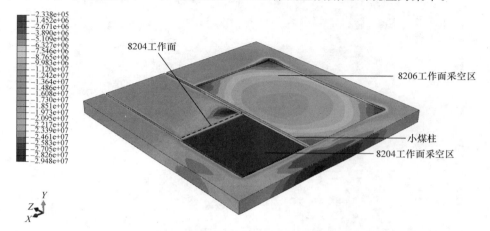

图 9.71　8204 工作面回采期间 8206 采空区周围垂直应力分布

8204 回采工作面推进 200m 时，前后垂直应力分布见图 9.72 和图 9.73，小煤柱中心轴线处的垂直应力分布见图 9.74，横坐标负值表示位于回采工作面前方，正值表示位于回采工作面后方。

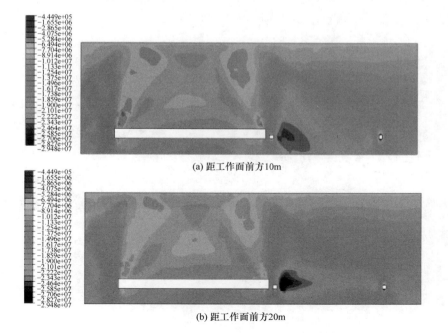

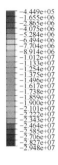
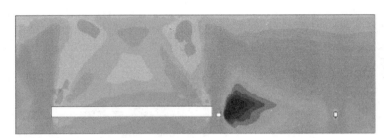

(c) 距工作面前方30m

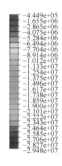
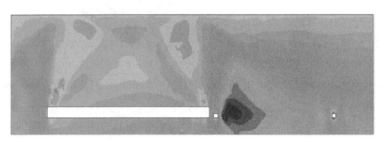

(d) 距工作面前方40m

图 9.72　8204 回采工作面前方的垂直应力分布

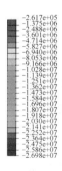
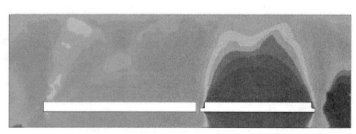

(a) 工作面所在平面

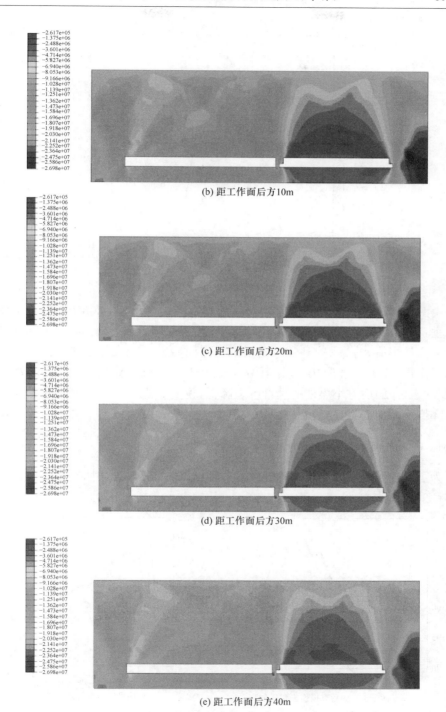

(b) 距工作面后方10m

(c) 距工作面后方20m

(d) 距工作面后方30m

(e) 距工作面后方40m

图 9.73　8204 回采工作面后方的垂直应力分布

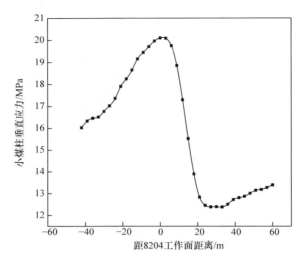

图 9.74　回采期间小煤柱中心轴线处的垂直应力分布

由图 9.74 可知,回采工作面处煤柱的垂直应力最大,为 20MPa;回采工作面后方垂直应力随距离呈先急剧减小而后缓慢增大趋势,回采工作面后方 26m 处垂直应力为最小值,约为 12.5MPa,至回采工作面后方 60m 处缓慢增至 13.5MPa;回采工作面前方垂直应力呈逐渐减小趋势,至回采工作面前方 43m 处减至16MPa。工作面后方小煤柱的垂直应力降低,说明小煤柱经受两侧采动影响后进一步降低承载能力,煤柱遭到进一步破坏。

4. 回采期间小煤柱损伤特性

为了反映回采期间小煤柱的裂隙发育程度,同样在小煤柱中心布置测线,监测小煤柱的损伤应变,结果见图 9.75。

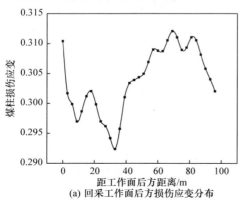

(a) 回采工作面后方损伤应变分布

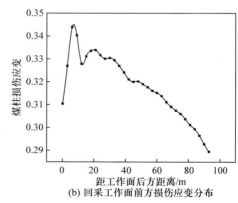

(b) 回采工作面前方损伤应变分布

图 9.75　回采期间小煤柱损伤应变分布

由图 9.75(a)可知,回采期间的损伤应变普遍比掘进期间增大 2～3 倍;工作面端部上隅角处小煤柱的损伤应变值为 0.311;在工作面后方,损伤应变呈现先减小后增大再减小的波动趋势,至距离工作面 70m,损伤应变达到最大值,约为 0.312。由图 9.75(b)可知,工作面前方小煤柱的损伤应变值随远离工作面呈现先增大后减小的趋势,0～6m 内损伤应变急剧由 0.31 增大至 0.345,20～99m 内呈现近似线性递减,至 96m 处约为 0.29。

9.4.4　小煤柱渗透特性系数

为了描述煤岩体内损伤的动态演化过程,定义与应变相关的损伤变量,其在单向应力状态下的表达式为

$$\omega=\begin{cases}0, & 0<\varepsilon\leqslant\varepsilon_f \\ \dfrac{\varepsilon_u(\varepsilon-\varepsilon_f)}{\varepsilon(\varepsilon_u-\varepsilon_f)}, & \varepsilon_f<\varepsilon<\varepsilon_u\end{cases} \tag{9-85}$$

式中,ω 为损伤变量;ε_f 为单向应力状态下岩石介质的损伤演化门槛值应变;ε_u 为极限应变。

煤岩体是一种多孔介质,在一定压力梯度下,流体可以在煤岩体内流动[26-29]。煤岩体透气性表征煤岩体对瓦斯流动的阻力,反映了瓦斯沿煤岩体流动的难易程度。当煤岩体细观单元的应力状态或者应变状态满足某个给定的损伤值时,单元开始损伤。在一侧采空另一侧掘巷条件下或两侧采空条件下,小煤柱处于近似单轴压缩状态,可近似认为小煤柱的损伤主要由最大主应力 σ_1 引起,而煤柱单轴压缩下的最大主应力约为垂直应力 σ_y。煤岩体损伤破裂后将引起试件的透气性系数急剧增大,单元透气性系数描述为

$$\lambda=\begin{cases}\lambda_0 e^{-\beta(\sigma_1-\alpha p)}, & \omega=0 \\ \xi\lambda_0 e^{-\beta(\sigma_1-\alpha p)}, & \omega>0\end{cases} \tag{9-86}$$

式中,ξ、α、β 分别为单元损伤情况下的透气性突跳系数、孔隙压力系数和应力对孔隙压力的影响系数(或耦合系数);λ_0 为初始透气性系数;p 为孔隙压力。

当单元无损伤时 $\xi=1$;当单元出现损伤时 $\xi=5$。公式中用到的相关参数见表 9.7,据此绘制掘进期间及回采期间小煤柱透气性系数变化曲线,见图 9.76。

表 9.7　煤层瓦斯相关系数

瓦斯压力 p/MPa	初始透气性系数 λ_0/[m²/(MPa²·d)]	孔隙压力系数	耦合系数
0.224	1.108×10^{-4}	0.9	2.5

由图 9.76(a)可知,掘进工作面附近的煤柱透气性系数急剧增长,为 600～800m²/(MPa²·d);随着向前或向后远离掘进工作面,透气性系数迅速衰减至 100m²/(MPa²·d)以下。由图 9.76(b)可知,回采工作面附近的煤柱透气性系数

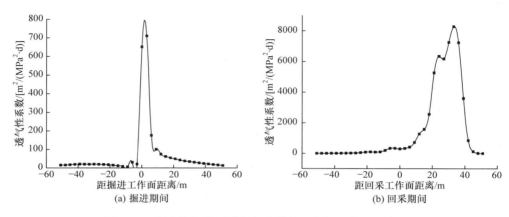

图 9.76　掘进期间及回采期间小煤柱透气性系数分布曲线

约为 $300m^2/(MPa^2 \cdot d)$，在工作面后方增至 $8000m^2/(MPa^2 \cdot d)$ 以上，说明工作面后方煤柱破坏严重，易于瓦斯流动；在工作面前方，煤柱透气性系数随远离工作面逐渐衰减，但工作面前方 21m 处煤柱透气性系数仍有约 $83m^2/(MPa^2 \cdot d)$；与掘进期间相对比，煤柱的透气性系数显著增加，局部增加 2 个数量级以上。掘进期间及回采期间的小煤柱透气性系数具体见表9.8。

表 9.8　掘进期间及回采期间小煤柱透气性系数

距掘进或回采 工作面距离/m	掘进期间		回采期间	
	最大主应力/MPa	小煤柱透气性系数 /[m²/(MPa²·d)]	最大主应力/MPa	小煤柱透气性系数 /[m²/(MPa²·d)]
−51	9.139422	15.36121385	7.036397	0.949889
−48	9.151934	15.84930659	7.197894	1.492992
−45	9.196725	17.72725439	7.352824	2.303861
−42	9.240865	19.79547253	7.534728	3.834035
−39	9.263718	20.95936894	7.711095	6.282348
−36	9.253808	20.44648022	7.887107	10.28389
−33	9.246047	20.05359123	8.019854	14.91355
−30	9.254704	20.49233167	8.105851	18.97386
−27	9.244322	19.96729632	8.210949	25.4658
−24	9.22592	19.06951051	8.428175	46.78531
−21	9.196098	17.69948869	8.633941	83.23884
−18	9.128226	14.93721502	8.689215	97.17187
−15	9.042226	12.04748291	8.651904	87.53253

续表

距掘进或回采 工作面距离/m	掘进期间		回采期间	
	最大主应力/MPa	小煤柱透气性系数 /[m²/(MPa²·d)]	最大主应力/MPa	小煤柱透气性系数 /[m²/(MPa²·d)]
−12	8.886549	8.163420429	8.71194	103.5559
−9	8.733387	5.566454139	8.9459	199.3774
−6	9.413162	30.45334229	9.129498	333.3769
−3	11.1351	21.08479512	9.133392	337.0317
0	12.62634	650.9418213	9.082588	292.3424
3	12.66395	709.7492723	9.126846	330.9105
6	12.05724	175.8223605	9.212759	420.9039
9	11.81727	101.2459161	9.401967	714.9316
12	11.68616	74.88773834	9.607771	1272.117
15	11.60416	62.01657389	9.683756	1573.718
18	11.54942	54.67971338	9.858622	2567.841
21	11.50225	49.05758784	10.11489	5262.493
24	11.44433	42.93912737	10.18158	6343.029
27	11.39245	38.10951811	10.17165	6169.114
30	11.35296	34.80092511	10.22938	7251.251
33	11.30702	31.31095919	10.2767	8278.73
36	11.25297	27.65120397	10.22846	7232.717
39	11.19934	24.44197326	9.979069	3597.781
42	11.14565	21.60262576	9.462487	846.951
45	11.0852	18.79868217	8.786054	127.4381
48	11.01808	16.10956299	7.953725	12.39272
51	10.94652	13.66476292	7.140029	1.269673

9.5　大空间采场小煤柱护巷安全保障关键技术体系

以塔山煤矿石炭系特厚煤层综放开采为例,3-5#煤层平均厚度 15m,区段煤柱正常的护巷煤柱宽度为 38~45m,每千米煤柱损失近 100 万 t(产值约 2 亿元);由于开采空间大、开采强度高,区段大煤柱护巷,巷道处于应力峰值区,导致巷道出现强矿压现象,巷道变形严重,维护困难。采用 6m 小煤柱沿空掘巷技术后,缓解了巷道强矿压现象,经济效益和防治巷道强矿压显现效果显著。但是,对于大空间采场综放开采,具有采放高度大,工作面瓦斯绝对涌出量大,采空区遗煤量较大,采空区遗煤容易自燃,小煤柱护巷不利于采空区水、火、瓦斯防治等特点;对于小煤柱护巷开采技术,小煤柱裂隙发育属塑性煤柱,掘进工作面和回采工作面等作业空间与相邻采空区存在气体交换、漏风严重现象,加剧了工作面瓦斯超限,相邻工作面采空区与本工作面采空区自燃发火危险性增大,严重制约工作面的安全高效生产。因此,大空间采场应用小煤柱开采技术,需要深入开展沿空掘巷位置、小煤柱多孔介质板渗流特征等研究工作,制定大空间采场小煤柱护巷掘进和回采安全保障关键技术体系[30],为沿空掘巷大采高综放面掘进期间和回采期间采空区水、火、瓦斯灾害的防治提供依据。

1. 掘进期间安全保障关键技术体系

大同矿区塔山煤矿特厚煤层综合工作面小煤柱护巷,巷道掘进期间为防止漏风进行了巷道全断面喷浆和地面裂缝充填封堵,针对相邻采空区瓦斯,采用地面抽采技术。依据覆岩垮落特征,8206 采空区钻孔布设见图 9.77 和图 9.78。

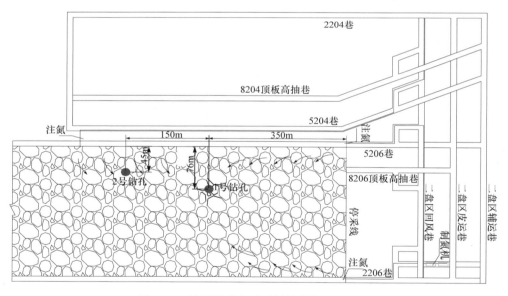

图 9.77　地面抽采空区瓦斯钻孔布置平面图

地面钻孔累计抽采相邻 8206 采空区瓦斯 69.8 万 m³,使采空区内的瓦斯浓度由 15% 降至 4% 左右,防止相邻采空区瓦斯向 5204 沿空巷道涌出。

现场实测和数值模拟得到相邻 8206 采空区氧化带呈"耳状"分布,见图 9.79。

根据数值模拟结果提出相邻采空区氧气浓度分布规律见图 9.80。根据氧化带分布特征确定注氮步距为 70m,根据氧化带遗煤量确定注氮量为 660m³/h,注氮

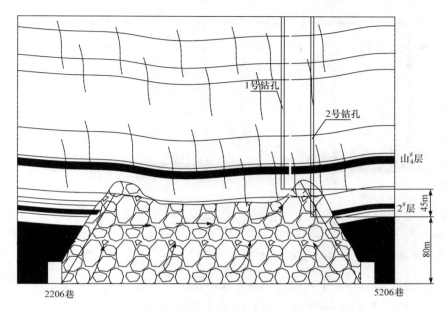

图 9.78　地面瓦斯抽采钻孔布置剖面图

口压力确定为 0.09MPa,以确保 5204 巷与 8206 采空区二者气压保持一致;采空区 CO 浓度由 73mg/m³ 降至 24mg/m³ 以下,防止采空区自燃,取得较好的效果。

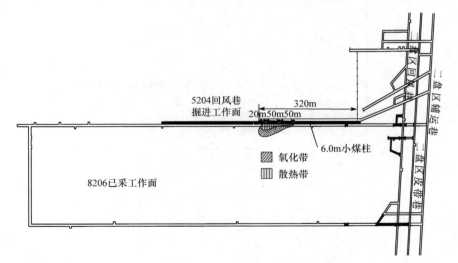

图 9.79　8206 采空区三带分布

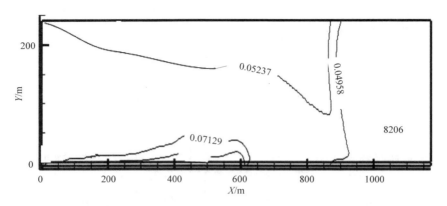

图 9.80　掘进期间相邻采空区氧气浓度分布曲线

2. 回采期间安全保障关键技术体系

大同矿区塔山煤矿特厚煤层综合工作面小煤柱护巷,工作面回采期间,现场监测 8204 工作面割煤瓦斯涌出占 15.8%,本工作面采空区涌出占 66.3%,相邻 8206 采空区涌出占 17.9%。依据小煤柱渗流参数值模拟得到瓦斯浓度分布见图 9.81。

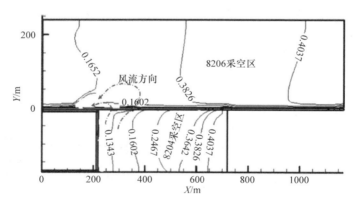

图 9.81　回采期间瓦斯浓度分布

综合顶抽巷进度和地面地形限制,从开切眼向前 0~320m、340~540m、540m~停采线各段分别采用地面立孔、L 形钻孔、顶抽巷对 8204 综放面瓦斯进行抽采(图 9.82~图 9.84),根据瓦斯卸压增透区范围(图 9.85)和未闭合压实裂隙占固定正方形面积的比值 F 分布(图 9.86),确定超前工作面 15~20m 预抽,滞后工作面 80~120m 停止抽采。

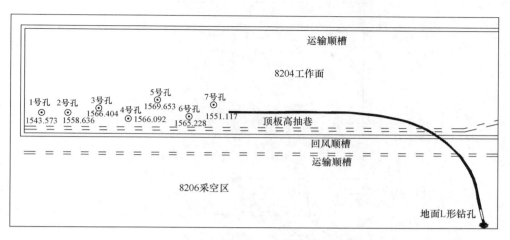

图 9.82　8204 地面立孔布置平面示意图

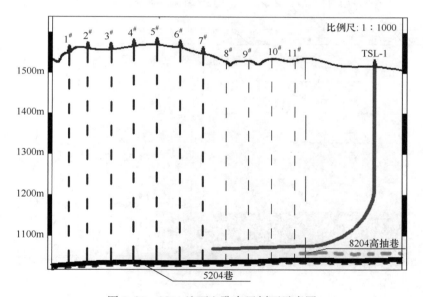

图 9.83　8204 地面立孔布置剖面示意图

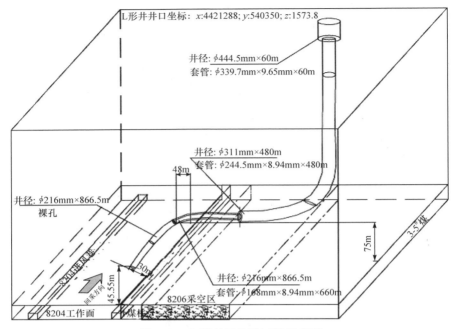

图 9.84　L 形钻孔轨迹三维示意图

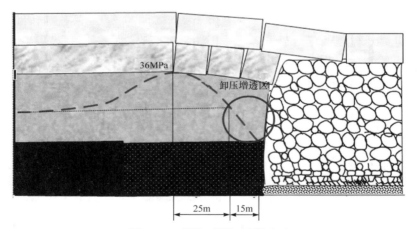

图 9.85　超前瓦斯卸压增透区

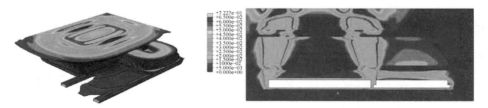

图 9.86　回采期间及回采工作面所在位置 F 分布云图

为防治 8204 工作面周期来压造成上隅角瓦斯异常超限,埋管抽放上隅角瓦斯(图 9.87),治理效果见图 9.88 和图 9.89,上隅角瓦斯平均浓度为 0.2%,工作面瓦斯浓度不超过 0.4%。

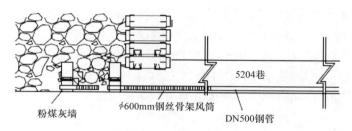

图 9.87　上隅角埋管瓦斯抽放示意图

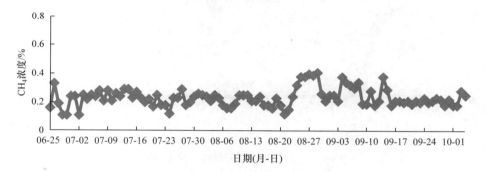

图 9.88　回采期间 8204 工作面上隅角瓦斯浓度变化曲线

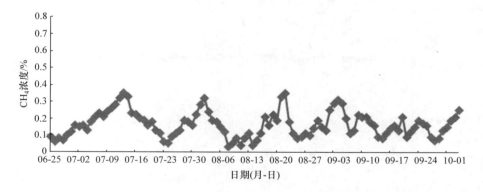

图 9.89　回采期间 8204 工作面瓦斯浓度变化曲线

采取地面钻孔、高抽巷等多种措施协同治理 8204 工作面和采空区瓦斯,使得回采期间上隅角内的瓦斯浓度在 0.1%～0.42%波动,平均浓度约为 0.2%,瓦斯含量基本保持稳定,没有出现瓦斯超限现象。

采取多种技术协同治理工作面瓦斯以后,由 6 月 25 日~10 月 4 日这段时间内工作面处的瓦斯浓度可知,瓦斯浓度较小,为 0.03％~0.38％,平均约为 0.2％;远小于工作面瓦斯报警临界值 0.8％,不会出现瓦斯超限事故。

通过现场实测和数值模拟掌握了大采高综放面非沿空掘巷和沿空掘巷两种情况下采空区自燃三带分布,见图 9.90。受相邻 8206 采空区影响,风流渗流至相邻采空区,8204 工作面采空区氧化带宽度增大且在采空区延伸深度更大;进风侧自燃三带分布受相邻 8206 采空区影响不大;回风侧氧化带宽度明显增大,且与相邻采空区氧化带汇合,回风侧自燃发火危险增大。采用注氮、灌浆防止采空区遗煤自燃发火,见图 9.91。

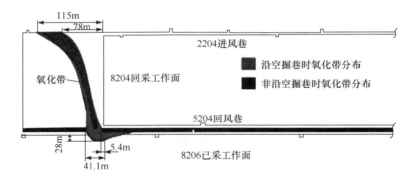

图 9.90 不同条件下采空区氧化带分布

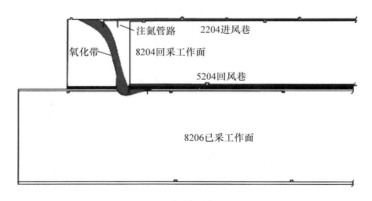

图 9.91 注氮管路敷设示意图

进风巷注氮系统对 8204 采空区注氮,注氮步距 40m,注氮量 2700m³/h,管口压力 0.35MPa;回风巷注氮系统对 8206 采空区按掘进期间注氮参数注氮。注氮后距离工作面 25m 进入窒息带,在采空区以里 35m,氧气浓度将为 2.3％,达到较好地防止遗煤自燃,保障工作面的安全生产的效果。

参 考 文 献

[1] 贺广零,黎都春,翟志文,等.采空区煤柱-顶板系统失稳的力学分析[J].煤炭学报,2007, 32(9):897-901

[2] 张开智,郭周克,程秀洋,等.坚硬顶板煤柱稳定性实测分析[J].煤炭科学技术,2002,30(4): 12-15

[3] 徐曾和,徐小荷,唐春安.坚硬顶板下煤柱岩爆的尖点突变理论分析[J].煤炭学报,1995, 20(5):485-491

[4] 刘权.四台煤矿沿空掘巷围岩控制技术研究[D].徐州:中国矿业大学,2014

[5] 陈远峰.覆岩-煤柱群失稳的力学机理研究[D].徐州:中国矿业大学,2014

[6] 郭金刚,王伟光,岳帅帅,等.特厚煤层综放沿空掘巷围岩控制机理及其应用[J].煤炭学报, 2017,42(4):825-832

[7] 吴锐.综放巷内预充填无煤柱掘巷围岩结构演化规律与控制技术[D].徐州:中国矿业大 学,2014

[8] 大同煤矿集团公司,中国矿业大学(北京),大同煤矿集团金庄煤业有限责任公司.金庄煤业 复杂条件下煤巷安全高效掘进关键技术研究[R].2012

[9] 大同煤矿集团公司,太原理工大学.厚及复杂煤层巷道围岩稳定性分析与支护技术研 究[R].2007

[10] 大同煤矿集团公司,中国矿业大学.特厚煤层综放开采动压巷道布置及支护技术[R].2015

[11] 种德雨.利民煤矿迎回采面沿空掘巷围岩稳定控制技术研究[D].徐州:中国矿业大 学,2014

[12] 孙琦,张淑坤,卫星,等.考虑煤柱黏弹塑性流变的煤柱-顶板力学模型[J].安全与环境学 报,2015,15(2):88-91

[13] 赵启峰,杜锋,李强,等.综采工作面沿空掘巷围岩控制技术[J].煤炭科学技术,2015, 43(10):23-28

[14] 张蓓.厚层放顶煤小煤柱沿空巷道采动影响段围岩变形机理与强化控制技术研究[D].徐 州:中国矿业大学,2015

[15] 李磊,柏建彪,王襄禹.综放沿空掘巷合理位置及控制技术[J].煤炭学报,2012,37(9): 1564-1569

[16] 江贝,李术才,王琦,等.基于非连续变形分析方法的深部沿空掘巷围岩变形破坏及控制机 制对比研究[J].岩土力学,2014,35(8):2353-2360

[17] 杨吉平.沿空掘巷合理窄煤柱宽度确定与围岩控制技术[J].辽宁工程技术大学学报(自然 科学版),2013,32(1):39-43

[18] 郭庆勇,高明涛,周明.无煤柱开采巷道围岩稳定性分析[J].煤炭学报,2012,37(s1):33-37

[19] 张科学.深部煤层群沿空掘巷护巷煤柱合理宽度的确定[J].煤炭学报,2011,36(s1):28-35

[20] 赵国贞,马占国,孙凯,等.小煤柱沿空掘巷围岩变形控制机理研究[J].采矿与安全工程学 报,2010,27(4):517-521

[21] 王傲,姚强岭,李学华,等.采动高应力区沿空掘巷锚杆破断机理[J].中国矿业大学学报,

　　　　2017,46(4)：769-775

[22] 徐乃忠.大采高沿空掘巷底臌机理及控制研究[D].淮南：安徽理工大学,2005

[23] 程志斌.基于位移反演分析的小煤柱损伤渗透特性研究[J].煤矿安全,2017,48(7)：188-191,195

[24] 潘荣锟,程远平,董骏,等.不同加卸载下层理裂隙煤体的渗透特性研究[J].煤炭学报,2014,39(3):473-477

[25] 许江,李波波,周婷,等.循环荷载作用下煤变形及渗透特性的试验研究[J].岩石力学与工程学报,2014,33(2):225-234

[26] 彭青阳.原煤渗透特性流固耦合实验研究和防水煤柱稳定性分析[D].湘潭：湖南科技大学,2015

[27] 侯朝炯,李学华.综放沿空掘巷围岩大、小结构的稳定性原理[J].煤炭学报,2001,26(1)：1-7

[28] 李佳伟.非均匀弹性地基薄板变形的半解析解及在沿空掘巷中的应用[D].徐州：中国矿业大学,2016

[29] 廉常军.西川煤矿迎采掘巷护巷煤柱宽度及围岩控制技术研究[D].徐州：中国矿业大学,2014

[30] 大同煤矿集团公司,河南理工大学.塔山矿特厚煤层大采高综放千万吨工作面沿空掘巷开采技术研究[R].2015

第 10 章 大空间采场井下近场坚硬顶板弱化技术

10.1 井下近场坚硬顶板水压致裂控制技术

大空间采场覆岩运动范围广,矿压显现不仅受基本顶范围岩层运动的影响,而且受高位岩层运动的影响,矿压显现强烈。这里定义基本顶范围岩层为采场的近场岩层,基本顶范围之上的高位岩层为远场岩层。常规采场矿压研究范围多聚焦于基本顶范围(近场),因此大空间采场矿压需要研究基本顶与高位岩层(远场)结构及耦合失稳作用。

坚硬顶板控制一直是国内外采矿与岩石力学工作者十分重视的课题。经过五十余年的努力,坚硬顶板控制取得的主要成果有:顶板来压的预测预报;有效的工艺改变或控制顶板来压步距与来压强度;高工作阻力和大流量安全阀液压支架。目前,改变或控制顶板来压步距与来压强度的具体方法有三种:一是超前工作面煤壁深孔爆破预裂顶板[1-12];二是超前工作面煤壁预注高压水致裂软化顶板[13-15](图 10.1);三是滞后工作面煤壁步距式爆破放顶。第一种方法在瓦斯含量大的矿井中应用受到一定限制,而第三种方法又限于炮眼间距、装药量、钻孔机具、钻孔方法及工艺等方面的研究,在合理放顶方式及放顶步距等关键问题上的研究还很少。这里主要对坚硬顶板水压致裂技术的应用进行探讨。

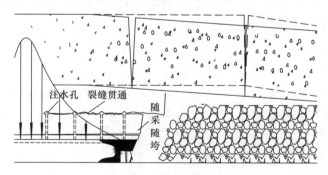

图 10.1 水压致裂后的坚硬顶板活动规律

同忻煤矿 3-5# 煤层 8105 工作面煤层平均厚度 16.85m,煤层较硬;直接顶岩层为粉砂岩,具水平层理,岩层平均厚度 3.35m;基本顶岩层为灰白色含砾粗砂岩,成分以石英为主,结构较为坚硬。为防止工作面顶板爆破预裂所带来的安全问题,通过水压致裂弱化岩体整体强度是采用水压致裂技术处理坚硬顶板的关键。水压致裂对岩体的弱化主要体现在两方面:一是通过水压裂缝的产生和扩展,改造岩体的宏细观结构,弱化岩体的力学性能;二是通过水对岩石的物理化学作用,降低岩石的力学性能。二者共同作用弱化岩体的力学性能,降低顶板岩石的整体强度,使顶板及时垮落,减小顶板来压强度,防止顶板突然垮落而导致的强矿压等危害。

顶板破坏过程是具有一定时间和空间分布特征的随机动态过程,预先弱化只是顶板破坏全过程中的一个阶段或部分,顶板最终垮落和破碎状况取决于预先弱化、矿压和支架系统的特性及其相互协调关系,为充分利用矿山压力破顶作用达到顶板的最终充分破坏创造前提条件。

岩体水压定向致裂技术由岩层中打钻孔、在钻孔中完成预成裂缝、在离预成裂缝尽可能近的区域密封钻孔、压入高压水、监测高压水的压力变化等技术组成。因此,坚硬顶板预先弱化的实质就是通过注水手段和措施,人为预先降低顶板的整体强度。顶板预先弱化,一般情况下弱化措施直接作用破坏的只是部分顶板,并非全部顶板。坚硬顶板中实施水压致裂控制技术参数的选择主要依据顶板岩性、物理力学特征等(表 10.1),以选择匹配合理的试验设备与致裂压力。

表 10.1 煤岩物理力学性质试验汇总表

岩样分组	密度试验	劈裂拉伸试验	单轴压缩试验			变角模剪切试验	
	自然干燥密度 $\rho_0/(\mathrm{g/cm^3})$	劈裂拉伸强度 σ_t/MPa	单轴抗压强度 R_c/MPa	弹性模量 E/GPa	泊松比 ν	黏聚力 c/MPa	内摩擦角 $\varphi/(°)$
YD 组 (中粗砂岩)	2.519	5.11	61.81	15.54	0.172	11.98	34.66
L_{35} 组 (粉细砂岩)	2.542	5.23	58.95	17.95	0.234	5.45	32.81
M_{35} 组 (煤层)	1.373	2.11	30.89	8.28	0.290	2.67	44.82

根据我国《工程岩体分级标准》(GB 50218—2014),见表 10.2,结合实验室测试出的岩层参数,对大同矿区石炭系 3-5# 煤层综放区段顶板进行分类。

$$BQ=90+3R_c+250K_v \tag{10-1}$$

式中,BQ 为岩体质量指标;R_c 为岩体单轴抗压强度,MPa;K_v 为岩体完整性指数值,其大小可以通过表 10.3 进行计算。

根据实验室实测,3-5# 煤层顶板岩体的质量分级见表 10.4。

表 10.2　岩体基本质量分级

基本质量级别	岩体基本质量的定性特征	岩体的质量指标(BQ)
I	坚硬岩,岩体完整	＞550
II	坚硬岩,岩体较完整 较坚硬岩,岩体完整	550～451
III	坚硬岩,岩体较破碎 较坚硬岩,岩体较完整 较软岩,岩体完整	450～351
IV	坚硬岩,岩体破碎 较坚硬岩,岩体较破碎～破碎 较软岩,岩体较完整～较破碎 软岩,岩体完整～较完整	350～251
V	较软岩,岩体破碎 软岩,岩体较破碎～破碎 全部极软岩及全部极破碎岩	＜250

表 10.3　岩体完整性指数

岩体体积节理数/(条/m³)	＜3	3～10	＜10～20	20～35	＞35
K_v	＞0.75	0.75～0.55	0.55～0.35	0.35～0.15	＜0.15

表 10.4　试验煤岩体基本质量分级

岩样分组	基本质量级别	岩体基本质量的定性特征	岩体的质量指标(BQ)
YD组 (中粗砂岩)	III	较坚硬岩,岩体较完整	412.93
L_{35}组 (粉细砂岩)	III	较坚硬岩或软硬岩互层, 岩体较完整	354.35
M_{35}组 (煤层)	IV	较坚硬岩,岩体较破碎～破碎	285.17

　　从表 10.4 中可以看出,3-5#煤层顶板坚硬,结构复杂,含 6～11 层夹矸,煤体较破碎,强度较低;3-5#煤层基本顶为 11.39m 厚的粉细砂岩、含砾粗砂岩,岩体较完整;3-5#煤层基本顶以上规则垮落带与裂隙带岩层为厚度大于 20m 的中粗砂岩,该岩层为坚硬岩层,岩体较完整,强度较大。

10.2　水压致裂基本原理

10.2.1　孔壁应力理论分析

　　岩石水压定向致裂技术也称为水压致裂(波兰语中缩写为 UHS),水压致裂技术多用于野外地应力测量[16-20]，可以用无限大均质岩体中打一深孔的假设来考虑井壁的应力分布。若规定压应力为正，则井壁致裂点的三维主应力分别为

$$\begin{cases} \sigma_r = p_f \\ \sigma_\theta = (\sigma_1 + \sigma_2) - 2(\sigma_2 - \sigma_1)\cos2\theta - p_f \\ \sigma_z = \sigma_z \end{cases} \tag{10-2}$$

式中，σ_r、σ_θ 分别表示径向、切向有效应力；p_f 为井底有效破裂压力；σ_1、σ_2 分别是原地最大、最小有效水平主应力；σ_z 为垂直方向有效主应力，在孔隙压力为零的室内试验中，σ_z 等于柱塞压应力；θ 为以最大原地水平主应力方向为起点，逆时针转动的圆心角。

普通三轴试验采用的是直径 5cm、高 10cm 的圆柱形岩样，端面中心打一深 7.5cm、直径 1cm 的内孔，以液体加围压，使岩样处于 $\sigma_1 = \sigma_2 \neq \sigma_3$ 的应力状态，再由中心内孔注入压裂液，把岩样压裂。

真三轴试验采用 7cm×7cm×11cm 的方柱形样品，端面中心打一深 7.5cm、直径 1cm 的内孔。以刚性压头加围压，使 $\sigma_1 \neq \sigma_2 \neq \sigma_3$，中心内孔注入压裂液，使岩样压裂。

由于尺度效应的影响，室内岩石试验样品不能看成无限厚的厚壁筒，必须对式(10-2)加以修正。

普通三轴室内试验的修正公式为

$$\begin{cases} \sigma_r = p_f \\ \sigma_\theta = \dfrac{2b^2}{b^2 - a^2}\sigma_2 - \dfrac{b^2 + a^2}{b^2 - a^2}p_f \\ \sigma_z = \sigma_z \end{cases} \tag{10-3}$$

式中，a 为岩样钻孔内半径；b 为岩样钻孔外半径。

室内真三轴试验修正公式为

$$\begin{cases} \sigma_r = p_f \\ \sigma_\theta = \dfrac{b_1^2[3(b_1^2 - a_1^2)\sigma_2 - (b_1^2 + 3a_1^2)\sigma_1]}{(b_1^2 - a_1^2)(b_1^2 - 3a_1^2)} - \dfrac{b_1^2 + a_1^2}{b_1^2 - a_1^2}p_f \\ \sigma_z = \sigma_z \end{cases} \tag{10-4}$$

试验结果表明，在低围压下，试验结果和经典理论相符，在较高围压下，相应的经典理论曲线、破裂压力有系统的偏低。由此可见，即使使用比较均质的岩石样品做室内试验，其结果也与理论不符，则在复杂的野外条件下，就更难保证测量结果的可靠性。如果对较高围压下的这种系统偏离不给出一个定量解释，水压致裂深部应力测量结果就很难使人相信。麦德林通过自己的试验明确指出，目前的水压致裂应力测量理论仅适用于围压很低的情况。海姆森用曼卡托白云岩、坦纳西大理石、查科尔花岗岩做了室内水压致裂模拟试验，并对试验的这种偏离曾提出定性

的解释，认为是高压下岩石样品微裂隙张开的结果，但没有给出任何证明。多数学者以为这是二维主应力作用下破坏的结果，在低围压下，试验结果比较接近，在较高围压下，实际初破裂，更接近三维主应力作用下的结果。

10.2.2　水压致裂力学机理

水压致裂法的实质是，将钻孔中某一加压段先用封隔器密封两端，然后利用高压水泵给加压段施加水压，直至出现张性裂隙。钻孔周围的岩体被假定为均质的、线弹性和各向同性的，并认为垂直钻孔与一个主应力方向平行，类似于一块无限大的岩石平板，受两个主应力的作用，即最大水平主应力 σ_H 和最小水平主应力 σ_h。

模拟试验和现场观测表明，水压致裂在钻孔壁上出现的初始裂隙总是垂直的，而且破裂面垂直于最小水平主应力 σ_h，而与垂直应力 σ_V 的大小无关。如果某一水平主应力为三个主应力中最小的一个，则破裂面的扩展方向不变。如果垂直应力为三个主应力中最小的一个，则初裂隙可能转变为水平方向，以保持与岩石的最小阻力方向相适应，因为破裂面总是沿最小阻力方向张开。

当加压水泵关闭时，维持裂隙张开的水压称为关闭压力，以 p_s 表示，该压力应等于与破裂面垂直的岩体应力。因此，若 σ_V 不是最小主应力，则有

$$\sigma_h = p_s \tag{10-5}$$

此时，如果高压水管和封隔器不漏水，则 p_s 会保持不变。

垂直应力可按上部覆盖岩层自重计算：

$$\sigma_V = \gamma d \tag{10-6}$$

式中，γ 为岩石的容重；d 为深度。

若 σ_V 为最小主应力，最初仍然会出现垂直裂缝，并得到第一关闭压力 p_{s1}。当破裂面变成水平方向时，可得第二关闭压力 p_{s2}。很明显 $p_{s1} > p_{s2}$，而且有

$$\sigma_h = p_{s1} \tag{10-7}$$

$$\sigma_V = p_{s2} \tag{10-8}$$

根据弹性力学及渗流理论，可得最大水平主应力的表达式为

$$\sigma_H = T + 3\sigma_h - K p_b - (2-K) p_0 \tag{10-9}$$

式中，p_0 为岩石的孔隙压力；T 为水压致裂的岩石抗拉强度；p_b 为出现裂隙时所需要的水压，即破裂压力；K 为孔隙渗透弹性参数，而且 $1 < K < 2$。对不透水岩层 $K=1$，则式（10-9）变为

$$\sigma_H = T + 3\sigma_{hmin} - p_b - p_0 \tag{10-10}$$

由式（10-7）及式（10-10）可得

$$\sigma_H = T + 3p_{s1} - p_b - p_0 \tag{10-11}$$

第一次加压过程中水压达到临界值 p_{b1}，故式（10-11）可写成

$$\sigma_{\mathrm{H}} = T + 3p_{\mathrm{s1}} - p_{\mathrm{b1}} - p_0 \tag{10-12}$$

第二次加压时,由于裂隙已经形成,钻孔加压段的围岩失去了抗拉能力,即 $T=0$,而且第二次加压时的破裂压力为 p_{b2},这时的最大水平主应力可表述为

$$\sigma_{\mathrm{H}} = 3p_{\mathrm{s1}} - p_{\mathrm{b2}} - p_0 \tag{10-13}$$

由式(10-12)及式(10-13)可得岩石抗拉强度表达式:

$$T = p_{\mathrm{b1}} - p_{\mathrm{b2}} \tag{10-14}$$

从弹性力学理论的观点出发,当一个位于无限体中的钻孔受到无穷远处二维应力场(σ_1,σ_2)的作用时,离开钻孔端部一定距离的部位处于平面应变状态。在这些部位,钻孔周边的应力为

$$\begin{cases} \sigma_\theta = \sigma_1 + \sigma_2 - 2(\sigma_1 - \sigma_2)\cos(2\theta) \\ \sigma_r = 0 \end{cases} \tag{10-15}$$

式中,σ_θ 和 σ_r 分别为钻孔周边的切向应力和径向应力;θ 为周边一点与 σ_1 轴的夹角。

当 $\theta=0$ 时,σ_θ 取得极小值,此时

$$\sigma_\theta = 3\sigma_2 - \sigma_1 \tag{10-16}$$

将钻孔某段封隔起来,并向该段钻孔注入高压水,当水压超过 $3\sigma_2 - \sigma_1$ 和岩石抗拉强度 T 之和后,在 $\theta=0$ 处即 σ_1 所在方位将发生孔壁开裂。设钻孔孔壁发生初始开裂时的水压为 P_{i},则有

$$P_{\mathrm{i}} = 3\sigma_2 - \sigma_1 + T \tag{10-17}$$

如果继续向封隔段注入高压水,使裂隙进一步扩展,当裂隙深度达到 3 倍钻孔直径时,此处已接近原岩应力状态,停止加压,保持压力恒定,将该恒定压力记为 P_{s},P_{s} 应和原岩应力 σ_2 相平衡,即

$$P_{\mathrm{s}} = \sigma_2 \tag{10-18}$$

只要测出岩石抗拉强度 T,即可由 P_{i} 和 P_{s} 求出 σ_1 和 σ_2,这样 σ_1 和 σ_2 的大小和方向就全部确定了。

在钻孔中存在裂隙水的情况下,如封隔段处的裂隙水压力为 P_0,则有

$$P_{\mathrm{i}} = 3\sigma_2 - \sigma_1 + T - P_0 \tag{10-19}$$

为求 σ_1 和 σ_2,需要知道封隔段岩石的抗拉强度,这往往很困难。为了克服这一困难,在水压致裂试验中增加一个环节,即在初始裂隙产生后,将水压卸除,使裂隙闭合,然后再重新向封隔段加压,使裂隙重新打开,记裂隙重开时的压力为 P_{r},则有

$$P_{\mathrm{r}} = 3\sigma_2 - \sigma_1 - P_0 \tag{10-20}$$

这样求 σ_1 和 σ_2 就无须知道岩石的抗拉强度。因此,水压致裂法测量原岩应力不涉及岩石的物理力学性质,完全由测量和记录的压力值来决定。

10.3　大同矿区井下近场坚硬顶板水压致裂工艺技术

10.3.1　水压致裂顶板弱化参数

顶板水压致裂的效果取决于煤岩层的地质条件、钻孔布置方式和注水参数。根据工作面长度和钻机性能,水压致裂钻孔可单向布置,也可双向布置。工作面长度小于 100m 时常用单向布置,大于 100m 时用双向布置。水压致裂参数[21,22]应根据具体条件确定,包括致裂位置、钻孔间距、钻孔转角、封孔长度、注水量和注水压力、注水超前时间等。

1. 致裂位置

水压致裂坚硬顶板使得岩梁厚度减小、岩梁抗弯截面模量降低、顶板的完整性受到破坏(图 10.2),从而减小顶梁的极限垮落步距,减缓工作面矿山压力。

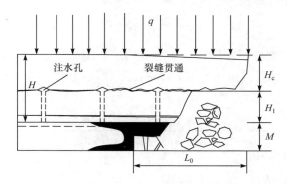

图 10.2　水压致裂后的坚硬顶板破断特征

岩梁的弯矩和截面模量分别为

$$M'_{max}=\frac{aqL_0^2}{12}, \quad E'=\frac{H_c^2}{6} \tag{10-21}$$

式中,L_0 为拉槽后顶板极限垮落步距;a 为采用水压致裂控制放顶技术导致的坚硬岩梁本身及上覆岩层传递荷载改变系数;H_c 为水压致裂放顶后剩余岩梁厚度。

$$L_0=\sqrt{\frac{2H_c^2[\sigma]}{aq}} \tag{10-22}$$

$$a=\frac{E'(H-H_1)^3[\gamma(H-H_1)+\gamma_1h_1+\cdots+\gamma_nh_n]}{(q_n)_0[E'(H-H_1)^3+E_1h_1^3+\cdots+E_nh_n^3]} \tag{10-23}$$

其中,$(q_n)_0$ 为考虑上覆 n 层岩层对坚硬顶板岩梁影响的荷载,其值为

$$(q_n)_0 = \frac{EH^3(\gamma H + \gamma_1 h_1 + \cdots + \gamma_n h_n)}{EH^3 + E_1 h_1^3 + \cdots + E_n h_n^3} \tag{10-24}$$

式中，h_i 为岩梁上覆各岩层厚度；E 为坚硬顶板岩梁的弹性模量；E_i 分别为岩梁上覆各岩层弹性模量；γ 为坚硬顶板岩梁容重；γ_i 分别为坚硬顶板岩梁上覆各岩层容重，$i=1,2,3,\cdots,n$。

若要求水压致裂后的极限垮落步距 L_1 是非强制放顶前 L_0 的 $1/n$ 倍，即

$$L_1 = \frac{1}{n}L_0$$

则有

$$\sqrt{\frac{2H_c^2[\sigma]}{aq}} = \frac{1}{n}\sqrt{\frac{2H^2[\sigma]}{q}} \tag{10-25}$$

计算可得

$$H_c = \frac{1}{n}\sqrt{a}H \tag{10-26}$$

则要求的水压致裂孔深度 H_1 为

$$H_1 = H - \frac{1}{n}\sqrt{a}H = \left(1 - \frac{1}{n}\sqrt{a}\right)H \tag{10-27}$$

根据工作面顶板岩层条件及坚硬顶板初次控制放顶方式，按处理后顶板垮落步距为 20m 考虑，计算可得切槽位置距厚层坚硬顶板（即表 10.5 中的 2 号层位的粉细砂岩层）下层面 5.2m，即距煤层 8.55m，为施工方便取 9m。

表 10.5　煤岩体物理力学参数

层序	岩性	层厚/m	容重/(kN/m³)	抗拉强度/MPa	弹性模量/MPa
5	砂砾岩	3.98	19.1	5.16	33.4
4	炭质泥岩	3.54	22.4	4.43	29.8
3	中粗砂岩	3.4	25.7	4.86	22.7
2	粉细砂岩	11.39	27.8	5.24	34.6
1	炭质泥岩	3.35	23.2	4.36	29.5
0	煤层	16.85	13.4	1.61	11.3

2. 注水压力

初始裂缝的尖端用断裂力学椭圆形尖端分析理论进行分析，尖端应力强度因子如下：

$$\begin{cases} k_{\bar{N}} = \sigma\sqrt{pa} = p - \dfrac{\sigma_h + \sigma_v}{2} - \dfrac{\sigma_h - \sigma_v}{2}\sin(2B)\sqrt{pa} \\[2mm] k_\sigma = S\sqrt{pa} = \dfrac{\sigma_h - \sigma_v}{2}\sqrt{pa}\cos(2B) \end{cases} \tag{10-28}$$

断裂因子满足起裂角 H_o 的方程式及最大周应力断裂准则：

$$\begin{cases} k_{\tilde{N}}\sin H_o + k_\sigma(3\cos H_o - 1) = 0 \\ \cos\dfrac{H_o}{2}\left(k_{\tilde{N}}\cos^2\dfrac{H_o}{2} - \dfrac{3}{2}k_\sigma\sin H_o\right) = k_{IC} \end{cases} \tag{10-29}$$

式中，σ_h、σ_v、p、B、H_o、$k_{\tilde{N}}$、k_σ、k_{IC} 分别为水平主应力、垂直应力、注水压力、初始裂缝倾角、起裂角、$\tilde{N}$ 型尖端应力强度因子、σ 型尖端应力强度因子、岩石断裂韧度。

现场试验中致裂位置选定后，根据煤层采深可以确定垂直应力，通过现场实测地应力和计算求解可以得出水平应力，当致裂参数设定后，初始裂缝的直径和倾角就是已知量，而 k_{IC} 是岩石固有属性。因此，通过式(10-28)和式(10-29)就能算出致裂所需注水压力。

注水压力以不小于煤岩体抗拉强度为限，即应能破开煤岩体中的封闭裂隙而不使压力从开放裂隙放掉，故煤岩体注水压力不能太低，也不能太高，可选择中低压注水。按自重应力及注水压力应不小于煤岩体抗拉强度的原则，其致裂水压力应为 31.5～45.8MPa，取 42MPa。

煤岩体内原生裂隙在渗透水压力作用下产生翼型分支裂纹，根据原生裂隙初始破裂的最小裂隙水压力计算公式，取裂隙压剪系数为 0.3，计算得原生裂隙初始破裂的最小裂隙水压力 $p_0 = 14.6MPa$。

3. 注水量与注水时间

注水量的合理确定，直接影响到注水效果。注水量过小，达不到软化效果；注水量过大则工程量大，甚至造成直接顶破碎，发生漏顶。根据顶板岩性和难冒程度的不同，在其他参数相同的情况下，注水量也不同。因此，注水量应根据具体条件和浸水试验结果确定。注水压力主要取决于水泵的调定压力和注水孔的渗水条件，一般情况下，流量越大压力越高，当高压水将岩体压裂后，压力会降低，并维持一个相当稳定的值。工艺实践中，每孔注水量约 0.8m³，致裂孔整排注水量约 8m³，根据试验顶板破断情况，每孔注水时间约 500s。

4. 钻孔间距

钻孔间距按注水孔的湿润范围(湿润半径)确定。湿润半径与注水量、岩性、注水时间和注水压力有关，应根据试验确定，一般取 30～40m，也可按式(10-30)估算：

$$R = \sqrt{\frac{Qt}{\pi nl\gamma K}} \tag{10-30}$$

式中，R 为注水湿润半径；t 为注水时间；γ 为岩石容重；n 为岩石吸水率；l 为钻孔渗水部分长度；Q 为注水流量；K 为不均匀系数，取 0.1～0.5。代入相关参数计算可得注水孔湿润半径为 16.8m。

同时通过现场实践可知,当注入高压水致裂钻孔时,首先听到岩石破裂声音,由近及远,接着就在距离注水致裂孔 5m 的观测孔有乳化液流出,水流由小到大,过了几分钟后,距离注水钻孔 10m 的观测孔也有乳化液流出,但流量比前一观测孔要小一些。

由此确定注水孔间距为 20m,可保证相邻水压致裂孔间的有效贯通,对煤层坚硬顶板进行整体致裂。

5. 钻孔转角及封孔长度

钻孔转角是指钻孔水平投影与巷道轴线间的夹角。应按岩层中自然裂隙方向,以有利于裂隙扩展,同时也要考虑不影响工作面控顶区的稳定性,一般钻孔转角取 65°~70°。同忻煤矿 8105 工作面水压致裂技术实施是在工作面顶煤的顶回风巷中进行,故为便于钻孔位置的定位及方便打孔,这里采取的钻孔转角为 90°,即垂直于顶回风巷向顶板打孔。

封孔方式采用增强型橡胶注水封孔器进行封孔,封孔器全长 2.1m,有效封孔段长度为 2m。根据钻孔深度采用自行设计定做的不同节数的安装杆与封孔器连接,实现深孔封孔。安装杆与高压胶管通过转换接头连接。

10.3.2 水压致裂设备与注水工艺过程

注水工作主要有钻孔、封孔和注水三道主要工序,水压致裂动力系统主要包括高压水泵、控制台、高压管路以及封孔器等,见图 10.3。

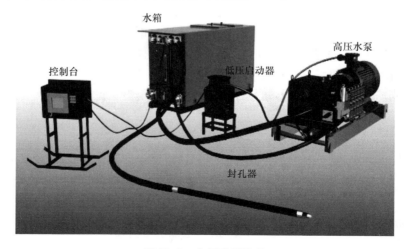

图 10.3 水压致裂装备

普通的水压致裂技术难以压裂大同矿区的坚硬顶板,经过多年来的攻关,研发了特高水压致裂成套技术及装备,包括井下用高压注水泵、定向水力致裂开槽钻头、刀片及专用封孔器等。设备明细见表 10.6。辅助设备是压力表和圆图记录仪,主要是实时观测注水过程中的压力变化情况,钻孔窥视仪用来观测控制孔孔壁及切槽情况,系统设备布置见图 10.4。

表 10.6　水压致裂主要设备表

序号	名称	规格型号	用途
1	三柱塞高压注水泵	3BZ6.7\63-200	高压注水致裂
2	清水箱	S×3000	—
3	控制台	KXJR4-127-H	智能操控
4	监控设备	—	监测注水现场
5	高压胶管总成	φ19mm	—
6	水力割缝专用封孔器	φ50mm	封孔
7	定向水力致裂开槽钻头	φ50mm	孔底割缝
8	定向水力致裂开槽刀片	φ50mm	孔底割缝
9	专用安装杆	φ10mm	孔内注水

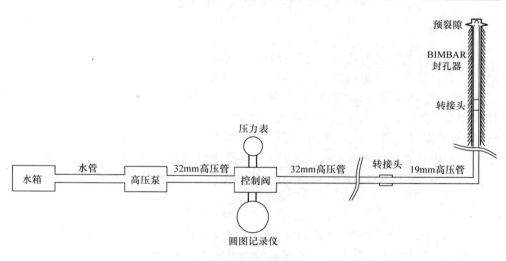

图 10.4　水力压裂系统布置

1. 钻孔

钻机设在上下顺槽内,若巷道断面不够,则可开专用钻场。按设计的仰角和水平转角向顶板钻孔,应根据岩石硬度和钻孔深度选择钻机。对砂岩顶板可选用 TXU-75 型、FRA-160 型或 MYZ-150 型钻机,对砾岩顶板可选用 YZ-90 型或 QZJ-

100B 型潜孔钻机。

　　钻孔打好以后,要用钻孔窥视仪观测钻孔的孔壁,钻孔孔壁一定要光滑,不能出现螺旋纹、裂隙和离层等情况,以防封口器不能有效地将钻孔封住。然后将地质钻机钻头换成切槽刀具,缓缓送入钻孔底部,将地质钻机转速调慢,切槽过程与打一般钻孔一样,钻孔钻进 4～5cm 即可,从而切出一个楔形槽。为了提高切槽效率,后期又研发了双刃切槽钻具,见图 10.5。

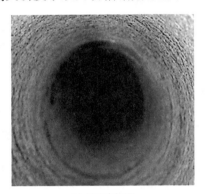

(a) 钻孔窥视图　　　　　　　(b) 钻孔切槽示意图

图 10.5　钻孔窥视图和切槽示意图

　　2. 封孔

　　可采用水泥砂浆封孔或封孔器封孔。用水泥砂浆封孔需在注水孔内设置一根略长于封孔长度的注水铁管,然后将水泥、砂子和水按 2∶4∶1 的比例混合好后,通过注浆罐注入孔口一定深度内。封孔后 3 天,待水泥凝固后即可开始注水。用橡胶封孔器封孔比用水泥砂浆封孔速度快,省工、省料、简便易行。只要连接接长管,把封孔器送到指定位置,用手摇泵注液加压到 9～12MPa,即可开始注水,我国已生产出可封直径 60～100mm 的系列封孔器,封孔器可以复用,钻孔还可以一孔多用,也可以利用注水后的孔进行辅助爆破等,所以应优先采用封孔器封孔。

　　3. 注水

　　注水一般使用矿井水,由地面蓄水池通过静压管路送到顺槽,经过滤后由高压注水泵注入顶板,在水泵入水口装流量计测量注水量,在出水口装压力表测量注水压力。

10.3.3　水压致裂技术实施方案

　　1. 水力压裂钻孔布置[23-25]

　　根据同忻煤矿 8105 综放工作面顶板岩层的破断规律,坚硬顶板的整体性厚度达到 11.4m 左右,粉、细、砾砂岩复合岩质,属于特厚层难垮顶板。因此,定向水压致裂的主要目的就是弱化采场垮落带中整体性强的坚硬粉细砂岩,控制其动力效应。针对同忻煤矿 8105 工作面坚硬顶板放顶煤作业生产条件,合理布置注水孔位置,确定顶板充分注水致裂面积,有效控制顶板规律性垮落,这里提出两种水压致裂弱化顶板技术方案。

1) 方案一:注水孔整齐布置方式

水压致裂技术施工在 8105 综放工作面的顶回风巷及工作面两巷中进行,在工作面回采前预先进行施工。8105 工作面水压致裂试验段长度为 200m,在顶回风巷和工作面两端巷中钻孔布置示意图见图 10.6。

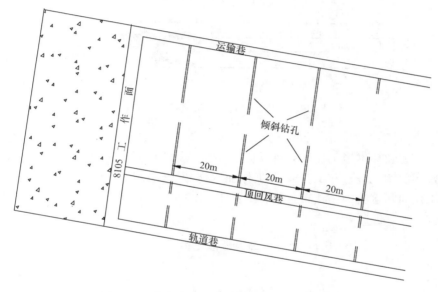

图 10.6　方案一水压致裂钻孔平面布置示意图

施工直径为 44mm 钻孔,钻孔深度 9～72m,钻孔仰角视打孔施工地点及注水孔位置而定,注水孔位置及打钻参数见图 10.7。初始裂缝孔直径为 75mm,水压介质的初始压力为 50MPa。主要目的是提前劈裂工作面上方的厚层难垮顶板。

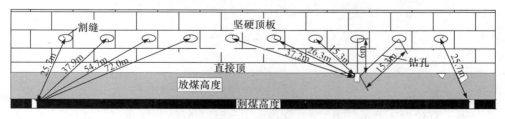

(a) 方案一打钻长度

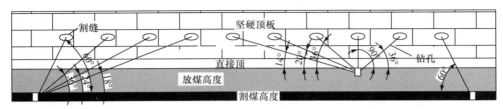

(b) 方案一打钻方位

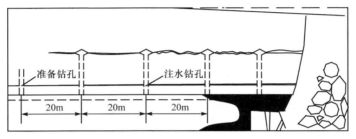

(c) 方案一沿工作面走向钻孔布置

图 10.7　方案一打钻参数及注水孔布置

2) 方案二：注水孔错位布置方式

水压致裂技术施工在 8105 综放工作面的顶回风巷及工作面两巷中进行，在工作面回采前预先进行施工。8105 工作面水压致裂试验段长度为 200m，在顶回风巷和工作面两端巷中钻孔布置示意图见图 10.8。

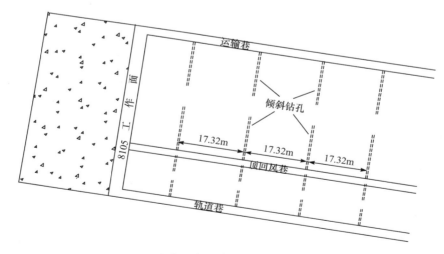

图 10.8　方案二水压致裂钻孔平面布置示意图

施工直径为 44mm 钻孔，钻孔深度 9.8～62.1m，钻孔仰角视打孔施工地点及注水孔位置而定，注水孔位置及打钻参数见图 10.9。初始裂缝孔直径为 75mm，水压介质的初始压力为 50MPa。主要目的是提前劈裂工作面上方的厚层难垮顶板。

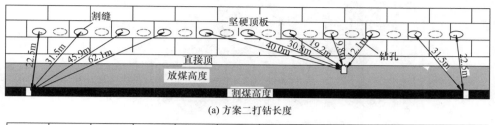

(a) 方案二打钻长度

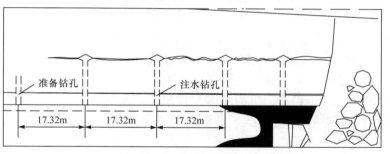

(b) 方案二打钻方向

(c) 方案二沿工作面走向钻孔布置

图 10.9　方案二打钻参数及注水孔布置

2. 两种压裂方案钻孔布置特点对比分析

方案一:注水孔整齐布置方式,注水孔沿工作面走向及倾向距离恒为 20m。工作面全长范围内,每组一排共需打设 10 个钻孔。其中,在工作面顶回风巷中共需完成 5 个钻孔工作量,注水孔分布在顶回风巷两侧,钻孔深度最深可达 37.2m,最小为 9m,最大仰角为 90°,最小仰角为 14°;在工作面两端巷道内需完成剩余的 5 个钻孔工作量,运输巷负责 4 个钻孔的任务量,轨道巷负责 1 个钻孔的任务量。两巷内打钻最大孔深达 72m,最小孔深为 25.7m,最大仰角为 60°,最小仰角为 18°。钻孔整齐布置形式的优点是沿工作面推进方向打设每组钻孔的间距较大,单位走向长度范围内打孔组数相对减少,节约生产成本;其缺点就是该布置方式导致邻近注水孔高压水影响范围有所减小,坚硬顶板邻孔间未受高压水影响的面积相对较大,每相邻四个高压注水孔间未受致裂影响的面积可达 85.84m²,见图 10.10。

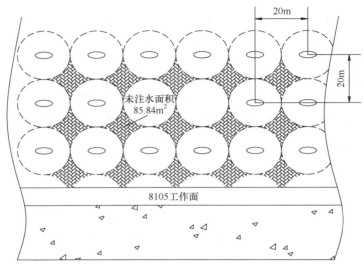

图 10.10　方案一注水顶板破裂情况

　　方案二:注水孔错位布置方式,工作面全长范围内,10 个注水孔一组与 11 个注水孔一组交替错位布置,两组注水孔沿工作面倾向方向相邻注水孔间错距为 10m,沿工作面走向方向两组注水孔间按每间隔 17.32m 进行布设。其中,在工作面全长范围内的 10 个钻孔一组的注水孔打设工艺参数同方案一;11 个注水孔的打设需由工作面顶回风巷完成 5 个钻孔工作量,注水孔分布在顶回风巷两侧,钻孔深度最大可达 40.0m,最小为 9.8m,最大仰角为 67°,最小仰角为 13°;在工作面两端巷道内需完成剩余的 6 个钻孔工作量,运输巷负责 4 个钻孔的任务量,轨道巷负责 2 个钻孔的任务量,两巷内打孔最大孔深达 62.1m,最小孔深为 22.5m,最大仰角为 81°,最小仰角为 21°。钻孔整齐布置形式的优点是该布置方式可以有效增加邻近注水孔高压水影响范围,使得坚硬顶板邻孔间未受高压水影响的面积相对减小,每相邻四个高压注水孔间未受致裂影响的面积缩减至 16.13m²,仅为注水孔整齐布置方式的 18.79%。由此可见,该注水方式显著地增加了顶板致裂面积,有效控制坚硬顶板的破裂效果。该布置方式的缺点在于沿工作面推进方向打设每组钻孔的间距有所减小,单位走向长度范围内打孔组数相对增加,见图 10.11。

　　通过比较发现两种注水孔布置方式各有优缺点,在具体实施过程中采取何种注水孔布置方式还需视现场顶板致裂实际效果及经济效益比较来确定。在同忻煤矿 8105 工作面坚硬顶板水压致裂弱化技术应用中,现场实测表明方案一的注水孔布置方式虽然使得坚硬顶板未受高压水的影响较小,但随着注水孔打钻工作量的减少,所取得的技术经济效益较高。从坚硬顶板规律性破断效果来看,该工作面来压显现强度得到了有效控制,工作面液压支架工作阻力在正常生产过程中限定在支架额定工作阻力范围之内,煤壁片帮冒顶程度显著减小,故在 8105 工作面顶板

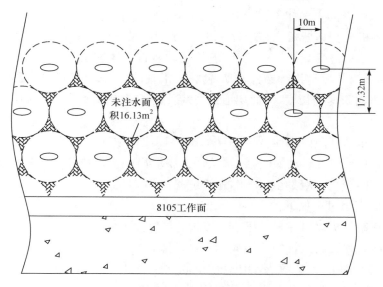

图 10.11　方案二注水顶板破裂情况

水压致裂弱化技术中最终选用方案一所示的注水孔布置形式。

3. 制造初始裂缝过程

预裂缝设备包括：机身 1 放置在导向装置 2 中，并带有一个纵向的开槽。刀具 4 和机身 1 用螺栓 6 连接，放置在导向装置 2 的轴向切槽中，可顺着轴线移动。这些元件除了共同转动外，它们的轴向径移带动稳定装置 7（棱形花键）运动。复位弹簧 5 能够使处于极限伸开位置的导向装置 2 和机身 1 之间保持连接。导向装置 2 和机身 1 共同移动，刀具 4 在导向装置外以剪切方式向前运动。仪器末端一边是定向锥 3，一边是连接器，能够使仪器和钻杆相连，装置见图 10.12。

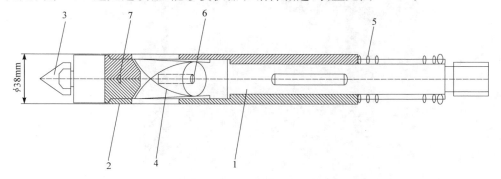

图 10.12　直径为 38mm 的岩石定向裂缝预裂缝开凿设备

1-机身；2-导向装置；3-定向锥；4-刀具；5-复位弹簧；6-螺栓；7-稳定装置

产生预裂缝的方法如下：

（1）将机身和钻杆相连，放入钻孔中直至定向锥 3 接触到钻孔底部。

（2）将钻具进行空钻（不要有向前的运动），将泥浆冲出。等从钻孔中有水流出后，慢慢地有控制地推动钻杆转动，使钻杆沿轴向向前运动。钻杆向前的移动量不能超过纵向切槽的长度，从而切出预裂缝。钻杆必须要缓慢地向前移动，否则容易损坏刀具 4。

（3）停止钻杆向前移动，保持旋转 1min，以便将钻具从形成的预裂缝中移出。

（4）停止钻机的转动，并将钻杆从钻孔中取出。待复位弹簧 5 撤回刀具 4 以后，再进一步将钻杆从钻孔中取出，预裂缝见图 10.13。

钻孔的密封过程如下：

（1）把密封头固定在弹性压力管或刚性导管元件的末端。

（2）通过弹性高压管的压力或刚性高压管把密封头导入钻孔中；应小心地连接压力管的后面部分，以确保高压管的坚固性和密封性。

（3）当密封头到达钻孔底部后，把压力管从钻孔中拉出 20cm。

（4）把高压管和水泵（或采煤工作面的液压装置）连接在一起。

（5）连接控制、测量装置和仪表（压力计、流量计和其他）。

（6）使封头在钻孔中膨胀，以保证压力管在几十兆帕的液体压力下不被抛出，见图 10.14。

图 10.13　预裂缝　　　　　　　图 10.14　钻孔密封

给初始裂缝供高压水(液体)泵站要满足下面的条件:

(1) 远离钻孔至少 25m。

(2) 安置在能确保人员安全的地方。

(3) 全面检查巷道支护情况,必要时要适当加固。

(4) 在定向水压致裂过程中,泵站工作台应至少可以容纳 3 人。

4. 判断定向水压致裂过程是否完成

采用自行研制的水压致裂监测仪对水压致裂过程中的水压力等进行实时监测、曲线显示和数据存储,水压致裂过程中的水压力曲线见图 10.15。通过记录的信息可以确定达到设计要求的压力、水压变化等技术参数,当岩体中的压力至少下降 5MPa 时,可认为定向水压致裂过程已经完成。

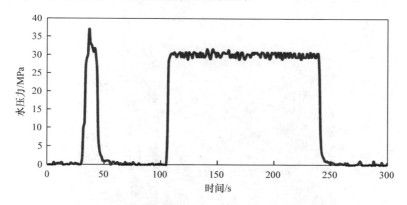

图 10.15　岩石定向水压致裂过程中水压力随时间变化

5. 岩石定向水压致裂控制技术

岩石定向水压致裂法的控制必须每次都适应现场条件,尤其重要的是确定裂缝和产生裂缝平面的传播范围,检验裂缝致裂范围最常用的方法是借助钻孔法或在钻孔中使用内孔窥视仪测试。

致裂裂缝扩展的控制测量钻孔网见图 10.16,目的是确定钻孔中液体的流出或涉及液体的溢流以及钻孔围岩电阻的变化,以便确定致裂的效果。

内孔窥视仪测试的本质是借助摄像机对孔壁进行观测,目前普遍应用于矿山研究的冲击矿压和岩石力学部门,见图 10.17。

6. 工作面水压致裂效果分析

首先在 8105 工作面顶回风巷中进行水压致裂试验,当注入高压水致裂 1# 钻孔时,观测到的高压管路中的压力变化见图 10.18,水压力维持在 35MPa 上下波

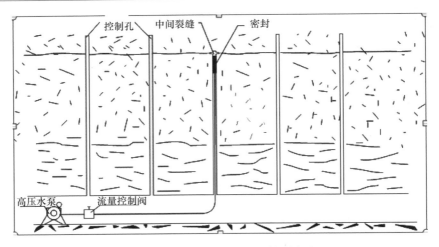

图 10.16　致裂裂缝扩展的控制方法

图 10.17　内孔窥视仪

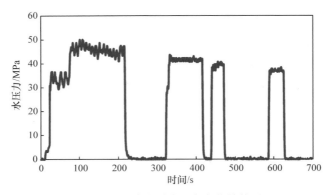

图 10.18　1# 致裂孔压力变化趋势图

动,不能继续升高。将泵站保护压力设置为 56MPa 后,水压力瞬间升高至 46.22MPa,此后进入正常致裂阶段,随着钻孔裂缝的张开,与冲水的交替,导致孔内水压力呈"上升—下降—上升"的趋势。

8105 工作面采用水压致裂控制技术后,工作面实测周期来压步距为 9.6～36.6m,平均 24.8m 左右。8100 工作面与 8105 工作面为同采 3-5# 煤层的同一盘区工作面,其围岩地质条件与生产技术条件基本相同。8100 工作面与 8105 工作面中部矿压观测结果对比见表 10.7。

表 10.7　8105 工作面与 8100 工作面中部矿压观测结果对比

工作面	8100 工作面	8105 工作面
来压期间工作阻力/kN	$\dfrac{10000\sim14000}{12805.6}$	$\dfrac{8000\sim13000}{10895.7}$
平均周期来压步距/m	$\dfrac{11.48\sim44.6}{29.4}$	$\dfrac{9.6\sim36.6}{24.8}$

注:线下为平均值。

两工作面来压步距的变化范围不同,8105 工作面平均来压步距比 8100 工作面减小了 4.6m,8105 工作面来压期间平均工作阻力比 8100 工作面减小了 8.8%,说明通过注水压裂与软化减小了顶板的来压强度,有利于减小顶板来压对工作面生产的影响。

应用坚硬顶板的水压致裂后,临空巷道切顶卸压效果明显,切顶后,降低了临空巷道矿压显现强度,护巷煤柱上的应力减小了 35%,见图 10.19 和图 10.20;巷道状况明显改观,解决了回采巷道变形严重、翻修工程量大、支护成本高、工作面减产或停产等技术难题;工作面顶板来压步距明显减小,初次来压步距由原来的90～110m 减小到 60～80m,周期来压步距由 19～27m 减小到 12～19m,来压强度明显降低,动载系数由原来的 1.5～1.8 降低到 1.2～1.4;对顶板和顶煤进行水压致裂后,初采 10m 左右顶煤基本可完全放出,顶板初次来压强度减弱。

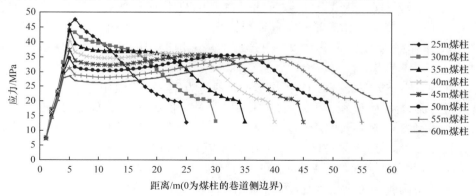

图 10.19　未切顶煤柱应力分布曲线

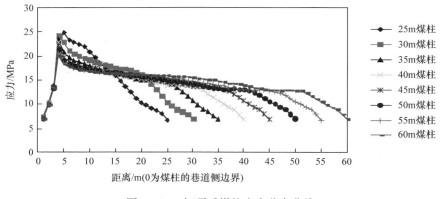

图 10.20　切顶后煤柱应力分布曲线

10.4　水压致裂效果数值模拟分析

1. 水压致裂方案

坚硬顶板厚度大、强度高、整体性强、结构致密,并且构造弱面和节理裂隙不发育,导致井下开采时顶板来压强度高,严重威胁工作面的安全。岩石定向水压致裂为处理坚硬顶板提供了一种简单、有效的方法,并且成本较低。该技术的关键在于深孔内开的楔形环槽,当高压水注入楔形环槽内后,水压作用于槽内岩面,在环槽的尖端处产生急剧的应力集中,当楔形尖端集中应力大于岩石致裂强度时,岩体将首先在槽尖端致裂,并在水压的继续作用下沿此裂缝扩展延伸达到一定的范围。

以同忻煤矿 8104 工作面为例分析水压致裂效果。根据同忻煤矿工作面及回采巷道布置形式,采用在工作面顶抽巷内向邻近采空区打水压致裂孔切断相邻工作面顶板。利用现有巷道,水压致裂切顶在 8104 工作面顶抽巷内进行,在顶抽巷内沿工作面推进方向间隔 20m 布置致裂钻孔(图 10.21)。采用水压致裂,切断相邻 8105 工作面的顶板,使其在煤柱上形成的悬梁顶板结构发生断裂,缓解煤柱受力,保证 5104 巷围岩稳定。

在现有实施方案的基础上,提出了两种改进方案。现有实施方案为方案一,两种改进方案分别为方案二和方案三,其中,方案一长短孔交错布置,长孔长度为 41m、倾角为 13°,短孔长度为 31.5m、倾角为 17°,长短孔间距为 20m;方案二将致裂孔终孔位置向 8105 采空区平移 10m;方案三将致裂孔终孔位置向 8105 采空区平移 16m,此时致裂面位于 8105 采空区边缘。

为了明确各个方案的实施效果,采用 FLAC^{3D} 数值模拟软件对这三种方案进行计算机数值模拟。

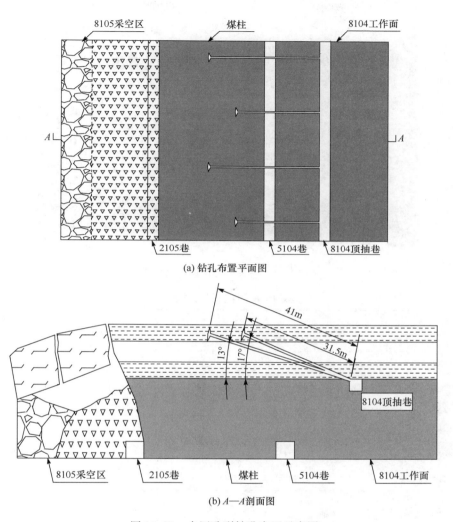

(a) 钻孔布置平面图

(b) A—A 剖面图

图 10.21　水压致裂钻孔布置示意图

2. 水压致裂数值模型建立

依据 8104 工作面与 8105 工作面的相互位置关系,利用 FLAC³ᴰ软件建立数值计算模型,通过对煤柱及巷道围岩的应力和破坏情况进行分析,研究不同水压致裂方案的卸压效果。水压致裂产生的裂隙面采用对裂隙面周围岩体弱化来进行处理,裂隙面的强度为岩体的 1/10。水压致裂过程进行了简化处理,采用对一定厚度弱化的岩体来模拟水压致裂产生的裂隙面。模型长×宽×高为 350m×20m×166m(图 10.22)。各煤岩层力学参数见表 10.8。

图 10.22　FLAC³ᴰ数值计算模型

表 10.8　煤岩层力学参数

煤岩名称	体积模量 /GPa	剪切模量 /GPa	密度 /(kg/m³)	内摩擦角 /(°)	黏聚力 /MPa	抗拉强度 /MPa
细砂岩	22.22	12.7	2590	33	13.1	3.4
含砾粗砂岩	18.31	8.65	2500	35	12.5	3.2
煤	2.75	0.947	1470	42	2.01	1.6
泥岩	2.93	1.077	2500	41	2.3	1.8
砂质泥岩	3.13	2.277	2500	38	2.6	2.1
粉砂岩	7.13	1.586	2500	34	4.8	1.3

计算模型边界条件确定如下:

(1) 模型 X 轴两端边界施加沿 X 轴的约束,即边界 X 方向位移为零。

(2) 模型 Y 轴两端边界施加沿 Y 轴的约束,即边界 Y 方向位移为零。

(3) 模型底部边界固定,即底部边界 X、Y、Z 方向的位移均为零。

(4) 模型顶部为自由边界。

载荷条件:结合该矿地应力测量结果及模拟工作面布置方位,经过计算可以确定在模型 X 轴方向施加 21.2~16.5MPa 的梯度应力;在模型 Y 轴方向施加 6.5~5.1MPa 的梯度应力;在模型上部施加 11.3MPa 的等效载荷,Z 轴方向设定自重载荷。

3. 水压致裂数值模拟分析

图 10.23 为不同水压致裂方案的垂直应力分布情况。从应力分布情况来看，与未采取水压致裂相比，各方案在两裂隙面周围一定区域的应力卸压区，并且在裂隙面的两端都产生了一定的应力集中现象，其中方案一裂隙面两端应力集中程度较小，方案二和方案三裂隙面两端应力集中明显。煤柱的应力集中程度由大到小依次为：未采取水压致裂措施、方案一、方案二和方案三。随着裂隙面接近 8105 采空区，煤柱的应力集中程度逐渐减小，卸压效果更加明显。

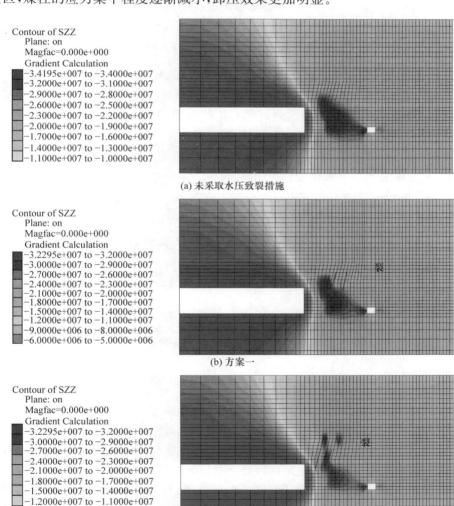

Contour of SZZ
Plane: on
Magfac=0.000e+000
Gradient Calculation
-3.4195e+007 to -3.4000e+007
-3.2000e+007 to -3.1000e+007
-2.9000e+007 to -2.8000e+007
-2.6000e+007 to -2.5000e+007
-2.3000e+007 to -2.2000e+007
-2.0000e+007 to -1.9000e+007
-1.7000e+007 to -1.6000e+007
-1.4000e+007 to -1.3000e+007
-1.1000e+007 to -1.0000e+007

(a) 未采取水压致裂措施

Contour of SZZ
Plane: on
Magfac=0.000e+000
Gradient Calculation
-3.2295e+007 to -3.2000e+007
-3.0000e+007 to -2.9000e+007
-2.7000e+007 to -2.6000e+007
-2.4000e+007 to -2.3000e+007
-2.1000e+007 to -2.0000e+007
-1.8000e+007 to -1.7000e+007
-1.5000e+007 to -1.4000e+007
-1.2000e+007 to -1.1000e+007
-9.0000e+006 to -8.0000e+006
-6.0000e+006 to -5.0000e+006

(b) 方案一

Contour of SZZ
Plane: on
Magfac=0.000e+000
Gradient Calculation
-3.2295e+007 to -3.2000e+007
-3.0000e+007 to -2.9000e+007
-2.7000e+007 to -2.6000e+007
-2.4000e+007 to -2.3000e+007
-2.1000e+007 to -2.0000e+007
-1.8000e+007 to -1.7000e+007
-1.5000e+007 to -1.4000e+007
-1.2000e+007 to -1.1000e+007
-9.0000e+006 to -8.0000e+006
-6.0000e+006 to -5.0000e+006

(c) 方案二

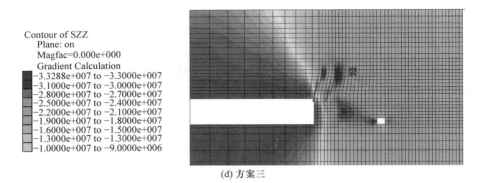

(d) 方案三

图 10.23　不同水压致裂条件下围岩垂直应力分布(单位:MPa)

　　图 10.24 为不同水压致裂方案煤柱应力对比曲线,图中 0m 为 8105 采空区边缘,38m 为 5104 巷煤柱帮。由图可知,方案一的煤柱应力比未采取水压致裂措施的煤柱应力略微降低,无水压致裂时的巷道侧应力峰值为 34.8MPa,而方案一的巷道侧应力峰值为 34.5MPa,仅降低了 0.3MPa;方案二巷道侧应力峰值为 32.7MPa,降低了 2.1MPa;方案三巷道侧应力峰值为 28.2MPa,降低了 6.6MPa;方案二和方案三卸压效果相对较为明显,其中方案三巷道侧卸压效果最好。

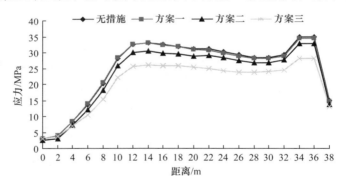

图 10.24　不同水压致裂条件下煤柱应力对比

　　图版 18 为不同水压致裂方案的弹塑性区分布情况。未采取水压致裂时,煤柱采空区侧的塑性区宽度为 16m;方案一仅在裂隙面处产生了塑性破坏,煤柱采空区侧的塑性区宽度为 16m;方案二裂隙面产生的塑性区与采空区塑性区部分连通,并且在两裂隙面之间也产生了一定的破坏,煤柱采空区侧的塑性区宽度为 16m;方案三裂隙面产生的塑性区与采空区塑性区全部连通,并且在两裂隙面之间也产生了一定的破坏,破坏范围大于方案二,煤柱采空区侧的塑性区宽度减小为 14m。通过上述分析可知,方案三最大限度地破坏了坚硬顶板的整体性,煤柱的破坏范围减小,减轻了坚硬顶板悬顶对煤柱的影响。

综上所述,从煤柱的应力和弹塑性区分析可知,方案三最大限度地破坏了坚硬顶板的整体性,煤柱的塑性区由原来的 18m 减小到 16m,煤柱的应力整体得到释放,煤柱巷道侧的应力峰值由 34.8MPa 降低到 28.2MPa,降低了 18.9%。因此,从数值模拟结果分析可知,对现有水压致裂方案进行改进,将终孔位置向采空区侧平移 16m,可将采空区悬顶切断,改善煤柱受力状态。

10.5　井下近场楔形槽爆破预裂坚硬顶板技术

10.5.1　顶板预裂爆破方案

由于石炭系煤层坚硬顶板不易垮落,在采空区侧容易形成悬臂梁结构。以同忻煤矿 8103 工作面为例计算,顶板周期破断后侧向悬臂长度为 30.4m,沿工作面推进方向长度为 30m,厚度为 13.4m。该侧向悬臂的存在,使煤柱应力水平提高了 34.7%,这是造成临空巷道矿压显现剧烈、巷道变形严重的重要原因之一。针对煤柱采空区侧形成的悬臂梁结构现象,可以通过对顶板进行爆破,人为地切断顶板,进而促使采空区顶板垮落,削弱采空区与待采区之间的顶板连续性,减小顶板来压时的强度和冲击性。同时,通过爆破切顶能够改善煤柱受力状态,缓解临空巷道矿压显现强度。

为达到上述目的,利用同忻煤矿现有的巷道布置形式设计切顶卸压方案,分为两类:Ⅰ类为工作面超前顶板预裂爆破孔,Ⅱ类为工作面侧向顶板预裂爆破孔。

1. 工作面超前顶板爆破孔

根据同忻煤矿工作面及回采巷道布置形式,采用在工作面上下顺槽和瓦斯顶抽巷内沿工作面推进方向对开采煤层顶板进行深孔爆破,预先弱化顶板。同忻煤矿 2014 年 4 月开始回采 8103 工作面,煤层上方为 13.4m 的粗粒砂岩,属于坚硬岩层,不易垮落,随着工作面推进,容易形成大面积悬顶。大面积悬顶突然垮落,可能引发矿井动力灾害,影响煤矿安全生产。因此,利用现有回采巷道实施深孔预裂爆破,拟在 8103 工作面 2103 巷、5103 巷内和瓦斯顶抽巷内进行,对煤层顶板进行松动爆破,周期性处理顶板,减小初次来压步距和周期来压步距,降低工作面液压支架压力,确保 5103 巷围岩稳定。

初次放顶爆破炮孔布置:工作面放顶孔(Ⅰ类炮孔)布置在距切眼煤壁 40m 处,放顶孔分为 A、B、C 三组,分别布置在 2103 巷、5103 巷和瓦斯顶抽巷内。其中 A 组为 5 个孔,炮眼在 2103 巷内施工,分别为 1#、2#、3#、4#、5# 孔;B 组为 2 个孔,炮眼在 5103 巷内施工,分别为 1#、2# 孔;C 组为 3 个孔,炮眼在瓦斯顶抽巷内施工,分别为 3#、4#、5# 孔。各炮孔均与工作面平行,扇形布置,终孔位置为 8103 工作面直接顶位置,各孔孔底位置水平错距为 10m,切顶长度为两侧各 60m,总切顶长 120m。具体炮孔布置见图 10.25。

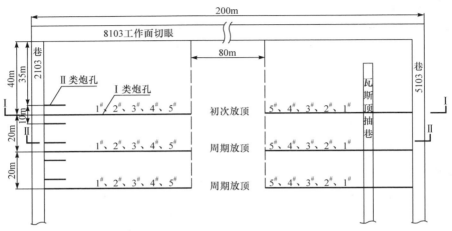

图 10.25　炮孔布置平面图

周期放顶爆破炮孔布置:步距放顶每隔 20m 布置一组炮孔,炮孔布置方式与初次放顶爆破相同。

爆破时间:在工作面未开采前,C 组炮孔应全部起爆完成。工作面回采过程中,A、B 组炮孔爆破时孔底离工作面煤壁距离不小于 40m。每组内的炮孔由距离巷道较远的炮孔开始,由远及近依次起爆(A 组:5#～1#,B 组:2#～1#)。

2. 工作面侧向顶板预裂爆破孔

利用现有巷道,施工爆破切顶拟在 8103 工作面 2103 巷内进行,在 2103 巷内沿工作面推进方向布置爆破孔,切断相邻 8102 工作面的顶板,使其随着 8103 工作面的回采,顶板垮落,在煤体上形成的悬臂梁顶板结构发生断裂,减小采动应力对后续 8102 工作面回采的影响,保证临空巷道 5102 的围岩稳定。

炮眼在 2103 巷内施工,初次切顶爆破孔(Ⅱ类炮孔)布置在距切眼煤壁 35m 处,沿着工作面推进方向每间隔 10m 布置一个,各炮孔均与工作面平行,仰角为 70°,终孔位置为 8103 工作面直接顶位置。炮孔爆破时孔底离工作面煤壁距离不小于 30m,炮孔布置见图 10.26。为了增强预裂效果,可以在切顶爆破孔内提前进行楔形掏槽,见图 10.27。

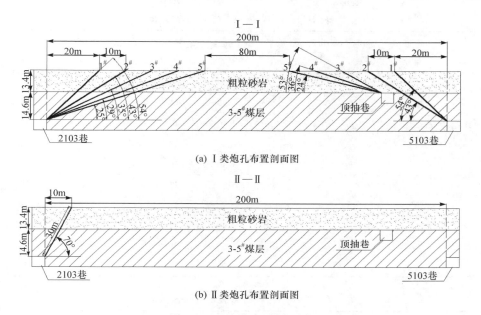

图 10.26　炮孔布置剖面图

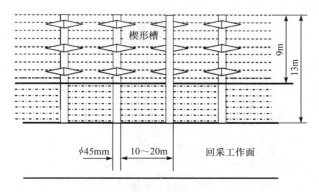

图 10.27　楔形超分层爆破钻孔布置原理图

10.5.2　爆破参数确定

1. 炮孔参数

根据 3-5# 煤层顶板的地质和岩性条件,确定炮眼直径为 90mm,药卷半径为 38mm,采用不耦合装药形式。具体炮孔和装药量参数见表 10.9 和表 10.10。

表 10.9　　I 类炮眼参数与装药量表

组别	炮眼编号	炮眼位置	仰角/(°)	水平角/(°)	孔径/mm	炮眼深度/m	装药深度/m	装药量/kg	封孔长度/m
A 组	1#	2103 巷	54	90	90	34	15	48.6	19
	2#		43	90	90	41	18	59.4	23
	3#		35	90	90	49	21	70.2	28
	4#		29	90	90	57	25	82.8	32
	5#		25	90	90	66	29	95.9	37
B 组	1#	5103 巷	54	90	90	34	15	48.6	19
	2#		43	90	90	41	18	59.4	23
C 组	3#	瓦斯顶抽巷	53	90	90	20	16	28.8	4
	4#		36	90	90	28	22	39.6	6
	5#		24	90	90	37	29	52.2	8

表 10.10　　II 类炮眼参数与装药量表

炮眼位置	仰角/(°)	水平角/(°)	孔径/mm	炮眼深度/m	装药深度/m	装药量/kg	封孔长度/m
2103 巷	70	90	90	30	13	43.2	17

2. 装药参数

炮孔采用孔底连续装药形式,药卷采用三级煤矿许用乳化炸药,药卷规格 ϕ35mm-200g,长度 350mm,装药结构采用反向装药(图 10.28),各药卷通过导爆索串联,孔底装入雷管,孔口引出脚线;每次装药将 3 包药卷捆绑后,使用竹皮子将捆绑后的药卷送至炮孔底部的相应位置(图 10.29 和图 10.30)。每米装药 9 卷,线装药密度为 1.80kg/m。每个炮孔采用孔口处封孔,封孔材料选用黄泥。炮孔均采用毫秒延期电雷管,不同炮孔分别采用不同段别的毫秒延期电雷管。井下试验开始阶段,必须从一次起爆 1 个炮孔开始试验,逐渐地扩大到一次起爆 1 组炮孔。

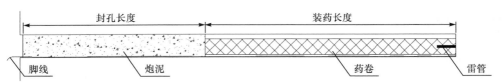

图 10.28　装药结构图

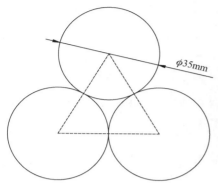

图 10.29　药卷捆绑方式

图 10.30　竹皮子

3. 爆破效果检验

工作面超前顶板松动爆破目的是降低初次来压步距和周期来压步距,从而减小工作面液压支架工作阻力和维护巷道稳定。因此,可以通过工作面液压支架阻力监测和现场来压步距统计,与未进行超前松动爆破进行对比,来检测爆破效果。

10.5.3　爆破参数验算

1. 柱状装药产生的爆炸载荷

在不耦合装药条件下,岩石中的柱状药包爆炸后,向岩石施加强冲击载荷,按声学近似原理,有

$$P = \frac{1}{2} P_0 K^{-2\gamma} l_e n \tag{10-31}$$

$$P_0 = \frac{1}{1+\gamma} \rho_0 D^2 \tag{10-32}$$

式中,P 为透射入岩石中的冲击波初始压力,MPa;P_0 为炸药的爆轰压,MPa;K 为装药径向不耦合系数,$K = \dfrac{d_b}{d_c}$;d_b、d_c 分别为炮孔半径和药包半径,分别为 45mm 和 38mm;l_e 为装药轴向系数,取 1;n 为炸药爆炸产物膨胀碰撞孔壁时的压力增大系数,一般取 10;γ 为爆轰产物的膨胀绝热指数,一般取 3;ρ_0 为炸药的密度,为 1100kg/m^3;D 为炸药爆速,取 2800~3000m/s。

经计算得透射入岩石中的冲击波初始压力为 3908~4487MPa。

岩石中的透射冲击波不断向外传播而衰减,最后变成应力波。岩石中任一点引起的径向应力和切向应力可表示为

$$\sigma_r = P \bar{r}^{-\alpha} \tag{10-33}$$

$$\sigma_\theta = -b\sigma_r \tag{10-34}$$

式中，σ_r、σ_θ 分别为岩石中的径向应力和切向应力，MPa；$\bar{r}$ 为比距离，$\bar{r} = \dfrac{r}{r_b}$，r 为计算点到装药中心的距离，m，r_b 为炮孔半径，m；α 为冲击波衰减指数，$\alpha = 2 \pm \dfrac{\nu_d}{1-\nu_d}$，正、负号分别对应冲击波区和应力波区，$\nu_d$ 为岩石的动态泊松比；b 为侧向应力系数，$b = \dfrac{\nu_d}{1-\nu_d}$。

岩石的泊松比是与应变率相关的，随应变率的提高而减小。根据有关研究，在工程爆破的加载率范围内，可以认为

$$\nu_d = 0.8\nu \tag{10-35}$$

式中，ν 为岩石的静态泊松比，取 0.23。

如果将问题看成平面应变问题，则可进一步求得

$$\sigma_z = \nu_d(\sigma_r + \sigma_\theta) = \nu_d(1-b)\sigma_r \tag{10-36}$$

2. 爆炸载荷作用下岩石的破坏准则

外载荷作用下材料的破坏准则取决于材料的性质和实际受力状况。岩石属于脆性材料，抗拉强度明显低于抗压强度。工程爆破中，岩石呈拉压混合的三向应力状态，并且研究已表明，岩石爆破中的压碎区是岩石受压缩所致，而裂隙区则是受拉破坏的结果。

岩石中任一点的应力强度为

$$\sigma_i = \frac{1}{\sqrt{2}}\left[(\sigma_r - \sigma_\theta)^2 + (\sigma_\theta - \sigma_z)^2 + (\sigma_z - \sigma_r)^2\right]^{\frac{1}{2}} \tag{10-37}$$

将式(10-33)、式(10-34)和式(10-36)代入式(10-37)，经整理得

$$\sigma_i = \frac{1}{\sqrt{2}}\sigma_r\left[(1+b)^2 - 2\nu_d(1-b)^2(1-\nu_d) + (1+b_2)\right]^{\frac{1}{2}} \tag{10-38}$$

根据 von Mises 准则，如果 σ_i 满足式(10-39)和式(10-40)，则岩石破坏。

$$\sigma_i \geqslant \sigma_0 \tag{10-39}$$

$$\sigma_0 = \begin{cases} \sigma_{cd} & （碎圈） \\ \sigma_{td} & （裂隙圈） \end{cases} \tag{10-40}$$

式中，σ_0 为岩石单轴受力条件下的破坏强度，MPa；σ_{cd}、σ_{td} 分别为岩石的单轴动态抗压强度和抗拉强度，MPa。

岩石的动态抗压强度随加载应变率的提高而增大，但不同岩石对应变的敏感程度不同，根据已有的研究，对常见的爆破岩石，可近似用式(10-41)统一表达岩

石动态抗压强度与静态抗压强度之间的关系：

$$\sigma_{cd} = \sigma_c \dot{\varepsilon}^{\frac{1}{3}} \tag{10-41}$$

式中，σ_c 为岩石的单轴静态抗压强度，MPa；$\dot{\varepsilon}$ 为加载应变率，s^{-1}，工程爆破中，岩石的加载应变率 $\dot{\varepsilon}$ 为 $10^0 \sim 10^5 s^{-1}$。在压碎圈内，加载应变率较高，可取 $\dot{\varepsilon} = 10^2 \sim 10^4 s^{-1}$；在压碎圈外，加载应变率进一步降低，可取 $\dot{\varepsilon} = 10^0 \sim 10^3 s^{-1}$。

岩石的动态抗拉强度随加载应变率的变化很小，在岩石工程爆破的加载应变率范围内，可以取

$$\sigma_{td} = \sigma_t \tag{10-42}$$

式中，σ_t 为岩石的单轴静态抗拉强度，MPa。

3. 压碎圈与裂隙圈半径计算

如果采用不耦合装药且不耦合系数较小，则相应的压碎圈半径为

$$R_1 = \left(\frac{\rho_0 D^2 n K^{-2\gamma} l_e B}{8\sqrt{2}\sigma_{cd}} \right)^{\frac{1}{\alpha}} r_b \tag{10-43}$$

其中，$B = \left[(1+b)^2 + (1+b^2) - 2\nu_d(1-\nu_d)(1-b)^2 \right]^{\frac{1}{2}}$；$\alpha$ 为冲击波衰减指数，$\alpha = 2 + \dfrac{\nu_d}{1-\nu_d}$。

在压碎圈之外即是裂隙圈。根据式（10-40）～式（10-43），在两者的分界面上，有

$$\sigma_R = \sigma_r |_{r=R} = \frac{\sqrt{2}\sigma_{cd}}{B} \tag{10-44}$$

式中，σ_R 为压碎圈与裂隙圈分界面上的径向应力，MPa。

在压碎圈之外，爆炸载荷以应力波的形式继续向外传播，衰减指数为

$$\beta = 2 - \frac{\nu_d}{1-\nu_d} \tag{10-45}$$

这里将应力波衰减指数改写为 β，目的是与压碎圈中的冲击波衰减指数相区别。于是，利用式（10-40）～式（10-43）及式（10-45），可得到岩石中裂隙圈半径 R_2 为

$$R_2 = \left(\frac{\sigma_R B}{\sqrt{2}\sigma_{td}} \right)^{\frac{1}{\beta}} R_1 \tag{10-46}$$

利用式（10-43）和式（10-46），得到不耦合装药条件下的裂隙圈半径表达式为

$$R_2 = \left(\frac{\sigma_R B}{\sqrt{2}\sigma_{td}}\right)^{\frac{1}{\beta}} \left(\frac{\rho_0 D^2 nK^{-2\gamma}l_e B}{8\sqrt{2}\sigma_{cd}}\right)^{\frac{1}{\alpha}} r_b \qquad (10\text{-}47)$$

经计算,不耦合装药条件下的压碎圈半径 R_1 为 123～131mm;裂隙圈半径 R_2 为 1052～1119mm,每个炮孔爆破后影响区域尺寸为 1175～1250mm。

10.5.4　爆破工艺参数及施工

（1）工作面超前顶板爆破孔（Ⅰ类炮孔），离切眼 40m 距离开始布置,间隔 20m 布置一组;工作面侧向顶板预裂爆破孔（Ⅱ类炮孔），离切眼 35m 开始布置,间隔 10m 布置一组。

（2）炮孔与工作面平行,扇形布置,采用不耦合装药,炮孔半径 45mm,药卷半径 38mm。

（3）炮孔采用孔底连续装药形式,药卷采用三级煤矿许用乳化炸药,每次装药将 3 包药卷捆绑后,用竹皮子送到孔底相应位置,每米装药 9 卷,线装药密度为 1.80kg/m。

（4）炮孔只在岩石中部分装药,其余长度范围均采用黄泥封堵。

（5）在瓦斯顶抽巷里施工的爆破孔应在工作面开采之前起爆完成。Ⅰ类炮孔中 A、B 组炮孔起爆时孔底离工作面煤壁距离不小于 40m,Ⅱ类炮孔起爆时孔底离工作面煤壁距离不小于 30m。

（6）炮孔均采用毫秒延期电雷管,不同炮孔分别采用不同段别的毫秒延期电雷管。井下试验开始阶段,必须从一次起爆一个炮孔开始试验,逐渐扩大到一次起爆一组炮孔。

10.5.5　顶板预裂爆破效果数值模拟分析

通过上述计算所得压碎圈半径、裂隙圈半径等参数,利用 FLAC^{3D}数值模拟软件对预裂切顶效果进行模拟。在模拟过程中,认为破碎区域半径为 1.2m,由于经过爆破,岩体变为松散体,计算时强度取原岩强度的 1/10。建立的模型尺寸为 343m×30m×130m,模拟切顶后临空侧巷道的压力变化情况,得到的垂直应力云图见图版 19。切顶后,使煤柱采空区侧的应力集中区域向上转移,煤柱采空区侧的应力状态得到了改善,处于较低的应力状态。

切顶后,煤柱的应力整体得到了释放,煤柱巷道侧的应力集中程度降低,应力峰值由 35MPa 下降至 25.7MPa,降低了 26.5%。回采巷道顶板超前预裂爆破可明显降低临空巷道和煤柱的应力,卸压效果明显,见图 10.31。

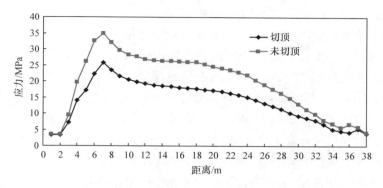

图 10.31　切顶前后煤柱应力分布曲线

10.6　井下近场承压爆破技术

10.6.1　承压爆破技术特点

　　水介质相对空气介质密度较大,可压缩性较差。炸药爆轰瞬间,产物高速膨胀冲击挤压周围水域,进而在水介质中产生高强度冲击波。以大气压条件下水介质中的冲击波初始压力为例,水中冲击波初始压力可达 $10^5\,kgf/cm^2$,而空气中冲击波初始压力一般不超过 $800kg/cm^2$(例如,TNT 炸药在静水中爆炸时,初始冲击波强度约达到 $15GPa$,接近炸药爆轰区压力强度,而炸药在空气介质中爆炸时,冲击波初始压力仅达到 $70MPa$ 左右)。可见,采用液态水作为钻孔内的传爆介质,炸药有效能量利用率可提高至百倍。相对传统空孔爆破炸药用量,仅需少量炸药即可达到原大量装药条件下的爆破要求。由于钻孔内的炸药用量有所减少,采用少量较细药卷满足爆破要求的同时,方便了钻孔深孔装药。

　　煤岩孔内不耦合装药爆破条件下,孔内炸药的爆轰能量主要消耗于对炸药周边空气介质的压缩做功以及对钻孔近区小范围岩石的破碎;孔内耦合装药爆破条件下,炸药爆轰波虽然在围岩中激起的冲击波强度较高,但由于冲击波在围岩中的快速衰减,将导致冲击波所携带的大部分能量消耗于钻孔近区较小规模的岩石压实粉碎区与破碎区。由此可见,对于常规情况下的孔内装药爆破,炸药大部分爆轰能量消耗于小规模的围岩压实粉碎区或破碎区范围内,进而导致对围岩的起裂、扩展以及破坏起主要作用的能量成分相对较少。因此,这里提出的坚硬煤岩承压式爆破控制技术,将采用波阻抗相对较高的承压介质取代传统空气介质,以达到既减少炸药爆轰能量在传爆介质中的压缩能耗,又避免高强度冲击波能量过度消耗于围岩压实粉碎区或破碎区,从而较好地达到冲击波携带少量炸药爆轰能量进行破岩导向、而主要能量用于钻孔围岩破裂的效果。

由于传统水压爆破工艺繁杂,该技术一般较多用于地面上罐体、容器、水池、管道等相对封闭的构筑物拆除。对于钻孔狭小封闭空间内的水压爆破,则由于钻孔注水封孔工序以及相关设备配备的受限,除在隧道工程中少量应用外,其他领域中基本很少采用,尤其在煤矿生产中该高效技术更没有得到充分认识与应用。因此,这里在传统水压爆破的基础上,提出了坚硬煤岩承压式爆破控制技术,将原钻孔中空气传爆介质代以承压液态或固液耦合介质,以提高孔内传爆介质波阻抗,减少爆破能量损失,提高孔内有限药量利用率,节省煤岩单位体积炸药量,加强孔内爆炸冲击波的破岩导向作用,充分利用承压介质的"水楔"增裂作用,增加钻孔周边围岩破裂范围。同时,通过传爆介质的冷却与隔离,爆炸产物的高温、火花、有害气体以及围岩表面抛掷飞石等亦得到了有效过滤与控制,从而改善了井下煤岩爆破作业环境,保证了矿井安全生产,尤其对高瓦斯含量矿井的安全爆破更具有一定的适用性。与现有技术相比,承压爆破技术可取得的有益效果如下:

(1) 通过预设钻孔内传爆介质的压力改变炸药爆炸性能,充分赶出孔裂隙内空气介质,提高炸药爆炸能量利用率。

(2) 对于厚度较大、岩性较硬的顶板岩层,钻孔内炸药分段安置,炸药爆炸冲击波阵面多次作用于钻孔围岩,保证坚硬煤岩的充分松动与弱化。

(3) 钻孔内炸药爆炸后,传爆介质的扩容对围岩进一步松动破坏,导致工作面顶板特定布置方式钻孔间孔裂隙广泛贯通,扩大顶板整体松动弱化控制范围。

(4) 炸药于钻孔装药周围液体、固体或固液混合传爆介质环境中爆炸,降尘效果好,有害气体生成量也相对较少。

10.6.2　钻孔内承压传爆介质的承压预裂性能

1. 钻孔中承压介质对波传播规律的影响[26,27]

从分析波在介质中传播时的相互作用机理入手,探讨不同状态时的承压介质对爆轰波传播规律的影响。波在不同介质中传播时的相互作用见图 10.32。

炸药爆炸的冲击波理论指出,爆轰波入射到波阻抗较高的介质界面时,爆轰产物在界面位置将产生堆积,导致界面近区压力高于炸药的爆轰压力,此时将在爆轰产物中反射冲击波。炸药周边大波阻抗承压介质在爆轰产物中反射冲击波情况时的波传播特性见图 10.33。

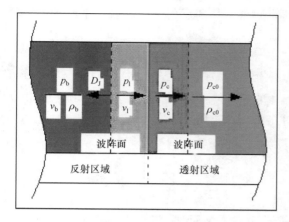

图 10.32　波在不同介质中的相互作用

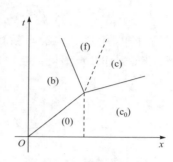

图 10.33　爆轰产物中反射冲击波

图 10.33 中,(0)为炸药未反应区;(b)为炸药爆轰产物区;(c_0)为承压介质未受扰动区;(c)为承压介质透射冲击波扰动区;(f)为反射冲击波后产物区。

根据炸药爆轰产物中反射波前后的动量与质量守恒方程,计算得到炸药反射区中反射波后产物质点速度为

$$v_f = v_b - \sqrt{(p_f - p_b)(\tau_b - \tau_f)} \tag{10-48}$$

式中,p_f、v_f 与 τ_f 分别为炸药反射区内反射冲击波后产物压力、质点速度以及产物比容。

当爆轰波在界面位置产生的反射冲击波再次传入炸药反射区时,由于冲击波阵面前方原爆轰产物中存在炸药初始爆轰压力,该条件下的反射冲击波 Hugoniot 方程将改变为

$$e_f - e_b = \frac{1}{2}(p_f + p_b)(\tau_b - \tau_f) \tag{10-49}$$

式中,e_f 为炸药反射区内反射冲击波后产物内能。

将仅考虑分子间排斥作用时的凝聚体状态方程代入式(10-49),消去状态方程中的内能表现形式,得到仅由反射冲击波前后产物压力与比容表示的冲击波状态方程为

$$\frac{1}{k-1}(p_f \tau_f - p_b \tau_b) = \frac{1}{2}(p_f + p_b)(\tau_b - \tau_f) \tag{10-50}$$

对式(10-50)进行移项与合并整理,最终得到关于参数 p_f / p_b 的反射冲击波状态方程表达式:

$$\frac{\tau_f}{\tau_b} = \frac{(k-1)(p_f/p_b) + (k+1)}{(k+1)(p_f/p_b) + (k-1)} \tag{10-51}$$

将式(10-51)代入式(10-48)，求解得到炸药反射区内反射冲击波后产物质点速度为

$$v_f = v_b - \sqrt{p_b \tau_b \left(\frac{p_f}{p_b} - 1\right)\left[1 - \frac{(k-1)(p_f/p_b)+(k+1)}{(k+1)(p_f/p_b)+(k-1)}\right]} \quad (10\text{-}52)$$

同时，再将式(10-52)与钻孔内炸药爆轰波初始状态参数计算式进行联立求解，最终得到炸药反射区内反射冲击波后产物质点速度为

$$v_f = \frac{D_e}{k+1}\left[1 - \frac{\dfrac{p_f}{p_b}-1}{\sqrt{\dfrac{k+1}{2k}\dfrac{p_f}{p_b}+\dfrac{k-1}{2k}}}\right] \quad (10\text{-}53)$$

炸药爆轰波传播至炸药与承压介质的分界面时，将在炸药周边承压介质内激起透射冲击波。考虑到钻孔内承压介质起初处于静压状态，根据透射波前后的动量与质量守恒方程，可得到透射波过后的承压介质质点速度为

$$v_c = \sqrt{(p_c - p_{c0})(\tau_{c0} - \tau_c)} \quad (10\text{-}54)$$

式中，v_c 为透射波过后的承压介质质点速度；p_c、τ_c 分别为透射波过后承压介质的压力与比容；p_{c0}、τ_{c0} 分别为承压介质初始压力与初始比容。

根据炸药反射区内冲击波后产物与承压介质透射区内透射波后产物在分界面上的压力与速度连续条件，可知

$$p_c = p_f, \quad v_c = v_f \quad (10\text{-}55)$$

将式(10-53)与式(10-54)代入式(10-55)，即得到钻孔内炸药周边承压介质在爆轰波经过后的介质状态参量(压力与比容或密度)的函数关系。因此，要最终确定爆轰波传播过后的承压介质状态变化特征，尚需补充炸药周边介质的状态方程。

钻孔中炸药爆轰波的高速撞击会在承压介质内激起高强度的冲击波，而在冲击波作用下炸药周边承压介质通常将处于高压状态。介质在高压与常压状态下的状态方程通常具有明显差异，因此要确定冲击波作用条件下的承压介质最终状态，必须事先给出介质高压状态方程。为便于使用，工程中通常采用形式较为简单的凝聚体状态经验方程：

$$v_c = \sqrt{\frac{p_c}{\rho_{c0}}\left[1 - \left(\frac{p_c}{A}+1\right)^{-\frac{1}{n}}\right]} \quad (10\text{-}56)$$

式中，A 和 n 为与介质材料相关的常量，以水介质为例，高压水状态方程中 $A = 0.299\text{GPa}$，$n = 7.15$。

需要特别指出的是，在分析大波阻抗承压介质对波传播规律的影响时，由于缺少对相应凝聚介质状态方程中相关常量(A 与 n)试验数据的掌握，但为实现理论

分析上的完整,这里采用固液混合物(如含沙水、泥浆、砂浆等)作为承压介质以达到大波阻抗要求的同时,又假定固液混合介质高压状态方程中的相关常量与静水状态时的常量相同。此时,联立式(10-53)、式(10-55)以及式(10-56),求解得到钻孔内炸药密度为 1.6g/cm³、爆轰压为 22.5GPa 时,大波阻抗固液混合介质密度对冲击波后承压介质压力的影响见图 10.34。

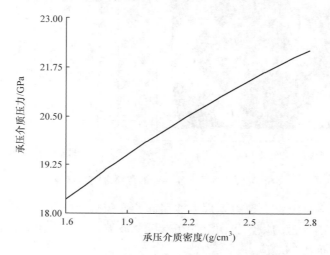

图 10.34　大波阻抗介质密度对波后承压介质压力影响

由图 10.34 可以看出,炸药爆轰波在承压介质内激起的冲击波后压力将随着大波阻抗承压介质初始密度的增加近似呈线性增大,且当承压介质初始密度达到一定值时,承压介质内冲击波后压力将达到甚至超过炸药爆轰压力。因此,在大波阻抗承压介质条件下,通过适当提高承压介质的初始密度,将有利于承压介质内冲击波强度的提高,增强介质内冲击波对钻孔围岩的破坏。

2. 钻孔中炸药周边承压介质的高压状态特征

钻孔内炸药起爆后,爆轰波初次抵达至炸药与其周边承压介质的分界面时,在分界面上将首先发生波的初次透反射现象,除在炸药周边承压介质内激起高强度的透射冲击波外,爆轰波还将在分界面位置产生朝炸药爆轰产物区方向传播的反射波;鉴于钻孔中炸药周边承压介质层厚度相对较小,冲击波穿过介质层时波强度衰减较慢,此时当承压介质中透射冲击波传播到达钻孔壁面时,同样将在钻孔壁面位置产生朝向钻孔围岩以及承压介质区内传播的透射冲击波与反射波。对钻孔炸药周边承压介质而言,受介质两端面条件的影响,入射波将在承压介质两端界面位置产生多次透反射情况。炸药周边承压介质中波的传播方式与路径见图 10.35。

图 10.35 中,(0)为炸药未反应区;(1)为炸药爆轰产物区;(2)为炸药爆轰产物

区内第一反射波后区;(3)为钻孔围岩内第一透射波后区;(4)为炸药爆轰产物区内第二反射波后区;(5)为钻孔围岩内第二透射波后区。

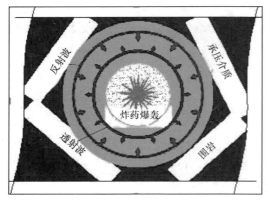
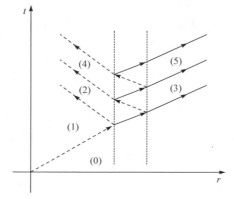

(a) 承压介质内波的传播方式　　　　　　(b) 界面位置上波的传播路径

图 10.35　承压介质中波的传播方式与路径

研究表明,孔内炸药起爆后,爆轰波引起的炸药与承压介质界面上的应力强度应等于爆轰入射波应力以及界面上的历次反射波应力之和。由此得到钻孔内炸药与承压介质界面上的总应力强度为

$$q_R = q_I + \sum_{i=1}^{n} q_{Ri} = \left[1 + F_1 + (F_3 + F_3^2 F_2 + \cdots + F_3^{n-1} F_2^{n-2}) T_1 T_2 \right] q_I$$

$$= \left\{ 1 + F_1 + \frac{1 - (F_3 F_2)^{n-1}}{1 - F_3 F_2} F_3 T_1 T_2 \right\} q_I \tag{10-57}$$

式中,q_R 为爆轰波在炸药与承压介质界面上的总应力强度;q_{Ri} 为炸药与承压介质界面上的历次反射波强度,$i=1,2,\cdots,n$;q_I 为爆轰波强度;F_1、T_1 分别为炸药爆轰波传播至其与承压介质的分界面时,在界面位置上产生的波反射系数与透射系数;F_2、T_2 分别为波传播至承压介质与炸药爆轰产物的分界面时,在界面位置上产生的波反射系数与透射系数;F_3、T_3 分别为波传播至钻孔围岩壁面时,在壁面位置上产生的波反射系数与透射系数。

同理,由炸药周边承压介质内冲击波引起的钻孔围岩壁面上的应力强度应等于壁面上的历次透射波应力强度之和。由此得到钻孔壁面上的总应力强度为

$$q_T = \sum_{i=1}^{n} q_{Ti} = \left[1 + F_3 F_2 + (F_3 F_2)^2 + \cdots + (F_3 F_2)^{n-1} \right] T_1 T_3 q_I$$

$$= \frac{1 - (F_3 F_2)^n}{1 - F_3 F_2} T_1 T_3 q_I \tag{10-58}$$

式中,q_T 为钻孔壁面上的总应力强度;q_{Ti} 为钻孔壁面上的历次透射波强度,$i=1,2,\cdots,n$。

3. 炸药周边承压介质的受力与状态特征

对钻孔内炸药周边承压介质两端面上的总应力强度分别求解后,计算得到承压介质两端面上的透反射波应力强度差与入射爆轰波应力强度之比为

$$\frac{|q_R - q_T|}{q_I} = \left| 1 + F_1 + \frac{1-(F_3 F_2)^{n-1}}{1-F_3 F_2} F_3 T_1 T_2 - \frac{1-(F_3 F_2)^n}{1-F_3 F_2} T_1 T_3 \right| \quad (10\text{-}59)$$

可见,根据式(10-59)即可对波在炸药周边承压介质内经过多次透反射后的介质受力特征进行分析。以水作为炸药周边承压介质为例,水的波阻抗一般小于凝聚体炸药与岩石的波阻抗,因此钻孔内炸药周边承压水介质两端面位置上的波反射系数具有以下特点:

$$-1 < F_1 < 0, \quad 0 < F_3 < 1, \quad 0 < -F_1 F_3 < 1, \quad 0 < 1 + F_1 < 1 \quad (10\text{-}60)$$

在 $n \to \infty$ 的条件下,由式(10-60)计算得到钻孔内承压水介质两端面上的透反射波应力强度差与入射爆轰波应力强度之比为

$$\begin{aligned}
\frac{|q_R - q_T|}{q_I} &= \left| 1 + \frac{1-(-F_3 F_1)^{n-1}}{1+F_3 F_1} F_3(1-F_1) - \frac{1-(-F_3 F_1)^n}{1+F_3 F_1}(1+F_3) \right| |1+F_1| \\
&= \left| 1 + \frac{F_3(1-F_1)-(1+F_3)}{1+F_3 F_1} \right| |1+F_1| = \left| 1 + \frac{-F_3 F - 1}{1+F_3 F_1} \right| |1+F_1| = 0
\end{aligned}$$
$$(10\text{-}61)$$

由此可见,当波在钻孔内炸药周边承压水介质层内经过多次反射与透射过程后,钻孔内承压水介质内的应力将趋于均匀化。因此,钻孔内承压水介质条件下,可取炸药周边介质两端面位置上的透反射波应力强度平均值作为钻孔内承压介质的平均受力,即

$$\begin{aligned}
p_c &= \frac{|q_R| + |q_T|}{2} = \frac{q_I}{2} \left[\left| 1 + F_1 + \frac{1-(F_3 F_2)^{n-1}}{1-F_3 F_2} F_3 T_1 T_2 \right| + \left| \frac{1-(F_3 F_2)^n}{1-F_3 F_2} T_1 T_3 \right| \right] \\
&= \eta q_I
\end{aligned}$$
$$(10\text{-}62)$$

其中,η 为钻孔内爆轰波作用下的炸药周边承压水介质承载系数。

$$\eta = \left| \frac{1+F_3}{1+F_3 F_1} \right| |1+F_1|$$

由式(10-62)可知,钻孔内冲击波过后炸药周边承压水介质的受力主要取决于其承载系数的大小,进而又受到介质两端面上波反射系数的影响。承压水介质的承载系数与其两端面上的波反射系数之间的关系见图 10.36。

由图 10.36 可以看出,随着波在承压介质两端面上波反射系数的增加,承压介质承载系数将不断增大。即表明,通过减小爆轰波在炸药与其周边介质分界面上

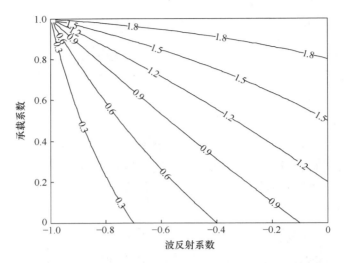

图 10.36　炸药周边承压水介质的承载系数与其两端面上的波反射系数之间的关系

的反射,提高爆轰波向承压介质内的透射强度,并限制承压介质内激起的冲击波过度透射至钻孔围岩中,都将对提高钻孔内承压介质的承载有利。可见,在适当提高承压介质本身波阻抗的同时,既能增加爆轰波在承压介质中的透射强度,又能减少介质中冲击波强度的过度损失;既能起到在钻孔围岩中透射适量冲击波破岩导向的作用,又能显著提高承压介质后续膨胀对钻孔围岩充分做功破岩的效果。

同样以水作为钻孔内炸药周边承压介质为例,相对于冲击波过后的水介质压力而言,钻孔内承压水介质的初始压力相对较小。由此得到冲击波过后的承压介质中状态参量关系为

$$\rho_c = \rho_{c0}\left(\frac{p_c}{A}+1\right)^{\frac{1}{n}}, \quad \frac{\mathrm{d}p_c}{\mathrm{d}\rho_c} = \frac{An}{\rho_{c0}}\left(\frac{p_c}{A}+1\right)^{1-\frac{1}{n}} \tag{10-63}$$

根据式(10-63),得到高强度冲击波过后炸药周边承压介质密度与压力之间的关系,见图 10.37。

由图 10.37 可以看出,对于常压条件下难以压缩的液态水介质,在高强度冲击波作用下,其密度将随着冲击波后水介质压力的增大而呈递增趋势,且变化梯度在水介质压力增加的初始阶段相对较高;然而,当冲击波过后的水介质压力约超过5GPa 时,此时承压水介质的密度改变又将逐渐趋于平缓,即使冲击波过后的水介质压力在 25GPa 的条件下,水介质密度也仅达到 1.85g/cm 左右。由此可见,即使在高压条件下,液态水介质的可压缩性也并不显著。

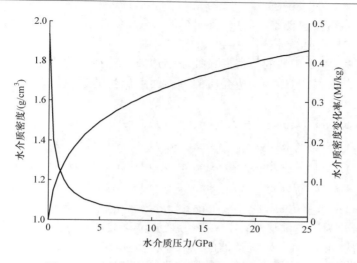

图 10.37　冲击波过后承压介质的密度与压力关系

10.6.3　钻孔承压爆破应力传播及裂隙扩展规律

1. 炸药周边承压介质中冲击波传播规律

钻孔装药一端采用雷管引爆时,产生的屈曲爆轰波阵面与炸药周边介质界面间的夹角即为炸药爆轰波入射角度。由于装药表面近区波头曲面曲率半径相对较小(图 10.38),入射波斜射撞击炸药周边介质分界面可近似视为爆轰波正入射介质情况对待。

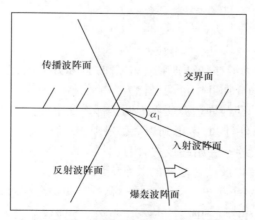

图 10.38　爆轰波斜射入炸药周边介质

钻孔中炸药爆炸产生的爆轰波经由炸药本身(Ⅰ介质)斜射进入炸药周边介质(Ⅱ介质),在介质Ⅱ中激起透射冲击波。与此同时,爆轰波还将在炸药与周边介质分界面上产生透反射现象。其中,反射纵波 w_2、反射横波 w_3 以及透射纵波 w_4、透射横波 w_5 均与入射纵波 w_1 在同一入射平面内。

为便于表述,采用波的位移形式抽象描述波在传播过程中的形态。当钻孔炸药爆炸后,爆轰波在与炸药周边介质的分界面上产生的透反射波的具体位移形式可分别表示为

$$\begin{cases} w_1 = A_1 \exp[\mathrm{i}(k_1 x\sin\alpha_1 + k_1 y\sin\alpha_1 - \omega_1 t)] = A_1 \exp[\mathrm{i}(k_1\boldsymbol{r} - \omega_1 t)] \\ w_2 = A_2 \exp[\mathrm{i}(k_2 x\sin\alpha_2 - k_2 y\sin\alpha_2 - \omega_2 t)] = A_2 \exp[\mathrm{i}(k_2\boldsymbol{r} - \omega_2 t)] \\ w_3 = A_3 \exp[\mathrm{i}(k_3 x\sin\alpha_3 - k_3 y\sin\alpha_3 - \omega_3 t)] = A_3 \exp[\mathrm{i}(k_3\boldsymbol{r} - \omega_3 t)] \\ w_4 = A_4 \exp[\mathrm{i}(k_4 x\sin\alpha_4 + k_4 y\sin\alpha_4 - \omega_4 t)] = A_4 \exp[\mathrm{i}(k_4\boldsymbol{r} - \omega_4 t)] \\ w_5 = A_5 \exp[\mathrm{i}(k_5 x\sin\alpha_5 + k_5 y\sin\alpha_5 - \omega_5 t)] = A_5 \exp[\mathrm{i}(k_5\boldsymbol{r} - \omega_5 t)] \end{cases} \tag{10-64}$$

式中,$w_1 \sim w_5$ 为诸波位移量;$A_1 \sim A_5$ 为诸波位移波幅;$\alpha_1 \sim \alpha_5$ 分别为诸波入射、反射以及透射角度;$k_1 \sim k_5$ 为诸波的波数;$\omega_1 \sim \omega_5$ 为诸波角频率;x、y 为直角坐标系下的横、纵坐标;$\boldsymbol{r}$ 为极坐标系下的径向半径矢量。

已知应力波理论中,波数、角频率以及波速间存在以下关系:

$$\omega_1 = k_1 c_{\mathrm{Iv}}, \quad \omega_2 = k_2 c_{\mathrm{Iv}}, \quad \omega_3 = k_3 c_{\mathrm{Is}}, \quad \omega_4 = k_4 c_{\mathrm{IIv}}, \quad \omega_5 = k_5 c_{\mathrm{IIs}} \tag{10-65}$$

式中,c_{Iv}、c_{Is} 分别为炸药产物 I 中的纵波与横波声速;c_{IIv}、c_{IIs} 分别为炸药周边介质 II 中的纵波与横波声速。

当炸药爆轰波传播至炸药周边介质的分界面时,爆轰波将在界面上发生复杂的透反射现象,此时两介质分界面上的入射波、反射波以及透射波位移分别沿界面坐标方向产生叠加,得到两坐标方向上的波位移叠加量分别为

$$\begin{cases} w_{x\mathrm{I}} = w_1 \sin\alpha_1 + w_2 \sin\alpha_2 + w_3 \cos\alpha_3 \\ w_{y\mathrm{I}} = w_1 \cos\alpha_1 - w_2 \cos\alpha_2 + w_3 \sin\alpha_3 \\ w_{x\mathrm{II}} = w_4 \sin\alpha_4 - w_5 \cos\alpha_5 \\ w_{y\mathrm{II}} = w_4 \cos\alpha_4 + w_5 \sin\alpha_5 \end{cases} \tag{10-66}$$

式中,$w_{x\mathrm{I}}$、$w_{y\mathrm{I}}$ 分别为波在炸药产物 I 中沿两坐标方向的位移叠加量;$w_{x\mathrm{II}}$、$w_{y\mathrm{II}}$ 分别为波在炸药周边介质 II 中沿两坐标方向的位移叠加量。

联立爆轰波在炸药与周边介质界面两坐标方向上的位移表达式以及两介质界面应力、位移连续条件,同时考虑到爆轰波在炸药与周边介质界面上任意 x 位置与时刻 t 时的界面连续条件始终成立,由此计算得到爆轰波在两介质界面上的传播角度、波数、角频率以及波速之间的关系应满足

$$\begin{cases} k_1 \sin\alpha_1 = k_2 \sin\alpha_2 = k_3 \sin\alpha_3 = k_4 \sin\alpha_4 = k_5 \sin\alpha_5 \\ \dfrac{\sin\alpha_1}{c_{\mathrm{Iv}}} = \dfrac{\sin\alpha_2}{c_{\mathrm{Iv}}} = \dfrac{\sin\alpha_3}{c_{\mathrm{Is}}} = \dfrac{\sin\alpha_4}{c_{\mathrm{IIv}}} = \dfrac{\sin\alpha_5}{c_{\mathrm{IIs}}} \\ k_1 c_{\mathrm{Iv}} = k_2 c_{\mathrm{Iv}} = k_3 c_{\mathrm{Is}} = k_4 c_{\mathrm{IIv}} = k_5 c_{\mathrm{IIs}} \\ \omega_1 = \omega_2 = \omega_3 = \omega_4 = \omega_5 \end{cases} \tag{10-67}$$

式(10-67)表明,爆轰波斜入射到炸药与周边介质界面时,产生的入射波角度始终等于反射波角度;介质中纵波速度一般要高于其横波速度,因此炸药产物内的反射横波角度要小于爆轰波入射角;对于炸药周边介质内的透射波传播情况则主要取决于界面两侧介质性质。

从式(10-67)中的第二式可以看出,当波在炸药周边介质内的传播速度高于在炸药中的传播速度时($c_{\rm IIv}>c_{\rm Iv}$、$c_{\rm IIs}>c_{\rm Is}$),在大的入射角度条件下,可能出现 $\sin\alpha_4$ 与 $\sin\alpha_5$ 均大于 1 的情况,从数学角度上这是不可能的。因此,对于炸药周边介质中的透射波存在相应的临界入射角度。受炸药与周边介质材料的影响,炸药周边介质中透射纵波与横波的临界入射角分别为

$$\alpha_{1,4}=\arcsin\frac{c_{\rm Iv}}{c_{\rm IIv}},\quad \alpha_{1,5}=\arcsin\frac{c_{\rm Iv}}{c_{\rm IIs}} \tag{10-68}$$

式中,$\alpha_{1,4}$ 与 $\alpha_{1,5}$ 分别为炸药周边介质中透射纵波与横波的临界入射角。

当 $\alpha_1>\alpha_{1,4}$ 时,炸药爆轰波在界面上不产生透射纵波;当 $\alpha_1>\alpha_{1,5}$ 时,界面上同样不产生透射横波。

将式(10-67)中所示的与爆轰波传播相关的诸多参数关系代入炸药与周边介质界面上的应力与位移连续条件,由此计算得到介质分界面上诸波位移波幅间的关系为

$$\frac{1}{A_1}\begin{bmatrix} a_{11} & a_{12} & a_{13} & a_{14} \\ a_{21} & a_{22} & a_{23} & a_{24} \\ a_{31} & a_{32} & a_{33} & a_{34} \\ a_{41} & a_{42} & a_{43} & a_{44} \end{bmatrix}\begin{bmatrix} A_2 \\ A_3 \\ A_4 \\ A_5 \end{bmatrix}=\begin{bmatrix} B_1 \\ B_2 \\ B_3 \\ B_4 \end{bmatrix} \tag{10-69}$$

式中,相关参量表达形式分别为

$a_{11}=\cos\alpha_1,\quad a_{12}=-\sin\alpha_3,\quad a_{13}=\cos\alpha_4,\quad a_{14}=\sin\alpha_5,\quad B_1=\cos\alpha_1,\quad B_2=-\sin\alpha_1$

$a_{21}=\sin\alpha_1,\quad a_{22}=\cos\alpha_3,\quad a_{23}=-\sin\alpha_4,\quad a_{24}=\cos\alpha_5,\quad B_3=-\cos2\alpha_3,\quad B_4=\sin2\alpha_1$

$a_{31}=\cos(2\alpha_3),\quad a_{32}=-\dfrac{c_{\rm Is}}{c_{\rm Iv}}\sin(2\alpha_3),\quad a_{33}=-\dfrac{\rho_{\rm II}c_{\rm IIv}}{\rho_{\rm I}c_{\rm Iv}}\cos(2\alpha_5),\quad a_{34}=-\dfrac{\rho_{\rm II}c_{\rm IIs}}{\rho_{\rm I}c_{\rm Iv}}\sin(2\alpha_5)$

$a_{41}=\sin(2\alpha_1),\quad a_{42}=\dfrac{c_{\rm Iv}}{c_{\rm Is}}\cos(2\alpha_3),\quad a_{43}=\dfrac{\rho_{\rm II}c_{\rm Iv}c_{\rm IIs}^2}{\rho_{\rm I}c_{\rm IIv}c_{\rm Is}^2}\sin(2\alpha_4),\quad a_{44}=-\dfrac{\rho_{\rm II}c_{\rm Iv}c_{\rm IIs}}{\rho_{\rm I}c_{\rm Is}^2}\cos(2\alpha_5)$

式中,a_{ij} 为矩阵行列元素,$i,j=1,2,3,4$;B_i 为角度参量。

根据式(10-69)可计算得到炸药与周边介质分界面两侧透反射波与入射波幅值间的关系。前面分析指出,钻孔内炸药爆轰条件下,爆轰曲面波在炸药周边介质分界面上的入射角度相对较小,此时爆轰波对炸药与周边介质分界面的入射可近似视为垂直正冲击。因此,在炸药爆轰波入射角度为零($\alpha_1=0$)的特殊情况下,由式(10-67)可知,炸药与周边介质分界面两侧波的传播角度均变为零,即 $\alpha_2=\alpha_3=\alpha_4=\alpha_5=0$。代入分界面两侧诸波位移幅值间的关系式(10-69),由此得到爆轰波

垂直入射条件下的波幅关系满足

$$
\frac{1}{A_1}\begin{bmatrix} 1 & 0 & 1 & 0 \\ 0 & 1 & 0 & 1 \\ 1 & 0 & -\rho_{\text{II}} c_{\text{IIv}}/(\rho_{\text{I}} c_{\text{Iv}}) & 0 \\ 0 & c_{\text{Iv}}/c_{\text{Is}} & 0 & -\rho_{\text{II}} c_{\text{Iv}} c_{\text{IIs}}/(\rho_{\text{I}} c_{\text{Is}}^2) \end{bmatrix}\begin{bmatrix} A_2 \\ A_3 \\ A_4 \\ A_5 \end{bmatrix}=\begin{bmatrix} 1 \\ 0 \\ -1 \\ 0 \end{bmatrix} \qquad (10\text{-}70)
$$

从而解得炸药与周边介质分界面两侧透反射波与爆轰入射波幅值间的关系分别为

$$
\frac{A_2}{A_1}=\frac{\rho_{\text{II}} c_{\text{IIv}}-\rho_{\text{I}} c_{\text{Iv}}}{\rho_{\text{II}} c_{\text{IIv}}+\rho_{\text{I}} c_{\text{Iv}}}, \quad \frac{A_3}{A_1}=0, \quad \frac{A_4}{A_1}=\frac{2\rho_{\text{I}} c_{\text{Iv}}}{\rho_{\text{II}} c_{\text{IIv}}+\rho_{\text{I}} c_{\text{Iv}}}, \quad \frac{A_5}{A_1}=0 \qquad (10\text{-}71)
$$

由此可见,对于爆轰波垂直入射介质分界面的情况,当爆轰波经过炸药与周边介质的分界面时,界面两侧介质中将不再产生横波,即在炸药产物内不产生反射横波,同时也不在炸药周边介质中产生透射横波。此时,炸药爆轰波携带的能量主要以反射波与透射波的形式分别对炸药产物以及炸药周边介质进行做功。

爆轰波正入射炸药与周边介质分界面条件下,为方便对界面两侧诸波应力强度进行分析,根据式(10-63)中波位移矢量表达式,将界面两侧介质中的波强度矢量分别表示为

$$
\begin{cases} \boldsymbol{\sigma}_1=(\lambda_{\text{I}}+2\mu_{\text{I}})\dfrac{\partial w_1}{\partial \boldsymbol{r}}=(\lambda_{\text{I}}+2\mu_{\text{I}})A_1 \mathrm{i}k_1 \exp[\mathrm{i}(k_1 \boldsymbol{r}-\omega_1 t)] \\[2mm] \boldsymbol{\sigma}_2=(\lambda_{\text{I}}+2\mu_{\text{I}})\dfrac{\partial w_2}{\partial \boldsymbol{r}}=(\lambda_{\text{I}}+2\mu_{\text{I}})A_2 \mathrm{i}k_2 \exp[\mathrm{i}(k_2 \boldsymbol{r}-\omega_2 t)] \\[2mm] \boldsymbol{\sigma}_4=(\lambda_{\text{II}}+2\mu_{\text{II}})\dfrac{\partial w_4}{\partial \boldsymbol{r}}=(\lambda_{\text{II}}+2\mu_{\text{II}})A_4 \mathrm{i}k_4 \exp[\mathrm{i}(k_4 \boldsymbol{r}-\omega_4 t)] \end{cases} \qquad (10\text{-}72)
$$

式中,$\boldsymbol{\sigma}_1$、$\boldsymbol{\sigma}_2$、$\boldsymbol{\sigma}_4$ 分别为炸药与周边介质分界面两侧波的强度矢量;λ_{I}、μ_{I} 分别为炸药产物 I 中的拉梅常数;λ_{II}、μ_{II} 分别为炸药周边介质 II 中的拉梅常数。

当采用 σ_1、σ_2 和 σ_4 分别表示炸药与周边介质分界面两侧波强度矢量的应力幅值时,将式(10-67)中所示诸波参数关系代入式(10-72),结合弹性应力波理论中介质内纵波波速的表达式,得到爆轰波正入射条件下,分界面两侧波的反射系数与透射系数分别为

$$
\frac{\sigma_2}{\sigma_1}=\frac{\rho_{\text{II}} c_{\text{IIv}}-\rho_{\text{I}} c_{\text{Iv}}}{\rho_{\text{II}} c_{\text{IIv}}+\rho_{\text{I}} c_{\text{Iv}}}, \quad \frac{\sigma_4}{\sigma_1}=\frac{2\rho_{\text{II}} c_{\text{IIv}}}{\rho_{\text{II}} c_{\text{IIv}}+\rho_{\text{I}} c_{\text{Iv}}} \qquad (10\text{-}73)
$$

爆轰波正入射炸药与周边介质分界面条件下,由式(10-73)可知,界面两侧介质波阻抗不同条件下的爆轰波传播特点主要表现在以下几方面:

(1) 当炸药周边介质 II 的波阻抗较小($\rho_{\text{I}} c_{\text{Iv}}>\rho_{\text{II}} c_{\text{IIv}}$)时,爆轰波正入射条件下的炸药产物 I 中波反射系数为负,而介质 II 中的波透射系数小于 1。即压缩波经过两介质分界面时,将部分透射进入介质 II 中,强度有所降低,其余部分将在界面

位置处发生反射,以拉伸波的形式进入介质Ⅰ中;相反,拉伸波同样经界面部分透射进入介质Ⅱ中,强度有所衰减,而其余部分则以压缩波的形式进入介质Ⅰ中。此时,炸药周边介质中的透射波强度比爆轰入射波强度有所减弱。

(2) 在炸药周边介质Ⅱ的波阻抗近似为零($\rho_{Ⅱ}c_{Ⅱv} \approx 0$)的条件下,正入射爆轰波在两介质分界面上的波反射系数为-1,而波透射系数为零。该情况下,压缩波在两介质分界面上将被完全反射为拉伸波,而拉伸波在界面位置上被完全反射为压缩波。此时,炸药周边介质中的透射波强度为零,爆轰入射波所携能量完全作用于炸药产物Ⅰ内。

(3) 当两介质波阻抗较为匹配($\rho_{Ⅰ}c_{Ⅰv} = \rho_{Ⅱ}c_{Ⅱv}$)时,爆轰波正入射条件下的炸药产物Ⅰ中波反射系数为零,而炸药周边介质Ⅱ中波透射系数达到1。由此说明,当爆轰波正入射通过波阻抗匹配的两介质时,在两介质的分界面上将不产生波的反射现象,此时爆轰波经过两介质分界面完全透射进入介质Ⅱ中,且爆轰波应力强度保持不变。

(4) 在炸药周边介质Ⅱ的波阻抗较大($\rho_{Ⅰ}c_{Ⅰv} < \rho_{Ⅱ}c_{Ⅱv}$)的情况下,正入射爆轰波在两介质分界面上的反射系数为正,且进入炸药介质Ⅱ中的波透射系数大于1。说明该条件下爆轰波经过两介质分界面时,透射进入炸药周边介质Ⅱ中的波强度有所增加,而剩余部分将在分界面位置发生反射,并以同种波形式反射进入炸药产物Ⅰ中。对式(10-72)所示的波透射系数关系进行极限分析可知,爆轰波经过两介质界面透射进入波阻抗较大介质Ⅱ中的最大透射波强度不会超过入射波强度的2倍。

通过对炸药与周边介质分界面两侧介质波阻抗不同条件下的正入射爆轰波传播特征分析可知,适当提高炸药周边介质的波阻抗,可明显增加炸药爆轰波对周边介质的作用强度,提高正入射爆轰波在炸药周边介质内激起的冲击波破坏能力,这也正是煤岩承压式爆破控制技术理论基础所在。

值得指出的是,对于钻孔内爆轰波近似正入射炸药与周边介质分界面时的情况,从式(10-72)所示的爆轰波在界面位置上的透反射系数间的关系可以看出,无论分界面两侧介质的波阻抗大小如何,爆轰波经过界面位置时的透反射系数之和始终保持为1,从而说明钻孔内炸药爆轰波强度始终都将由界面两侧介质内的透反射波强度所分摊。爆炸作用下的岩石破坏过程是钻孔中炸药爆轰激起的岩石冲击波与爆轰产物后续膨胀对围岩做功过程的共同结果,因此在煤岩承压式爆破控制技术中,仅通过采取过度增加炸药周边承压介质波阻抗的方法来提高钻孔围岩中的冲击波破岩能力显然是不可行的。可见,欲达到最好的炸药爆破破岩效果,理应综合考虑炸药爆轰产物在炮孔空腔内的后续膨胀做功能力。

2. 钻孔承压爆破围岩裂隙扩展规律

从断裂力学的角度给出承压介质膨胀破岩扩孔机制及围岩孔裂隙扩展规律。

煤岩承压式爆破条件下,由于钻孔内承压介质的存在,孔内炸药起爆后,炸药爆炸载荷将均匀地作用在钻孔壁面上,进而导致钻孔周边大量均匀、对称裂隙的产生。此时,钻孔内承压介质的均匀传载模型见图 10.39。

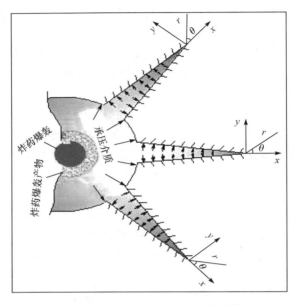

图 10.39　钻孔内承压介质均匀传载模型

由图 10.39 可知,在炸药爆轰激起的冲击波与应力波作用下,钻孔周边将形成一系列具有一定尺寸的围岩裂隙。在炸药爆轰产物的后续膨胀过程中,爆轰气体产物将加速推动其周边承压介质高速"楔入"钻孔围岩裂隙空间,冲击钻孔围岩裂隙表面,从而加速孔周边裂隙的扩展。

钻孔内承压介质的均匀传载使得围岩周边裂隙的扩展具有一定的相似性。此时,对其中一条裂隙的受力扩展特征进行分析。若假定钻孔周边裂隙在承压介质的均压作用下能够稳定扩展,则根据 Sih 与 Loeber 的研究结论,得到钻孔围岩内Ⅰ型与Ⅱ型裂隙周边的应力场分别为

$$
\begin{cases}
\sigma_{Ixx} = \dfrac{K_I}{\sqrt{2\pi r}}\cos\dfrac{\theta}{2}\left(1-\sin\dfrac{\theta}{2}\sin\dfrac{3\theta}{2}\right), & \sigma_{IIxx} = \dfrac{K_{II}}{\sqrt{2\pi r}}\sin\dfrac{\theta}{2}\left(2+\cos\dfrac{\theta}{2}\cos\dfrac{3\theta}{2}\right) \\[3mm]
\sigma_{Iyy} = \dfrac{K_I}{\sqrt{2\pi r}}\cos\dfrac{\theta}{2}\left(1+\sin\dfrac{\theta}{2}\sin\dfrac{3\theta}{2}\right), & \sigma_{IIyy} = \dfrac{K_{II}}{\sqrt{2\pi r}}\sin\dfrac{\theta}{2}\cos\dfrac{\theta}{2}\cos\dfrac{3\theta}{2} \\[3mm]
\sigma_{Ixy} = \dfrac{K_I}{\sqrt{2\pi r}}\cos\dfrac{\theta}{2}\sin\dfrac{\theta}{2}\cos\dfrac{3\theta}{2}, & \sigma_{IIxy} = \dfrac{K_{II}}{\sqrt{2\pi r}}\cos\dfrac{\theta}{2}\left(1-\sin\dfrac{\theta}{2}\sin\dfrac{3\theta}{2}\right)
\end{cases}
$$

$$(10\text{-}74)$$

式中，σ_{Ixx}、σ_{IIxx} 分别为 I 型与 II 型裂隙周边沿 x 方向的应力分量；σ_{Iyy}、σ_{IIyy} 分别为 I 型与 II 型裂隙周边沿 y 方向的应力分量；σ_{Ixy}、σ_{IIxy} 分别为 I 型与 II 型裂隙周边的剪切应力分量；θ 为裂隙尖端极坐标角度；K_I、K_{II} 分别为 I 型与 II 型裂隙动态应力强度因子。

同理，可得到钻孔围岩内 I 型与 II 型裂隙周边的位移场分别为

$$
\begin{cases}
u_{Ix}=\dfrac{K_I}{2G}\sqrt{\dfrac{r}{2\pi}}\cos\dfrac{\theta}{2}\left(\kappa-\cos\theta\right), & u_{IIx}=\dfrac{K_{II}}{2G}\sqrt{\dfrac{r}{2\pi}}\sin\dfrac{\theta}{2}\left(\kappa+1+2\cos^2\dfrac{\theta}{2}\right)\\[4mm]
u_{Iy}=\dfrac{K_I}{2G}\sqrt{\dfrac{r}{2\pi}}\sin\dfrac{\theta}{2}\left(\kappa-\cos\theta\right), & u_{IIy}=\dfrac{K_{II}}{2G}\sqrt{\dfrac{r}{2\pi}}\cos\dfrac{\theta}{2}\left(\kappa-1-2\sin^2\dfrac{\theta}{2}\right)
\end{cases}
$$

$$(10\text{-}75)$$

其中，

$$
G=\frac{E}{2(1+\nu)},\quad \kappa=\begin{cases}3-4\nu, & \text{平面应变情形}\\[2mm]\dfrac{3-\nu}{1+\nu}, & \text{平面应力情形}\end{cases}
$$

式中，u_{Ix}、u_{IIx} 分别为 I 型与 II 型裂隙周边沿 x 方向的位移分量；u_{Iy}、u_{IIy} 分别为 I 型与 II 型裂隙周边沿 y 方向的位移分量；G 为钻孔围岩剪切模量；E 为围岩弹性模量。

钻孔内炸药爆轰产物的后续膨胀将推动其周边承压介质挤压进入围岩裂隙空间，进而促使钻孔周边围岩裂隙的扩展。当采用 Erdogan 与 Sih 提出的裂隙最大周向止裂判据时，计算得到极坐标条件下钻孔周边 I 型与 II 型复合裂隙尖端应力表达式为

$$
\begin{cases}
\sigma_{krr}=\dfrac{1}{4\sqrt{2\pi r}}\left[\left(5\cos\dfrac{\theta}{2}-\cos\dfrac{3\theta}{2}\right)K_I-\left(5\sin\dfrac{\theta}{2}-3\sin\dfrac{3\theta}{2}\right)K_{II}\right]\\[4mm]
\sigma_{k\theta\theta}=\dfrac{1}{4\sqrt{2\pi r}}\left[\left(3\cos\dfrac{\theta}{2}+\cos\dfrac{3\theta}{2}\right)K_I-3\left(\sin\dfrac{\theta}{2}+\sin\dfrac{3\theta}{2}\right)K_{II}\right]\\[4mm]
\sigma_{kr\theta}=\dfrac{1}{4\sqrt{2\pi r}}\left[\left(\sin\dfrac{\theta}{2}+\sin\dfrac{3\theta}{2}\right)K_I+\left(\cos\dfrac{\theta}{2}+3\cos\dfrac{3\theta}{2}\right)K_{II}\right]
\end{cases}
$$

$$(10\text{-}76)$$

式中，σ_{krr} 为 I、II 复合型裂隙径向应力；$\sigma_{k\theta\theta}$ 为复合型裂隙切向应力；$\sigma_{kr\theta}$ 为复合型裂隙剪切应力。

根据围岩裂隙起裂的最大周向应力准则，由式（10-76）中的第二式确定裂隙尖端切向应力达到最大时的条件为

$$
\left.\frac{\partial\sigma_{k\theta\theta}}{\partial\theta}\right|_{\theta_0}=0,\quad \left.\frac{\partial^2\sigma_{k\theta\theta}}{\partial\theta^2}\right|_{\theta_0}<0
$$

$$(10\text{-}77)$$

式中，θ_0 为钻孔周边裂隙的临界起裂角度。

由此得到，围岩裂隙最优起裂角需满足如下关系：

$$\left(\sin\frac{\theta_0}{2}+\sin\frac{3\theta_0}{2}\right)K_{\text{I}}+\left(\cos\frac{\theta_0}{2}+3\cos\frac{3\theta_0}{2}\right)K_{\text{II}}=0 \qquad (10\text{-}78)$$

将钻孔周边裂隙最优起裂角 θ_0 代入式(10-77),得到围岩裂隙最优起裂方向上的最大周向应力为

$$\sigma_{k\theta\theta\max}=\frac{1}{4\sqrt{2\pi r_0}}\left[\left(3\cos\frac{\theta_0}{2}+\cos\frac{3\theta_0}{2}\right)K_{\text{I}}-3\left(\sin\frac{\theta_0}{2}+\sin\frac{3\theta_0}{2}\right)K_{\text{II}}\right]$$

$$(10\text{-}79)$$

式中,$\sigma_{k\theta\theta\max}$ 为钻孔周边裂隙最优起裂方向上的最大周向应力。

根据钻孔周边裂隙起裂的最大周向应力准则,从而得到围岩裂隙的起裂条件为

$$\sigma_{k\theta\theta\max}=\sigma_{\theta\text{cri}}=K_{\text{Ic}}/\sqrt{2\pi r_0} \qquad (10\text{-}80)$$

式中,$\sigma_{\theta\text{cri}}$ 为钻孔周边裂隙起裂时的临界周向应力;K_{Ic} 为钻孔围岩 I 型裂隙临界扩展时的岩石断裂韧度;r_0 为钻孔周边裂隙初始长度。

联立式(10-79)与式(10-80),最终得到煤岩承压式爆破条件下钻孔周边 I、II 复合型裂隙起裂判据为

$$\left(3\cos\frac{\theta_0}{2}+\cos\frac{3\theta_0}{2}\right)K_{\text{I}}-3\left(\sin\frac{\theta_0}{2}+\sin\frac{3\theta_0}{2}\right)K_{\text{II}}=4K_{\text{Ic}} \qquad (10\text{-}81)$$

考虑到钻孔内炸药周边承压介质的均匀传载,炸药爆轰载荷会比较均匀地作用于钻孔围岩壁面上,此时钻孔周边 II 型裂隙的产生量相对较少。因此,在承压爆破条件下,可以不用考虑钻孔围岩中 II 型裂隙的产生与扩展,而炸药爆轰产物的后续膨胀则主要对 I 型裂隙扩展行为产生作用。由此,根据式(10-78)确定 I 型裂隙起裂角度为零,即钻孔围岩裂隙将在孔内承压介质的作用下沿着裂隙尖端伸展方向继续扩展。此时,钻孔围岩裂隙起裂判据式(10-81)将简化为

$$K_{\text{I}}=K_{\text{Ic}} \qquad (10\text{-}82)$$

由于对岩石断裂韧度的获取相对困难,有学者试图建立岩石断裂韧度与其单轴抗拉强度间的关系。例如,长江水电科学院的试验成果 $K_{\text{Ic}}=0.141\sigma_{\text{t}}^{1.15}$,方便了对不同岩性岩石断裂韧度的估算。

3. 承压爆破钻孔周边围岩裂隙扩展半径

钻孔周边径向拉伸裂隙形成后,承压介质将在高温高压爆轰产物的推动下被高速"楔入"围岩径向裂隙中,对钻孔裂隙均匀加压,从而促进钻孔周边径向裂隙的进一步扩展;随着围岩裂隙扩展长度的增加,钻孔周边孔裂隙空间将不断增大,此时围岩裂隙中爆轰气体与承压介质混合物压力逐渐降低,进而导致裂隙扩展速度也不断减小,直至钻孔围岩裂隙停止继续扩展。由于炸药周边承压介质的均匀传载作用,柱状装药爆炸条件下的钻孔围岩裂隙扩展行为将具有一定的相似特征,见

图 10.40(a)。对其中一条裂隙的扩展行为进行分析,建立承压介质"楔入"情况下的裂隙扩展模型,见图 10.40(b)。

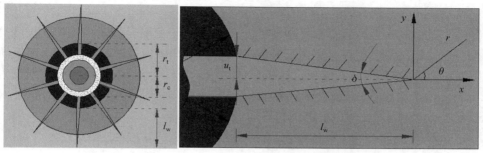

(a) 承压爆破钻孔周边裂隙整体扩展　　　　　　(b) 单个裂隙扩展几何特征

图 10.40　承压爆破裂隙扩展模型

对钻孔周边的单一裂隙而言,随着裂隙扩展长度的增加,裂隙空间内的"楔入"承压介质压力有所降低,直至达到裂隙停止扩展时的终止压力。假定钻孔内承压介质的作用使得围岩裂隙最终扩展长度为 l_w,而裂隙停止扩展时的终止压力为 p_w,由此,根据前节对裂隙位移场以及裂隙扩展判据的分析,同时结合钻孔内承压介质的后续膨胀状态关系,最终得到确定围岩裂隙扩展长度的关系式为

$$
\begin{cases}
p_w = \dfrac{K_{Ic}}{\sqrt{2\pi l_w}}, \quad u_t = \dfrac{K_{Ic}}{2G}\sqrt{\dfrac{l_w}{2\pi\cos\dfrac{\delta}{2}}}\cos\dfrac{\delta}{4}\left(\kappa + \cos\dfrac{\delta}{2}\right) \\
\dfrac{p_{cl}}{p_w} = \left(\dfrac{s_c + n_c s_w}{s_c}\right)^k = \left[1 + \dfrac{n_c u_t(2D_t + l_w)}{\pi r_c^2}\right]^k
\end{cases}
\tag{10-83}
$$

式中, n_c 为钻孔周边扩展裂隙总数; u_t 为扩展裂隙根部宽度的一半; l_w 为裂隙扩展长度; p_w 为裂隙终止扩展时的承压介质压力; p_{cl} 为围岩破碎区范围内的承压介质压力; s_c 为围岩破碎区域面积; s_w 为承压介质在围岩单个裂隙中的充斥面积; δ 为裂隙尖端夹角。

根据前面章节的分析,对炸药周边承压介质的初始膨胀压力进行求解后,式(10-83)中仍存在四个未知量(p_w、l_w、u_t、δ),而该式三个方程仅能确定其中任意两个未知量间的关系。考虑到远区围岩裂隙尖端壁面夹角较小,将该夹角近似取为零,从而将确定围岩裂隙扩展长度的关系式(10-83)简化为

$$
p_w = \frac{K_{Ic}}{\sqrt{2\pi l_w}}, \quad u_t = \frac{K_{Ic}}{2G}\sqrt{\frac{l_w}{2\pi}}(\kappa + 1), \quad \frac{p_{cl}}{p_w} = \left[1 + \frac{n_c u_t(2D_t + l_w)}{\pi r_c^2}\right]^k
\tag{10-84}
$$

对关系式(10-84)进行求解,消去变量 p_w 与 u_t,得到关于围岩裂隙扩展长度

的隐式函数关系为

$$\left(\frac{p_{cl}\sqrt{2\pi l_w}}{K_{Ic}}\right)^{\frac{1}{k}} - \frac{n_c K_{Ic}\sqrt{l_w}(\kappa+1)(2D_t+l_w)}{2\sqrt{2\pi}G\pi r_c^2} = 1 \qquad (10\text{-}85)$$

由于式(10-85)的结构形式较为复杂,难以显式给出围岩裂隙终止扩展长度的解析表达式。因此,考虑采用图形分析的方法对钻孔围岩裂隙在承压介质膨胀压力作用下的扩展特征进行求解。这里以砂质围岩条件为例,假定砂岩抗拉强度为24MPa,泊松比为0.25,弹性模量为41GPa,代入式(10-85)中进行图形求解,得到直径为45mm时钻孔围岩裂隙扩展特征,见图10.41。

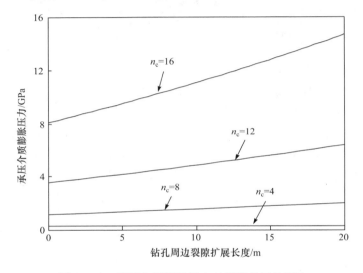

图 10.41　承压介质膨胀压力对裂隙扩展的影响

由图10.41可以看出,对于裂隙条数较多条件下的钻孔围岩起裂将需要承压介质具有更高的初始膨胀压力;而钻孔周边裂隙产生数量一定条件下,围岩裂隙的终止扩展长度将随着承压介质初始膨胀压力的增大而呈逐渐增加的趋势,且钻孔周边裂隙条数越多,围岩终止裂隙扩展长度对承压介质初始膨胀压力的变化率越小。这从能量守恒的角度来看,该结果是显然的,因为较少的围岩裂隙空间内将分得更多的裂隙扩展动能,进而使围岩裂隙以更高的速度进行扩展;相反,围岩裂隙条数越多,单条裂隙分担的裂隙扩展动能则相对较少,此时裂隙扩展速度也有所降低。同理,相同的承压介质初始膨胀压力将导致裂隙条数较少的钻孔围岩裂隙扩展终止长度相对较大。

由此可见,在煤矿井下的煤岩承压爆破控制中,若能采取相关的技术措施以实现钻孔间裂隙的定向扩展,而限制其他非主要方向裂隙的产生,将可以明显提高钻孔内承压介质对围岩裂隙的扩展能量,延长围岩裂隙终止扩展长度,实现以较长的孔间距达到较好的围岩定向导通效果,从而显著减少煤岩钻孔施工量,节约技术经济成本。

10.6.4   坚硬顶板承压爆破参数确定

以大同矿区忻州窑煤矿 8939 工作面坚硬顶板条件为例说明。

1. 炮孔承压介质压力确定

采用水介质作为钻孔内炸药周边的承压传爆介质时,水介质在常压状态条件下的可压缩性相对较小,通过提高水压力来改变水的波阻抗的效果并不显著。但是,为了保证钻孔围岩孔裂隙在炸药爆炸后的产物膨胀阶段能受到较高的水压冲击,从而充分利用水介质的高效传能作用,实现炸药高爆能作用下的"水楔"增裂效应。因此,在孔内炸药起爆前,还是应当采取适当提高钻孔内水介质压力(一般选取 0.5~5.0MPa,岩性越坚硬、致密,承压水介质压力则可以相对减小)的措施,以改善矿井煤岩承压爆破效果。此时,一方面通过提高水介质的压力,充分赶出围岩孔裂隙中的空气成分,使钻孔内水介质与炸药以及围岩壁面间实现更紧密的接触,从而更好地达到承压介质高效传能效果;另一方面则由于水介质输运压力一般低于 5.0MPa,一定程度上降低了对水介质输运设备的要求,从而相应降低了煤岩承压爆破技术的经济成本。结合忻州窑煤矿爆破工艺巷内的管网输水条件,确定煤岩深孔内的充水承压大小为 2.0MPa。

2. 顶板钻孔布置参数

理论分析表明,煤岩钻孔内水介质存在条件下的爆破围岩拉破坏区半径为药孔半径的 10~15 倍,药孔直径为 60mm 时,装药孔围岩拉破坏区半径为 0.3~0.45m;导向孔周边围岩裂隙扩展半径约为空孔半径的 2.5 倍,得到导向孔周边裂隙的扩展长度约为 0.13m;而承压介质膨胀"楔入"围岩孔裂隙后的裂隙最终扩展长度至少也在 5.0m 以上。由此,计算得到坚硬顶板内装药孔与导向空间的距离至少应在 5.5m 左右。实际生产操作中,考虑深孔内充水承压爆破的高能利用率,避免相邻孔间的强动载互扰,特将装药孔间距离增至 7.0m。

根据 8939 工作面顶板赋存特点,为实现坚硬顶板的超前预裂,避免长范围穿煤层打钻施工与装药的困难,特在工作面中部顶煤内的爆破工艺巷中实施顶板打钻布孔工序。布置钻孔长度均为 35m,仰角分别设置为 9°与 13°,水平转角分别设定为 15°与 20°。为尽可能减少工艺巷全长范围内的打孔装药施工量,而又能很好地实现坚硬煤岩预裂效果,在装药孔间打设直径为 100mm 的大孔径导向孔,一方面为相邻钻孔内炸药的爆炸提供自由面,另一方面为相邻爆破孔裂隙的扩展与贯通进行导向。

3. 炮孔内装药量确定

对于特定岩石条件恰当确定炸药的装药量是爆破设计中的一项重要工作,它直接关系到爆破效果的好坏与爆破成本的高低。鉴于目前工程爆破过程中精确计算炸药装药量的问题至今尚未获得十分完满的解决,现场工程实践中,工程技术人员更多在各种经验公式的基础上结合实践经验确定装药量。其中,按体积公式计算装药量是最为常用的一种方法。

砂质岩层炸药单位体积消耗系数:在泥质胶结,中薄层或风化破碎($f=4\sim6$)条件下取 $1.0\sim1.2$;在钙质胶结,中厚层,中细粒结构,裂隙不甚发育($f=7\sim8$)情况下取 $1.3\sim1.4$;在硅质胶结,石英质砂岩,厚层,裂隙不发育,未风化($f=9\sim14$)条件下则取 $1.4\sim1.7$。

考虑到忻州窑煤矿砂岩坚硬顶板条件,取乳化炸药单位体积消耗系数为 1.2。据此得到,工作面坚硬顶板有效破坏范围内的单孔装药量约为 106.7kg。考虑钻孔内水中爆破能量利用率较高,需将空孔爆破条件下的孔内装药量乘以相应的折减系数后再作为煤岩承压爆破条件下的孔内合理炸药量。这里按照水泥试块空孔爆破效果与承压爆破情况等效的原则,取钻孔内水中爆破条件下的炸药用量折减系数为 0.3,从而最终确定工作面坚硬顶板单孔装药量为 32kg。

10.6.5　坚硬煤岩深孔充水承压爆破工程实践

1. 坚硬煤岩承压爆破预裂设备[28,29]

为实现煤矿井下坚硬煤岩的良好承压爆破效果,顶板预裂爆破控制中涉及的主要设备如下。

钻孔装备:地质钻机、大直径钻杆若干。

爆炸装置:矿用防水乳胶炸药或 2 号岩石炸药、起爆器、防水袋、安装管。

注水(浆)装备:可控压力的水压泵、注浆泵。

封孔用材料:硅酸盐水泥配水玻璃(2:1)或快速膨胀水泥,早强剂选用 0.03% 的三乙醇胺,2% 的氯化钙,水灰比为 $0.8\sim1.2$。

管线连接装备:排气铜管 40m×6(焊接止水阀)、注水铜管 18m×6(焊接快速接头)、分水阀 1 个(赋有 6 个接头)。

其他配套装备:防爆相机、胶带等。

井下煤岩承压式爆破装备与管线连接情况见图 10.42。

2. 坚硬煤岩承压爆破工序实施

鉴于大孔径钻孔的打设装备为地质钻机,而钻机调制角度具有一定限度,分别

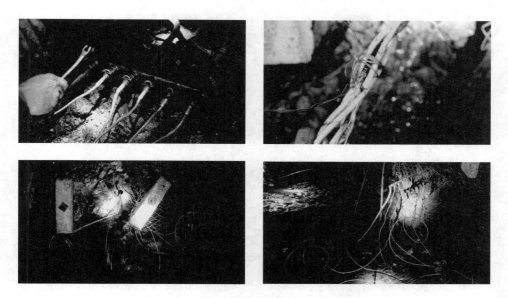

图 10.42　煤岩承压式爆破装备及管线连接

设计在 8939 工作面中部顶煤爆破工艺巷内布置倾斜钻孔；同时，为避免工作面采动及放煤作业对爆破工艺巷的影响，干扰承压爆破工艺实施，特将工艺巷内的钻孔布设于距工作面大于 40m 处。

1) 深孔打钻工序

根据 8939 工作面步距放顶承压爆破设计，需在工作面中间巷施工步距放顶深孔。主要深孔打钻实施工序包括：

放顶孔施工钻具为 ZLJ-650 型煤矿坑道勘探用钻机，$\phi 60mm$ 复合片合金钻头，成孔直径为 63mm；

预爆破孔施工钻具为 3kW 岩石钻，$\phi 60mm$ 三翼钻头与圈钻头，成孔直径为 63mm；

定孔时，必须使用罗盘、坡度规与卷尺，以确保施工质量；

放顶孔步距 7m，布设承压爆破孔 3 组，步距放顶孔距巷道底板 1.4m 处开口；

步距放顶孔施工超前工作面煤壁 60m，爆破超前工作面煤壁 40m。

工作面坚硬煤岩承压爆破控制现场实施方案平面见图 10.43。

2) 深孔装药—封孔—注水工序

顶板钻孔布置完善后，需对承压爆破钻孔继续实施装药、封孔、承压介质加压以及连线起爆等工序，具体操作步骤如下：

在工作面深孔放顶时，采用矿用防水乳化炸药，矿用导爆索传爆，瞬发电雷管引爆，放炮器起爆。

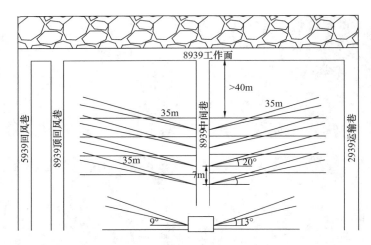

图 10.43　承压爆破现场拟实施平面图

装药前先用炮棍清理孔内煤岩粉,测定实际孔深,做好记录,确定装药量大小。

对于坚硬厚层顶板的控制,首先应根据顶板自身赋存特点,确定钻孔间的排距,顶板钻孔并列布置,装药孔与导向孔间隔交替装药。

根据炸药与孔内装药周围液体、固体或固液混合传爆介质的相容性,尽量选择不相容的炸药与承压传爆介质,对于相容的炸药应采取塑料包裹或封蜡等密封隔离措施,在钻孔内进行单药包或多药包不耦合装药,药包通过固定装置安置在孔内相应位置,并顺序将炸药引线标记后贴近孔壁引向孔外。

采用带有注液管与排液管的专用封孔装置对孔口进行封孔,封孔长度一般为孔深的 1/3 左右,排液管深入孔底,为防止管路堵塞,排液管末端带有过滤网,而注液管长度要大于注浆封孔长度。孔内装药连线情况见图 10.44。

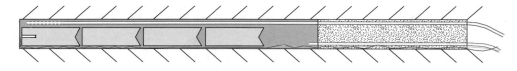

图 10.44　孔内装药连线

在装药孔口位置安置爆破防护措施,进行铺网或安置隔爆水袋或两者联合采用,圆形钢丝网或塑料网中部开孔,容许封孔装置注液管与排液管穿过,同时采用六枚固定丝将圆形网环向固定于距离孔口中心 5m 位置处。

最后连接药包引线及传爆介质输运管路,打开注液管阀门,同时微量打开排液管阀门,通过专用输运装置往钻孔内注入传爆介质,充分排出孔内空气介质,为防止孔内承压传爆介质回流,在注液端管路上装设有注液单向阀。爆破孔内注水情况见图 10.45。

图 10.45　孔内注水情况

孔内注液过程中,待排液管压力表示数有持续增加趋势时关闭排液管阀门,待孔内传爆介质达到预先设定的压力时,关闭注液管阀门。

二次检查孔口封孔情况,保证孔内介质不外渗,当孔内传爆介质围压有所降低时,微量打开注液管阀门进行补压。

3) 深孔承压爆破工序

钻孔起爆前,采用巷内静压水管向封孔后的装药钻孔空间持续注水,充满封闭钻孔空间。

中间巷内爆破过程中,必须撤出巷内所有人员,拉炮必须在中间巷风门外进行。

爆破超前工作面煤壁水平距离不得小于 40m,否则工作面必须停产。

同一条巷道内一次最多只准起爆 6 个孔,并在距风门 20m,选择顶板完整、支护完好的地方设置 4 道防冲击波风障。

工作面坚硬煤岩承压爆破控制现场管线连接情况见图 10.46。

图 10.46　承压爆破控制现场管线连接

3. 坚硬煤岩承压预裂爆破效果

顶板内承压爆破孔起爆后,在孔内炸药高强度爆炸破坏作用下,装药孔封孔段一般处于破裂松散状态。因此,可以通过采取对相邻导向孔进行局部封孔并注入压力水的方法,检测煤岩钻孔承压爆破后的空间裂隙贯穿与顶板预裂效果,见图 10.47。

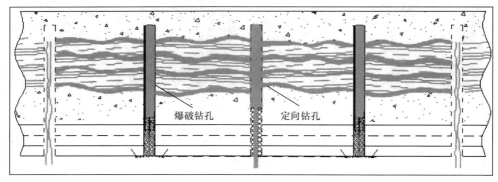

图 10.47　顶板承压爆破效果检验

钻孔内炸药起爆后的煤岩承压爆破顶板预裂效果具体检测步骤如下:

(1)钻孔内炸药起爆后,仔细检查顶板装药孔外部形态,对于未能进行引爆的药孔进行及时处理,对于爆破引起的煤岩超挖或围岩大范围松动现象及时采取相应的加强支护措施,保证围岩钻孔承压爆破预裂控制作用后的稳定。

(2)对顶板承压爆破后的围岩环境进行相关支护后,选择钻孔形态相对完整的导向孔,插入适当长度的注水管并进行局部封孔作业。

(3)待导向孔内封孔材料凝固并具有一定的承压能力后,再往导向孔内注入适当压力的水介质,同时观测相邻承压爆破孔以及远距离导向孔内的淋水情况。

(4)在相邻承压爆破孔内淋水量较大情况下,应适当减少孔内装药量或增加孔间距;相反,若导向孔内注水压力处于持续增高状态,而相邻爆破孔内却不见淋水,则应适当增加孔内装药量或减小相邻钻孔的间距。

4. 爆破工艺巷煤帮破坏程度

鉴于长跨距坚硬顶板的突然垮断会对工作面的正常生产带来较大影响,忻州窑煤矿厚煤层综放开采过程中,特在工作面中部顶煤中布置了专门的爆破工艺巷,随着工作面的推进进行循环步距式深孔爆破放顶。煤矿采用的深孔内传统爆破参数见表 10.11。

表 10.11　深孔内传统爆破参数

水平转角/(°)	仰角/(°)	垂高/m	孔深/m	封孔长度/m	装药长度/m	装药量/kg
20	13	7.87	35	12	23	46
15	13	7.87	35	12	23	46
15	9	5.48	35	12	23	46

深孔内全长装药传统爆破条件下的煤帮破坏程度见图 10.48。可以看出,尽管深孔内全长装药,但煤帮破坏范围相对有限,破断面当量长度仅 0.7m 左右,破坏深度约 0.3m,传统爆破煤体表面抛掷漏斗体积较小。

图 10.48 传统爆破条件下的煤帮破坏程度

相同布孔方式下的深孔内充水承压爆破实践段具体爆破参数见表 10.12。由表 10.12 可知,在忻州窑煤矿坚硬煤岩内布孔方式相同的条件下,深孔内的充水承压爆破装药仅为传统爆破装药的 70%,此时装药长度为 26m,封孔长度相同,孔内剩余 7m 长度空间由承压水介质充填。

表 10.12 深孔内充水承压爆破参数

水平转角/(°)	仰角/(°)	垂高/m	孔深/m	封孔长度/m	装药长度/m	装药量/kg
20	13	7.87	35	12	16	32
15	13	7.87	35	12	16	32
15	9	5.48	35	12	16	32

深孔内充水承压爆破条件下的煤帮破坏程度见图 10.49。可以看出,深孔内充水承压爆破条件下的炸药能量利用率较高,仅采用传统爆破药量的 70%,对煤体表面产生了较为严重的破坏程度。此时,煤帮表面破坏长度当量在 7.0m 左右,破坏深度约 6.5m,拉拔出煤帮内锚杆 7 根,煤体表面抛掷漏斗体积相对较大,抛掷煤体量充斥巷道断面近 1/3 的面积,充分证明深孔内充水承压爆破的高效特性。

图 10.49 充水承压爆破条件下的煤帮破坏程度

10.7 煤层注水防治强矿压技术与效果分析

10.7.1 同忻煤矿特厚煤层注水技术

同忻煤矿特厚煤层采用静压加动压注水方法软化煤体、破坏煤体结构特征,降低煤体强度,注水钻机采用 TXU-65 型煤体注水钻,钻头直径为 65mm。

以石炭系 8103 工作面为例说明,由于 8103 工作面地质情况较为稳定,工作面长度为 200m,在 8103 工作面选择长孔三巷注水,注水钻机在 8103 顶回风巷、5103回风顺槽及 2103 皮带顺槽分别进行注水钻孔打眼工作。由于工作面长度为200m,单侧钻孔达不到设计深度,注水钻孔采用工作面双向三巷布置,见图 10.50和图 10.51。分别从 8103 顶抽风巷距迎头 10m、5103 巷距工作面开切眼 10m 及2103 巷距切眼 15m 的位置开孔,钻孔开孔高度距巷道底板 1.4m,钻孔间距 10m,与巷道夹角为 90°,钻孔深度分别为:8103 顶抽巷 120m,5103 巷 100m,2103 巷

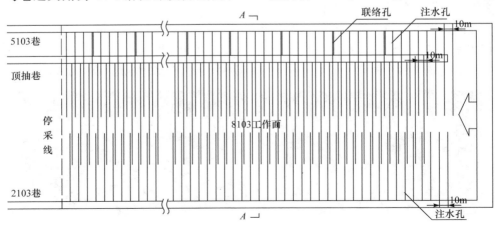

图 10.50 煤层注水钻孔布置平面图

80m,钻孔倾角分别为 0°、7.3°、9.1°。5103 巷与 2103 巷两侧钻孔相错 5m。工作面开采前,提前将 8103 顶抽巷内所有钻孔施工完毕,并提前予以注水作业;为后期注水需要,从 8103 顶抽巷每间隔 5 个钻孔向 5103 巷打一个连通钻孔,将 8103 顶抽风巷内 5 个钻孔一组用管连接好后从连通钻孔内穿到 5103 巷,以便后期注水使用,采用水泥砂浆封孔,封孔长度为 10m。

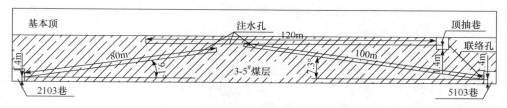

图 10.51　煤层注水钻孔布置剖面图

8103 顶抽巷和 2103 巷采用静压注水,5103 巷采用动压注水,注水至少超前工作面开采前 1 个月进行。根据 8104 工作面注水经验,湿润半径为 5m,煤层下部 10m 受到注水软化作用,注水时间要求超前开采 20 天左右。根据经验湿润半径(5m)确定钻孔注水量,根据综合防尘质量标准化要求,煤体注水后水分必须达到 4% 以上,8103 工作面原始煤体含水量平均为 1.56%,所以煤体注水后水分增加按 2.44% 计算。根据计算得,每个 120m 钻孔的注水量为 446t,100m 钻孔的注水量为 372t,80m 钻孔的注水量为 297t。

10.7.2　煤层注水效果分析

实践和研究表明,煤层注水是防治强矿压的有效措施。煤层注水是通过增加煤层含水率或煤层中水的饱和度来改变煤的物理力学性质,降低煤层冲击倾向和应力状态,使其不发生失稳破坏,从而避免强矿压的发生。

在煤岩层的生成过程中,由于各种地质力学和地球化学的作用,在煤岩体内部产生节理、裂隙等许多弱面。压力水进入煤体后沿弱面流动,起到压裂和冲刷作用,以及水对裂隙尖端的楔入作用(水楔作用),使煤体扩大了原有裂隙,产生了新的裂隙,破坏了煤体的整体性,降低了强度。

水对煤岩强度的影响,已被在实验室对煤岩进行不同浸水和不同浸泡时间的大量试验研究所证明。煤岩试样浸水随煤岩含水率增加,孔隙率和泊松比增大,但其强度和弹性模量降低,并在一定时间内随浸水时间的延长而加剧。煤体的含水率对其强度影响很大,当煤体含水率增加时,其强度显著降低,能够很好地实现冲击危险区域的主动解危。总之,注水后煤的结构发生改变,导致强度下降,变形特性明显"塑化",煤体积蓄弹性能的能力下降,以塑性变形方式消耗弹性能的能力增加,煤岩的冲击倾向大为减弱,甚至完全失去冲击能力。根据由同忻煤矿取回的煤样在实验室条件下浸泡 21 天的测试结果可以得出,煤的单轴抗压强度和单轴抗拉强度均可下降 50% 左右。

　　利用 FLAC^{3D} 数值模拟软件对煤层注水软化后的效果进行模拟。建立模型的尺寸为 303m×300m×129.8m,将 5103 巷煤壁侧 100m 范围内煤体软化,2103 巷煤壁侧 80m 范围内软化,软化高度为煤层下部 10m,软化程度根据实验室测试取50%。经过计算可得出煤层注水前后工作面超前 5m 处煤层的数值应力分布情况,见图 10.52。

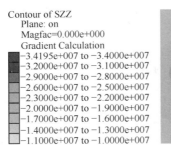
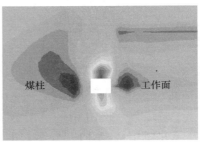

(a) 5103巷超前5m处(未注水)

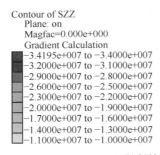
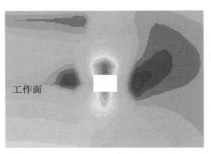

(b) 2103巷超前5m处(未注水)

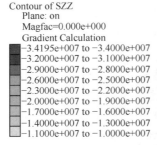
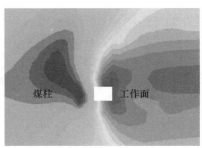

(c) 5103巷超前5m处(注水后)

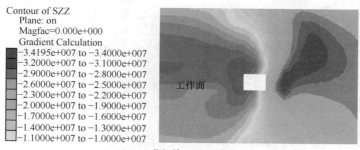

(d) 2103巷超前5m处(注水后)

图 10.52　煤层注水前后工作面应力分布情况(单位:MPa)

　　由竖直应力分布云图可以看出,煤层在注水前,5103 巷超前 5m 距 5103 巷巷帮约 2m 的实体煤中有明显的应力集中,而在注水之后,此应力集中点消失,且煤体中整体应力水平降低,最大值由 34.9MPa 下降至 32.1MPa,下降了 8%;煤层在注水前,2103 巷超前 5m 距 2103 巷巷帮约 3m 的实体煤中有明显的应力集中,而在注水之后,此应力集中点消失且煤体中整体应力水平降低,最大值由 35.7MPa 下降至 33.4MPa。从图中还可明显看出,5103 临空侧应力集中的情况在煤层注水后应力集中区域被疏散,且应力峰值由 36.9MPa 下降至 33.5MPa,下降了 9.2%。经过模拟分析可知,8103 工作面现有注水作业情况能够明显降低煤体内的应力,改善了煤体内应力区域性集中的状况,效果良好。

　　在 8103 工作面推进过程中,遇到上覆侏罗系采空区煤柱,对下部 3-5# 煤层产生一定的影响,会产生应力集中现象,应该采取钻孔卸压等措施,减缓侏罗系煤柱对工作面开采的影响,确保工作面安全通过煤柱下方高应力区。

参 考 文 献

[1] 郭德勇,商登莹,吕鹏飞,等. 深孔聚能爆破坚硬顶板弱化试验研究[J]. 煤炭学报,2013,38(7):1149-1153

[2] 杨智文. 综放工作面坚硬顶板弱化爆破防治冲击地压技术[J]. 煤炭科学技术,2013,41(5):47-49,54

[3] 焦振华,王浩,卢志国,等. 厚层坚硬石灰岩顶板深孔预裂爆破技术研究[J]. 煤炭科学技术,2017,45(2):21-26

[4] 张瑾. 厚层坚硬顶板破断规律及深孔预裂爆破弱化技术的研究与应用[D]. 徐州:中国矿业大学,2016

[5] 何东旭. 深部环境下坚硬顶板预裂爆破弱化机理研究[D]. 徐州:中国矿业大学,2015

[6] 林青,王晓振,许家林,等. 顶板预裂爆破技术在防止压架事故中的应用[J]. 煤炭科学技术,2011,39(1):40-43

[7] 李虎民,傅鉴源. 深孔预裂爆破技术在综采顶板管理中的应用[J]. 煤炭科学技术,2003,31(7):10-12

[8] 郑福良. 深孔预裂爆破技术在煤矿井下的应用[J]. 爆破,1997,(4):58-60

[9] 杨瑞气. 大采高坚硬顶板预裂爆破效果研究[J]. 煤炭科学技术,2016,(s2):33-35

[10] 黄庆国,肖洪天,赵军. 永冻覆岩层下综采工作面坚硬顶板弱化处理技术[J]. 煤炭科学技术,2015,43(7):35-39

[11] 沈孟飞. 坚硬厚层顶板弱化前后采场矿压显现规律研究[D]. 淮南:安徽理工大学,2014

[12] 姜玉连,刘剑民,黄光俊. 近距离煤层下位煤层顶板弱化处理技术[J]. 煤炭科学技术,2014,42(3):17-20

[13] 黄炳香,赵兴龙,陈树亮,等. 坚硬顶板水压致裂控制理论与成套技术[J]. 岩石力学与工程学报,2017,(12):2954-2970

[14] 欧阳振华,齐庆新,张寅,等. 水压致裂预防冲击地压的机理与试验[J]. 煤炭学报,2011,36(s2):321-325

[15] 王爱国. 同忻矿特厚煤层坚硬顶板水压致裂技术[J]. 煤矿安全,2015,46(3):54-57

[16] 刘允芳,尹健民. 在一个铅垂钻孔中水压致裂法三维地应力测量的原理和应用[J]. 岩石力学与工程学报,2003,22(4):615-620

[17] 刘允芳. 水压致裂法三维地应力测量[J]. 岩石力学与工程学报,1991,(3):246-256

[18] 邓广哲. 封闭型煤层裂隙地应力场控制水压致裂特性[J]. 煤炭学报,2001,26(5):478-482

[19] 王建军. 应用水压致裂法测量三维地应力的几个问题[J]. 岩石力学与工程学报,2000,19(2):229-233

[20] 杜春志. 煤层水压致裂理论及应用研究[D]. 徐州:中国矿业大学,2008

[21] 于斌,段宏飞. 特厚煤层高强度综放开采水力压裂顶板控制技术研究[J]. 岩石力学与工程学报,2014,33(4):778-785

[22] 刘晓,张双斌,郭红玉. 煤矿井下长钻孔水力压裂技术研究[J]. 煤炭科学技术,2014,42(3):42-44

[23] 大同煤矿集团公司,清华大学. 石炭系特厚煤层坚硬顶板高压水弱化理论与工程应用研究[R]. 2015

[24] 大同煤矿集团公司,中国矿业大学. 特厚煤层综放大空间坚硬覆岩结构及控制技术[R]. 2016

[25] 大同煤矿集团公司,辽宁工程技术大学,阜新工大矿业科技有限公司. 大空间采场坚硬顶板控制理论与技术[R]. 2016

[26] 杨敬轩,刘长友,于斌. 围岩孔裂隙充水承压爆破过程分析[J]. 中国矿业大学学报,2017,46(5):1024-1032

[27] 杨敬轩. 安全高效能坚硬煤岩承压式爆破控制机理及试验分析[D]. 徐州:中国矿业大学,2015

[28] 大同煤矿集团公司,中国矿业大学(北京). 塔山矿综放工作面临空开采动压显现治理[R]. 2011

[29] 大同煤矿集团公司,中国矿业大学. 坚硬煤岩的承压爆破预裂控制技术研究[R]. 2015

第11章　大空间采场远场地面压裂高位坚硬岩层技术

11.1　远场地面压裂弱化高位坚硬岩层技术

根据大空间采场覆岩结构特征与强矿压显现机理[1-6]，地面压裂弱化远场高位坚硬岩层的层位应选择为形成采场高位大结构的"顶部岩层"。

在揭示岩体水压致裂机理及裂缝扩展规律的基础上，依据原岩应力场等环境条件，科学选择自主研发的地面 L 形钻孔水平分段压裂或垂直孔分层压裂弱化坚硬顶板技术。针对不同地应力条件的坚硬顶板，可采用垂直钻孔分层压裂或水平钻孔分段压裂技术。根据水压致裂原理，当垂直应力大于最大水平主应力时，即 $\sigma_V > \sigma_H$，采用垂直钻孔压裂，致裂后形成水平裂缝；当垂直应力小于最大水平主应力时，即 $\sigma_V < \sigma_H$，采用水平钻孔分段压裂[7-14]。致裂后形成水平裂缝，见图 11.1。

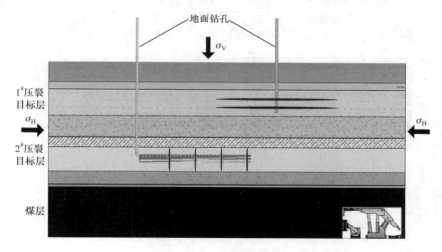

图 11.1　地面远场钻孔水力压裂弱化坚硬岩层方法原理图

通过控制水平钻孔的水平分段间距和垂直钻孔的垂直分层间距，实现坚硬顶板破断步距的控制，从而实现对坚硬顶板弱化效果的控制。

大同矿区对于双系赋存的坚硬顶板特厚煤层开采区域，基于大同矿区石炭系坚硬顶板特厚煤层强矿压显现机理，依据大空间采场覆岩结构失稳理论合理选择预裂目标层,科学选择远场地面压裂弱化坚硬顶板技术,通过降低坚硬岩层的强度,改变远场高位结构的形成与失稳条件,减弱远场坚硬岩层的矿压作用,实现大空间采场强矿压的有效控制;当工作面上覆侏罗系采空区留设有大煤柱时,需要对大煤柱进行弱化处理,降低大煤柱对石炭系工作面矿压显现的影响。在石炭系工作面上覆侏罗系大煤柱前,通过侏罗系采空区煤柱上下坚硬岩层协同压裂控制技术,改变了侏罗系煤柱的破坏特征,提前释放了侏罗系煤柱结构失稳时的能量,减小了侏罗系煤柱破坏采空区结构失稳对大空间采场矿压的强化作用(图 11.2)。

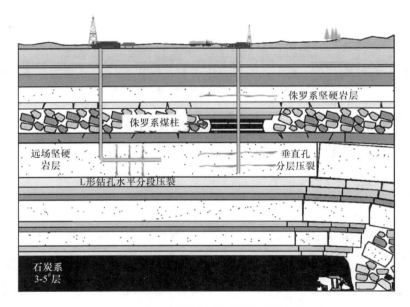

图 11.2　大同矿区地面远场地面压裂

11.2　远场地面压裂技术的试验与理论分析

11.2.1　裂缝扩展规律的相似模型试验

通过进行水力压裂坚硬顶板的相似模型试验,对水压裂缝的扩展规律进行研究。水力压裂坚硬顶板模拟设计方案见图 11.3,真三轴水力压裂试验设备见图 11.4,水力压裂试件见图 11.5,1# 试件压裂曲线见图 11.6。

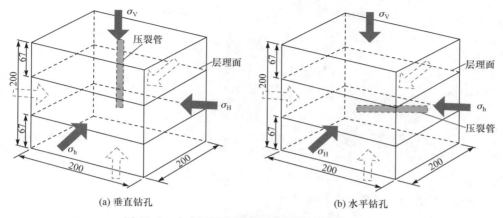

(a) 垂直钻孔　　　　　　　　　　　　　　(b) 水平钻孔

图 11.3　水力压裂坚硬顶板方案设计（单位：mm）

图 11.4　真三轴水力压裂试验设备

图 11.5　水力压裂试件

11.2.2　水压裂缝在坚硬顶板的扩展规律

设 P_1、P_2、P_3 为水压裂缝在 $1^\#$ ～$3^\#$ 岩体中扩展的临界水压（图 11.7），则

$$p_n = \sqrt{\frac{2E_n\gamma_n}{(1-v_n^2)\pi a}} + \sigma_h \tag{11-1}$$

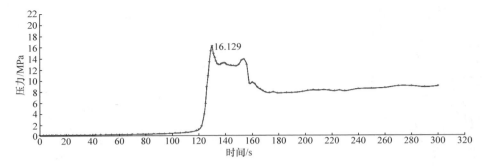

图 11.6　1# 试件压裂曲线

水压裂缝沿层理面扩展的临界水压为

$$p_{\mathrm{w}}=\frac{\dfrac{K_{\mathrm{Ic}}}{\sqrt{\pi a}}+\dfrac{\sigma_{\mathrm{H}}-\sigma_{\mathrm{h}}}{2}\big[\sin(2\beta)-\cos(2\beta)\big]+\dfrac{\sigma_{\mathrm{H}}+\sigma_{\mathrm{h}}}{2}}{1+\sqrt{\dfrac{a}{2r}\cos\dfrac{\beta}{2}\Big(\sin\dfrac{\beta}{2}\cos\dfrac{\beta}{2}-\sin^{2}\dfrac{\beta}{2}-1\Big)}} \qquad (11\text{-}2)$$

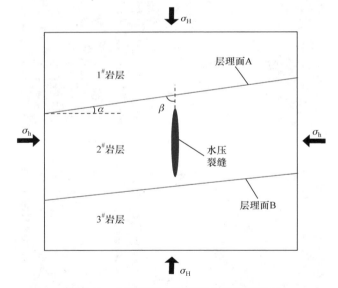

图 11.7　水压裂缝在坚硬顶板扩展示意图

水压裂缝的扩展模式为

$$\begin{cases}\min(p_1,p_2,p_3,p_{\mathrm{w}})=p_1, & \text{水压裂缝穿过层理面进入 1}^{\#}\text{岩层扩展}\\[4pt]\min(p_1,p_2,p_3,p_{\mathrm{w}})=p_2, & \text{水压裂缝始终在 2}^{\#}\text{岩层扩展，呈现遮挡效应}\\[4pt]\min(p_1,p_2,p_3,p_{\mathrm{w}})=p_3, & \text{水压裂缝穿过层理面进入 3}^{\#}\text{岩层扩展}\\[4pt]\min(p_1,p_2,p_3,p_{\mathrm{w}})=p_{\mathrm{w}}, & \text{水压裂缝沿层理面扩展}\end{cases}$$

数值模拟研究表明,压裂目标层的水压裂缝更倾向于向低强度临近岩层方向扩展,高强度临近岩层对水压裂缝呈现出一定的遮挡效应,随着水平主应力差的增大,遮挡效应减弱;随着岩层与最小主应力方向夹角的增大,高强度岩层的遮挡效应增强;层理面强度对水压裂缝扩展模式影响不大;随着水平主应力差的增大,遮挡效应弱化,水压裂缝更倾向于直接穿过层理面扩展(图 11.8)。

图 11.8　RFPA 软件的数值模拟结果

11.3　水压裂缝对坚硬岩层失稳破断的影响

应用 3DEC 数值模拟软件分析水压裂缝对坚硬岩层失稳破断的影响。

1. 垂直裂缝对坚硬岩层影响的分析

垂直裂缝对坚硬顶板影响的分析模型见图 11.9。坚硬岩层的应力集中区域主要分布在中上部及两端头的下部,垂直贯穿裂缝的存在使应力集中区域的应力值增大,但对应力集中区域范围的影响不大。垂直裂缝的存在造成坚硬岩层破断块体回转程度和弯曲下沉程度增大,从而引起坚硬岩层破断块体的中上部及两端头的下部等 3 个接触点区域的应力集中程度加剧,使坚硬岩层更容易发生失稳破断,见图版 20。

2. 水平裂缝对坚硬岩层影响的分析

坚硬岩层存在水压裂缝后,坚硬岩层及其上覆岩层的破坏范围和破坏程度明显增大,形成了整体的拉剪复合破坏区,岩层的中部以拉伸破坏为主,两侧靠近端头的区域以剪切破坏为主,在水压裂缝面、坚硬岩层与上覆岩层交界面及上覆岩层内部产生了明显的滑移错动。坚硬岩层破断块体的咬合点区域在局部应力集中作用下进入塑性状态,该区域的拉压复合破坏作用是造成块体局部失稳、回转加剧从而导致整体破断的主要原因,水平裂缝对坚硬顶板影响的模拟结果见图版 21。

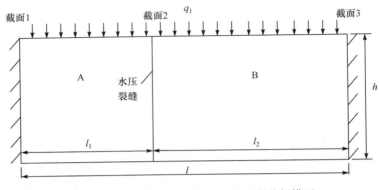

图 11.9　垂直裂缝对坚硬岩层影响的分析模型

11.4　大同矿区塔山煤矿远场地面压裂高位坚硬岩层试验

11.4.1　工程背景

塔山煤矿随着矿井开采深度的增加,矿压与瓦斯问题越来越严重,一定程度上制约了煤矿的安全高效开采。塔山煤矿石炭-二叠系煤层顶板受煌斑岩侵入及 K_3 砂岩影响,基本顶坚硬不易垮落,当采空区悬板大面积垮落时,会造成工作面来压明显,临空顺槽超前支护应力集中现象严重,曾先后对 5106 顺槽、8107 工作面切眼、8108 工作面切眼、8214 工作面切眼、2214 顺槽开展水压致裂顶板,破坏基本顶完整性,使其充分垮落,降低工作面及两顺槽来压强度,效果明显。

以往塔山煤矿 8105、8106、8107、8210、8212 工作面瓦斯实测资料研究分析表明,综放工作面在正常生产时瓦斯涌出量不大,采用顶抽巷治理瓦斯基本可以保障工作面正常生产,但时常也会有瓦斯涌出异常并出现峰值的现象,造成上隅角或工作面回风流中瓦斯浓度超限。例如,8106 工作面瓦斯异常涌出时上隅角瓦斯浓度达到 1.99%,8210 工作面瓦斯异常涌出时上隅角瓦斯浓度达到 1.86%。

为进一步解决塔山煤矿高强度开采条件下强矿压显现与瓦斯灾害,同煤大唐塔山煤矿有限公司委托山西蓝焰煤层气集团有限责任公司施工远场地面预裂高位坚硬岩层试验井,弱化大空间采场高位坚硬岩层,阻止高位覆岩大结构的形成或降低大结构的规模,减小大结构对大空间采场矿压显现的控制作用。同时,通过高位坚硬岩层的预裂,增加覆岩的渗透率,提高工作面与采空区瓦斯的地面抽采率,为解决坚硬顶板特厚煤层矿压与瓦斯问题提供新的途径。

11.4.2　压裂工艺

结合塔山煤矿实际地质情况,通过对地面压裂技术的改进,采用高压、酸化等手段改变岩石力学性质,达到弱化高位坚硬岩层的目的,从而实现防止高位覆岩大结构产生强矿压的现象。在收集整理塔山煤矿地质资料及地面压裂资料的基础上,分析地层、构造及岩石力学性质对塔山煤矿开采的影响,压裂工艺包括钻井、固井、测井、压裂等工程的实施。

为简化施工工艺,在保证压裂施工要求的前提下,压裂井钻井整体结构为三开井身结构设计,其中,一开钻进至稳定基岩,二开钻进至 120m,穿过采空区,三开钻进至揭露山#煤层停钻,井身结构设计数据见表 11.1,井身结构见图 11.10。

表 11.1　井身结构设计数据表

开钻次序	井深	钻头尺寸/mm	套管尺寸/mm	水泥浆返深
一开	稳定基岩深度	425	355	地面
二开	至 120m 深度	311	244.5	水泥返深至采空区
三开	设计井深	215.9	139.7	目标层以上 200m

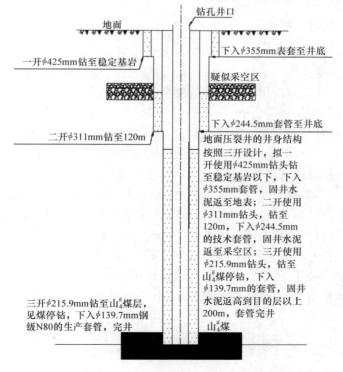

图 11.10　压裂井井身结构示意图

1. 三开井身结构

一开采用 $\phi 425mm$ 钻头开孔,钻进至稳定基岩,下入 $\phi 355mm$ 表层套管,下入深度至井底,注水泥全封固。

二开采用 $\phi 311mm$ 钻头开孔,钻进至 120m,穿过采空区,下入 J55 型 $\phi 244.5mm \times 8.94mm$ 生产套管,下入深度至井底,注水泥封固。

三开采用 $\phi 215.9mm$ 钻头钻至揭露(山 $^{\natural}$)煤层停钻,测井后,下入 N80 型 $\phi 139.7mm \times 7.72mm$ 生产套管至(山 $^{\natural}$)煤层顶板,常规密度固井,候凝 72h 后,测固井质量,试压。

2. 压力技术参数

压裂层位:砂岩关键层,山 $^{\natural}$ 煤层上部,$K_4 \sim K_5$ 之间的区域;

压裂方式:光油管注入,复合压裂,分两层压裂;

井口要求:600 型压裂井口;

压裂管柱:N80-$\phi 89mm$ 油管下入至压裂段以上 20m;

施工限压:油压 60MPa,套压 45MPa;

裂缝诊断:应用微地震法检测裂缝的动态长度和方位。

11.4.3　压裂参数与装备

为实现工作面弱化关键层,减弱工作面来压强度,同时增强顶煤透气性,使顶煤及时垮落,避免瓦斯集中释放和采空区瓦斯一次大量涌出,达到矿压与瓦斯灾害治理的目的,设计采用酸化＋水力＋砂复合压裂的方式进行施工。

该区(工作面)关键层为砂岩,考虑前置液中加入土酸,其主要成分为 HCl＋HF,HCl 与砂岩中的胶结物进行反应弱化砂岩胶结,HF 与砂岩中的硅酸盐反应弱化砂岩中的骨架颗粒,从而实现关键层的化学弱化。前置酸注完停泵反应后,对关键层采用大排量注入压裂液进行水力压裂,通过水力压裂造缝,弱化高位坚硬岩层,减小高位覆岩结构尺寸或消除高位覆岩结构的形成。

为增强压裂效果,有助于裂缝延伸,在压裂施工中考虑加入一定量的细砂作为支撑剂,一方面利用细砂可降低液体滤失,提高液体效率;另一方面通过细砂对裂缝壁面的打磨可有效减少弯曲裂缝的产生,利于造长缝。此外,为提高液体效率,压裂初期采用胶液施工,压裂后期裂缝稳定延伸采用清水施工。

为提高复合压裂效果,压后充分关井,不进行放喷,以保证酸岩反应时间充足,充分弱化高位关键层。

1. 应备液体数量及配方

应备液体数量及配方见表 11.2。

表 11.2　应备液体数量及配方

分项	酸液/m³	胶液/m³	清水/m³	ALD-608/kg	配方
压裂液	10	200	300.0	300.0	酸液:12%HCl＋3%HF＋相应添加剂 压裂液:清水＋0.05%ALD-608 胶液:胍胶＋交联剂＋破胶剂

2. 支撑剂类型及数量

支撑剂种类及数量见表 11.3。

表 11.3　支撑剂种类及数量

类型	粒径/mm	准备量/m³
石英砂	0.225～0.45	10.0

3. 压裂设备

地面主要压裂设备见表 11.4,压裂施工现场与部分压裂设备实物见图 11.11。

表 11.4　地面主要压裂设备

分项	酸液泵车/台	酸罐车/台	主压泵车/台	仪表车/台	混砂车/台	管汇车/台	砂罐车/台
数量	1	2	6(2000 型)	1	1	1	1

图 11.11　压裂施工现场与部分压裂设备实物图

酸化要满足一定压力下有足够的酸化排量,还要有相应的酸液罐车。清水压裂施工过程中,泵注的压裂液大量漏失,并且随着全裂缝的扩展,会形成众多的微裂缝,压裂液的漏失量将越来越大,当漏失量与泵注量平衡时,主裂缝不再延伸,要使裂缝继续扩展,必须增大泵注排量或改变压裂液的性能,增加泵注排量和降滤是最常采用的方法。

4. 压裂井基础数据

压裂井主要数据见表 11.5,完井套管程序见表 11.6,压裂层位数据见表 11.7。

表 11.5　压裂井主要数据

参数	数据	参数	数据
完钻井深/m	461.00	完钻方式	套管完井
遇阻深度/m	435.15	凡尔深度/m	436.18
固井质量	合格	最大井斜	(°)/max

表 11.6　完井套管程序

名称	规格/mm	钢级	壁厚/mm	内径/mm	下入井段/m 起	下入井段/m 止	抗内压/MPa	水泥返高/m
生产套管	139.7	N80	7.72	124.26	—	447.20	45.0	239.80

短套管位置:292.35~294.45m/2.10m

表 11.7　压裂层位数据

压裂次序	射开井段/m	射开层厚/m	射孔枪弹	孔密度/(孔/m²)	孔数
1	341.25~343.45	2.20	102/127	16	35
	347.40~350.85	3.45	102/127	16	55
2	306.30~316.05	9.75	102/127	16	156

11.5　远场地面压裂效果分析

11.5.1　压裂效果微地震监测解释原理

压裂井微地震裂缝监测评价技术是一项油气井生产动态监测技术[15-19]。20世纪 70 年代以来,微地震监测技术在油田生产工作中取得了很多实际效果,如可利用该技术监测压裂井的裂缝空间形态、有效缝长、缝高及地应力分布情况,为完善压裂工艺、评价压裂效果、对压裂井进行压后产能分析和井网布置提供有力的依据。压裂井人工微地震实时监测技术就是利用压裂时产生的微地震,使用现场监测系统及计算机和其相应的专家解释系统,解释、分析现场监测实时数据。

储层压裂是低渗透率储层实现高产稳产的重要手段。微地震监测是目前储层压裂中最精确、最及时、信息最丰富的监测手段。实时微地震成像,可以及时指导压裂工程,适时调整压裂参数;压裂参数与震源参数的综合分析可以确定储层最大、最小水平地应力的方向以及地应力的历史最大值;对压裂的范围、裂缝发育的方向和大小进行追踪、定位,客观评价压裂工程的效果,对下一步的生产开发提供有效的指导,降低开发成本。

微地震监测设备分为地面与井下两种,具有 GPS 定位和授时、独立接受与存储信息的功能。根据地震波速度结构、破裂定位与破裂能量分布、其他监测数据,数据处理后形成微地震三维影像,可解释断层、岩层界面、裂隙、主应变(力)张量等构造以及物性界面。

1. 监测原理

莫尔-库仑准则可以写为

$$T \geqslant \tau_0 + (S_1 + S_2 - 2p_0)/2 + (S_1 - S_2)\cos(2\phi)/2 \tag{11-3}$$

$$\tau_0 = (S_1 - S_2)\sin(2\phi)/2 \tag{11-4}$$

当式(11-3)左侧不小于右侧时发生微地震。式中,τ 是作用在裂缝面上的剪切应力;τ_0 是岩石的固有无法向应力抗剪强度,数值由几兆帕到几十兆帕,沿已有裂缝面错断,数值为零;S_1、S_2 分别是最大、最小主应力;p_0 是地层压力;ϕ 是最大主应力与裂缝面法向的夹角。由式(11-3)可以看出,微震易于沿已有裂缝面发生。这时 τ_0 为零,左侧易于不小于右侧。p_0 增大,右侧减小,也会使右侧小于左侧。这为观测注水、压裂裂缝提供了依据。

2. 微地震波震源定位

震源定位过程采用矩阵分析理论来判别微地震震源坐标。

$$(X_1 - X_0)^2 + (Y_1 - Y_0)^2 + (Z_1 - Z_0)^2 = [V_P - (T_1 - T_0)]^2$$

$$(X_2 - X_0)^2 + (Y_2 - Y_0)^2 + (Z_2 - Z_0)^2 = [V_P - (T_2 - T_0)]^2 \tag{11-5}$$

$$(X_3 - X_0)^2 + (Y_3 - Y_0)^2 + (Z_3 - Z_0)^2 = [V_P - (T_3 - T_0)]^2$$

式中,$T_1 \sim T_6$ 是各分站的 P 波到达时差;T_0 是发震时刻;(X_0, Y_0, Z_0) 是微地震震源的空间坐标;$(X_1, Y_1, 0)、\cdots、(X_6, Y_6, 0)$ 是分站坐标;V_P 是 P 波波速;T_0、X_0、Y_0、Z_0 是待求的未知数。

为了便于计算机操作和减少机时,采用评分方法,即每一个判别标准给定一个分值,重要性不同,分值也可能有所不同。完全满足判别标准,总分为 1;完全不满足标准,总分为零。对于一个微地震信号,依据其与各个标准的复合程度进行评分,计算总分。操作人员可以在监测前指定录取门槛,如取 0.6,记录结果有 60%的可靠性。也可以认为,录取 10 个信号有 6 个是真实的。

门槛值设定得高,检测到的微地震信号密度就会变小。门槛值的实际设定应参考地质和地面条件,过于松软的地面和过深的观测点应该设定一个较小的门槛值,以保证有足够的微地震个数。实际设定的门槛值不应小于 1.6,以保证观测质量。经对比,在同一地点记录,采用不同的门槛值,地震信号密度也有明显差别。

3. 裂缝扩展的力学条件

水力压裂裂缝扩展的力学条件可以写为

$$\sqrt{a} \int_{x}^{a} (p_f - \sigma_n) \sqrt{(a+x)/(a-x)} \, dx \geqslant K_k \tag{11-6}$$

式中,a 是裂缝半长度;p_f 是裂缝中的水压;σ_n 是裂缝面的法向应力;K_k 是岩石断裂韧性,是岩石的固有强度。

由式(11-6)可以看出,破裂的临界强度由岩石本身的性质决定,与激励条件无关,只在作用达到破裂条件瞬间才会有微地震发生,因此微地震信号的强度也与激励条件无关。而破裂发生的频度是与激励条件有关的,激励强度越大,单位时间发生的微地震也越多。

4. 微震波识别

微地震信号识别技术是本技术成败的关键,识别不出可用的信号,微地震监测就是一句空话。只有微地震信号大于折算到仪器前端的仪器噪声,信号才是可以检测的。由于低噪声运算器件的广泛使用以及对仪器电路结构的独到改进,目前折算到仪器前端的仪器噪声可以低于 $2\mu V$,因此微地震信号是可以被检测到的。

微地震信号是与大地噪声同时进入检波器的,应用系统监测软件在噪声背景环境中检测出微地震信号,由计算机进行运算,提取出压裂时微地震的普遍信号特征,单道波形示意图见图 11.12,地面三分量检波器方向示意见图 11.13。

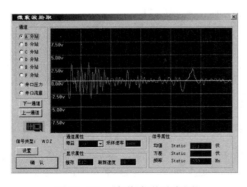

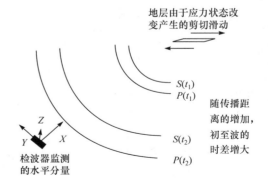

图 11.12　单道波形示意图　　　　图 11.13　地面三分量检波器方向示意图

波形特征包括幅度谱、频率谱、信号段的频谱分布、包络前递增及包络后递减特征、包络的拐点特征、导波特征、信号的升起特征、尾波特征等 13 个特征。在现场识别微地震信号前训练 5min,可以与计算机中已有的信号特征对比,对监测地点的噪声和信号特征予以鉴别及留存,提取频率谱、幅度谱、导波、包络特征、拐点特征等标志以区分当地的信号与噪声,这样就可保证每一个接收到的微地震信号的真实性,避免伪信号进入。

5. 微地震信号强度

检波器可以记到微地震信号是否可行的关键,只有信号大于仪器前端分辨率,微地震检波器才可以把信号检测出来。由于人工裂缝形成以张裂为主,加之地层条件,辐射出的 P 波较为稳定,估算到达仪器前端的电压强度为

$$A_1 = \lambda_0 \, \varpi_0 / (4\pi\rho_1 r_1 a_1^3) \times u'(t-r/a) S_0 K_1 F_1 H_1 \tag{11-7}$$

$$A_2 = [\lambda_0^2 \cos^4\phi + (\lambda_0+2\mu_0)^2 \sin^4\phi + 2\lambda_0(\lambda_0+2\mu_0)^2 \cos^2\phi \sin^2\phi]\varpi_0 / (4\pi\rho_2 r_2 a_2^3)$$
$$\times u'(t-r/a) S_0 K_2 F_2 H_2 \tag{11-8}$$

式中,下标为 0 的参数是与震源有关的参数,与传播路径无关;下标为 1 的参数是地面接收的路径参数,与震源无关;下标为 2 的参数是井下接收的路径参数,与震源无关;A_1 是地面接收的信号幅值;A_2 是井下接收的信号幅值;H 是入射衰减;F 是路径衰减;ϖ_0 是震源的角频率。

为了判断信号的强度量级,根据理论及野外实际条件,对一些参数进行粗略的定量:$u'(t-r/a)$ 是裂缝张开的平均速度,可以用 u_3/t 求取,u_3 是裂缝张开宽度,取 2mm;T 为地震周期,取 0.02s;ϖ_0 是震源的角频率,取 $\varpi_0 = 2\pi f = 300$,地震频率 f 取 50Hz,由于所使用的地震仪是速度型检波器,分子上要乘以 ϖ_0。λ、μ 是拉梅常数,本节假定其平均值为 $\lambda = \mu = 1 \times 10^4$MPa,井下接收时 P 波速度取为 $a_2 = 2000$m/s,地面接收时 P 波速度取为 $a_1 = 1200$m/s;r_1、r_2 分别是地面、井下的 P 波传播半径,取为 3000m 和 500m;S_0 是震源面积,假定每次破裂仅有很小的面积,取 $1m^2$;K_1、K_2 是地面、井下检波器的换能系数,使用中国地震局工程力学研究所研制的专用检波器,分别取 0.5V·s/cm、0.2V·s/cm。

H_1、H_2 分别是地面接收、井下接收的入射衰减。前者是从高速层进入低速层,入射衰减很小,每层入射系数为 0.85,假定有 7 层,整体入射系数为 0.35;后者是从地层进入水泥环和钢套管,是从低速层进入高速层,速度差别可达 2 倍以上,每层入射系数仅为 0.3,整体入射系数小于 0.1。

F_1、F_2 是路径衰减,也称为非弹性衰减。由于地面接收路途远,覆盖层非弹性强烈,通过系数取为 0.1;井下接收路途近,非弹性衰减小,通过系数取为 0.5。

将上述结果代入式(11-7)和式(11-8),并考虑辐射图形因子的影响,计算出

在观测点的检波器上可形成的电压值。可以看出,地面接收所获得的电压值是 $5.8\mu V$,这已超过现有技术的检测水平。目前的检测水平是 $1\sim2\mu V$,说明信号是可以被检测出来的。井下接收信号要强得多,可达 $26.8\mu V$,这主要是震源距比较小、辐射图形因子较大的结果。

11.5.2　监测方法

（1）首先通过探区地面均匀设置又相对独立的采集站群,接受探区地下微震信号。

（2）利用弹性波场在地层介质中的传播特性,应用射线追踪、叠前偏移、高覆盖次数叠加、层析成像等技术,完成目标层三维成像工作。

（3）充分利用采集信号的纵、横波特性,依据微震成像,对震动量级、波形特性、极化方向、纵横波关系、频率特性等进行综合解释,从而达到最终设计、施工的目的。

11.5.3　速度模型建立

速度建模在构造、层序模型的约束下,利用邻井的声波、VSP 以及速度谱等资料建立平均速度的三维数据体,供叠前偏移使用,速度模型建立流程见图 11.14。

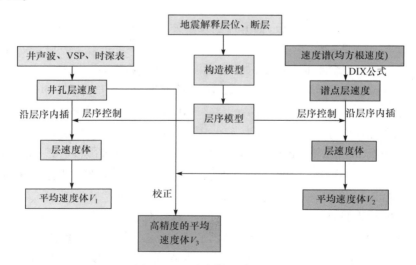

图 11.14　速度模型建立流程

模型空间网格划分见图 11.15,微震波传播路径见图 11.16,射线追踪见图 11.17,VSP 观测系统示意图见图 11.18,地面地震观测系统示意图见图 11.19,P 波速度模型见图 11.20,修正后的 P 波速度模型见图 11.21,模型精度由 50m×

50m×50m 迭代提高到 20m×20m×20m,并最终达到了 5m×5m×5m,效果逐步变好的过程见图 11.22。

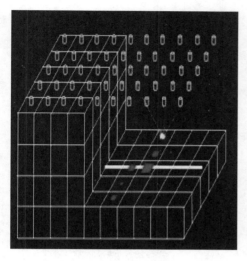

图 11.15　空间网格划分

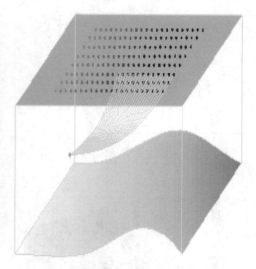

图 11.16　微震波传播路径

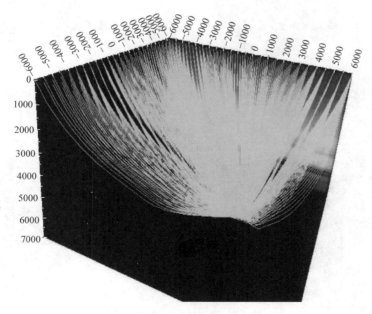

图 11.17　射线追踪(单位:m)

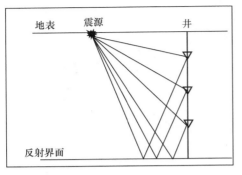

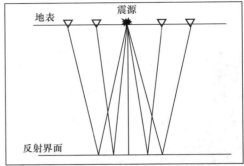

图 11.18   VSP 观测系统示意图   图 11.19   地面地震观测系统示意图

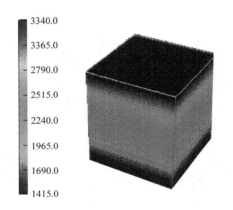

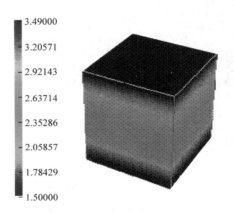

图 11.20   P 波速度模型   图 11.21   修正后的 P 波速度模型

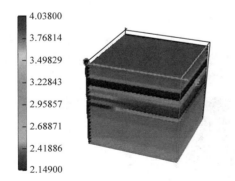

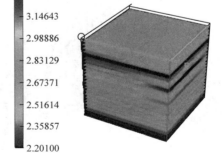

图 11.22   模型精度提高迭代过程

11.5.4　监测设计

1. 检波器布设方案图

依据压裂设计,计算出各压裂层段压裂端点,以其在地面的投影为中心并依据周边地形地貌布设检波器,由于本井为直井,只需以井口为中心,在周边布设检波器及台站即可。

检波器的定位与埋置要求如下：

(1) 检波器定位必须用精度不大于 1.0m 的高精度 GPS 准确定位,见图 11.23。

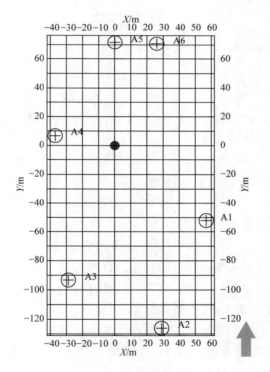

图 11.23　检波器定位

(2) 检波器的埋置深度不小于 10cm,需垂直放置。

2. 检波器坐标

检波器坐标见表 11.8。

表 11.8　检波器坐标

测点	X	Y	$\Delta X/m$	$\Delta Y/m$
井口	502186	4423147	—	—
A1	502243	4423095	57	−52
A2	502215	4423021	29	−126
A3	502157	4423054	−29	−93
A4	502149	4423154	−37	7
A5	502186	4423219	0	72
A6	502212	4423218	26	71

11.5.5　监测成果与解释

1. 第 1 级压裂监测

根据压裂方案设计,2017 年 1 月 16 日对第 1 级压裂进行水力压裂裂缝监测,监测工艺如下:

(1) 2017 年 1 月 16 日 10:00,监测现场勘察:井位置、地形、地貌以及井轨迹走向。

(2) 2017 年 1 月 17 日 9:00~9:30,布设监测分站,记录各分站坐标,并求出各分站相对于井口的位置。

(3) 2017 年 1 月 17 日 9:30~9:40,系统参数设置及调试:打开主分站仪器,调试主分站之间的通信联络、数据传输,并进行参数设置。

(4) 2017 年 1 月 17 日 9:40~9:50,背景噪声谱监测:参数设置、主分站调试正常后,进行背景噪声谱监测,等待压裂施工。

(5) 2017 年 1 月 17 日 14:45,目标层压裂施工开始,打开微裂缝监测系统进入监测状态,此时系统对微震波进行自动采集、波形记录、处理数据及实时显示状态。16:07 目标层压裂结束,关机。

(6) 收起各监拾震器,完成本次现场监测。

第 1 级微震事件水平分布见图 11.24,第 1 级压裂监测成果见图版 22,第 1 级压裂监测成果见表 11.9,第 1 级压裂裂缝时间累积成像见图版 23。

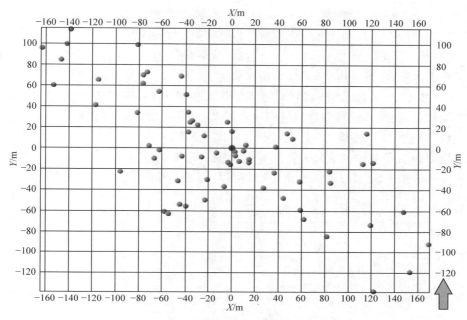

图 11.24 第 1 级微震事件水平分布

表 11.9 第 1 级压裂监测成果表

裂缝数据		压裂层段
		（341.25～350.85m）
裂缝长度 /m	左翼缝长	110
	右翼缝长	140
	总长	250
裂缝高度/m		11
裂缝方位		NE65°
裂缝产状		垂直

裂缝的时间累积成像以压裂施工进程的 1/5 时段间隔成图,由图版 23 可知,本级压裂起裂位置位于压裂端点附近;人工缝整体沿 NE65°方位扩展;压裂初期东西两翼裂缝扩展均衡,裂缝形态基本对称。

2. 第 2 级压裂监测

根据压裂方案设计,2017 年 1 月 21 日对该井第 2 级压裂进行水力压裂裂缝监测,现场监测工艺流程如下:

(1) 2017 年 1 月 21 日 10:30～11:00,布设监测分站,记录各分站坐标,并求出各分站相对于井口的位置。

　　(2) 2017 年 1 月 21 日 11:00～11:10,系统参数设置及调试:打开主分站仪器,调试主分站之间的通信联络、数据传输,并进行参数设置。

　　(3) 2017 年 1 月 21 日 11:10～11:20,背景噪声谱监测:参数设置、主分站调试正常后,进行背景噪声谱监测,等待压裂施工。

　　(4) 2017 年 1 月 21 日 13:50,目标层压裂施工开始,打开微裂缝监测系统进入监测状态,此时系统对微震波进行自动采集、波形记录、处理数据及实时显示状态。14:58 目标层压裂施工结束,关机。

　　第 2 级微震事件水平分布见图 11.25,第 2 级压裂监测成果见图版 24,第 2 级压裂监测成果见表 11.10,第 2 级压裂裂缝时间累积成像见图版 25。

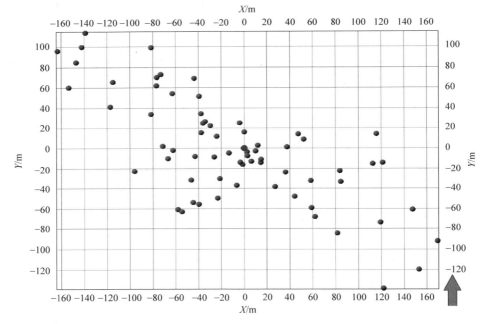

图 11.25　第 2 级微震事件水平分布

表 11.10　第 2 级压裂监测成果表

裂缝数据		压裂层段 (306.30～316.05m)
裂缝长度 /m	左翼缝长	100
	右翼缝长	118
	总长	218
裂缝高度/m		12
裂缝方位		NW68°
裂缝产状		垂直

裂缝的时间累积成像以压裂施工进程的 1/5 时段间隔成图,由图可知,本级压裂起裂位置位于压裂端点附近;人工缝整体沿 NW68°方位扩展;东西两翼裂缝扩展均衡,裂缝形态基本对称。

11.5.6　压裂结果分析

压裂裂缝监测结果汇总见表 11.11。

表 11.11　压裂裂缝监测结果汇总

层序	左翼缝长/m	右翼缝长/m	缝高/m	方位
第 1 级	110	140	11	NE65°
第 2 级	100	118	12	NW68°

压裂效果总体分析:该井两级压裂裂缝延伸方位分别为 NE65°、NW68°,在裂缝走向上形成两条互相垂直的交叉缝;压裂产生的裂缝受地层三向应力制约,裂缝的延伸方向与地层中最大水平主应力方向平行,由此大致推断该区块或该井周边区域最大水平主应力与最小水平主应力接近。

11.6　开采保护层的远近场坚硬顶板协同控制技术

11.6.1　保护层和被保护层工作面开采顺序和布置参数

为了降低塔山煤矿石炭系 3-5# 特厚煤层综放工作面坚硬覆岩运动对采场矿压的影响,尝试通过开采保护层防治坚硬顶板灾害、降低矿压显现强度,试验开采的保护层为 3-5# 煤层上覆的山# 煤层。试验工作面,保护层 8101 工作面在雁崖矿,被保护层 8108 工作面在塔山煤矿。

由于煤层之间的距离相对较近,下部煤层开采前顶板的完整程度已受到上部煤层开采损伤破坏,围岩的稳定性会相对较差,再加上受上部煤层开采残留的区段煤柱在底板形成的集中压力影响,使极近距离下部煤层回采巷道控制成为生产中的一个突出问题。下部煤层回采巷道的布置形式主要有三种:内错式布置、外错式布置和重叠布置。

下部煤层开采巷道布置形式决定着工作面在整个回采期间巷道支护的难易程度,而巷道支护的难易程度又取决于上部煤层煤柱载荷在其底板煤(岩)层中的应力传递情况。现代矿压理论认为,应力集中程度对巷道的矿压显现程度起决定作用,将巷道布置在煤柱下方的低应力区是实现主动控制巷道稳定性的根本途径。一般认为,下部煤层开采时,在上部煤层残留的区段煤柱边缘形成一个应力降低区内,将下部煤层回采巷道布置在此区域内以避开煤柱压力集中区是合适的,易于维护。煤层开采的实践表明,尽管巷道处于应力降低区内,下部煤层开采时巷道的矿山压力显现还是十分明显,变形和破坏严重,维护十分困难,严重影响着矿井正常生产。事实上,煤层开采引起回采空间围岩应力重新分布,不仅在回采空间周围的煤柱上造成应力集中,而且该应力会向底板深部传递。煤柱在底板中的应力分布为非均匀分布状态,而巷道多采用传统的均称支护,在非均衡的应力环境中,支架受到不均匀的偏心载荷作用,极易造成支架受力条件恶化,因而,在煤矿井下工程实践中经常可以看到巷道围岩变形与破坏呈现出非对称变形和破坏的复杂现象。

尽管保护层开采巷道布置有内错式布置、外错式布置和重叠布置,但无论何种布置方式,均受煤柱应力影响,因此,保护层开采将采取无煤柱开采方案。但采用保护层开采控制坚硬顶板技术属于探索阶段,因此在现场实际应用中,通过理论分析并结合实践经验,采用内错式布置方案,内错 7m,顺序开采。

11.6.2 保护层 8101 工作面煤层赋存特征

1. 矿井概述

雁崖矿井具有 50 多年开采历史,位于大同市南郊区鸦儿崖村东 1km 处,距大同市 34km,距大同煤矿集团总部驻地 20km。该矿井东北与四老沟矿相连,西南与挖金湾煤业公司驻地毗邻。井田面积 17.428km²,井田内赋存侏罗系和石炭-二叠系煤系。

2. 煤层赋存及顶底板特征

山$^{\#}_4$ 煤:黑色,半亮型、暗淡型,玻璃光泽、沥青光泽。煤层厚度 0.87～3.37m,平均 2.64m;利用厚度 0.70～2.86m,平均 2.08m;属复杂结构煤层,含 1～4 层夹矸,夹矸厚度 0～1.00m,平均 0.57m;夹矸单层厚度 0.02～0.60m;夹矸岩性为褐灰色高岭岩、高岭质泥岩、黑灰色炭质泥岩、砂质泥岩。工作面煤层顶底板情况见表 11.12。

表 11.12 工作面煤层顶底板情况

顶底板名称	厚度/m	岩性特征
基本顶	2.70～7.95 (4.24)	灰白色粗砂岩:钙质胶结,致密,成分以石英为主,北部厚,往南逐渐变薄,中部缺失,局部为细砂岩、粉砂岩
直接顶	0.71～10.60 (3.94)	根据魏 1302 号地面勘探钻孔资料,北部伪顶直接与基本顶接触。中部为灰褐色高岭质泥岩,块状。中南部变为灰色粉砂岩:结构均一、性脆,见方解石脉充填裂隙;灰白色细砂岩:成分以石英、长石为主,分选差,棱角状

续表

顶底板名称	厚度/m	岩性特征
伪顶	0.15～0.20 (0.18)	北部为 0.15m 砂质泥岩,灰褐色,中部为 0.20m 炭质泥岩,黑色,碎块状,性脆、易碎、污手,含植物根、茎、叶化石
直接底	1.27～13.07 (9.69)	高岭质泥岩:灰褐色(中夹有高灰分煤 0.20m);砂质泥岩:黑灰色,块状,有植物碎片及煤线;炭质泥岩:灰黑色,块状;细砂岩:灰白色、浅灰色,成分以石英为主,硅质胶结,水平层理;高岭岩:灰色,块状,贝壳状断口;粉砂岩:浅灰色,中夹 0.30m 浅灰绿色具滑面的高岭岩;泥岩:黑色碎块(见 0.70m 的煤条带和 0.75m 的白色煌斑岩,有斑晶及黄铁矿晶,0.50m 的黑色矽化煤);中砂岩:白色,以石英、长石为主,厚层状,分选较好,次棱角状,胶结坚硬,与下覆地层过渡接触
老底	2.41～21.26 (7.61)	中粒砂岩:白色,厚层状,以石英、长石为主,分选较好,次棱角状,胶结坚硬,与下覆地层过度接触。砂砾岩:灰白色,钙质胶结,分选一般,底部有煤线。中砾岩:灰白色,成分为石英、燧石,含黄铁矿晶体。含砾粗砂岩:硅质胶结,分选好。细砂岩:分选差,胶结坚硬

注:括号中为平均值。

3. 8101 工作面技术特征

雁崖矿井山⁴ 煤层 8101 工作面采用双巷布置,两条顺槽与东翼盘区巷道的夹角为 $77°24'12''$,向南开掘。2101 皮带顺槽、5101 辅助运输顺槽沿山⁴ 煤层见顶起底掘进。工作面走向长度为 1867.8～1918.8m,可采走向长 1792m,工作面倾斜长度为 228m,采高为 0.87～3.37m,平均 2.64m。

4. 地质构造、水文地质及其他影响开采的条件分析

工作面地层走向近似东西,倾向北,倾角 1°～4°,基本呈一南高北低的单斜构造,垂直与斜节理发育,掘进过程中未揭露断裂构造。该工作面从东翼回风巷起算,2101 巷 1200～1300m,5101 巷 1181～1304m 处为煌斑岩侵入区域,区内受煌斑岩穿插破坏严重,局部煤层挤压变薄,煤层变质为高灰煤,该区域回采受较大影响。

水文地质条件简单,在掘进过程中,巷道顶板局部有淋水,属于煤岩层裂隙水与孔隙水,随着时间的推移,淋水呈逐渐减少的趋势,巷道低洼处积水,已安设多台潜水泵进行了排放。上覆西南部为侏罗系 14⁴ 煤层同煤挖金湾 406 盘区 8606、8608 工作面,已于 1976 年采空,煤层厚度为 0.87～2.30m,平均 1.20m,中部、北部为古窑采空区。由于采空年久,采空范围与积水情况已无法在井下进行实测。其他影响开采的因素见表 11.13。

表 11.13　影响回采的其他地质情况表

瓦斯	瓦斯相对涌出量为 $2.61m^3/t$,绝对涌出量为 $44.6m^3/min$,瓦斯等级:高					
CO_2	0					
煤尘爆炸指数	37%有爆炸危险性					
煤的自燃倾向性	自然发火期 68 天,容易自燃					
地温危害	无高温热害区地温梯度为 $2.41℃/100m$					
地压危害	无					
普氏硬度 f	煤层	夹矸	直接顶	基本顶	直接底	煌斑岩
	2.7～3.7	4.0～4.5	4.5	6.3	4.5	8.7

11.6.3　塔山煤矿 3-5# 煤层被保护层 8108 工作面开采特征

1. 煤层及顶底板赋存特征

3-5# 煤层厚度较大,厚度 11.1～31.7m,平均 19.4m。

8108 工作面煤层顶底板情况见表 11.14,山# 煤层一盘区 8101 工作面与 3-5# 煤层层间对照情况见图 11.26。

表 11.14　8108 工作面煤层顶底板情况

顶板名称	厚度/m	岩性特征
基本顶	1.00～7.60 (4.32)	上部为灰白色中粒砂岩、粗砂岩,底部为灰白色细砂岩。成分为石英、长石、泥质、钙质胶结,分选好,局部有中砾岩,成分为石英、燧石,含黄铁矿晶体
直接顶	7.24～22.84 (13.96)	南部由天然焦、煌斑岩、炭质泥岩交替赋存,北部由灰黑色炭质泥岩、砂质泥岩组成,碎块状,含有大量植物根、茎、叶化石,有节理,裂隙发育,局部有伪顶,岩性为灰黑、灰褐色高岭质泥岩。中夹 2 号煤层,厚 4.49～8.14m,平均 5.96m
直接底	2.10～3.85 (3.05)	由灰黑色炭质泥岩、砂质泥岩、泥岩、灰褐色高岭质泥岩交替赋存,夹 0.5～0.6m 煤线,裂隙发育,裂隙面有白色钙质充填物
老底	3.13～26.0 (14.36)	中部、南部以灰白色粗砂岩为主,下变为中粒砂岩,成分以石英、长石为主,次为暗色矿物,泥质与钙质胶结,分选差。北部由粗砂岩、砾岩、角砾岩组成,砾径约 2.5mm

注:括号中为平均值。

2. 8108 工作面技术特征

以塔山煤矿 3-5# 煤层一盘区 1070m 水平 8107 及 8108 工作面为例介绍工作面开采技术。矿井采用集中大巷条带式布置方式,盘区采用三巷平行布置,分别为

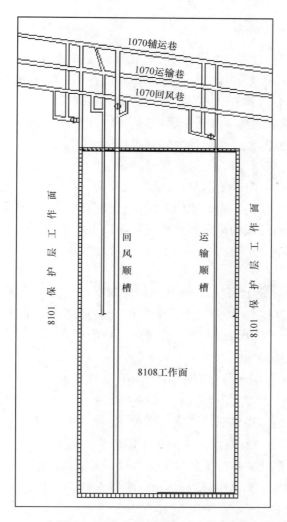

图 11.26 3-5# 煤层 8108 工作面与保护层(山# 煤层)平面对应图

1070 辅运巷、1070 皮带巷、1070 回风巷。1070 辅运巷与 1070 皮带巷间距 46.55m,1070 皮带巷与 1070 回风巷间距 45m。1070 辅运巷采用无轨胶轮车运输。8108 工作面为三巷布置,三条顺槽与 1070 大巷的夹角为 82°35′44″,向北开掘。2108 皮带顺槽、5108 辅助运输顺槽沿 3-5# 煤层底板掘进,8107 高抽巷沿 3-5# 煤层顶板在稳定岩层中掘进。2108 巷与 1070 皮带巷、2108 巷与 1070 辅运巷通过斜巷相连接,5108 巷与 1070 辅运巷连接。工作面推进长度 2186m,工作面长度为 207m,平均采高 16m,工作面停采线至 1070 回风大巷之间留设保护煤柱 230m。

3. 地质构造特征

两顺槽巷在掘进过程中共揭露了 31 条正断层和 18 条门帘石。其中 5108 巷揭露正断层 11 条,落差在 0.10~2.20m;门帘石 12 条,宽度在 0.02~0.50m。2108 巷揭露正断层 18 条,落差在 0.20~1.90m;门帘石 6 条,宽度在 0.10~1.50m。8108 尾切巷揭露 2 条正断层,落差分别为 1.50m、0.50m。在生产过程中要提前采取过断措施,加强顶板管理,确保安全生产。

地层走向总趋势近似东西,倾向北,局部倾向北西、北东的单斜构造,工作面中北部局部为南北走向,呈小型向斜,形成头尾较高、中间较低的地形。煤层垂直与斜节理发育,致使煤层的完整性遭到破坏,顶煤疏松易碎,给回采和支护管理造成影响,回采过程中有可能造成局部冒落现象,回采时应加强顶板管理。

4. 水文地质

8108 工作面对应上覆为二叠系山$^{\sharp}$煤层 8101 采空区,层间距 29~51m。8101 工作面回采过程中,水文地质条件简单,顶板局部有少量淋水,属于煤岩层裂隙水与孔隙水。山$^{\sharp}$煤层 8101 工作面对应上覆为同煤麻地湾煤矿侏罗系 14$^{\sharp}$层采空区,与山$^{\sharp}$煤层层间距为 253.9~275.7m。

该区域顶板含水层水储存于砂岩裂隙中,系砂岩裂隙承压水。含水层划分为两段,第一段位于山$^{\sharp}$煤之上,为山$^{\sharp}$煤层直接充水含水层,岩性以粗砂岩、砂砾岩为主,次为中砂岩,连续性不好,呈透镜状,厚度一般为 5~8m;第二段位于山$^{\sharp}$煤之下,为 K_3 砂岩,岩性为不同粒级的砂岩,分布稳定,连续性好,厚度一般为 5~10m,是太原组煤层直接充水性含水层,本组砂岩裂隙不发育,抽水试验单位涌水量为 0.0004~0.00765L/(s·m),渗透系数为 0.00385~0.02594m/d,富水性弱。水质类型为 SO_4·HCO_3-[K+Na]·Ca·Mg 型,矿化度为 944mg/L,pH 为 7.5。

11.6.4　保护层开采对下覆 3-5$^{\sharp}$煤层覆岩运动影响研究

应用相似材料模拟试验研究保护层开采对下覆 3-5$^{\sharp}$煤层覆岩运动的影响。依据现场柱状图和煤、岩石力学性质,按照相似材料理论和相似准则制作与现场相似的模型。试验台长×宽×高为 3.0m×0.3m×1.8m,根据工作面长度 207m 及埋深 500m 确定几何相似比为 1:200。然后进行模拟开采,在模型开采过程中对开采引起的覆岩运动、支承压力分布及地表沉陷情况进行连续观测,试验模型尺寸及应力测点布置见图 11.27。

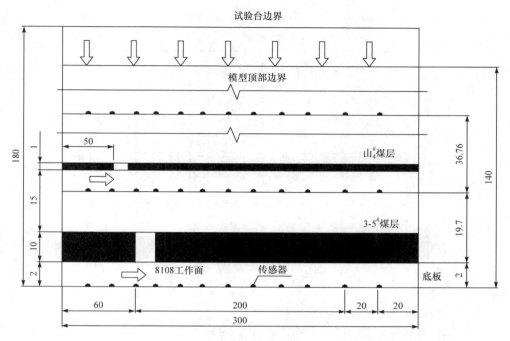

图 11.27   试验模型尺寸及开采方及应力测点布置示意图(单位:cm)

1. 开采方案及测点布置

模型先开采保护层山$_4^\#$煤层,距边界 0.5m 处开始布置工作面,工作面推进距离为 1.3m,即实际推进 247m,为山$^\#$煤层工作面的推进长度,当保护层工作面顶板稳定后,开采 3-5$^\#$煤层,距边界 0.6m 处开始布置工作面,工作面推进距离为 1.035m,即实际推进 207m,为 3-5$^\#$煤层工作面的推进长度。

共布置 6 条水平测线,测线间距为 200mm,测线离底板距离分别为 0cm、19.7cm、36.76cm、59.38cm、86.68cm(可以根据铺设的岩层重新确定传感器位置)。应力测点布置见图 11.27,合计应力测点 70 个。为了更加精确地测量开采过程中上覆岩层的运移情况,在模型的正面不同层位布设了位移基点,用电子经纬仪来观测其随开采过程的变化情况。位移基点沿煤层上方共布设了 8 层,每层均匀布置,间距 200mm,计 14 个基点,8 层共计 112 个,见图 11.28。

2. 保护层(山$_4^\#$煤层)开采覆岩运动模拟结果分析

根据时间相似比,按照预先设计的开采顺序,首先开采山$^\#$煤层 8101 工作面,开采过程中上覆岩层运动规律见图 11.29,随工作面推进,山$^\#$煤层上部直接顶首先离层→弯曲下沉→直接顶垮落→下覆基本顶弯曲下沉裂断→上位基本顶弯曲下

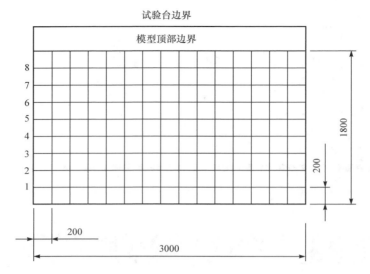

图 11.28　位移测点布置示意图(单位:cm)

沉裂断→基本顶组合→上覆岩层向上发展。

　　总体分析,山$_4^{\sharp}$煤层开采,初次来压步距约为 100m,周期来压步距约为 20m,覆岩破坏高度约为 40m;相似模拟发现第 6 条测线(山$_4^{\sharp}$煤层顶板上覆 60m)附近覆岩离层裂隙发育明显,表明山$_4^{\sharp}$煤层开采对高位坚硬岩层的弱化效果明显。

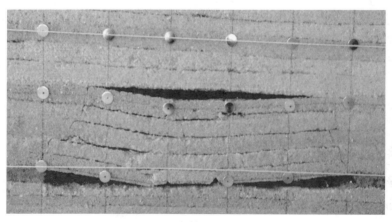

(a)基本顶弯曲下沉裂断

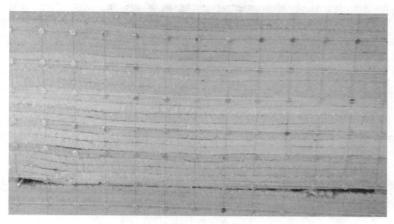

(b) 基本顶组合运动

图 11.29　山#煤层 8101 工作面开采覆岩运动变化情况

3. 3-5#煤层开采覆岩运动模拟结果分析

当工作面自切眼位置推进至 40m 时,上覆岩层产生裂隙;当工作面推进至 60m 时,直接顶部分垮落;当工作面推进至 80m 时,直接顶充分垮落;当工作面推进至 85m 时,工作面上方岩层与保护层裂断岩层沟通,带有一定冲击性,由于基本顶强度高、垮落空间大,此时在保护层中,弯曲下沉的基本顶已经断裂;当工作面推进至 100m 时,基本顶周期来压,来压步距为 20m,由于受保护层采动影响,顶板垮断后引起工作面产生的强矿压现象消失,垮落角约为 65°,覆岩运动特征见图 11.30。

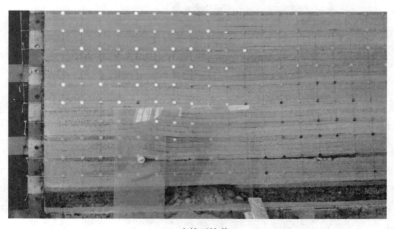

(a) 直接顶垮落

(b) 基本顶裂断

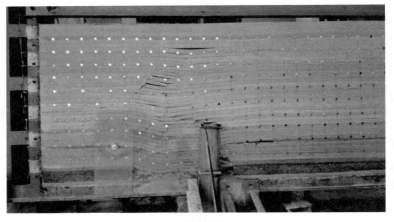

(c) 组合运动

图 11.30　3-5#煤层 8108 工作面开采覆岩运动变化情况

11.6.5　工作面矿压显现规律实测

　　现场监测地点选择塔山煤矿 8107 工作面和 8108 工作面，8107 工作面倾斜长度为 207m，走向长度为 2478.79m，煤层平均埋深 409m，煤层厚度 6.82～18.42m，煤层赋存稳定，结构复杂，工作面内地质构造及水文条件简单。8108 工作面倾斜长度为 207m，走向长度为 2186.2m，煤层平均埋深 420.5m，煤层厚度 10.76～20.28m，煤层赋存稳定，结构复杂。工作面采用综合机械化走向长壁后退式全部垮落采煤法，选用 ZF15000/28/52 型放顶煤支架，最大支撑高度 5.2m，中心距1.75m，从皮带巷（2108 巷）到轨道巷（5108 巷）依次编号为 1#～118#，8107 与8108 工作面采用双巷布置，留设煤柱宽度为 38m。

　　工作面矿压监测采用山东省尤洛卡自动化装备股份有限公司生产的 KJ216 综采支架压力计算机监测系统,见图 11.31,该仪器能自动记录各分机压力,见图 11.32。

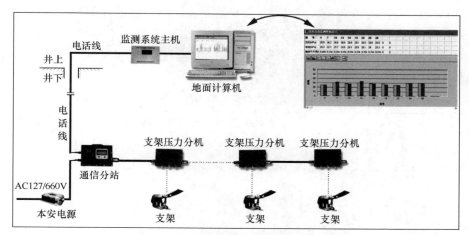

图 11.31　KJ216 综采支架压力计算机监测系统

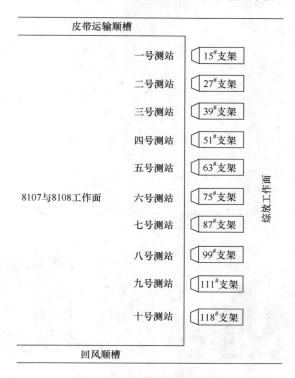

图 11.32　工作面测线布置图

1. 8107 工作面支架立柱受力分析

塔山煤矿 8107 工作面采用的支架工作阻力为 15000kN,额定工作压力为 36.86MPa。一个记录仪有两个通道,分别监测支架的一根前柱和一根后柱,为了充分分析支架立柱受力情况,对各支架的立柱统计了循环末阻力,再对统计时间段内的循环末阻力求平均值,即定义为平均循环末阻力,结果见表 11.15,部分支架阻力柱状图见图 11.33。

表 11.15　8107 工作面支架前后柱平均循环末支护强度统计表

支架		支护强度/MPa	支护强度/额定强度/%	前柱/后柱/%
15#	前柱	26.97	73.17	103.65
	后柱	26.02	70.59	
39#	前柱	29.20	79.22	101.74
	后柱	28.70	77.86	
51#	前柱	32.61	88.47	110.96
	后柱	29.39	79.73	
63#	前柱	31.70	86.00	115.52
	后柱	27.44	74.44	
75#	前柱	26.30	71.35	102.98
	后柱	25.54	69.29	
87#	前柱	33.73	91.51	121.59
	后柱	27.74	75.26	
99#	前柱	31.23	84.73	110.04
	后柱	28.38	76.99	
118#	前柱	28.08	76.18	101.89
	后柱	27.56	74.77	
平均	前柱	29.98	81.33	107.53
	后柱	27.60	75.64	

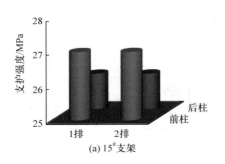

(a) 15#支架

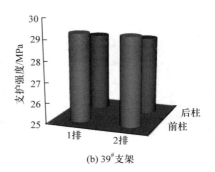

(b) 39#支架

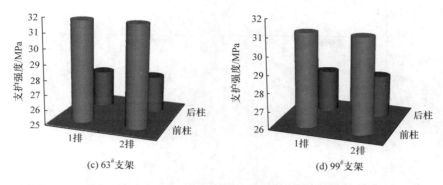

图 11.33　8107 工作面各支架四柱支护强度对比图

从表 11.15 和图 11.33 可以看出,工作面所监测支架有 8 个支架前立柱阻力都大于后立柱,但幅度不大,总体来说,支架前后立柱受力较均衡。支架后立柱的循环末阻力总平均值占其额定阻力的 75.64%,支架前立柱循环末阻力总平均值占其额定阻力的 81.33%,说明立柱受力状况良好。

塔山煤矿 8107 工作面部分支架循环末阻力曲线见图 11.34~图 11.36,工作面来压数据见表 11.16。分析确定,工作面初次来压步距平均为 59.4m,基本顶周期来压步距 5.4~33.9m,平均为 16.2m,来压期间最大工作面阻力为 14711.1kN,占额定工作阻力的 98.07%,非来压期间最大工作阻力为 11339.9kN,占额定工作阻力的 75.59%,周期来压期间动载系数为 1.10~1.90,平均为 1.31。

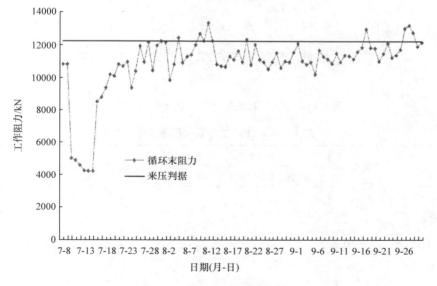

图 11.34　8107 工作面 15# 支架循环末阻力曲线

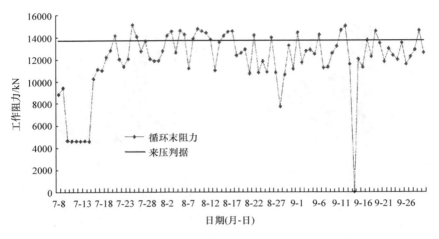

图 11.35　8107 工作面 63# 支架循环末阻力曲线

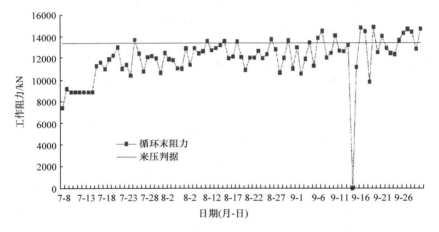

图 11.36　8107 工作面 99# 支架循环末阻力曲线

表 11.16　8107 工作面来压步距统计

时间(年-月)	月进度/m	来压次数		最小步距/m	最大步距/m	平均步距/m
		来压强次数	来压弱次数			
2013-8	165.55	3	9	5.4	33.9	14.05
2013-9	148.50	4	7	4.75	31.95	13.5
2013-10	139.00	3	6	7.55	20.4	15.4
2013-11	153.00	5	4	9.5	24.5	17.0
2013-12	127.00	3	4	7.3	28.4	18.1

时间(年-月)	月进度/m	来压次数		最小步距/m	最大步距/m	平均步距/m
		来压强次数	来压弱次数			
2014-1	101.50	4	2	8.1	21.4	16.9
2014-2	156.50	2	7	14.8	23.9	17.4
2014-3	165.75	5	6	5.7	24.8	15.1
2014-4	164.00	3	8	8.4	30.6	15.0
2014-5	166.00	4	6	6.2	20.7	16.6
2014-6	167.00	0	9	11.2	25.3	18.6
2014-7	163.50	3	6	7.8	22.4	18.2
2014-8	162.75	4	4	5.9	21.7	14.8
平均来压步距/m						16.2

2. 8107 工作面采动应力观测与分析

为获得特厚煤层大采高综放采场煤体应力分布及超前应力情况,根据塔山煤矿 8107 工作面地质和开采技术条件,采用钻孔应力计对工作面回采过程中的应力进行观测。

为获取大采高综放采场在回采期间煤柱以及回风顺槽内侧实体煤走向和倾向的应力变化情况,特在 8107 工作面回风顺槽两帮对称布置两组 KSE-Ⅱ-1 型钻孔应力计,具体的布置方案见图 11.37。

具体的布置方案参数如下:钻孔间距为 2m,距离巷道底板 1.5m,钻孔直径为 45～50mm,钻孔水平布置,且成孔要直,尾巷测站超前目前回采工作面 150m 左右。

随工作面的推进,覆岩的运动与破坏以及工作面的来压将重复上面的过程,并形成一定的来压规律,工作面每隔几次由基本顶断裂引起的周期小压后便会出现一次由上位关键层破断形成的周期大压,由模拟试验得到周期小压步距约为 20m,周期大压步距约为 45m。周期大压时,保护层上部弯曲下沉岩层与已经裂断岩层同步破断,覆岩纵向破坏高度大,岩层中裂隙与离层发育,而且垮落带区域与工作面前方的原岩体形成分离裂缝,成为导水、导气的通道。3-5# 煤层开采完毕后,"两带"高度达到 180m,开采边界的顶板垮断角基本对称,约为 65°,垮落形态近似呈梯形。

相似材料模拟表明,3-5# 煤层工作面推进 85m 时,采空区与上覆保护层采空区完全贯通,随着开采范围进一步增加,形成"块体-散体-铰接岩梁"结构,3-5# 煤层上覆不同层位坚硬岩层(铰接岩梁覆岩结构)的周期破断(周期性失稳),引起工作面大小周期来压。

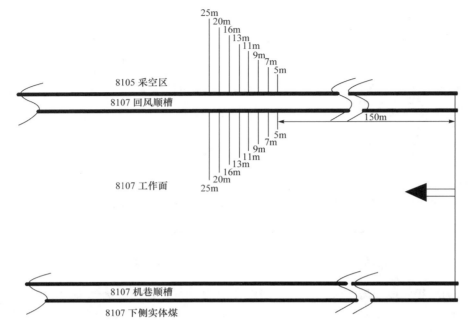

图 11.37　测点布置方案示意图

　　未开采保护层,其他工作面现场矿压观测实测周期小压步距约为30m,周期大压步距约为60m,因此保护层开采明显降低了来压步距,降低了矿压显现强度。保护层开采对 3-5# 煤层覆岩高位坚硬岩层破坏、弱化效果明显。

　　1) 煤柱应力观测和分析

　　在 8107 综放面煤柱距风巷上帮 5m、7m、9m、11m、13m、16m、20m、25m 处分别布置钻孔应力计,对煤柱在回采期间的受力情况进行观测,分析采动应力分布情况,监测结果见图 11.38 和图 11.39。

　　由图 11.38 可以看出,煤柱应力的变化沿走向可以分为四个区:应力稳定区,位于工作面前方78m 以外,区内煤柱应力基本处于稳定状态;应力缓慢升高区,在经历应力稳定区后,煤柱的应力有所上升,但上升幅度不大,一般不超过 1MPa,该区位于距工作面 78~45m 内;应力明显升高区,在该区内,应力有较大幅度升高的趋势,直到应力峰值。对于煤柱浅部 5m 测点,应力最大可达 9.14MPa,应力增量最大为 6.35MPa,支承压力相对集中系数 K 为 3.29,峰值距工作面 23m;应力降低区,该区位于工作面前方 23m 以内,该区内煤柱应力由峰值逐渐降低。

　　由图 11.39 可知,沿煤柱倾向不同位置,煤柱走向支承应力峰值位置不一致,随距风巷上帮距离的增加,煤柱走向支承压力峰值距工作面煤壁的距离减小,部分测点的数据显示,煤柱走向支承压力峰值在工作面煤壁后方,具体数据见

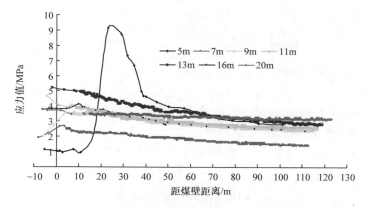

图 11.38　8107 煤柱应力走向变化曲线图

图例中的数值表示距风巷上帮的距离

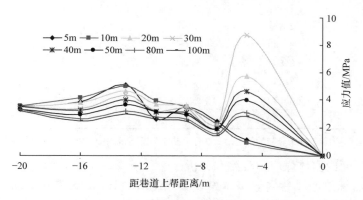

图 11.39　8107 煤柱应力倾向变化曲线图

图例中的数值表示距煤壁的距离

表 11.17。可以看出,在工作面前方 80 处,测点数据开始升高,说明特厚煤层大采高综放工作面支承压力影响范围较大。

表 11.17　8107 风巷煤柱应力沿走向的分区情况一览表

分区	范围/m	应力范围/MPa	K 值范围
应力稳定区(A 区)	>78	2.78~3.10	1.00~1.10
应力缓慢升高区(B 区)	78~45	1.90~4.62	1.36~1.66
应力明显升高区(C 区)	45~20	2.68~9.14	1.91~3.29
应力降低区(D 区)	20~0		

煤柱沿倾向应力分布规律表明,侧向煤柱沿倾向在远离工作面时应力峰值显

现不明,在进入距工作面 50m 内,煤柱倾向应力峰值显现明显,最大应力位于巷道靠巷帮侧。距工作面不同位置处倾向应力峰值有一定的变化,在距工作面 10m 内,煤柱倾向存在单一峰值,峰值距风巷上帮 13m;而距工作面 10~50m 内,煤柱倾向存在双峰值,两个峰值量不一致;距风巷上帮 5m 左右存在一大峰值;距风巷上帮 13m 左右存在一小峰值,随着距工作面煤壁距离的减小。5m 处峰值变化幅度较大,13m 处峰值变化幅度不大。靠巷道侧及采空区侧的煤柱应力均降低,且巷道侧煤柱应力降低幅度较大。

综上分析,可得 8107 风巷煤柱应力在回采过程中沿走向的变化规律,见表 11.18。

表 11.18　8107 风巷煤柱应力变化规律一览表

测点 x/m	初始应力/MPa	最大应力/MPa	应力峰值的位置/m	最大 K 值
5	2.78	9.14	23.00	3.29
7	1.40	2.68	1.70	1.91
9	2.40	3.55	−1.30	1.48
11	2.60	4.68	−4.00	1.80
13	2.80	5.20	−2.00	1.86
16	2.35	3.84	0.00	1.63
20	3.10	3.70	−4.00	1.19
平均值	2.49	4.68	1.91	1.88

注:K 为测试应力值与应力计初始值之比;x 为距巷道上帮距离;表中的负值表示峰值的位置在煤壁之后。

2) 工作面内实体煤应力观测和分析

在 8107 综放面风巷内侧实体煤 5m、7m、9m、11m、13m、16m、20m、25m 处分别布置钻孔应力计,对工作面内侧煤体在回采期间的受力情况进行观测,观测结果见图 11.40 和图 11.41,确定的工作面内煤体应力沿走向变化规律见表 11.19。

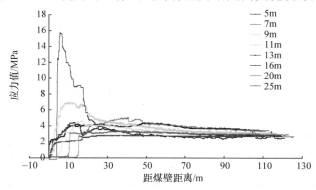

图 11.40　8107 风巷内侧实体煤应力走向变化曲线图
图例数值表示测点距风巷上帮(实体煤侧)的距离

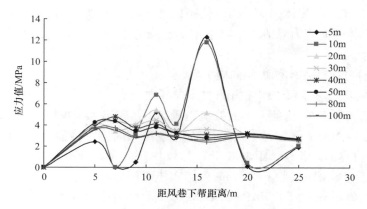

图 11.41　8107 风巷内侧实体煤应力倾向变化曲线图
图例数值表示测点距工作面煤壁的距离

表 11.19　8107 风巷内侧实体煤应力变化规律一览表

测点 x/m	初始应力/MPa	最大应力/MPa	应力峰值的位置/m	最大 K 值
5	3.36	4.38	50.80	1.30
7	3.40	5.01	40.70	1.47
9	2.73	4.50	14.30	1.65
11	3.03	6.94	10.00	2.29
13	2.74	4.39	12.60	1.60
16	2.39	15.70	5.79	6.57
20	2.89	3.28	31.70	1.13
25	2.64	2.77	24.30	1.05
平均值	2.90	5.87	23.80	2.13

　　监测表明,工作面内煤体应力距工作面约 23.8m 处,应力值为最大,随后应力急剧下降;在峰值处,风巷侧工作面煤体的支承压力相对集中系数 K 为 2.13;在距工作面前方 90m 处,工作面内煤体应力就开始受工作面回采的影响;在距工作面前方 50~90m 内,煤体应力逐渐上升;在距工作面前方 50m 内,煤体应力上升较快直到峰值,而后应力逐渐降低。由此可得出,8107 综放面的前支承压力峰值位置在距工作面前方 10~25m 内,峰值时支承压力相对集中系数 K 为 1.3~6.5,10~25m 至工作面煤壁为应力降低区。

　　风巷内侧工作面煤体沿倾向应力分布规律表明,风巷内侧工作面煤体倾向应力峰值在远离工作面时显现不明,在进入距工作面 50m 内,风巷内侧工作面煤体倾向应力峰值显现明显。距工作面不同位置处倾向应力峰值有一定的变化,距工作面 5m 处,风巷内侧工作面煤体倾向应力峰值距风巷下帮 16m;距工作面 20m

处,风巷内侧工作面煤体倾向应力峰值距风巷下帮 11m;距工作面 40m 处,风巷内侧工作面煤体倾向应力峰值距风巷下帮 7m;靠近工作面 10m 范围内倾向应力数据变化较大。

3) 煤柱和工作面实体煤倾向应力对比

8107 风巷侧煤柱和工作面内侧实体煤倾向应力对比见图 11.42,煤柱倾向应力峰值靠近风巷上帮,内侧实体煤峰值距风巷下帮距离大于煤柱;两侧倾向应力峰值与工作面距离的关系较为一致,两者都呈现出倾向应力峰值随着距煤壁距离的减小,峰值位置远离巷帮。距煤壁 5m 时,煤柱倾向应力峰值距巷帮 13m,内侧实体煤倾向应力峰值距风巷下帮 16m;内侧实体煤倾向应力峰值最大值大于煤柱倾向应力峰值最大值,分别为 8.27MPa 和 12.3MPa,且两者出现峰值最值的位置也不一致,分别为煤柱 30m 和内侧实体煤 5m(距工作面煤壁距离)。

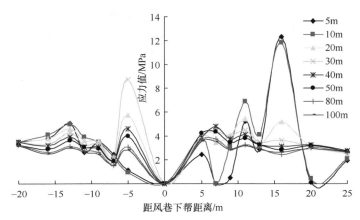

图 11.42　煤柱和风巷内侧实体煤倾向应力对比曲线

3. 8108 工作面来压步距及强度分析

塔山煤矿 8108 工作面采用的支架工作阻力为 15000kN,额定工作压力为 36.86MPa。一个记录仪有两个通道,分别监测支架的一根前柱和一根后柱,各架立柱循环末阻力统计情况见表 11.20,部分支架阻力柱状见图 11.43。

表 11.20　8108 工作面支架前后柱平均循环末支护强度统计表

支架		支护强度/MPa	支护强度/额定强度/%	前柱/后柱/%
15#	前柱	23.63	64.11	103.73
	后柱	22.78	61.80	
39#	前柱	25.46	69.07	101.23
	后柱	25.15	68.23	

续表

支架		支护强度/MPa	支护强度/额定强度/%	前柱/后柱/%
51#	前柱	33.87	91.89	127.33
	后柱	26.60	72.16	
63#	前柱	32.88	89.20	291.49
	后柱	11.28	30.60	
75#	前柱	28.28	76.72	116.19
	后柱	24.34	66.03	
87#	前柱	24.42	66.25	104.94
	后柱	23.27	63.13	
99#	前柱	21.82	59.20	100.93
	后柱	21.62	58.65	
118#	前柱	23.13	62.75	109.31
	后柱	21.16	57.41	
平均	前柱	26.69	72.40	121.16
	后柱	22.03	59.75	

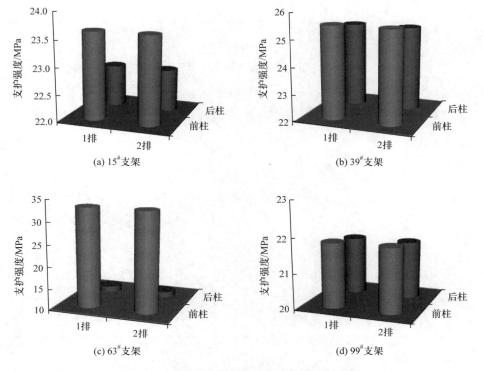

图 11.43　8108 工作面各支架四柱阻力对比图

　　分析表明,工作面所监测支架有 8 个支架前立柱阻力都大于后立柱,但幅度不大,总体来说,支架前后立柱受力较均衡。支架后立柱的循环末阻力总平均值占其额定阻力的 59.75%,支架前立柱循环末阻力总平均值占其额定阻力的 72.4%,说明立柱受力状况良好,支架阻力有较大富裕。8108 工作面部分支架循环末阻力曲线见图 11.44~图 11.46,工作面来压数据统计见表 11.21。

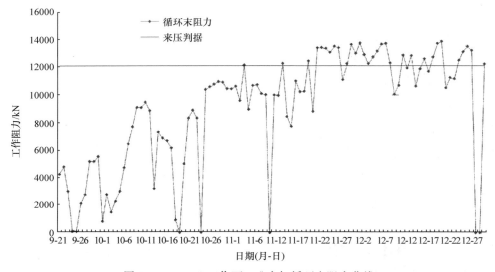

图 11.44　8108 工作面 15# 支架循环末阻力曲线

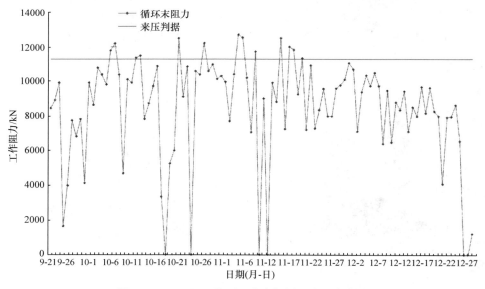

图 11.45　8108 工作面 63# 支架循环末阻力曲线

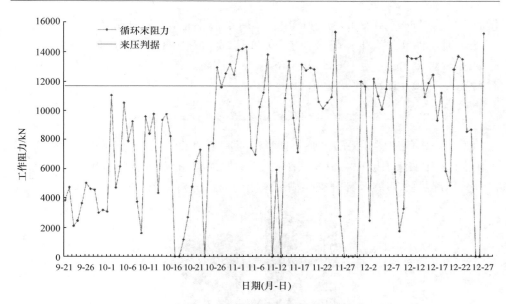

图 11.46　8108 工作面 99[#] 支架循环末阻力曲线

表 11.21　8108 工作面来压步距统计

时间 （年-月）	月进度 /m	来压次数	来压次数		最小步距 /m	最大步距 /m	平均步距 /m
			来压强次数	来压弱次数			
2014-11	100.4	3	0	3	10	28	17
2014-12	156.85	5	3	2	15	30	20
2015-1	147.75	8	4	4	12.5	28.5	19.4
2015-2	152.25	8	3	5	10.6	28.75	18.3
2015-3	172.5	5	1	4	21.75	52.75	33.82
2015-4	144.5	6	2	6	11	35.1	22.3
2015-5	155.25	4	2	2	10.85	59	40.7
2015-6	160	6	4	2	8.15	41.7	22.3
2015-7	164	5	2	3	5.8	40.05	17.8
2015-8	190	4	1	3	16.05	48.85	40.25
平均来压步距/m							25.7

　　通过数据整理并结合现场实测分析可知，当工作面推进到 7.8m 时，古塘顶煤开始从 26[#]～34[#] 架局部垮落；当工作面推进到 13.65m 时，16[#]～89[#] 架垮落高度为 0.5～4m。当工作面推进到 35.75m 时古塘顶煤已经全部垮落；工作面初次来压步距平均为 54.2m，基本顶周期来压步距为 5.8～52.75m，平均为 25.77m。工

作面正常推进时周期来压步距为 10～12m；推进不正常时，周期来压步距缩短为 6～8m。来压期间最大工作阻力为 13093.91kN，占额定工作阻力的 87.29％，非来压期间最大工作阻力为 10639.9kN，占额定工作阻力的 70.93％，周期来压期间动载系数为 1.10～1.78，平均为 1.22。

4. 保护层开采技术防治坚硬顶板强矿压效果分析

为了分析保护层开采防治坚硬顶板矿压灾害的效果，对比分析塔山煤矿 8107 工作面（未开采保护层）及 8108 工作面（开采保护层）的矿压显现监测，支架立柱对比分析情况见图 11.47，部分支架循环末阻力对比分析见图 11.48。

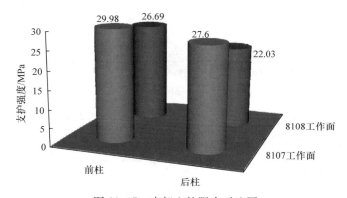

图 11.47　支架立柱阻力对比图

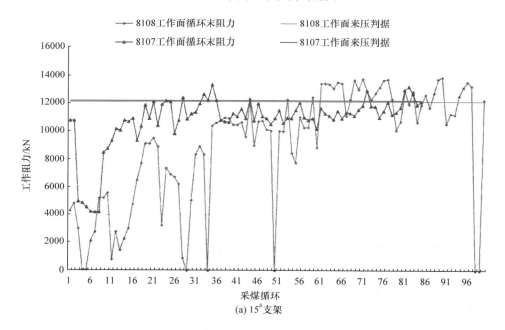

(a) 15#支架

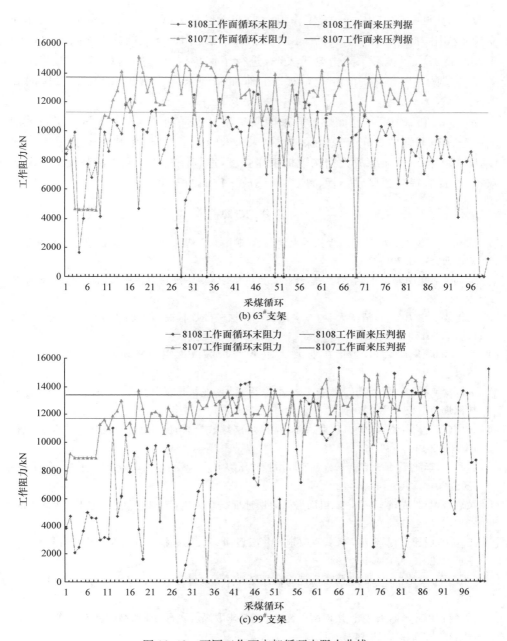

图 11.48　不同工作面支架循环末阻力曲线

工作阻力分布于 8000～12000kN 时,8107 工作面占 53.25%,8108 工作面占 25.92%;工作阻力分布在 12000kN 以上时,8107 工作面占 2.66%,8108 工作面占

0.31%,说明 8107 工作面支架工作阻力主要分布在 8000~12000kN,8108 工作面支架工作阻力主要分布在 6000~10000kN,8107 工作面支架前柱工作阻力比 8108 工作面高 12%。循环末阻力分析表明,进行了保护层开采的 8108 工作面与未开采保护层的 8107 工作面相比,8107 工作面循环末阻力普遍比 8108 工作面高约 2000kN。

总体分析,8107 工作面煤层开采期间矿压显现强烈,8108 工作面煤层开采期间矿压显现不强烈。充分说明保护层开采有效降低了工作面的来压步距和来压强度,降低了特厚煤层综放大结构顶板来压强度,达到保护层开采防治坚硬顶板矿压灾害的目的,提高了坚硬顶板特厚煤层综放工作面的安全性。

参 考 文 献

[1] 大同煤矿集团公司,辽宁工程技术大学. 大同矿区双系煤层开采耦合工程效应与相互作用规律研究[R]. 2014

[2] 大同煤矿集团公司,大连大学. 基于解放层开采的区域治理特厚综放大结构顶板强矿压技术[R]. 2015

[3] 大同煤矿集团公司,清华大学. 石炭系特厚煤层坚硬顶板高压水弱化理论与工程应用研究[R]. 2015

[4] 大同煤矿集团公司,中国矿业大学. 特厚煤层综放大空间坚硬覆岩结构及控制技术[R]. 2016

[5] 大同煤矿集团公司,辽宁工程技术大学,阜新工大矿业科技有限公司. 大空间采场坚硬顶板控制理论与技术[R]. 2016

[6] 大同煤矿集团公司,中国矿业大学. 特厚煤层综放开采远场关键层破断型式及失稳机制[R]. 2016

[7] 吴月先,李武平,钟水清,等. 地面交联酸携砂压裂工艺技术开发及其发展方向[J]. 石油科技论坛,2010,29(1):44-47,72

[8] 黄忠桥,吴月先,钟水清,等. 粗面岩储集层地面交联酸携砂压裂技术研究[J]. 钻采工艺,2010,33(1):57-59,125

[9] 王保玉,白建平,郝春生,等. 煤层气地面井压裂-井下长钻孔抽采技术效果分析[J]. 煤炭科学技术,2015,43(2):100-103

[10] 张海军,袁德权,马钱钱. 煤矿区地面钻井压裂井下效果考察[J]. 煤矿安全,2014,45(11):64-67

[11] 郭建春,刘登峰,宋艾玲. 用地面压裂施工资料求取煤岩岩石力学参数的新方法[J]. 煤炭学报,2007,32(2):136-140

[12] 蒋廷学,汪永利,丁云宏,等. 由地面压裂施工压力资料反求储层岩石力学参数[J]. 岩石力学与工程学报,2004,23(14):2424-2429

[13] 郭建春,邓燕,赵金洲. 大位移井压裂地面施工压力预测模型研究[J]. 钻采工艺,2005,28(1):50-52

［14］范耀,茹婷,李彬刚,等.焦坪矿区侏罗纪煤层地面煤层气井压裂液优选实验[J].煤田地质
　　　与勘探,2014,42(3):40-42
［15］江海宇.油田压裂微地震地面监测速度模型校正及定位研究[D].长春:吉林大学,2016
［16］芮拥军.地面微地震水力压裂监测可行性分析[J].物探与化探,2015,39(2):341-345
［17］钟尉,朱思宇.地面微地震监测技术在川南页岩气井压裂中的应用[J].油气藏评价与开发,
　　　2014,4(6):71-74
［18］刘玉海,徐克彬,朱传宝,等.压裂裂缝实时地面监测微地震数据传输技术[J].石油工业计
　　　算机应用,2016,24(4):41-42
［19］李仕彦.水力压裂地面微地震监测系统及震源定位方法研究[D].南充:西南石油大
　　　学,2013

第 12 章　坚硬顶板岩层控制理论与技术的科学意义

12.1　坚硬顶板岩层控制理论与技术体系

岩层控制是矿压研究最重要的目标之一,是煤炭安全高效开采的核心问题,如何实现岩层运动的精准可知和科学预控是世界性难题。岩层稳定性影响到煤矿开拓开采、矿压显现、通风与瓦斯防治、冲击地压防治、水害防治、井下运输等各个环节。顶板事故具有点多面广、控制难度大等特点。据国家煤矿安全监察局统计,在"十二五"期间,顶板事故发生起数和死亡人数分别占总事故起数和死亡人数的47%和33.2%,居各类煤矿事故之首。厚及特厚煤层开采,导致开采空间大、覆岩破断运移范围广。覆岩为坚硬顶板时,其垮断运移、应力分布以及矿压作用机理更为复杂,矿压显现强烈,控制难度更大。

大同矿区是我国典型的坚硬顶板矿区,在侏罗系煤层下部石炭系 15～20m 特厚煤层开采中支架压死、巷道破坏等强矿压问题突出,通过加强支护已无法解决,对顶板控制提出了新的挑战。作者针对大同矿区石炭系坚硬顶板特厚煤层开采的工程实践,通过理论研究、现场实测等研究方法,明确了坚硬顶板特厚煤层开采形成的巨大采出空间将引发大范围的岩层活动,揭示了大空间采场坚硬顶板的运动规律,确定了采场结构特征,解决了大同坚硬顶板特厚煤层复杂开采条件下的工程技术难题,提出了"大空间采场、采场高位结构、坚硬顶板远近场控制"等新概念和岩层控制理念,并给出了远、近场的划分依据,为坚硬岩层的控制提供了理论依据,丰富和发展了岩层控制理论。同时,针对远场高位坚硬岩层井下控制困难的问题,发明了地面压裂弱化远场高位坚硬岩层技术,实现了大空间采场多层坚硬岩层的井上下协同预控。大空间采场坚硬顶板控制理论与技术体系见图 12.1。此外,作者还提出了矿井动力灾害发生的地质动力环境评价方法,明确了地质动力环境是矿井动力灾害发生的必要条件,而开采扰动是矿井动力灾害发生的充分条件的发生机制;探讨了矿井地质动力环境评价方法,给出了地质动力环境评价的判别标准,包括开采深度条件、井田构造应力场条件、构造运动条件、断裂构造条件、顶板岩层条件、本区及邻区条件等;明确了只有具备矿井动力灾害发生的地质动力环境,在开采工程扰动下,矿井才有可能发生动力灾害;在分析矿压显现影响因素的基础上,基于坚硬顶板特厚煤层开采的特点,应用模糊数学理论,建立了大空间采场坚硬顶板模糊综合分类方法。

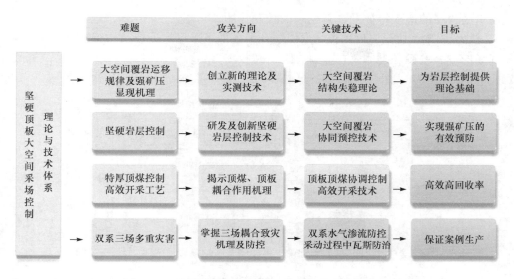

图 12.1　大空间采场坚硬顶板控制理论与技术体系

大空间覆岩结构失稳理论突破了传统基于基本顶的矿压理论,同时,将采场覆岩运动、开采工艺以及通风瓦斯流场认为是一个有机系统,整体研究、协调控制,提出了矿压控制过程中协同控制瓦斯流场的理念,为坚硬顶板条件下多场耦合致灾的防控提供了支撑。

12.2　科学意义

12.2.1　坚硬顶板岩层控制理论的科学意义

大空间采场坚硬顶板控制理论与技术扩大了矿山压力研究的空间范围,揭示了高位坚硬岩层对矿压显现的控制作用,研发了覆岩整体运移"三位一体"的监测技术、装备和系统的监测方法,揭示了大空间采场坚硬顶板运动规律及强矿压显现机理,开发了坚硬顶板大空间采场岩层控制技术,丰富和发展了岩层控制理论,实现强矿压的有效预防,确保矿井的安全高效生产。

大空间采场坚硬顶板控制理论与技术,实现了岩层运动的精准可知和科学预控,解决了坚硬顶板特厚煤层开采强矿压显现的世界性难题,为大同矿区石炭系特厚煤层的安全高效开采提供了理论基础;创造了同忻煤矿石炭系单工作面月产142 万 t、年产 1329 万 t 的世界纪录;打造了同忻、塔山等国际领先的特大型现代化矿井和国家级安全高效开采示范工程。

(1) 定义了大空间采场和远近场的概念,探讨了大空间采场的空间特征、远近场坚硬岩层的运动特征及其对矿压的控制作用。

（2）明确了多层坚硬顶板特厚煤层开采条件下采场远近场结构特征（图 12.2），近场形成悬臂梁和砌体梁、远场形成高位"拱型"结构。

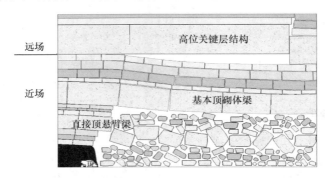

图 12.2　大空间采场"悬臂梁＋砌体梁＋高位覆岩结构"复杂系统结构

（3）揭示了大空间采场不同层位采场结构失稳对矿压显现的控制作用，近场结构失稳形成周期小压、远场结构失稳形成周期大压。

（4）远场结构失稳——远场关键层的破断和其他关键层一样，其破断是有规律可循的，除与岩层本身的强度、厚度、完整性等有关外，它还和其在煤层开采后的上覆岩层顶板形成的结构有关，具体的工作面条件下有一定的破断规律。一般来说，由于远场关键层的厚度大、强度高、完整性强，并受下部已破断岩层和顶板结构的影响，破断的岩层长度较大，实测断块破断尺寸都在 100m 以上，因此破断时的工作面来压强度也较大。

（5）每个工作面的煤层赋存条件不同、开采的技术工艺不同，其远场结构失稳的特征也不相同。远场结构失稳是工作面产生强矿压的根本原因，研究发现，在远场关键层破断前，由于其顶板开始弯曲变形、裂隙初步发展，其顶板的活动已经开始变得活跃，井下工作面附近能听到咚咚的响声，工作面顶板压力已明显加大，当远场关键层破断时，工作面常常出现冲击性的来压，对工作面及超前巷道内的支护设施造成危害。

（6）大空间采场及其远近场结构理论揭示了强矿压发生的机理，为强矿压的远近场控制提供了理论基础，指导控制目标层位的选择及坚硬顶板弱化技术参数的确定等。

（7）应用区域地质动力环境评估方法，确定口泉断裂构造等为大同矿区同忻煤矿、忻州窑煤矿等矿井强矿压（动载矿压）的发生提供了地质动力环境；揭示了"地质动力环境＋开采扰动影响（覆岩大结构失稳＋侏罗系煤柱）"多因素共同作用的强矿压显现机理。

12.2.2　岩移实测技术的科学意义

智能化开采将成为矿山行业转型升级的必由之路。智能化开采主要包括资源与开采环境数字化、技术装备智能化、生产过程控制可视化、信息传输网络化、生产管理与决策科学化等主要内容。"三位一体"实测技术构建了远近场原位多尺度岩层运动连续监测技术体系，研发了由地表沉陷监测、地面钻孔内部多点位移监测、孔间 CT 和微震监测等组成的远场监测系统，实现了对地表沉陷、覆岩破断、覆岩运动等的实时监测；研发了由 ZVDC-1 型液压支架压力监测、采空区应力监测组成的近场监测系统，实现了液压支架阻力和采空区岩层垂直应力实时监测，开辟了岩层运动监测新的技术途径。

覆岩"三位一体"实测技术是实现开采环境数字化的主要手段，是透明矿山的重要组成部分。覆岩"三位一体"实测技术是地质勘探、地球物理勘探和地球化学勘探工作的综合应用，各种方法相互补充，最大限度地实现了覆岩运动的透明化，为矿压规律研究、岩层控制提供了科学的技术保障，也是精准采矿的前提和基础。

未来，基于海量地质信息，应用全方位透明显示技术，构建透明矿山，实现地质构造、资源赋存、矿井水、矿井瓦斯、采空区、火区、覆岩运动、能量场、应力场等 1∶1高清显示、高清透视(图 12.3)，实现各类致灾因素和资源状况进行精准定位，实现精准开采不是梦。因此，"三位一体"综合实测技术为透明矿山、精准采矿的实现提供了方法和技术保障。

VR技术
数据挖掘

三位一体实测

CT扫描技术
互联网技术
地理空间服务技术

地球"黑箱"　　　　　　　　　　　透明地球

图 12.3　透明矿山实现原理

12.2.3　坚硬顶板控制技术的科学意义

坚硬顶板的弱化是改变覆岩断裂运动规律、结构特征，实现强矿压控制的主要途径。在煤炭开采过程中，目前尚无地面弱化远场高位坚硬岩层的技术手段，近场岩层控制采用的常规爆破与水压致裂等技术效果差、安全隐患多，亟需研发远场地面压裂和近场井下预裂的坚硬岩层控制技术与装备,提高坚硬顶板强矿压的控制效果和安全性。大同矿区远近场协同弱化控制坚硬顶板技术体系见图12.4。

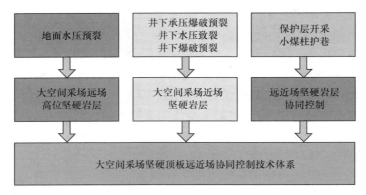

图 12.4　大空间采场远近场协同弱化控制坚硬顶板技术体系

(1)突破了传统的坚硬顶板治理的时空范围,实现了坚硬顶板治理理念的转变。研发了远场地面压裂和近场井下预裂的坚硬岩层弱化技术,构建了大空间远、近场坚硬顶板协同控制技术体系,变强矿压的被动治理为主动预防,且治理手段从单一的井下控制变为井上下联合治理。

(2)首次将地面水压致裂增透技术引入煤矿坚硬顶板的控制中,在解决大同矿区双系坚硬顶板煤层开采复杂工程问题的同时,实现了坚硬顶板控制技术的创新,从根本上解决了大同矿区石炭系坚硬顶板特厚煤层强矿压灾害问题。

(3)近场覆岩结构失稳导致采场大小周期来压,同时与远场高位结构相互作用,是引发工作面强矿压的重要因素。研发的井下特高压高效水压致裂成套技术及装备,增强了坚硬顶板水力压裂弱化效果,扩大了水压致裂应用范围,提高了近场弱化坚硬顶板的效果和安全性,降低了强矿压控制成本。

(4)首次将保护层开采技术和窄煤柱技术应用到顶板灾害防治领域,丰富了坚硬顶板的控制技术,构建了顶板弱化与卸压开采协同控制技术体系,在大空间采场坚硬顶板控制方面取得了突破,可为行业提供技术参考。

12.3　展　　望

研究成果丰富了岩层控制理论,为解决坚硬顶板大空间采场岩层控制技术难题、揭示坚硬顶板大空间采场强矿压显现机理提供了新理论,为坚硬顶板岩层控制提供了新技术。总体认为,建立的大空间采场覆岩大结构失稳理论和开发的坚硬顶板控制技术,对于薄煤层、软岩条件适用性不强,主要适用于坚硬顶板大空间采场类开采条件;建立的覆岩大结构失稳理论需要扩大推广应用范围,并继续深入研究理论模型的边界条件和求解方法,以便更科学地解释现场工程现象;构建的远近场原位"三位一体"岩层运动监测方法,监测数据种类多,数据量大,需要进一步深入研究监测数据的分析和处理方法,为坚硬顶板岩层控制措施的选取提供基础数据;创立的远近场协同弱化改性的坚硬顶板控制技术,需要系统、深入分析不同应力场条件下水平压裂与垂直压裂的工艺、参数和效果,更大程度地提高坚硬顶板控制效果。

今后,随着坚硬顶板岩层控制理论与技术的不断研究,应加强研究以岩层运动为核心的致灾机理和防控体系,使得研究成果不仅能解决矿压(动载矿压)、岩层控制问题,还能为瓦斯、水、火等灾害的防治提供理论支撑。

图 版

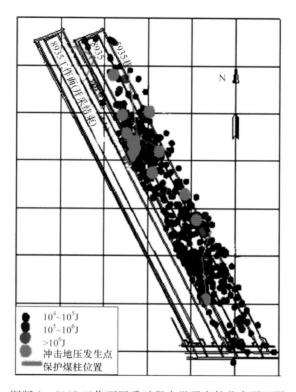

图版 1　8935 工作面回采过程中微震事件分布平面图

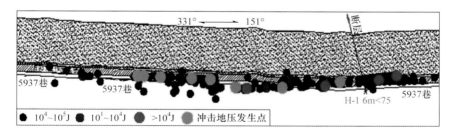

图版 2　8937 工作面微震事件分布剖面图

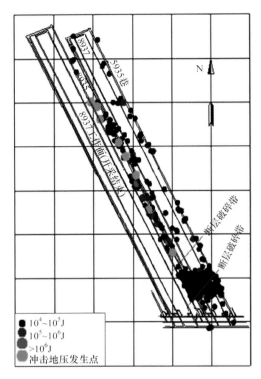

图版 3   8937 工作面微震事件分布平面图

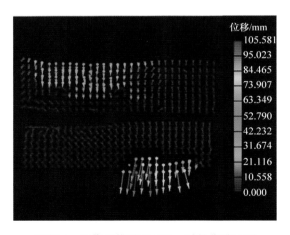

图版 4   工作面推进至 195m 时的位移云图

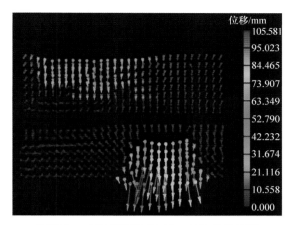

图版 5　工作面推进至 217m 时的位移云图

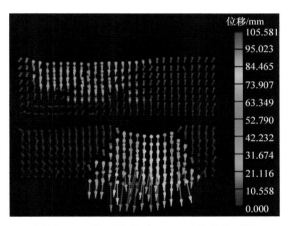

图版 6　工作面推进至 262m 时的位移云图

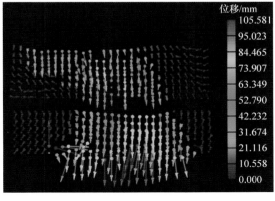

图版 7　工作面推进至 330m 时的位移云图

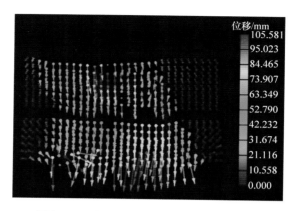

图版 8　工作面推进至 390m 时的位移云图

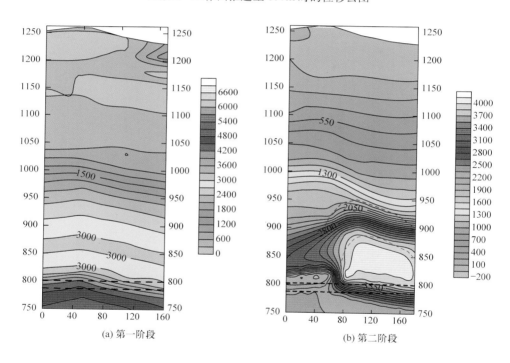

(a) 第一阶段　　　　　　　　　　(b) 第二阶段

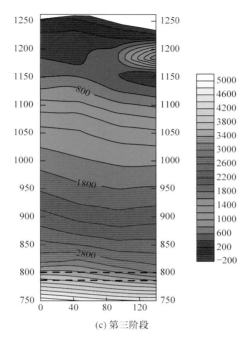

(c) 第三阶段

图版 9   1 号测线大地电阻率二维反演图

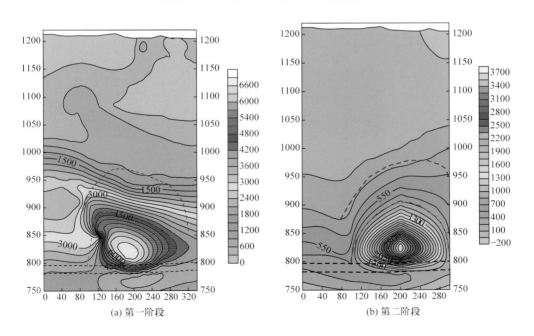

(a) 第一阶段   (b) 第二阶段

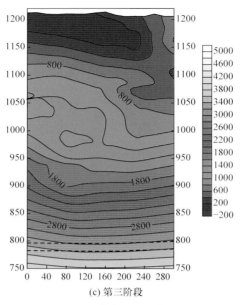

(c) 第三阶段

图版 10 2 号测线大地电阻率二维反演图

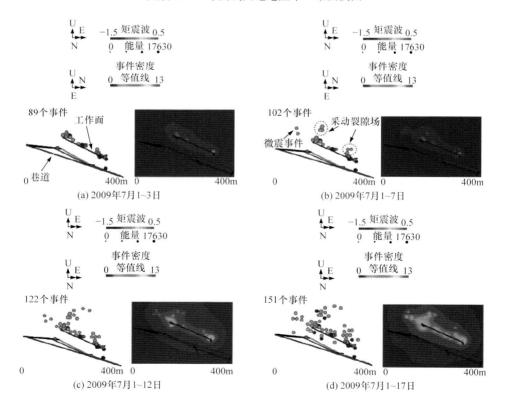

(a) 2009年7月1~3日

(b) 2009年7月1~7日

(c) 2009年7月1~12日

(d) 2009年7月1~17日

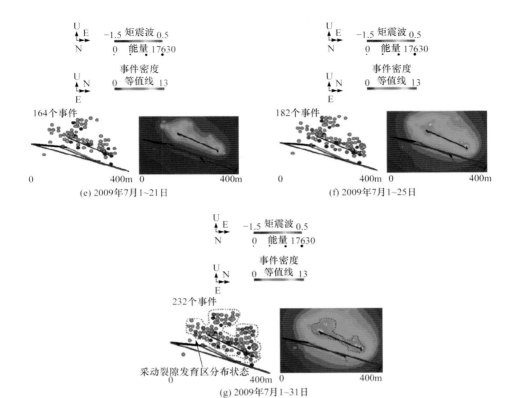

图版 11　采动裂隙场形成过程中微震事件及其等值密云图的演化规律

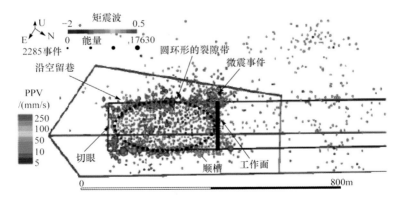

图版 12　覆岩采动裂隙场的分布特征图

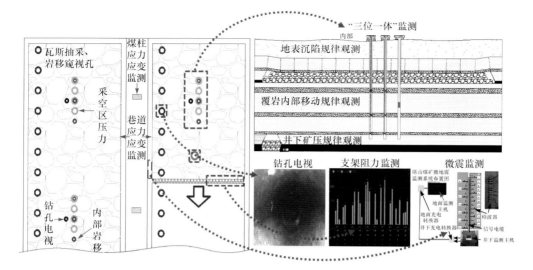

图版 13　采动覆岩井上下联动"三位一体"综合观测原理图

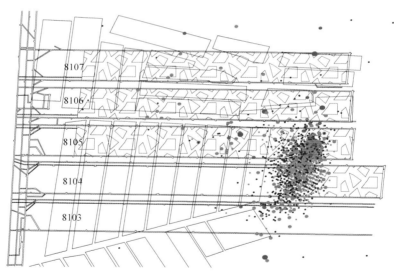

图版 14　工作面推进 450～510m(2013 年 9 月 11 日至 2013 年 9 月 20 日)微震事件分布图

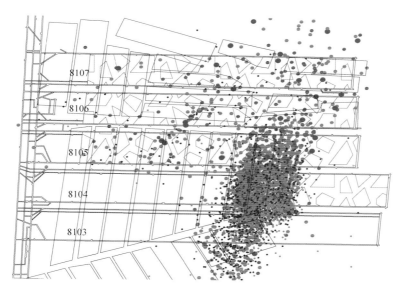

图版 15　工作面推进 575~640m(2013 年 10 月 1 日至 2013 年 10 月 10 日)微震事件分布图

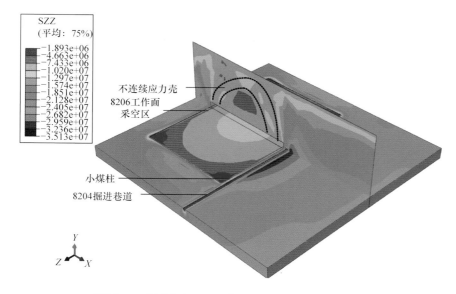

图版 16　掘进期间 8206 采空区周围垂直应力分布图

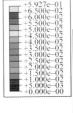
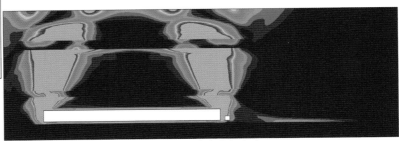

(a) 掘巷期间残余裂隙F切片

(b) 8206采空区覆岩中残余裂隙F空间分布

(c) 8206采空区覆岩沿走向剖面

(d) 8206采空区覆岩沿倾向剖面

图版 17 掘巷期间残余裂隙 F 分布云图

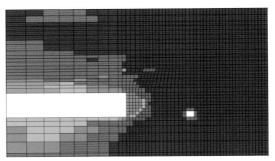

(a) 未采取水压致裂措施

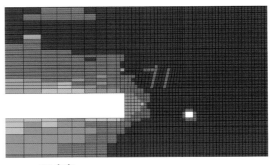

(b) 方案一

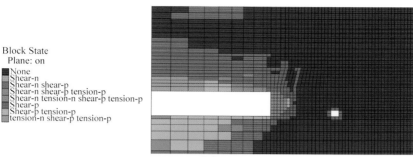

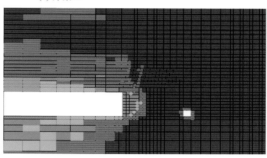

(c) 方案二

(d) 方案三

图版 18　不同水压致裂条件下围岩弹塑性区分布云图

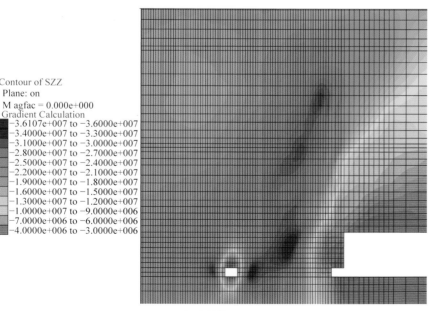

(a) 未切顶

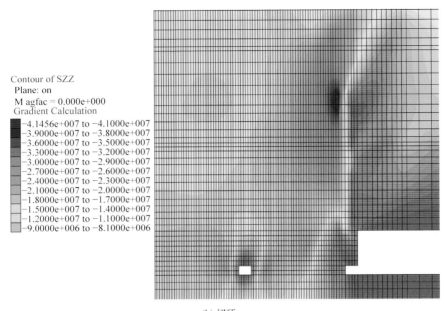

Contour of SZZ
Plane: on
M agfac = 0.000e+000
Gradient Calculation
−4.1456e+007 to −4.1000e+007
−3.9000e+007 to −3.8000e+007
−3.6000e+007 to −3.5000e+007
−3.3000e+007 to −3.2000e+007
−3.0000e+007 to −2.9000e+007
−2.7000e+007 to −2.6000e+007
−2.4000e+007 to −2.3000e+007
−2.1000e+007 to −2.0000e+007
−1.8000e+007 to −1.7000e+007
−1.5000e+007 to −1.4000e+007
−1.2000e+007 to −1.1000e+007
−9.0000e+006 to −8.1000e+006

(b) 切顶

图版 19　切顶前后临空巷围岩垂直应力分布云图

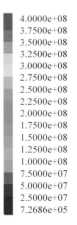

4.0000e+08
3.7500e+08
3.5000e+08
3.2500e+08
3.0000e+08
2.7500e+08
2.5000e+08
2.2500e+08
2.0000e+08
1.7500e+08
1.5000e+08
1.2500e+08
1.0000e+08
7.5000e+07
5.0000e+07
2.5000e+07
7.2686e+05

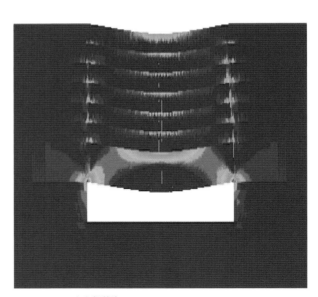

(a) 无垂直裂缝

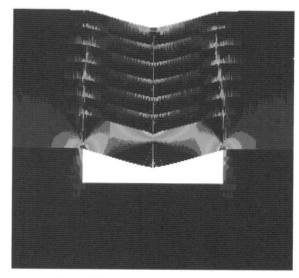

4.0000e+08
3.7500e+08
3.5000e+08
3.2500e+08
3.0000e+08
2.7500e+08
2.5000e+08
2.2500e+08
2.0000e+08
1.7500e+08
1.5000e+08
1.2500e+08
1.0000e+08
7.5000e+07
5.0000e+07
2.5000e+07
7.2686e+05

(b) 有垂直裂缝

图版 20　垂直裂缝对坚硬岩层失稳破断的影响

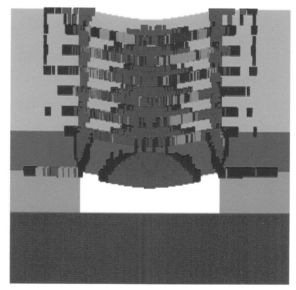

滑移(过去)
滑移(现在)
拉伸破坏

(a) 无水平裂缝

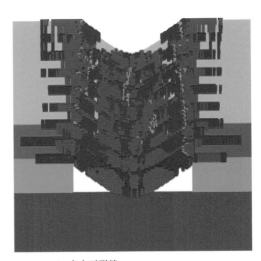

(b) 有水平裂缝

图版 21　水平裂缝对坚硬岩层失稳破断的影响

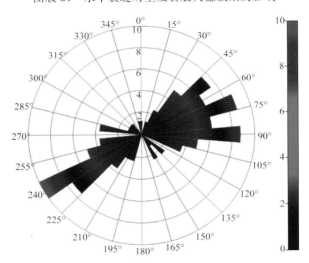

图版 22　第 1 级压裂监测成果——裂缝方位玫瑰图

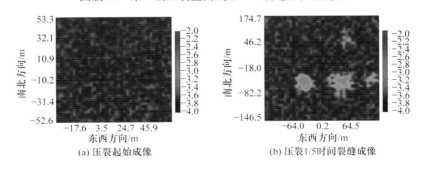

(a) 压裂起始成像　　　　　　　　　(b) 压裂1/5时间裂缝成像

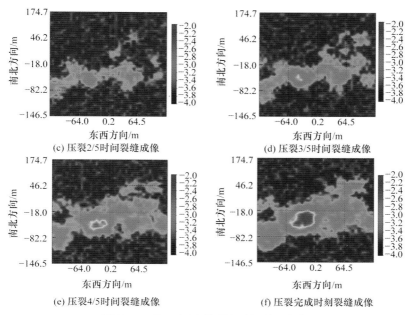

(c) 压裂2/5时间裂缝成像　　　　　　(d) 压裂3/5时间裂缝成像

(e) 压裂4/5时间裂缝成像　　　　　　(f) 压裂完成时刻裂缝成像

图版 23　第 1 级压裂裂缝时间累积成像

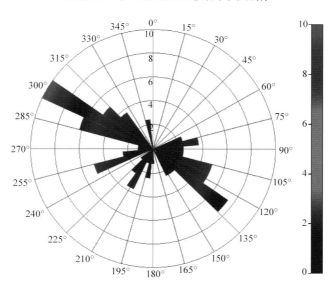

图版 24　第 2 级压裂监测成果——裂缝方位玫瑰图

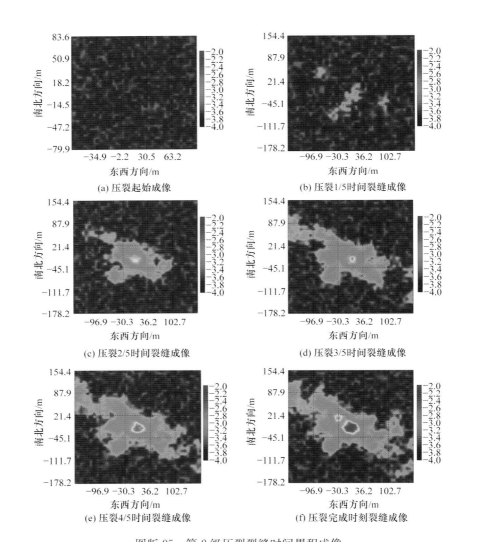

图版 25　第 2 级压裂裂缝时间累积成像